国家出版基金项目
NATIONAL PUBLICATION FOUNDATION

超材料前沿交叉科学丛书

人工表面等离激元色散调控及应用

王甲富　李勇峰　屈绍波　马　华　著

科 学 出 版 社
龙 门 书 局
北 京

内 容 简 介

本书在对人工表面等离激元的基本概念、电磁特性及研究现状进行扼要介绍的基础上，详细阐述了人工表面等离激元色散调控的基本原理及典型应用，具体包括人工表面等离激元的色散特性、激发手段、弱色散区调控、强色散区调控、强-弱色散区综合调控等，重点介绍了人工表面等离激元色散调控在多域电磁调制、电磁增透、电磁吸波、频率选择结构、小型化微波器件等方面的应用。

本书适用于高等院校电子科学与技术学科高年级本科生、研究生和教师使用，也可供相关专业科技人员参考。

图书在版编目（CIP）数据

人工表面等离激元色散调控及应用 / 王甲富等著. —北京：龙门书局，2024.3
　（超材料前沿交叉科学丛书）
　国家出版基金项目
　ISBN 978-7-5088-6415-0

Ⅰ. ①人… Ⅱ. ①王… Ⅲ. ①表面–等离子体–色散–调控
Ⅳ. ①O436.3

中国国家版本馆 CIP 数据核字（2024）第 056569 号

责任编辑：陈艳峰 杨 探 / 责任校对：彭珍珍
责任印制：张 伟 / 封面设计：无极书装

科学出版社 出版
龙门书局
北京东黄城根北街 16 号
邮政编码：100717
http://www.sciencep.com

北京中科印刷有限公司印刷
科学出版社发行 各地新华书店经销
*
2024 年 3 月第 一 版 开本：720×1000 1/16
2024 年 3 月第一次印刷 印张：24 3/4
字数：500 000
定价：218.00 元
（如有印装质量问题，我社负责调换）

丛 书 序

酝酿于世纪之交的第四次科技革命催生了一系列新思想、新概念、新理论和新技术，正在成为改变人类文明的新动能。其中一个重要的成果便是超材料。进入 21 世纪以来，"超材料"作为一种新的概念进入了人们的视野，引起了广泛关注，并成为跨越物理学、材料科学和信息学等学科的活跃的研究前沿，并为信息技术、高端装备技术、能源技术、空天与军事技术、生物医学工程、土建工程等诸多工程技术领域提供了颠覆性技术。

超材料(metamaterials)一词是由美国得克萨斯大学奥斯汀分校 Rodger M. Walser 教授于 1999 年提出的，最初用来描述自然界不存在的、人工制造的复合材料。其概念和内涵在此后若干年中经历了一系列演化和迭代，形成了目前被广泛接受的定义：通过设计获得的、具有自然材料不具备的超常物理性能的人工材料，其超常性质主要来源于人工结构而非构成其结构的材料组分。可以说，超材料的出现是人类从"必然王国"走向"自由王国"的一次实践。

60 多年前，美国著名物理学家费曼说过："假如在某次大灾难里，所有的科学知识都要被毁灭，只有一句话可以留存给新世代的生物，哪句话可以用最少的字包含最多的讯息呢？**我相信那会是原子假说。**"所谓的原子假说，是来自古希腊思想家德谟克利特的一个哲学判断，认为世间万物的性质都决定于构成其结构的基本单元，这一单元就是"原子"。原子假说之所以重要，是因为它影响了整个西方的世界观、自然观和方法论，进而导致了 16—17 世纪的科学革命，从而加速了人类文明的演进。19 世纪英国科学家道尔顿借助科学革命的成果，尝试寻找德谟克利特假说中的"原子"，结果发现了我们今天大家熟知的原子。然而，站在今天人类的认知视野上，德谟克利特的"原子"并不等同于道尔顿的原子，而后者可能仅仅是前者的一个个例，因为原子既不是构成物质的最基本单元，也不一定是决定物质性质的单元。对于不同的性质，决定它的结构单元也是千差万别的，可能是比原子更大尺度的自然结构(如分子、化学键、团簇、晶粒等)，也可能是在原子内更微观层次的结构或状态(如电子、电子轨道、电子自旋、中子等)。从这样的分析中就可以引出一个问题：我们能否人工构造某种特殊"原子"，使其构成的材料具有自然物质所不具备的性质呢？答案是肯定的。用人工原子构造的物质就是超材料。

超材料的实现不再依赖于自然结构的材料功能单元，而是依赖于已有的物理学原理、通过人工结构重构材料基本功能单元,为新型功能材料的设计提供了一个广阔的空间——昭示人们可以在不违背基本的物理学规律的前提下,获得与自然材料具有迥然不同的超常物理性质的"新物质"。常规材料的性质主要决定于构成材料的基本单元及其结构——原子、分子、电子、价键、晶格等。这些单元和结构之间相互关联、相互影响。因此,在材料的设计中需要考虑多种复杂的因素,这些因素的相互影响也往往是决定材料性能极限的原因。而将"超材料"作为结构单元,则可望简化影响材料的因素,进而打破制约自然材料功能的极限,发展出自然材料所无法获得的新型功能材料,人类或因此成为"造物主"。

进一步讲,超材料的实现也标志着人类进入了重构物质的时代。材料是人类文明的基础和基石,人类文明进程中最基本、最重要的活动是人与物质的互动。我个人的观点是:这个活动可包括三个方面的内容。(1)对物质的"建构":人类与自然互动的基本活动就是将自然物质变成有用物质,进而产生了材料技术,发展出了种类繁多、功能各异的材料和制品。这一过程可以称之为人类对物质的建构过程,迄今已经历了数十万年。(2)对物质的"解构":对物质性质本源和规律的探索,并用来指导对物质的建构,这一过程产生了材料科学。相对于材料技术,材料科学相当年轻,还不足百年。(3)对物质的"重构":基于已有的物理学及材料科学原理和材料加工技术,重新构造物质的功能单元,进而发展出超越自然功能的"新物质",这一进程取得的一个重要成果是产生了为数众多的超材料。而这一进程才刚刚开始,未来可期。

20多年来,超材料研究风起云涌、色彩纷呈。其性能从最早对电磁波的调控,到对声波、机械波的调控,再从对波的调控发展到对流(热流、物质流等)的调控,再到对场(力场、电场、磁场)的调控;其应用从完美透镜到减震降噪,从特性到暗物质探测。因此,超材料被 *Science* 评为"21 世纪前 10 年中的 10 大科学进展"之一,被 *Materials Today* 评为"材料科学 50 年中的 10 项重大突破"之一,被美国国防部列为"六大颠覆性基础研究领域"之首,也被中国工程院列为"7 项战略制高点技术"之一。

我国超材料的研究后来居上,发展非常迅速。21 世纪初,国内从事超材料研究的团队屈指可数,但研究颇具特色和开拓性,在国际学术界产生了一定的影响。从 2010 年前后开始,随着国家对这一新的研究方向的重视,研究力量逐渐集聚,形成了具有一定规模的学术共同体,其重要标志是**中国材料研究学会超材料分会**的成立。近年来,国内超材料研究迅速崛起,越来越多的优秀科技工作者从不同的学科进入了这个跨学科领域,研究队伍的规模已居国际前列,产生了很多为学术界瞩目的新成果。科学出版社组织出版的这套"超材料前沿交叉科学丛书"既是对我国科学工作者对超材料研究主要成果的总结,也为有志于从事超材料研究和应用的年轻科技工作者提供了研究指南。相信这套丛书对于推动我国超材料的发展会发挥应有的作用。

感谢丛书作者们的辛勤工作，感谢科学出版社编辑同志的无私奉献，同时感谢编委会的各位同仁！

周济

2023 年 11 月 27 日

前　言

道生一，一生二，二生三，三生万物。

——老子

超材料开启了人们通过人工微结构及其空间序构对电磁波等进行操控的大门。在超材料研究初期，研究者们的精力主要集中在通过人工微结构实现负折射率、负磁导率/介电常量、近零折射率、近零磁导率/介电常量等奇异的宏观电磁参数。在这个阶段，人们往往更加关注人工微结构的尺度是否达到了超材料的阈值条件，即其尺度是否远小于工作波长，从而满足准静态条件，以便用等效媒质理论对其宏观电磁特性进行描述。随着研究的不断深入，对超材料的研究也从直观的人工微结构形态，不断深入到这些人工微结构中的特殊电磁模式，例如，金属开口谐振环(典型的磁谐振器)中可用磁偶极子等效的单电流环模式、电谐振器中可用电偶极子等效的镜像对称双电流环模式、高介陶瓷块中各种谐振腔模式等。对这些超材料微结构单元中特殊电磁模式的研究加深了人们对超材料特殊电磁性质的理解，并进一步推动了电磁超材料设计理论的发展。人们意识到，这些亚波长的超材料结构中必然存在着亚波长的电磁模式，使得电磁超材料可以和电磁波发生强烈的相互作用。与此同时，原本在光频段的表面等离激元概念也借助于光栅、二维孔隙等结构化金属表面不断向微波、毫米波等更低频段拓展，表面等离激元研究开始关注比光栅等更加复杂的结构化金属表面，这使得表面等离激元这一特殊的电磁模式有了更加丰富的材料载体，而不再仅仅局限于光栅等简单的耦合激发结构。人们意识到，通过一些精心设计的金属结构及其空间序列排布，可以更加方便、高效地激发类似于表面等离激元类的电磁模式，从而衍生出人工表面等离激元这一概念。可以这样说，人工表面等离激元是表面等离激元由单纯地关注电磁模式向更加关注人工微结构研究阶段转变的必然产物。

直至 2010 年左右，人工表面等离激元和电磁超材料密切交叉融合，尤其是2011 年电磁超表面的出现，使得对入射角、频率、材料电磁参数等高度敏感的人工表面等离激元的激发和操控更为简便容易，通过反射型、透射型超表面均可以高效激发人工表面等离激元模式，无须借助体积笨重的棱镜等。特别地，2014

年，崔铁军院士团队提出了以共面波导作为过渡段的金属锯齿结构，可在超宽频段内实现人工表面等离激元模式的高效耦合激发以及传输操控；2016 年，空军工程大学屈绍波教授团队又提出了可将自由空间波高效耦合为人工表面等离激元模式的金属鱼骨结构，并通过这一结构的传输相位空间分布设计，实现了光栅结构上表面波的宽带耦合激发。电磁超材料和电磁超表面的研究成果极大地推动了人工表面等离激元在微波、毫米波等低频段的飞速发展，涌现出了基于人工表面等离激元的宽带吸波结构、宽带环行器、小型化滤波器、低雷达散射截面(radar cross section, RCS)天线、带外吸波隐身天线罩、时域波形调制器等各种新型功能器件。可以说，电磁超材料和电磁超表面为人工表面等离激元这一特殊电磁模式在微波频段得以应用提供了丰富灵活的现实材料载体，极大地推动了人工表面等离激元在电磁场与微波技术等领域的应用。

人工表面等离激元具有波长短、色散特性丰富等特点，在雷达隐身、天线/天线罩、实时模拟信号处理、小型化微波器件/微波电路等方面具有十分重要的应用前景。目前，国内在人工表面等离激元方面处于国际领先的研究地位，空军工程大学、东南大学、复旦大学、南京大学、哈尔滨工业大学、西安交通大学等高校在人工表面等离激元基础研究方面取得了丰硕的研究成果，科技管理机构、科研院所和产业化企业等也对人工表面等离激元技术给予了高度关注。但是，目前国内仍没有专业的人工表面等离激元相关书籍，以作为高年级本科生和研究生教材以及科研院所相关专业科技人员的参考书目。作者所在单位在开设研究生课程的时候就遇到了这一尴尬的局面：只能选取 2014 年左右出版的国外有关光频段表面等离激元的译著作为研究生教材。对于十余年来从事人工表面等离激元研究的团队来说，这无疑是很尴尬的。所以，非常有必要出版一部有关人工表面等离激元的专著，一方面为高等院校相关专业开设高年级本科生和研究生课程提供参考书目，以解燃眉之急；另一方面丰富我国超材料研究的理论体系，让有志于超材料研究的研究者从入门伊始即关注到人工表面等离激元这一重要的电磁模式。

本书内容是作者团队十余年来在人工表面等离激元领域研究的成果总结和梳理，在系统介绍人工表面等离激元的基本概念、发展历史脉络、人工表面等离激元与超材料的关系等的基础上，由人工表面等离激元丰富的色散特性引出了人工表面等离激元色散调控这一概念，并详细介绍了人工表面等离激元色散调控在消色差电磁功能器件、电磁增透、电磁调制器件、小型化微波器件、吸波结构、频率选择结构、时域波形调制等的应用。本书可作为电子科学与技术等学科专业的高年级本科生、研究生的教学参考书，也可供科研院所雷达、通信、隐身、系统总体或者飞行器总体、材料等专业技术人员参考。

本书涉及的相关研究得到了国家自然科学基金委、科技部、军委科技委、军委装备发展部等的大力支持，在此表示衷心感谢！感谢"超材料前沿交叉科学丛书"编委会对本书的大力支持！感谢清华大学周济院士和李勃教授、东南大学崔铁军院士和程强教授、西安交通大学徐卓教授和张安学教授、复旦大学周磊教授、浙江大学陈红胜教授、西安电子科技大学李龙教授、南京大学冯一军教授和赵俊明教授、哈尔滨工业大学张狂教授、西北工业大学张富利教授和樊元成教授，在本书撰写过程中提出的宝贵建议并给予帮助！

本书内容仅是人工表面等离激元基础研究和应用基础研究阶段的一些成果的总结和梳理，随着相关研究的不断深入，人工表面等离激元的内涵和外延在深度和广度上将会得到更大的发展和进步，在基础理论上将会向凝聚态物理、量子力学等更加基础的方向下沉，在宏观特性描述上将会更多地采用群表示论、拓扑学等更加突出空间序构的方法，在设计方法上将会与机器学习、遗传算法等智能算法结合，在系统架构上将会与感知、决策等智能化模块集成构成智能系统，等等。

受限于人工表面等离激元研究的历史阶段，以及作者水平有限，书中难免存在不足、疏漏之处，恳请广大读者给予批评指正。

王甲富

2023 年 10 月

目　　录

第 1 章 绪　　论

表面等离激元(surface plasmon polariton, SPP)是电磁振荡与材料中电子振荡强烈耦合产生的、高度局域化在两种介质界面上的混合电磁模,其电磁场集中分布在界面附近,并沿界面两侧法向呈指数衰减[1-3]。例如,对于金属与空气界面激发的表面等离激元模式,在空气侧表现为沿着金属表面传播的表面波,在金属侧则表现为电子密度波。表面等离激元的激发要求界面两侧介质具有正负相反的本构电磁参数(介电常量或磁导率)。但是,大部分情况下自然材料的本构电磁参数为正,仅有少部分自然材料在红外/光频段具有可资利用的负电磁参数。例如,金、银、铜等金属材料在光频段具有负介电常量,碳化硅在中红外频段具有负介电常量,等等。所以,采用自然材料一般在红外/光频段能够高效激发表面等离激元模式,很难在微波、毫米波、太赫兹等更低频段实现表面等离激元模式的高效激发。2004 年,Pendry 等[4-6]在微波波段验证了周期性金属结构支持电磁特性类似于表面等离激元的模式,被称作人工表面等离激元(spoof surface plasmon polariton, SSPP),开启了 SSPP 研究的大门。SSPP 是在微波、毫米波、太赫兹等更低频段(本书聚焦于微波波段)利用人工结构功能材料(例如,电磁超材料、电磁超表面、结构化金属表面等)激发的类 SPP 模式[3],其波矢远大于自由空间波的波矢,且随着频率增大,其波矢越来越远离自由空间波矢,色散曲线具有高频渐近截止特性。由于其色散特性可通过金属或介质结构的结构参数、空间排布、周期大小等进行调控,无须改变其材料的本征电磁参数,因此 SSPP 具有灵活可设计的色散特性,在天线、新型功能器件、雷达吸波结构、实时模拟信号处理等诸多领域具有广阔的应用前景。相对于传统电磁材料,SSPP 结构具有体积小、重量轻、厚度薄等优点,可提高器件集成化、小型化、轻薄化程度,成为当今国际学术热点和技术研究前沿。

1.1　表面等离激元

1.1.1　基本概念

表面等离激元(SPP)原本是指在光频段具有正负介电常量的金属-介质材料界面激发的一种表面束缚波,是介质材料中的电磁振荡和金属材料中的电子振荡强烈耦合产生的一种混合激发模式[1-3, 7-9]。电磁振荡和电子振荡相互耦合,一方面降低了电磁场的传播速度，使其成为一种典型的慢波模式；另一方面使得 SPP 模式的波矢远大于自由空间波矢(波长远小于自由空间波的波长)，电磁场被集中约束在金属-介质界面附近而不能辐射出去。SPP 的波矢大于自由空间波矢，垂直于界面的波矢分量为纯虚数，电磁场沿界面法线方向上呈指数衰减，无法延伸至远场区，如图 1.1 所示。

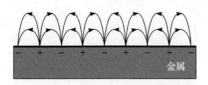

图 1.1　SPP 的电场分布示意图

1.1.2　色散特性

为了研究 SPP 的基本电磁特性，这里从麦克斯韦(Maxwell)方程组出发，推导金属-介质界面上 SPP 的传播方程。麦克斯韦方程组的微分形式如下：

$$\nabla \cdot \boldsymbol{D} = \rho_{\text{ext}} \tag{1.1a}$$

$$\nabla \cdot \boldsymbol{B} = 0 \tag{1.1b}$$

$$\nabla \times \boldsymbol{E} = -\frac{\partial \boldsymbol{B}}{\partial t} \tag{1.1c}$$

$$\nabla \times \boldsymbol{H} = \boldsymbol{J}_{\text{ext}} + \frac{\partial \boldsymbol{D}}{\partial t} \tag{1.1d}$$

其中，$\boldsymbol{D}$ 为电位移矢量，$\boldsymbol{E}$ 为电场，$\boldsymbol{H}$ 为磁场，$\boldsymbol{B}$ 为磁感应强度，ρ_{ext} 为外部电荷，$\boldsymbol{J}_{\text{ext}}$ 为电流密度。对于线性各向同性的非磁性材料，其电位移矢量与磁感应强度分别满足：

$$\boldsymbol{D} = \varepsilon_0 \varepsilon \boldsymbol{E} \tag{1.2a}$$

$$\boldsymbol{B} = \mu_0 \mu \boldsymbol{H} \tag{1.2b}$$

在不存在外部电荷和电流密度的情况下，由式(1.1c)和式(1.1d)组合，得

$$\nabla \times \nabla \times \boldsymbol{E} = -\mu_0 \frac{\partial^2 \boldsymbol{D}}{\partial t^2} \tag{1.3}$$

假设电场是时谐电场 $\boldsymbol{E}(\boldsymbol{r},t) = \boldsymbol{E}(\boldsymbol{r})\mathrm{e}^{-\mathrm{j}\omega t}$，根据矢量场 $\boldsymbol{E}$ 的拉普拉斯运算 $\nabla^2 \boldsymbol{E} = \nabla(\nabla \cdot \boldsymbol{E}) - \nabla \times (\nabla \times \boldsymbol{E})$ 和关系式 $\nabla \cdot (\varepsilon \boldsymbol{E}) \equiv \boldsymbol{E} \cdot \nabla \varepsilon + \varepsilon \nabla \cdot \boldsymbol{E}$，代入式(1.3)，得到亥姆霍兹方程：

$$\nabla^2 \boldsymbol{E} + k_0^2 \varepsilon \boldsymbol{E} = 0 \tag{1.4}$$

其中，$k_0 = \omega/c$ 为自由空间波的波矢。

考虑由两个半无限非磁性介质组成的界面，界面位于 $z = 0$，二者的相对介电

常量分别为 ε_1 和 ε_2，如图 1.2 所示。假设矢量电场为

$$\boldsymbol{E}(x, y, z) = \boldsymbol{E}(z)\mathrm{e}^{\mathrm{j}\beta x} \tag{1.5}$$

其中，$\beta = k_x$ 为沿 x 方向的传播常数。将式(1.4)代入式(1.3)，得

$$\frac{\partial^2 \boldsymbol{E}}{\partial z^2} + \left(k_0\varepsilon - \beta^2\right)\boldsymbol{E} = 0 \tag{1.6}$$

对于横磁(transverse magnetic，TM)模式电磁波(磁场方向始终平行于界面)，亥姆霍兹方程为

$$\frac{\partial^2 \boldsymbol{H}_y}{\partial z^2} + \left(k_0\varepsilon - \beta^2\right)\boldsymbol{H}_y = 0 \tag{1.7}$$

假设电磁波为时谐电磁波(时间因子为 $\frac{\partial}{\partial t} = -\mathrm{j}\omega$)，对于 TM 波，其上半空间($z>0$)的场可表示为

$$H_y(z) = A_2\mathrm{e}^{\mathrm{j}\beta x}\mathrm{e}^{-k_2 z} \tag{1.8a}$$

$$E_x(z) = \mathrm{i}A_2\frac{1}{\omega\varepsilon_0\varepsilon_2}k_2\mathrm{e}^{\mathrm{j}\beta x}\mathrm{e}^{-k_2 z} \tag{1.8b}$$

$$E_z(z) = \mathrm{i}A_2\frac{\beta}{\omega\varepsilon_0\varepsilon_2}\mathrm{e}^{\mathrm{j}\beta x}\mathrm{e}^{-k_2 z} \tag{1.8c}$$

下半空间($z < 0$)的场可表示为

$$H_y(z) = A_1\mathrm{e}^{\mathrm{j}\beta x}\mathrm{e}^{-k_1 z} \tag{1.9a}$$

$$E_x(z) = -\mathrm{j}A_1\frac{1}{\omega\varepsilon_0\varepsilon_2}k_1\mathrm{e}^{\mathrm{j}\beta x}\mathrm{e}^{-k_1 z} \tag{1.9b}$$

$$E_z(z) = \mathrm{i}A_1\frac{\beta}{\omega\varepsilon_0\varepsilon_2}\mathrm{e}^{\mathrm{j}\beta x}\mathrm{e}^{-k_1 z} \tag{1.9c}$$

其中，$k_i \equiv k_{z,i}(i=1,2)$ 为介质 1 和介质 2 中垂直于界面的沿 z 方向的波矢分量。

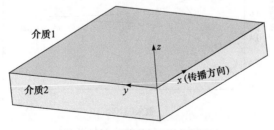

图 1.2　半无限空间界面示意图

由边界条件(电场强度与磁场强度的切向分量连续)，可得到

$$\frac{k_2}{k_1} = -\frac{\varepsilon_2}{\varepsilon_1} \tag{1.10}$$

可以看出，只有当 ε_1 与 ε_2 取值正负相反时，在两种介质的界面才能存在表面电磁模式。同时还应满足：

$$k_1^2 = \beta^2 - k_0^2 \varepsilon_1 \tag{1.11a}$$

$$k_2^2 = \beta^2 - k_0^2 \varepsilon_2 \tag{1.11b}$$

将式(1.11)代入式(1.10)，可以得到传播常数为

$$\beta = k_0 \sqrt{\frac{\varepsilon_1 \varepsilon_2}{\varepsilon_1 + \varepsilon_2}} \tag{1.12}$$

为了激发 SPP 模式，须满足 $\beta > k_0$，也就是说 $\frac{\varepsilon_1 \varepsilon_2}{\varepsilon_1 + \varepsilon_2} > 1$。当介质 1 为空气时 ($\varepsilon_1 = 1$)，上述条件变为 $\varepsilon_2 < -1$，介质 2 的介电常量必须为负。

考虑到自然界金、银、铜等非磁性金属材料可看作自由电子气，其等效介电常量可用 Drude 模型来描述

$$\varepsilon(\omega) = 1 - \frac{\omega_p^2}{\omega^2} \tag{1.13}$$

其中，ω_p 为金属的等离子体频率。在等离子频率之下，金属的等效介电常量实部为负，满足表面等离激元的激发条件。当 $\varepsilon(\omega) \to -1$，$\beta \to \infty$ 时，此处的频率被称为截止频率($\omega_{sp} = \omega_p / \sqrt{2}$)。图 1.3 给出了介质为空气或二氧化硅时，SPP 的色散曲线。

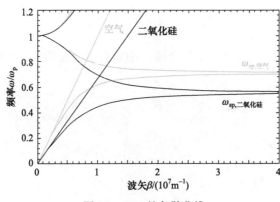

图 1.3 SPP 的色散曲线

　　由图 1.3 可知，在 SPP 色散曲线的低频段，其波矢基本接近于介质材料的波矢，很难激发高表面缚态的 SPP，在高频处的波矢远大于介质材料的波矢，并随着频率逐渐接近截止频率，波矢越来越大，表明此处的电磁场的局域性最强；当频率大于截止频率时，出现电磁带隙。

1.1.3　奇偶模分析

　　上面推导了金属-介质半无限空间界面的 SPP 色散曲线，在实际情况下，介质或金属往往具有一定的厚度。下面讨论由金属-介质-金属构成的多层结构，在上下表面均可以激发 SPP 模式，当中间层厚度小于或与 SPP 模式趋肤深度比拟时，SPP 模式会发生相互作用而产生新的耦合模式。文献[10, 37]推导了中间厚度为 a 的色散关系，其色散关系分裂为两种模式，如下

$$\tan k_1 a = -\frac{k_2 \varepsilon_1}{k_1 \varepsilon_2} \tag{1.14a}$$

$$\tan k_2 a = -\frac{k_1 \varepsilon_2}{k_2 \varepsilon_1} \tag{1.14b}$$

其色散曲线和电场分布分别如图 1.4(a)和(b)所示。对于偶模，$E_x(z)$ 同相，$H_y(z)$ 和 $E_z(z)$ 是反相的；对于奇模，$E_x(z)$ 反相，$H_y(z)$ 和 $E_z(z)$ 是同相的。随着中间金属层厚度的减小，偶模的传播长度逐渐增加，奇模的传播长度逐渐减少。

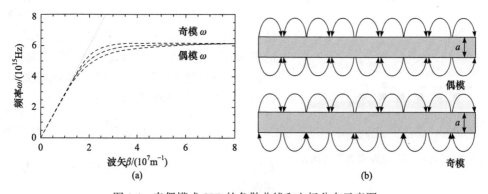

图 1.4　奇偶模式 SPP 的色散曲线和电场分布示意图

1.1.4　激发方式

　　表面等离激元的电磁场强烈束缚在金属/介质界面上，其波矢远大于介质中的波矢，自由空间电磁波不能直接耦合为表面等离激元，必须采用相位匹配或者空

间模式匹配的方法，增大电磁波沿着界面方向的波矢，使得自由空间波的波矢与表面等离激元匹配。传统方法有棱镜耦合、光栅耦合、近场耦合[11-14]等。

1. 棱镜耦合

对于从自由空间(真空或空气)入射到金属表面的电磁波，沿水平方向的波矢为 $k \sin\theta$，远小于表面等离激元的水平波矢($k_0 \sin\theta < k_0 < k_{\mathrm{spp}}$)，当在金属-介质界面的上方放置具有高介电常量的介质时，介质中的波矢变为 $k_0 \sqrt{\varepsilon_{\mathrm{r}}} \sin\theta$，当介质介电常量足够大时，就能够在介质-金属界面上激发表面等离激元。图 1.5(a)和(b)分别为 Kretschmann 和 Otto 棱镜耦合装置[12, 13]。

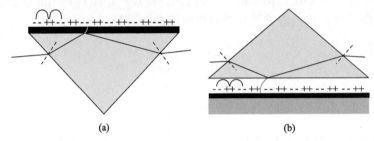

(a)　　　　　　　　　　　　　　(b)

图 1.5　传统 SPP 耦合装置[10, 11]：(a) Kretschmann 棱镜耦合装置；(b) Otto 棱镜耦合装置

2. 光栅耦合

自由空间波与表面等离激元的耦合还可以利用如图 1.6 所示的衍射光栅消除波矢不匹配，根据衍射光栅原理，周期性光栅结构可以给电磁波附加等效横向波矢，当附加的横向波矢与表面等离激元模式的波矢匹配时，自由空间波就会被高效耦合为表面等离激元模式，经过光栅调制的波矢公式如下

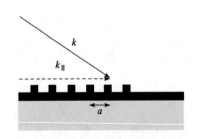

图 1.6　光栅耦合激发表面等离激元

$$\beta = k_0 \sin\theta + m\frac{2\pi}{p} \qquad (1.15)$$

其中，m 为整数(0，±1，±2，±3，…)，p 为光栅常量。

除了棱镜耦合和光栅耦合，还可以通过近场光学显微镜技术在近场区域内激发表面等离激元[14]，或者通过近场耦合技术激发表面等离激元[112]。由于表面等离激元具有表面局域化、亚波长传输、场增强、渐近线型色散曲线等特性，因此表面等离激元可广泛应用于小型化集成光学器件和电路上，例如，平板波导[15-17]、透射增强[18-20]、电磁波辐射[21, 22]、光谱探测的传感器[23-26]，等等。

1.2　人工表面等离激元

人工表面等离激元(SSPP)是指由人工结构功能材料激发的类 SPP 模式,是光频段 SPP 在微波等更低频段的延伸和拓展。SSPP 具有和 SPP 类似的场分布形式和色散特性,通常通过结构化的人工电磁介质(电磁超材料、电磁超表面、超光栅等)激发这种亚波长电磁模式。虽然传统上在金属/介质表面也存在着表面波,但是在微波等低频波段,金属可看作完美电导体(perfect electric conductor, PEC),介电常量可以看作是负无穷大,根据式(1.13),其波矢 $\beta \approx k$,约束在界面上的电磁波非常弱,被称为 Sommerfeld-Zenneck 波[3, 144]。为了在更低频段激发类似于 SPP 的电磁模式,Gómez-Rivas 等利用具有低电子密度特征的高掺杂半导体[27, 28],例如 InSb,实现了 5THz 左右的 SSPP。之后,研究者们也致力于将 SPP 拓展到更低的微波频段。

1999 年,Sievenpiper 等[29-31]证实了在微波频段周期性蘑菇形结构表面上存在 SSPP 模式,并采用 Otto 结构实现了 SSPP 模式的耦合激发和操控;Hibbins 和 Hendry 等[32-35]证实了周期性褶皱表面、周期性钻孔结构也存在 SSPP 模式,并且具有明显的截止频率。为了降低金属的等离子体频率,Pendry 等[132]在 1996 年提出了利用周期性金属细线可将等离子频率降低至微波波段,为实现微波频段的 SSPP 模式提供了材料基础。这种 SSPP 模式是在正-负介电常量界面激发的,可以看作 TM 模式(磁场方向始终平行于界面)的 SSPP 模式。同理,在具有正负磁导率的界面应该也存在磁诱导的 SSPP 模式,被称为磁 SSPP,而自然界具有负磁导率的介质比较少,仅有一些高损耗的铁磁或反铁磁介质[149],不利于实际应用。直到 1999 年,Pendry 等[128]提出了开口谐振环(splitted ring resonators, SRR)金属结构,在微波频段实现了负的等效磁导率,为激发横电(transverse electric, TE)模式(电场方向始终平行于界面)的 SSPP 模式提供了材料基础。

1.2.1　二维凹槽结构的本征模

2004 年,Pendry 等[4-6]从理论、仿真、实验上验证了亚波长周期性($d \ll \lambda_0$)凹槽结构(简称凹槽结构)可以支持类似于表面等离激元的表面波模式,被称为人工表面等离激元(SSPP),如图 1.7 所示。根据模式展开理论与边界条件,推导出该结构的色散方程为

$$k_x = k_0 \sqrt{1 + \frac{a^2}{d^2} \tan(k_0 h)} \tag{1.16}$$

其中,a 为凹槽的宽度,d 为周期,h 为凹槽的深度。可以看出,该色散方程截止

频率由锯齿高度决定($\omega_{sp} = \pi c_0 / (2h)$)。同时，根据等效介质理论[150]，可将周期性凹槽看作等效的均匀介质，其电磁参数是各向异性的($\varepsilon_x = d/a, \varepsilon_y = \varepsilon_z = \infty$，$\mu_x = 1$，$\mu_y = \mu_z = a/d$)，通过反射系数的极点求得其色散曲线，也可以得到与式(1.16)相同的结果。

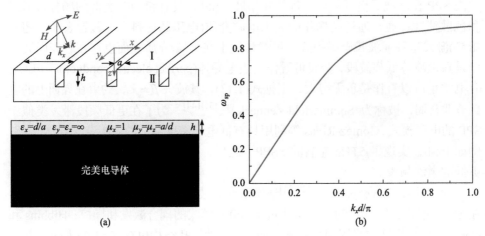

图 1.7　金属凹槽结构：(a) 结构示意图；(b) 色散曲线(理想导体)

对凹槽结构的研究主要集中在模式分析、色散特性，以及其上 SSPP 的传播、辐射特性等。国内外研究者均提出了[36-38]通过传输矩阵方程计算凹槽-介质-凹槽结构的色散特性，与光频段的奇偶模分裂一样，存在奇偶模式的分离；南京航空航天大学的李卓等[39-42]基于传输线理论和模式对周期性介质凹槽结构的色散特性展开了理论研究，介质间的介电常量差别越大，色散越强，截止频率越低。文献[43-45]研究了在金属波导腔内填充两种非负介质($\varepsilon_1 \neq \varepsilon_2 > 0$)，同样可以激发 SSPP。文献[46,47]通过凹槽深度的变化使得电磁波"停滞"在某一点上。文献 [48,49]研究了多米诺结构控制电磁波的传播与辐射。文献[50-52]研究了复杂凹槽结构的色散曲线，研究表明，可以通过降低凹槽的深度提高色散，例如螺线型、倾斜型、折叠型等。

尽管凹槽结构上激发的 SSPP 具有与 SPP 类似的色散特性，然而这种表面波的控制需要足够大的横向厚度，这限制了其应用，对于比较复杂的凹槽结构，其制作和集成也很不方便。

1.2.2　三维锯齿结构的本征模

当二维周期性金属凹槽结构在 y 方向上的尺度逐渐变小并趋于无限薄时，就演变成了三维周期性锯齿结构(简称锯齿结构)。2013 年，东南大学崔铁军院士团队[59,60]证明了锯齿结构支持 SSPP 模式，直接推动了 SSPP 在小型化、平板化器件中应用的发展，其色散关系类似于凹槽结构的色散关系，其原理样件和色散曲线分别如图 1.8(a)和(b)所示。随着金属锯齿厚度的减少，其截止频率向低频移动，波矢增加，色散变强；随着锯齿周期的增加，其色散曲线越来越远离自由空间的波矢，其电场主要局域在金属结构的两侧。

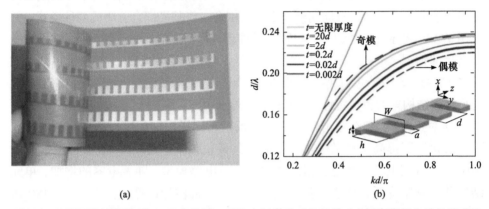

图 1.8 三维锯齿结构[59, 60]：(a) 实物图，其中未标注的两条虚线对应了两层锯齿结构并列排放后产生的奇、偶模式色散曲线，每层锯齿结构厚度为 0.02d；(b) 不同厚度下的色散曲线

1.2.3 锯齿结构上的人工表面等离激元

实际应用中，锯齿结构一般都会刻蚀在超薄柔性介质基板上，崔铁军院士团队[61,62]在共面波导上刻蚀周期性锯齿结构，导行波高度局域在波导表面，具有高频截止特性。为了将导行波高效耦合为 SSPP 模式，进一步引入了过渡结构，如图 1.9(b)所示，将共面波导上的导行波高效地耦合为锯齿结构上的 SSPP 模式，提高了导行波-SSPP 耦合转化效率，尤其是在截止频率附近的高频区传输率显著增强，其结构与 S 参数分别如图 1.9(a)和(c)所示。

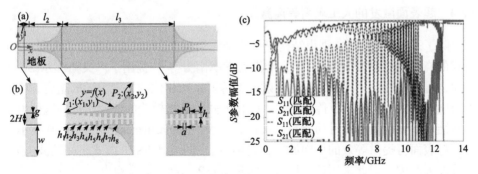

图 1.9 采用共面波导过渡结构的 SSPP 传输线[61,62]：(a) 结构示意图；(b) 过渡结构；
(c) 传输特性

根据锯齿结构的色散特性可知，当锯齿高度和周期固定时，其色散特性及截止频率也就确定了，因此为了提高其色散强度，研究人员通过改变锯齿结构的形状实现了对 SSPP 色散强度和截止频率的调控，有利于器件小型化应用。文献[63]设计了基于双层锯齿结构的 SSPP 共面波导，通过结构之间的耦合电容降低了结构的电尺寸，提高了色散强度，降低了截止频率。文献[64-67]研究了双周期锯齿结构的色散关系，通过双周期模式之间的耦合，将基模耦合分离成两种模式，并应用于频分波导上。文献[68, 69]研究了滑动对称锯齿结构的色散关系，在不改变锯齿尺寸情况下，提高了色散强度，降低了弯曲部位的辐射，减少了损耗。文献 [70-77]研究了梯型、T 型、螺旋线型、倾斜型、哑铃型、折线型、开口环扇型、扇型锯齿结构等的色散特性，通过改变锯齿的线型，提高了结构的色散，降低了截止频率。文献[78]在锯齿两侧的接地板引入同样周期的锯齿结构，从而引入强耦合机制，提高了色散强度，降低了其截止频率。文献[79]在共面波导的锯齿间引入可调电容，改变了锯齿结构的等效电路模型，随着电容的增加，单元结构截止频率降低，色散更强，可动态调控共面波导的截止频率。文献[80]研究了加载金属背板的补偿型开口谐振环(SRR)的色散曲线，由于引入单元结构内的电容以及与地板之间的电容，降低了截止频率，提高了色散强度，有利于器件小型化应用，之后文献[81]研究了双层耶路撒冷十字结构的色散曲线，提高了色散强度，降低了弯曲位置处的辐射损耗。

锯齿结构从本征模上就支持 SSPP 模式，可以看作是 SSPP 传输线。借助于锯齿结构，通常通过三种手段实现其他模式与 SSPP 模式的耦合转化：一是借助于过渡结构将共面波导等导行波模式转换为 SSPP 模式；二是利用单极子探针等近场馈电方式将同轴线模式转换为 SSPP 模式；三是利用渐变结构参数设计的锯齿结构实现自由空间波和 SSPP 模式的相互耦合转换。

1.2.4　超表面激发的人工表面等离激元

除了采用凹槽结构、锯齿结构等连续金属结构，还可以通过超表面实现 SSPP 模式的高效耦合激发。2011 年，哈佛大学虞南方等[54]提出了广义斯涅尔(Snell)定律，通过结构设计具有不同的反射或者透射系数相位的梯度单元的组合，可实现对电磁波的传播方向、传播相位、极化方式、传播模式的任意调控，这种由超材料结构单元构成的二维功能表面被称为超表面(metasurface)，如图 1.10 所示。由于超表面可提供等效的切向波矢，补偿自由空间波和 SSPP 模式之间的波矢差，实现波矢匹配，因此采用超表面可以实现 SSPP 的高效耦合激发。

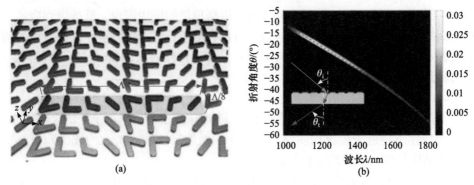

图 1.10 相位梯度超表面[53]：(a) 结构示意图；(b) 透射频谱

2012 年，复旦大学周磊教授团队[54]提出了通过超材料单元的结构参数空间分布设计，在界面切向引入附加波矢，当附加波矢满足一定条件时($\xi + k_0 \sin\theta_0 \geqslant k_0$)，能够将斜入射的自由空间波高效耦合为表面波模式。由于耦合的表面波模式不是超表面的本征模，因此这种模式不能在超表面上传播，需要引入支撑本征模传播的光栅结构将其导出。文献[55]设计了基于开口谐振环的反射型相位梯度超表面，实现了 X 波段 SSPP 的高效耦合激发。文献[56]设计了同极化的透射型相位梯度超表面，在超表面下方引入光栅结构将表面波引导出来，其效率可达 94%。文献[57]设计了透射型极化旋转相位梯度超表面，可在宽频带内高效激发 SSPP 模式。文献[58]利用几何相位(Pancharatnam-Berry 相位，P-B 相位)梯度超表面将线极化(linearly polarized，LP)波耦合为在两正交方向上传播 TE、TM 模式 SSPP。

1.2.5 超材料与人工表面等离激元的关系

超材料和人工表面等离激元(SSPP)存在着十分密切的关系，二者的研究热潮几乎起始于同一时间，均兴起于 20 世纪与 21 世纪之交，并且在 21 世纪初的前二十年内二者高度交叉融合，所以，这里有必要简要论述一下二者的关系。

超材料(metamaterials)是指由人工结构按照特定的空间排布构成的、具有超常宏观物理特性的人工复合材料或复合结构。超材料不仅仅是一种新的材料形态，更是一种超材料设计理念，将传统均质材料的半经验式研究手段发展为精确可设计的研究范式。电磁超材料作为一种最典型的超材料，基于自然材料电磁响应的微观机制(偶极子转向极化、偶极子共振式极化等)，构造类比自然材料原子、分子等的亚波长结构单元，通过亚波长结构单元中激发的偶极子等电磁响应，实现自然材料无法实现或很难实现的电磁参数，例如负介电常量、负磁导率、高磁导率、负折射率、高折射率、零折射率等。超材料是通过多种物理结构上的设计突破某些表观自然规律的限制，获得超越常规材料的物理性质，给人们在材料设计与应用的理念和方法上带来了革命性的改变，即所谓材料的逆向设计理念和自上而下的设计方法。运用这种理念和方法，根据顶层的应用需求，反推得到应该采用什么样的材料，以及这种材料应该具有何种电磁特性，然后基于电磁特性的约束目标进行人工微结构单元及其阵列设计，即从性能需求逆推出材料设计样式。超材料具有以下基本特征。

(1) 超材料的基本构成单元是亚波长人工结构，其尺度远小于工作波长。受限于衍射极限，电磁波无法分辨结构单元具体结构的细节。结构单元的尺度越小，其物理特性越趋近于传统均质材料。对于由微纳尺度结构单元构成的超材料来说，其结构特性与传统均质材料趋同。

(2) 超材料具有灵活可设计的宏观电磁参数，可实现负折射率、负磁导率、负介电常量、高磁导率、高介电常量、零折射率等奇异宏观电磁参数，这些超常性质取决于构成超材料的亚波长结构单元的具体结构形式。

(3) 由亚波长结构单元构成的超材料，其电磁性质可使用等效介质理论描述。通过等效参数提取，可以提取超材料的等效介电常量、等效磁导率、界面阻抗、等效折射率等宏观电磁参数，这些电磁参数是超材料设计以及对电磁波调控的最重要材料参数。

从物理底层上，超材料结构单元与电磁波发生相互作用时，其中必然会激发具有亚波长特性的电磁模式。正是亚波长电磁模式的激发，使得超材料可以在更小尺度内实现对电磁波的调制和操控。SSPP 是电磁波与人工电磁介质中的电子振荡耦合产生的高度局域化的表面电磁模式，其波长 λ_{SSPP} 远小于自由空间电磁波的波长 λ_0，是超材料中激发的最重要的电磁模式之一。SSPP 具有波长短、色散强等电磁特性，并由此衍生出许多奇异的电磁效应，例如，负折射、负反射、透射增强等，可用来实现对电磁波幅值、相位、极化和传播模式等属性的调控，在电磁散射/辐射调控方面具有巨大的应用潜力。

在超材料诞生之前，表面等离激元(SPP)的概念在光学领域已经建立，其激发的必要条件是界面两侧具有正负相反的介电常量或磁导率。超材料可在微波频段实现负介电常量/磁导率，从而在微波频段高效激发类似于 SPP 的电磁模式，即 SSPP。超材料的诞生促进了 SSPP 的发展，SSPP 的发展又反过来推动了人们对超材料更深入的认识，二者的结合催生了新的应用领域。二者的交叉融合在隐身技术、电子对抗、电磁增透等领域具有巨大的应用潜力，这也进一步提升了超材料技术的战略地位。

超材料和 SSPP 互相融合，密切相关，但又有着本质的区别：首先，SSPP 是一种电磁模式，属于场的范畴，超材料是一种人工复合材料或复合结构，属于材料范畴；其次，超材料的奇异电磁特性往往是通过其结构单元中激发的 SSPP 模式实现的，SSPP 是超材料电磁特性的底层物理机理之一；最后，负介电常量或负磁导率是激发 SSPP 模式的必要条件，超材料是 SSPP 激发、传输与控制的重要材料手段。所以, SSPP 是超材料中重要的电磁模式, 而超材料是高效激发 SSPP 的重要介质和材料载体。

1.2.6　人工表面等离激元的典型应用

人工表面等离激元(SSPP)具有波长短、色散强、场局部增强等特性, 并且其色散特性具有灵活的可设计性, 其在小型化微波电路与器件、新型天线、波束调控、吸波材料等方面具有广阔的应用前景。典型应用包括但不限于以下几个方面。

1. 微波电路和器件

对于采用结构参数渐变的周期性锯齿结构来说, 其截止频率由高度最高的锯齿高度决定, 高度越高, 截止频率越低, 低于截止频率的电磁波均可以高效透过。所以, 锯齿 SSPP 结构具有低通高阻特性, 利用这一特性, 可以进行小型化滤波器、高灵敏度传感器的设计等。例如, 可在 SSPP 结构上不同位置处加入谐振单元、电容、电感或者缺陷等, 在低通频带内引入阻带, 实现单带、双带、多带的带阻滤波器。文献[82]通过在共面波导背面引入加载变容二极管的 SRR, 由 SRR 磁谐振频率处的电磁波反射特性形成阻带, 谐振频率可通过变容二极管调节, 从而阻带频率也可调控。文献[83]通过在锯齿间加入双 SRR, 将 SSPP 的基模分成两部分, 形成阻带。文献[84]在锯齿中间的金属线内刻蚀补偿型 SRR 设计, 通过补偿型 SRR 的磁谐振引入反射形成窄阻带滤波器, 通过多个补偿型 SRR 的叠加, 可以实现宽阻带滤波器。文献[85, 86]在锯齿结构一侧引入多个加载可变电容器的 SRR, 通过改变电容大小调节阻带位置。文献[87]在锯齿结构的一侧引入可以激发局域表面等离激元(localized surface plasmon, LSP)的螺旋线结构, 在谐振频率处形成了阻带滤波器, 又因 LSP 具有较强的吸收, 因此形成了吸收型的阻带滤波器, 又因 LSP 对加载介质基板的参数比较敏感, 因此可用于感知周围介质折射率的传感器。文献[88-90]通过改变共面波导中部分锯齿高度引入通带, 通过不同锯齿高度引入多个窄的阻带, 也可以通过周期性刻蚀同一高度的锯齿引入宽的阻带。文献[91]设计了电容耦合的锯齿结构单元, 将基模分成两部分, 两个模式之间的频带不能传播 SSPP, 从而形成阻带。

由于 SSPP 的波矢远大于自由空间的波矢, 其电磁场高度局域在金属结构表面, 其场强随着距离的增加呈指数级衰减, 因此可以降低微波器件尺寸, 减少微带线间串扰, 降低传输线转弯处的辐射损耗等。文献[92]在金属波导中加入 SSPP 结构, 可以降低金属波导屏蔽盒的尺寸。文献[93, 94]在微带线的弯曲处引入锯齿结构, 增强电磁场的局域性, 减少折线处的辐射损耗, 降低微带线间的耦合, 削弱传输线间的串扰。文献[95]研究了在两个平行金属线上刻蚀锯齿 SSPP 结构, 可以削弱甚至消除金属线间的串扰, 保持信号的完整性。文献[96, 97]将环行器中的微带线替换为锯齿 SSPP 结构，将导行波耦合为 SSPP 模式，增加了隔离度，降低了插入损耗。崔铁军院士团队[98, 99]通过将不同平面上的锯齿 SSPP 结构进行连接，使得 SSPP 可在不同层间传播，优化设计连接处的金属锯齿大小，使得其透射率与单层结构的透射率一样，将 SSPP 的应用场景拓展到多层片上器件。

2. 新型天线

由于波长短，SSPP 模式本质上是一种亚波长的导行波模式。对于导行波模式，可以通过周期调制等方式将束缚态的导行波耦合为自由空间波辐射出去，实现天线功能。例如，通过在周期性锯齿结构传输线附近引入周期性调制单元，可将 SSPP 模式高效耦合为自由空间波，定向辐射出去。根据互易性原理，这事实上是 SSPP 模式激发的逆过程，可应用于小型化频扫天线设计，是 SSPP 应用的一个重要方向。

文献[100]在共面波导之间的锯齿两侧引入周期性圆盘将 SSPP 耦合辐射出去，在此基础上，文献[101]在介质基板另一侧加入完美电导体或者人工磁导体，将介质基板一侧辐射的电磁波反射到介质基板另一侧，提高了天线主瓣的增益；文献[102-107]在共面波导的末端引入周期性 H 型、开口环将 SSPP 耦合辐射出去。文献[108]在波导端口引入周期性锯齿结构，将电磁波耦合辐射出去，之后文献[109-111]在波导端口引入锯齿 SSPP 结构，将电磁波耦合辐射并聚焦。文献[106]在共面波导间的锯齿上引入周期性微扰或者引入周期性锯齿变化，可在波导两侧定向辐射电磁波。文献[107，108]利用近场耦合的方法，实现了频率可调的多波束天线。文献[109-111]研究了共用一个辐射面的共面波导天线去耦问题，利用锯齿结构的高频截止特性，使得两个端口之间不会产生互扰。文献[112，113]采用单极子天线近场耦合馈电，解决了馈电匹配的问题，在末端引入渐变锯齿结构，端口处的 SSPP 模式的波矢接近于自由空间波，提高辐射效率，并通过共面设置控制天线的辐射方向图。文献[114，115]通过波导馈电在光栅表面激发 SSPP 模式，然后通过具有反相切向波矢的透射型相位梯度超表面解耦，实现电磁波的高效辐射。

3. 波束调控

SSPP 具有灵活可设计的色散特性，这意味着 SSPP 结构的相位和幅值特性也具有灵活的可设计性。基于此，采用周期性或准周期性的锯齿结构可以设计各种电磁波调控器件，通过调控各个锯齿结构的结构参数调控透射或反射电磁波的相位和幅值分布，可有效地控制电磁波的传播特性。SSPP 具有亚波长特性，频率越接近截止频率，其传播波矢就越来越远离自由空间的波矢，引起的积累相位也就越大，通过 SSPP 结构的空间波矢分布设计，可以实现空间相位分布设计，有效地控制电磁波传播方向、波阵面形状、极化方式和传播模式等。空军工程大学屈绍波教授团队[116,117]设计了一维透射系数相位梯度 SSPP 结构，实现了 9.0～13.0GHz 频段内的透射波束调控，如图 1.11 所示。文献[118-120]基于 SSPP 的准线性色散区，设计了带宽约为 1.0GHz 的消色差平板器件，包括消色差的异常透射、异常反射和透镜。文献[121-123]利用锯齿结构的各向异性，设计了双折射器件和四分之一波片。文献[124]将共面波导的锯齿结构弯曲，在锯齿内侧引入周期性圆盘，辐射出去的电磁波沿圆周方向具有渐变的相位延迟，从而可以产生涡旋波。文献 [125]利用周期性锯齿结构排列，将自由空间波耦合为垂直方向的表面波，再利用水平方向的相位梯度将垂直方向的表面波耦合为水平方向的表面波。

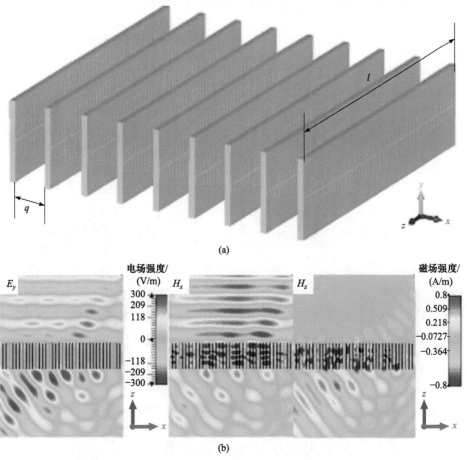

图 1.11　透射波束调控[116,117]：(a) 相位梯度结构；(b) 场分布图

4. 吸波材料

SSPP 在其截止频率附近具有强色散，强色散一般伴随强损耗，利用 SSPP 的

这一特性,可进行吸波材料或吸波结构设计。随着频率越来越靠近截止频率,SSPP 的色散急剧增大,尤其是在截止频率附近,色散显著增强,其群速逐渐趋近于零,导致电磁波局域在十分狭小的空间,介质中的损耗随之增强,导致截止频率附近的电磁波几乎被吸收掉,而 SSPP 的色散强度、截止频率均可通过结构尺寸的调控来改变,因此基于 SSPP 可实现定制化的宽带吸波材料或结构。文献[126]在分析 SSPP 色散特性与吸波性能的关系的基础上,通过对锯齿结构高度的调节,设计并实现了 7.6~14.7GHz 的宽带吸波结构和 7.6~9.5GHz、11.9~14.7GHz 的双带吸波结构,如图 1.12 所示。文献[127]将介质基板替换为具有介电常量热可调的强损耗纯净水,理论上可实现 3~16GHz 的宽带吸波性能。

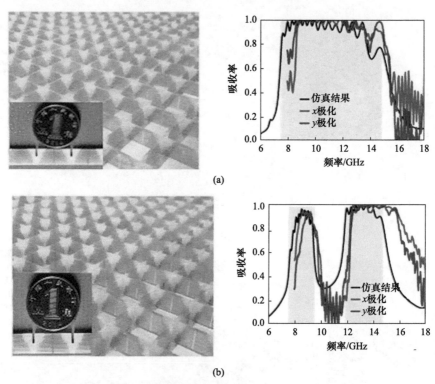

图 1.12　SSPP 吸波结构: (a) 宽带吸波结构; (b) 双带吸波结构

1.3　人工表面等离激元的色散特性及调控

1.3.1　色散调控

根据狭义相对论,物质运动规律遵循因果律。受限于因果律,除真空外,任何从物理上可实现的电磁介质都是色散的[133-148, 151],包括自然材料、人工电介质[152]、电磁超材料[153]、左右手复合传输线[154]等。不同电磁介质的色散不存在有无之分，只存在强弱之分。在进行电磁器件设计和电磁信号处理时要考虑电磁介质的色散特性。色散会导致工作带宽窄、损耗大、信号畸变、色差等难以克服的问题，所以电磁介质的色散大都被看作是不良效应，在很多情况下应该尽量减小或消除。

万物都是矛盾的统一体，皆具有两面性。事实上，对色散特性进行人工调控并合理利用，可使其发挥积极作用。尤其是对物理尺度恒定的电磁介质，其电尺度随着工作频率变化，若保证其在宽带内工作，则必须借助于色散设计，合理利用色散可进行宽带/小型化电磁介质、消色差器件等的设计。例如，基于低 Q 值对亚波长结构进行色散调控，可实现宽带电磁吸收[155]；通过各向异性表面阻抗的色散调控，可实现超宽带极化转换[156]；通过对超材料等效电磁参数进行色散设计，可实现宽带、低损耗太赫兹频率选择表面[157]；通过慢波传输线的群延迟色散(group delay dispersion, GDD)设计，可消除信号畸变、增大信噪比[158]；等等。所以，基于色散调控可对电磁波的幅值、相位、极化等特性进行灵活调制，在通信、电子对抗等领域具有极为重要的应用前景。如何进行高效灵活的色散调控已经成为光电子学、太赫兹技术、微波技术等领域的研究热点和前沿[159-161]。

色散调控(dispersion engineering)包括时间色散调控和空间色散调控。时间色散调控是指对群延迟时间进行色散设计，即延迟时间随时间频率的变化曲线[162] (τ_g-ω 曲线)。空间色散调控进行空间频率 k[163]的空间分布设计，即 k 随空间位置的变化曲线[116](k_z-z 曲线)。电磁介质的电磁响应可用其传输函数来表示，即 $T(\omega) = T(\omega)\mathrm{e}^{\mathrm{j}\phi(\omega)}$，其中 $T(\omega)$ 和 $\phi(\omega)$ 都是时间频率 ω 的函数，分别表示传输函数的幅值和相位。为实现高效色散调控，理想情况下要保证传输幅值 $T(\omega) = 1$，即要保证激发界面上的波矢匹配，可通过空间渐变波矢实现匹配。假设电磁波在介质中沿 z 轴传播，此时需要进行空间频率 k 沿 z 轴的空间分布设计。对 k 用泰勒级数展开 $k(z) = k_0 + \left.\dfrac{\partial k}{\partial z}\right|_{z_0}(z-z_0) + \dfrac{1}{2}\left.\dfrac{\partial^2 k}{\partial z^2}\right|_{z_0}(z-z_0)^2 + \cdots$，其中 k_0 表示 $z = z_0$ 处的空间频率。通过对 $\partial k / \partial z$ 和 $\partial^2 k / \partial z^2$ 的调控，可补偿空间波与介质中电磁模式的波矢差，实现波矢匹配，减小界面反射。所以，空间色散调控是进行高效色散调控的基础。由于电磁波的空间频率 k 随空间位置变化，空间色散调控要求电磁介质中电磁模式的色散特性具有可重构性。对于时间色散调控，当传输幅值恒定时，将传输相位用泰勒级数展开[165] $\phi(\omega) = -\tau_p\omega_0 - \tau_g(\omega - \omega_0) - (1/2)\mathrm{GDD}(\omega - \omega_0)^2 + \cdots$，其中，$\tau_p = -\left.\dfrac{\phi}{\omega}\right|_{\omega_0}$，$\tau_g = -\left.\dfrac{\partial\phi}{\partial\omega}\right|_{\omega_0}$，$\mathrm{GDD} = \dfrac{1}{2}\left.\dfrac{\partial^2\phi}{\partial\omega^2}\right|_{\omega_0}$。时间色散调控须满足 $\mathrm{GDD} \neq 0$，所以，时间色散调控要求电磁介质中的电磁模式具有非线性色散曲线。具有

非线性色散曲线的电磁模式以及能够高效激发这种电磁模式的介质是实现空间/时间色散调控的物质前提。

　　正是因为如此,研究者们致力于寻求能够激发这种电磁模式的电磁介质。针对导行波调制,陆续提出了基于左右手复合传输线[164-166]、弯折微带线[167]、宽边耦合弯折微带线[168]、耦合谐振子[169]、交叉耦合谐振结构[170]、谐振型传输线[171]等,通过改变结构参数调控导行波色散特性,进行高性能漏波天线[172]、小型化滤波器[173]等的设计。针对空间波调制,研究者们对电磁超表面开展大量的研究[174-183]。超表面是由超材料结构单元二维阵列构成的人工表面,突破了传统反射/折射定律的约束[174-176],可对空间波的传播方向[177-179]、极化[181,182]、幅值[156]等进行调控。由于超表面结构单元洛伦兹(Lorentz)共振模式引起了强色散,因此其工作带宽一般很窄;利用低 Q 值设计[183,184]或几何相位设计[185]可拓展超表面的带宽,有效提升吸波材料[184]、频率选择表面[157]等的性能;但是对于反射/透射波束的方向调控等应用,由于相位梯度在工作频段内基本为恒定值,因此反射/折射方向随频率变化,产生严重的色差(如图 1.13 所示)[185],不利于其在宽带平板反射阵列天线、波束调控天线罩等的应用。为了实现对空间波的宽带调控,仍需要探索基于其他机理的空间波调制技术。考虑电磁介质薄层化和微波器件小型化,最好基于慢波模式对空间波进行调制。所以,通过色散调控实现空间波调制,首先要寻找能够通过空间波激发的、具有非线性色散曲线的慢波模式。

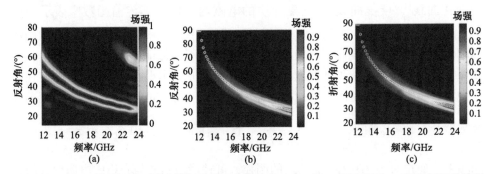

图 1.13　垂直入射下超表面波束偏折角随频率的变化:(a) 低 Q 值反射型;(b) 几何相位梯度反射型;(c) 几何相位梯度透射型

1.3.2　人工表面等离激元色散调控

　　SSPP 是通过人工电磁介质在微波频段激发的类表面等离激元模式[175],是 SPP 在微波频段的延伸和拓展。类似于光频段 SPP,SSPP 可将电磁波约束在亚波长范围内进行传输和操控。更为重要的是,SSPP 模式是一种具有非线性色散曲线的慢波模式,由低频段的弱色散区和高频段的强色散区构成,如图 1.14 所示,具有丰富的色散特性，并且其色散曲线具有可设计性，是实现空间波调制的理想电磁模式。

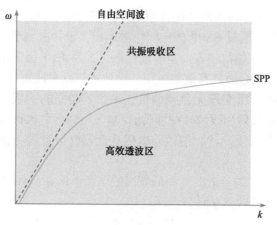

图 1.14　人工表面等离激元的色散曲线

基于 SSPP 色散调控在时域、空域、能量域、极化域等对电磁波进行调控，具有极为重要的应用价值。从时空维度看，SSPP 色散调控可分为时间色散调控[8]和空间色散调控，其中空间色散调控包括纵向空间色散调控和横向空间色散调控。

纵向空间色散调控主要进行宽频内的幅度、相位和极化特性调制。幅度调制通过在传播方向上进行 SSPP 空间频率 k_z 的空间分布设计，实现与自由空间的波矢匹配，使自由空间波高效耦合为 SSPP 模式。相位调制通过 SSPP 在介质中的传播累积，在长度为 L 的耦合介质中产生的累积相位为 $\phi(\omega)=\int_0^L k_{\mathrm{SPP}}(\omega,z)\mathrm{d}z$ ，SSPP 的等效空间频率为 $k_{\mathrm{SPP,eff}}(\omega)=\dfrac{1}{L}\int_0^L k_{\mathrm{SPP}}(\omega,z)\mathrm{d}z$ ，这表明 SSPP 的色散曲线不仅可通过耦合介质的结构/电磁参数调节，还可通过纵向空间色散设计进行调节。由此可见，纵向空间色散调控不仅在宽频带内保证 SSPP 的高效激发，而且在宽频带内对 SSPP 色散曲线进行调节，增大了色散调控的自由度。极化调控利用纵向耦合 SSPP(longitudinally-coupled SSPP)在纵向上的各向异性来实现，交叉极化波在耦合介质中的相位差为 $\Delta\phi(\omega)=\int_0^L\left[k_{\mathrm{SPP}}^x(\omega,z)-k_{\mathrm{SPP}}^y(\omega,z)\right]\mathrm{d}z$ 。通过各向异性纵向空间色散设计，可同时调控 x 极化波和 y 极化波的透射率幅值以及二者的相位差，调制透射电磁波的极化特性。

横向空间色散调控主要进行传播方向调制。不同于电磁超表面通过电磁谐振相位突变或几何相位进行等效横向波矢设计，SSPP 横向空间色散调控通过 $k_{\mathrm{SPP,eff}}$ 的横向空间分布设计实现等效横向波矢。以 x 方向空间色散设计为例，$k_{\mathrm{SPP,eff}}$ 横向空间分布产生的等效横向波矢为 $k_{\parallel,\mathrm{eff}}(\omega,x)=\left[\partial k_{\mathrm{SPP,eff}}(\omega,x)L\right]/\partial x$。对于沿 z 轴垂直入射的空间波，透射波束偏折角度为 $\alpha(\omega)=\arcsin(k_{\parallel,\mathrm{eff}}/k_0)$。基于 SSPP 横向空间色散调控，一方面可对空间波束的频扫进行色差设计，另一方面也可进行消色差设计。例如，通过 SSPP 的空间色散调控，设计并实验验证了透射波束偏折角度与频率呈线性关系(超表面呈非线性渐进关系)的平板透镜[116]，在新型频扫天线、传感器设计等方面具有重要应用；设计了与频率成正比的等效横向波矢，实验验证了在宽频带可实现无色差偏折、聚焦等功能的平板透镜/反射板 [186]，解决了超表面反常反射/折射的色差问题。基于 SSPP 色散调控可实现灵活高效的空间波调制，在天线设计、消色差电磁功能器件设计等方面具有广阔的应用前景。

从频域看，SSPP 的色散曲线由低频段的弱色散区和高频段的强色散区构成，其色散调控包括以下三个方面。

1. 线性弱色散区调控

SSPP 弱色散区具有近似线性的色散曲线，这意味着其对应的等效折射率在宽频带近似为常数。对 SSPP 线性弱色散区的调控，可实现在宽频段内具有恒定电磁参数的人工电介质或人工磁体，并且等效电磁参数具有灵活的可设计性。如图 1.15 所示，通过对 SSPP 结构单元等效电磁参数的空间分布设计，可在宽频带内实现特定的透射或反射相位分布设计，对透射或反射电磁波的波阵面进行调控，在平板聚焦透镜、平板反射聚焦透镜、波束调控天线罩、隐身天线罩等方面具有重要应用。

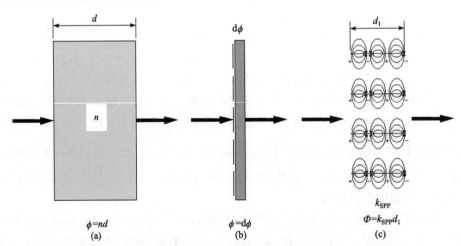

$$\phi=nd \qquad\qquad \phi=\mathrm{d}\phi \qquad\qquad \Phi=k_{\mathrm{SPP}}d_1$$
(a) (b) (c)

图 1.15　透射系数相位调控：(a) 传统电介质材料；(b) 超表面；(c) SSPP 结构单元

2. 非线性强色散区调控

SSPP 强色散区具有渐近线式的色散曲线，其等效折射率随着频率的增大发生剧烈的变化。强色散往往伴随着高损耗，通过对 SSPP 非线性色散区的调控可实现对电磁波的强吸收。另外，通过对 SSPP 色散和损耗的折中设计，利用 SSPP 的强色散特性还可使反射/透射雷达信号产生畸变[129-131]，如图 1.16 所示。所以，SSPP 强色散区调控在超宽带吸波结构、低雷达散射截面(radar cross section, RCS)天线、实时模拟信号波形调制等方面具有重要应用。

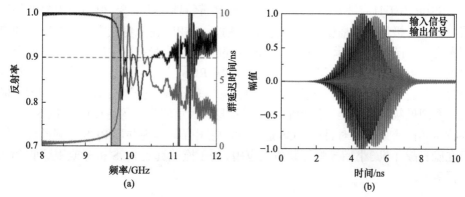

图 1.16　SSPP 结构的强色散造成强吸收和时域波形畸变：(a) 强色散区的反射率和群延迟时间(ns)；(b) 输入和输出波形

3. 线性-非线性色散综合调控

通过对 SSPP 线性和非线性色散区的综合调控，调节相邻两个频段的电磁传输特性，使人工电磁介质在相邻两个频段表现出迥异的电磁传输/吸波性能，如图 1.17 所示，实现透波-吸波一体化的多功能隐身材料，在带外吸波隐身天线罩、低 RCS 天线及天线阵等方面具有巨大的应用潜力。

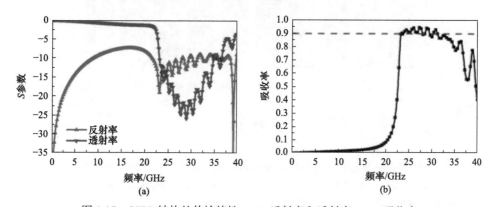

图 1.17　SSPP 结构的传输特性：(a) 反射率和透射率；(b) 吸收率

1.3.3　人工表面等离激元色散调控在隐身技术中的应用

以 SSPP 强-弱色散综合调控为例，利用其强色散损耗特性实现对特定频段电磁波的吸收，缩减透波区和吸波区之间的过渡带，同时保证透波区电磁波高效透过，在隐身天线罩设计中具有极为重要的应用价值。一方面 SSPP 由于波长短，可在更小的厚度内对电磁波进行操控，有利于隐身材料薄层化设计；另一方面 SSPP 由于强色散特性，吸收区和透波区之间过渡带很窄，有利于兼顾带内高通透和带外高吸收。

SSPP 由于具有波长短、色散强、损耗高等特性，基于 SSPP 可对电磁波的幅值、相位、极化、传播模式等进行灵活调控，SSPP 在隐身技术中具有巨大的应用潜力，如图 1.18 所示。例如，SSPP 色散调控在隐身技术中应用时包括两个对立统一的方面："隐真"和"示假"。在缩减 RCS 方面，通过多种隐身机理复合兼容设计，逼近隐身材料和隐身结构在"薄、轻、宽、强"技术指标上的理论极限，实现低频隐身、涵盖低频的超宽频隐身、大角域隐身等。在增强 RCS 方面，在特定频段或角域内对目标 RCS 进行针对性增强，实现共形 RCS 增强器件，便于在隐身战斗机、小型导弹等装备上应用，用于掩盖真实 RCS 指标或跟踪低 RCS 目标等。

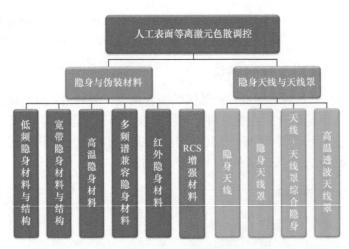

图 1.18　人工表面等离激元色散调控在隐身技术中的应用

参 考 文 献

[1] Ritchie R H. Plasma losses by fast electrons in thin films[J]. Physical Review, 1957, 106(5): 874.

[2] Barnes W L, Dereux A, Ebbesen T W. Surface plasmon subwavelength optics[J]. Nature, 2003, 424(6950): 824.

[3] Maier S A. Plasmonics: Fundamentals and Applications[M]. New York: Springer Science & Business Media, 2007.

[4] Pendry J B, Martin-Moreno L, Garcia-Vidal F J. Mimicking surface plasmons with structured surfaces[J]. Science, 2004, 305(5685): 847-848.

[5] Garcia-Vidal F J, Martin-Moreno L, Pendry J B. Surfaces with holes in them: new plasmonic metamaterials[J]. Journal of Optics A: Pure and Applied Optics, 2005, 7(2): S97.

[6] Garcia-Vidal F J, Martin-Moreno L. Transmission and focusing of light in one-dimensional periodically nanostructured metals[J]. Physical Review B, 2002, 66(15): 155412.

[7] Welford K R, Sambles J R. Coupled surface plasmons in a symmetric system[J]. Journal of Modern Optics, 1988, 35(9): 1467-1483.

[8] Zia R, Selker M D, Catrysse P B, et al. Geometries and materials for subwavelength surface plasmon modes[J]. JOSA A, 2004, 21(12): 2442-2446.

[9] Dionne J A, Sweatlock L A, Atwater H A, et al. Plasmon slot waveguides: towards chip-scale propagation with subwavelength-scale localization[J]. Physical Review B, 2006, 73(3): 035407.

[10] Kats M A, Woolf D, Blanchard R, et al. Spoof plasmon analogue of metal-insulator-metal waveguides[J]. Optics Express, 2011, 19(16): 14860-14870.

[11] 王振林. 表面等离激元研究新进展[J]. 物理学进展, 2009, (3): 287-324.

[12] Kretschmann E, Raether H. Radiative decay of non radiative surface plasmons excited by light[J]. Zeitschrift für Naturforschung A, 1968, 23(12): 2135-2136.

[13] Otto A. Excitation of nonradiative surface plasma waves in silver by the method of frustrated total reflection[J]. Zeitschrift für Physik A Hadrons and Nuclei, 1968, 216(4): 398-410.

[14] Hecht B, Bielefel H, Novotny L, et al. Local excitation, scattering, and interference of surface plasmons[J]. Physics Review Letter, 1996, 77(9): 1889-1892.

[15] Yin L, Vlasko-Vlasov V K, Pearson J, et al. Subwavelength focusing and guiding of surface plasmons[J]. Nano Letters, 2005, 5(7): 1399-1402.

[16] Liu Z, Steele J M, Srituravanich W, et al. Focusing surface plasmons with a plasmonic lens[J]. Nano Letters, 2005, 5(9): 1726-1729.

[17] Hohenau A, Krenn J R, Stepanov A L, et al. Dielectric optical elements for surface plasmons[J]. Optics Letters, 2005, 30(8): 893-895.

[18] Ebbesen T W, Lezec H J, Ghaemi H F, et al. Extraordinary optical transmission through sub-wavelength hole arrays[J]. Nature, 1998, 391(6668): 667.

[19] Barnes W L, Murray W A, Dintinger J, et al. Surface plasmon polaritons and their role in the enhanced transmission of light through periodic arrays of subwavelength holes in a metal film[J]. Physical Review Letters, 2004, 92(10): 107401.

[20] Thio T, Pellerin K M, Linke R A, et al. Enhanced light transmission through a single subwavelength aperture[J]. Optics Letters, 2001, 26(24): 1972-1974.

[21] Lezec H J, Degiron A, Devaux E, et al. Beaming light from a subwavelength aperture[J]. Science, 2002, 297(5582): 820-822.

[22] Martin-Moreno L, Garcia-Vidal F J, Lezec H J, et al. Theory of highly directional emission from a single subwavelength aperture surrounded by surface corrugations[J]. Physical Review

Letters, 2003, 90(16): 167401.

[23] Sönnichsen C, Geier S, Hecker N E, et al. Spectroscopy of single metallic nanoparticles using total internal reflection microscopy[J]. Applied Physics Letters, 2000, 77(19): 2949-2951.

[24] Klar T, Perner M, Grosse S, et al. Surface-plasmon resonances in single metallic nanoparticles[J]. Physical Review Letters, 1998, 80(19): 4249.

[25] Markel V A, Shalaev V M, Zhang P, et al. Near-field optical spectroscopy of individual surface-plasmon modes in colloid clusters[J]. Physical Review B, 1999, 59(16): 10903.

[26] Mikhailovsky A A, Petruska M A, Stockman M I, et al. Broadband near-field interference spectroscopy of metal nanoparticles using a femtosecond white-light continuum[J]. Optics Letters, 2003, 28(18): 1686-1688.

[27] Rivas J G, Kuttge M, Kurz H, et al. Low-frequency active surface plasmon optics on semiconductors[J]. Applied Physics Letters, 2006, 88(8): 082106.

[28] Rivas J G, Kuttge M, Bolivar P H, et al. Propagation of surface plasmon polaritons on semiconductor gratings[J]. Physical Review Letters, 2004, 93(25): 256804.

[29] Sievenpiper D, Zhang L, Broas R F J, et al. High-impedance electromagnetic surfaces with a forbidden frequency band[J]. IEEE Transactions on Microwave Theory and Techniques, 1999, 47(11): 2059-2074.

[30] Lockyear M J, Hibbins A P, Sambles J R. Microwave surface-plasmon-like modes on thin metamaterials[J]. Physical Review Letters, 2009, 102(7): 073901.

[31] Hibbins A P, Lockyear M J, Sambles J R. Otto coupling to a transverse-electric-polarized mode on a metamaterial surface[J]. Physical Review B, 2011, 84(11): 115130.

[32] Hibbins A P, Lockyear M J, Hooper I R, et al. Waveguide arrays as plasmonic metamaterials: transmission below cutoff[J]. Physical Review Letters, 2006, 96(7): 073904.

[33] Hibbins A P, Sambles J R, Lawrence C R. Grating-coupled surface plasmons at microwave frequencies[J]. Journal of Applied Physics, 1999, 86(4): 1791-1795.

[34] Stone E K, Hendry E. Dispersion of spoof surface plasmons in open-ended metallic hole arrays[J]. Physical Review B, 2011, 84(3): 035418.

[35] Hendry E, Hibbins A P, Sambles J R. Importance of diffraction in determining the dispersion of designer surface plasmons[J]. Physical Review B, 2008, 78(23): 235426.

[36] Tian L, Liu J, Zhou K, et al. Negative-index dispersion and accidental mode degeneracy in an asymmetric spoof-insulator-spoof waveguide[J]. Chinese Physics B, 2017, 26(7): 078401.

[37] Yang J, Zhao M, Liu L, et al. Analysis of the symmetric and anti-symmetric modes in spoof-insulator-spoof waveguides[J]. Journal of the Physical Society of Japan, 2017, 86(6): 064401.

[38] Camacho M, Mitchell-Thomas R C, Hibbins A P, et al. Designer surface plasmon dispersion on a one-dimensional periodic slot metasurface with glide symmetry[J]. Optics Letters, 2017, 42(17): 3375-3378.

[39] Liu L, Li Z, Xu B, et al. Ultra-low-loss high-contrast gratings based spoof surface plasmonic waveguide[J]. IEEE Transactions on Microwave Theory and Techniques, 2017, 65(6): 2008-2018.

[40] Li Z, Liu L, Xu B, et al. High-contrast gratings based spoof surface plasmons[J]. Scientific Reports, 2016, 6: 21199.

[41] Li Z, Xu B, Liu L, et al. Localized spoof surface plasmons based on closed subwavelength high contrast gratings: concept and microwave-regime Realizations[J]. Scientific Reports, 2016, 6: 27158.

[42] Moghaddam M A K, Ahmadi-Boroujeni M. Design of a hybrid spoof plasmonic sub-terahertz waveguide with low bending loss in a broad frequency band[J]. Optics Express, 2017, 25(6): 6860-6873.

[43] Kim S H, Oh S S, Kim K J, et al. Subwavelength localization and toroidal dipole moment of spoof surface plasmon polaritons[J]. Physical Review B, 2015, 91(3): 035116.

[44] Li Z, Liu L, Sun H, et al. Effective surface plasmon polaritons induced by modal dispersion in a waveguide[J]. Physical Review Applied, 2017, 7(4): 044028.

[45] Li Z, Sun Y, Wang K, et al. Tuning the dispersion of effective surface plasmon polaritons with multilayer systems[J]. Optics Express, 2018, 26(4): 4686-4697.

[46] Gan Q, Fu Z, Ding Y J, et al. Ultrawide-bandwidth slow-light system based on THz plasmonic graded metallic grating structures[J]. Physical Review Letters, 2008, 100(25): 256803.

[47] Gan Q, Ding Y J, Bartoli F J. "Rainbow" trapping and releasing at telecommunication wavelengths[J]. Physical Review Letters, 2009, 102(5): 056801.

[48] Liu L, Li Z, Xu B, et al. High-efficiency transition between rectangular waveguide and domino plasmonic waveguide[J]. Aip Advances, 2015, 5(2): 027105.

[49] Martin-Cano D, Nesterov M L, Fernandez-Dominguez A I, et al. Plasmons for subwavelength terahertz circuitry[J]. Optics Express, 2010, 18(2): 754-764.

[50] Hooper I R, Tremain B, Dockrey J A, et al. Massively sub-wavelength guiding of electromagnetic waves[J]. Scientific Reports, 2014, 4: 7495.

[51] Islam M, Kumar G. Terahertz surface plasmons propagation through periodically tilted pillars and control on directional properties[J]. Journal of Physics D: Applied Physics, 2016, 49(43): 435104.

[52] Ye L, Xiao Y, Liu N, et al. Plasmonic waveguide with folded stubs for highly confined terahertz propagation and concentration[J]. Optics Express, 2017, 25(2): 898-906.

[53] Sun S, He Q, Xiao S, et al. Gradient-index meta-surfaces as a bridge linking propagating waves and surface waves[J]. Nature Materials, 2012, 11(5): 426-431.

[54] Yu N, Genevet P, Kats M A, et al. Light propagation with phase discontinuities: generalized laws of reflection and refraction[J]. Science, 2011, 334(6054): 333-337.

[55] Wang J, Qu S, Ma H, et al. High-efficiency spoof plasmon polariton coupler mediated by gradient metasurfaces[J]. Applied Physics Letters, 2012, 101(20): 201104.

[56] Sun W, He Q, Sun S, et al. High-efficiency surface plasmon meta-couplers: concept and microwave-regime realizations[J]. Light: Science & Applications, 2016, 5(1): e16003.

[57] Chen H, Ma H, Wang J, et al. Broadband spoof surface plasmon polariton couplers based on transmissive phase gradient metasurface[J]. Journal of Physics D: Applied Physics, 2017, 50(37): 375104.

[58] Dong G, Shi H, He Y, et al. Wideband helicity dependent spoof surface plasmon polaritons coupling metasurface based on dispersion design[J]. Scientific Reports, 2016, 6: 38460.

[59] Shen X P, Cui T J, Martin-Canob D, et al. Conformal surface plasmons propagating on ultrathin and flexible film[J]. Proceedings of the National Academy of Science, 2013, 110(1): 40-45.

[60] Shen X P, Jun Cui T. Planar plasmonic metamaterial on a thin film with nearly zero thickness[J]. Applied Physics Letters, 2013, 102(21): 211909.

[61] Ma H F, Shen X, Cheng Q, et al. Broadband and high‐efficiency conversion from guided waves to spoof surface plasmon polaritons[J]. Laser & Photonics Reviews, 2014, 8(1): 146-151.

[62] Zhang H C, Liu S, Shen X, et al. Broadband amplification of spoof surface plasmon polaritons at microwave frequencies[J]. Laser & Photonics Reviews, 2015, 9(1): 83-90.

[63] Liu L, Li Z, Xu B, et al. Fishbone-like high-efficiency low-pass plasmonic filter based on double-layered conformal surface plasmons[J]. Plasmonics, 2017, 12(2): 439-444.

[64] Gao X, Shi J H, Ma H F, et al. Dual-band spoof surface plasmon polaritons based on composite-periodic gratings[J]. Journal of Physics D: Applied Physics, 2012, 45(50): 505104.

[65] Gao X, Shi J H, Shen X, et al. Ultrathin dual-band surface plasmonic polariton waveguide and frequency splitter in microwave frequencies[J]. Applied Physics Letters, 2013, 102(15): 151912.

[66] Zhou Y J, Yang X X, Cui T J. A multidirectional frequency splitter with band-stop plasmonic filters[J]. Journal of Applied Physics, 2014, 115(12): 123105.

[67] Zhang Q, Xiao J J, Han D, et al. Microwave band gap and cavity mode in spoof-insulator-spoof waveguide with multiscale structured surface[J]. Journal of Physics D: Applied Physics, 2015, 48(20): 205103.

[68] Woolf D, Kats M A, Capasso F. Spoof surface plasmon waveguide forces[J]. Optics Letters, 2014, 39(3): 517-520.

[69] Ye L, Xiao Y, Liu Y, et al. Strongly confined spoof surface plasmon polaritons waveguiding enabled by planar staggered plasmonic waveguides[J]. Scientific Reports, 2016, 6: 38528.

[70] Zhang Y, Zhang P, Han Z. One-dimensional spoof surface plasmon structures for planar terahertz photonic integration[J]. Journal of Lightwave Technology, 2015, 33(18): 3796-3800.

[71] Liu X, Zhu L, Wu Q, et al. Highly-confined and low-loss spoof surface plasmon polaritons structure with periodic loading of trapezoidal grooves[J]. AIP Advances, 2015, 5(7): 077123.

[72] Xu J, Li Z, Liu L, et al. Low-pass plasmonic filter and its miniaturization based on spoof surface plasmon polaritons[J]. Optics Communications, 2016, 372: 155-159.

[73] Martin-Cano D, Quevedo-Teruel O, Moreno E, et al. Waveguided spoof surface plasmons with deep-subwavelength lateral confinement[J]. Optics Letters, 2011, 36(23): 4635-4637.

[74] Tian L, Liu J, Zhou K, et al. Investigation of mechanism: spoof SPPs on periodically textured metal surface with pyramidal grooves[J]. Scientific Reports, 2016, 6: 32008.

[75] Zhou Y J, Yang B J. Planar spoof plasmonic ultra-wideband filter based on low-loss and compact terahertz waveguide corrugated with dumbbell grooves[J]. Applied Optics, 2015, 54(14): 4529-4533.

[76] Liu L, Yang C, Yang J, et al. Spoof surface plasmon polaritons on ultrathin metal strips: from rectangular grooves to split-ring structures[J]. JOSA B, 2017, 34(6): 1130-1134.

[77] Pantoja M F, Jiang Z H, Werner P L, et al. On the use of subwavelength radial grooves to support spoof surface-plasmon-polariton waves[J]. IEEE Microwave and Wireless Components Letters, 2016, 26(11): 861-863.

[78] Zhang D, Zhang K, Wu Q, et al. High-efficiency surface plasmonic polariton waveguides with enhanced low-frequency performance in microwave frequencies[J]. Optics Express, 2017, 25(3): 2121-2129.

[79] Tang X L, Zhang Q, Hu S, et al. Capacitor-loaded spoof surface plasmon for flexible dispersion control and high-selectivity filtering[J]. IEEE Microwave and Wireless Components Letters, 2017, 27(9): 806-808.

[80] Navarro-Cía M, Beruete M, Agrafiotis S, et al. Broadband spoof plasmons and subwavelength electromagnetic energy confinement on ultrathin metafilms[J]. Optics Express, 2009, 17(20): 18184-18195.

[81] Yang Y, Chen H, Xiao S, et al. Ultrathin 90-degree sharp bends for spoof surface plasmon polaritons[J]. Optics Express, 2015, 23(15): 19074-19081.

[82] Zhou Y J, Xiao Q X. Electronically controlled rejections of spoof surface plasmons polaritons[J]. Journal of Applied Physics, 2017, 121(12): 123109.

[83] Zhao S, Zhang H C, Zhao J, et al. An ultra-compact rejection filter based on spoof surface plasmon polaritons[J]. Scientific Reports, 2017, 7(1): 10576.

[84] Zhang Q, Zhang H C, Yin J Y, et al. A series of compact rejection filters based on the interaction between spoof SPPs and CSRRs[J]. Scientific Reports, 2016, 6: 28256.

[85] Xu J, Zhang H C, Tang W, et al. Transmission-spectrum-controllable spoof surface plasmon polaritons using tunable metamaterial particles[J]. Applied Physics Letters, 2016, 108(19): 191906.

[86] Pan B C, Liao Z, Zhao J, et al. Controlling rejections of spoof surface plasmon polaritons using metamaterial particles[J]. Optics Express, 2014, 22(11): 13940-13950.

[87] Liao Z, Shen X, Pan B C, et al. Combined system for efficient excitation and capture of LSP resonances and flexible control of SPP transmissions[J]. ACS Photonics, 2015, 2(6): 738-743.

[88] Xu B, Li Z, Liu L, et al. Tunable band-notched coplanar waveguide based on localized spoof surface plasmons[J]. Optics Letters, 2015, 40(20): 4683-4686.

[89] Joy S R, Erementchouk M, Mazumder P. Spoof surface plasmon resonant tunneling mode with high quality and Purcell factors[J]. Physical Review B, 2017, 95(7): 075435.

[90] Xu B, Li Z, Liu L, et al. Bandwidth tunable microstrip band-stop filters based on localized spoof surface plasmons[J]. JOSA B, 2016, 33(7): 1388-1391.

[91] Yin J Y, Cui T J. Frequency selective characteristic based on coupled spoof surface plasmon polaritons[C]. Advanced Materials and Processes for RF and THz Applications (IMWS-AMP), 2016 IEEE MTT-S International Microwave Workshop Series on. IEEE, 2016: 1-3.

[92] Zhang H C, Tang W X, Xu J, et al. Reduction of shielding-box volume using SPP-like transmission lines[J]. IEEE Transactions on Components, Packaging and Manufacturing Technology, 2017, 7(9): 1486-1492.

[93] Tang W X, Zhang H C, Liu J F, et al. Reduction of radiation loss at small-radius bend using

spoof surface plasmon polariton transmission line[J]. Scientific Reports, 2017, 7: 41077.

[94] Wu J J, Hou D J, Liu K, et al. Differential microstrip lines with reduced crosstalk and common mode effect based on spoof surface plasmon polaritons[J]. Optics Express, 2014, 22(22): 26777-26787.

[95] Zhang H C, Cui T J, Zhang Q, et al. Breaking the challenge of signal integrity using time-domain spoof surface plasmon polaritons[J]. ACS Photonics, 2015, 2(9): 1333-1340.

[96] Qiu T, Wang J, Li Y, et al. Broadband circulator based on spoof surface plasmon polaritons[J]. Journal of Physics D: Applied Physics, 2016, 49(35): 355002.

[97] Qiu T, Wang J, Li Y, et al. Circulator based on spoof surface plasmon polaritons[J]. IEEE Antennas and Wireless Propagation Letters, 2017, 16: 821-824.

[98] Pan B C, Zhang H C, Cui T J. Multilayer transmissions of spoof surface plasmon polaritons for multifunctional applications[J]. Advanced Materials Technologies, 2017, 2(1): 1600159.

[99] Pan B C, Zhao J, Liao Z, et al. Multi-layer topological transmissions of spoof surface plasmon polaritons[J]. Scientific Reports, 2016, 6: 22702.

[100] Yin J Y, Ren J, Zhang Q, et al. Frequency-controlled broad-angle beam scanning of patch array fed by spoof surface plasmon polaritons[J]. IEEE Transactions on Antennas and Propagation, 2016, 64(12): 5181-5189.

[101] Zhang Q L, Zhang Q, Chen Y. Spoof surface plasmon polariton leaky-wave antennas using periodically loaded patches above PEC and AMC ground planes[J]. IEEE Antennas and Wireless Propagation Letters, 2017, 16: 3014-3017.

[102] Xu J J, Yin J Y, Zhang H C, et al. Compact feeding network for array radiations of spoof surface plasmon polaritons[J]. Scientific Reports, 2016, 6: 22692.

[103] Xu J J, Zhang H C, Zhang Q, et al. Efficient conversion of surface-plasmon-like modes to spatial radiated modes[J]. Applied Physics Letters, 2015, 106(2): 021102.

[104] Yin J Y, Zhang H C, Fan Y, et al. Direct radiations of surface plasmon polariton waves by gradient groove depth and flaring metal structure[J]. IEEE Antennas and Wireless Propagation Letters, 2016, 15: 865-868.

[105] Jaiswal R K, Pandit N, Pathak N P. Design, analysis, and characterization of designer surface plasmon polariton-based dual-band antenna[J]. Plasmonics, 2017, (4): 1-10.

[106] Kandwal A, Zhang Q, Tang X L, et al. Low-profile spoof surface plasmon polaritons traveling-wave antenna for near-endfire radiation[J]. IEEE Antennas and Wireless Propagation Letters, 2018, 17(2): 184-187.

[107] Yin J Y, Bao D, Ren J, et al. Endfire radiations of spoof surface plasmon polaritons[J]. IEEE Antennas and Wireless Propagation Letters, 2017, 16: 597-600.

[108] Panaretos A H, Werner D H. Spoof plasmon radiation using sinusoidally modulated corrugated reactance surfaces[J]. Optics Express, 2016, 24(3): 2443-2456.

[109] Kong G S, Ma H F, Cai B G, et al. Continuous leaky-wave scanning using periodically modulated spoof plasmonic waveguide[J]. Scientific Reports, 2016, 6: 29600.

[110] Xu J J, Jiang X, Zhang H C, et al. Diffraction radiation based on an anti-symmetry structure of spoof surface-plasmon waveguide[J]. Applied Physics Letters, 2017, 110(2): 021118.

[111] Pan B C, Cui T J. Broadband decoupling network for dual-band microstrip patch antennas[J]. IEEE Transactions on Antennas and Propagation, 2017, 65(10): 5595-5598.

[112] 韩亚娟, 张介秋, 李勇峰, 等. 基于微波表面等离激元的 360° 电扫描多波束天线[J]. 物理学报, 2016, 65(14): 147301.

[113] Han Y, Li Y, Ma H, et al. Multibeam antennas based on spoof surface plasmon polaritons mode coupling[J]. IEEE Transactions on Antennas and Propagation, 2017, 65(3): 1187-1192.

[114] Chen H, Ma H, Li Y, et al. Wideband frequency scanning spoof surface plasmon polariton planar antenna based on transmissive phase gradient metasurface[J]. IEEE Antennas and Wireless Propagation Letters, 2018, 17(3): 463-467.

[115] Fan Y, Wang J, Li Y, et al. Frequency scanning radiation by decoupling spoof surface plasmon polaritons via phase gradient metasurface[J]. IEEE Transactions on Antennas and Propagation, 2018, 66(1): 203-208.

[116] Li Y, Zhang J, Qu S, et al. k-dispersion engineering of spoof surface plasmon polaritons for beam steering[J]. Optics Express, 2016, 24(2): 842-852.

[117] Li Y, Ma H, Wang J, et al. High-efficiency tri-band quasi-continuous phase gradient metamaterials based on spoof surface plasmon polaritons[J]. Scientific Reports, 2017, 7: 40727.

[118] Yang J, Wang J, Li Y, et al. Broadband planar achromatic anomalous reflector based on dispersion engineering of spoof surface plasmon polariton[J]. Applied Physics Letters, 2016, 109(21): 211901.

[119] Yang J, Wang J, Li Y, et al. 2D achromatic flat focusing lens based on dispersion engineering of spoof surface plasmon polaritons: broadband and profile-robust[J]. Journal of Physics D: Applied Physics, 2018, 51(4): 045108.

[120] Yang J, Wang J, Feng M, et al. Achromatic flat focusing lens based on dispersion engineering of spoof surface plasmon polaritons[J]. Applied Physics Letters, 2017, 110(20): 203507.

[121] Li Y, Zhang J, Ma H, et al. Microwave birefringent metamaterials for polarization conversion based on spoof surface plasmon polariton modes[J]. Scientific Reports, 2016, 6: 34518.

[122] Li Y, Zhang J, Qu S, et al. High-efficiency polarization conversion based on spatial dispersion modulation of spoof surface plasmon polaritons[J]. Optics Express, 2016, 24(22): 24938-24946.

[123] Chen L, Ke X, Guo H, et al. Broadband wave plates made by plasmonic metamaterials[J]. Scientific Reports, 2018, 8(1): 1051.

[124] Yin J Y, Ren J, Zhang L, et al. Microwave vortex-beam emitter based on spoof surface plasmon polaritons[J]. Laser & Photonics Reviews, 2018, 12(3): 1600316.

[125] Meng Y, Ma H, Wang J, et al. Broadband spoof surface plasmon polaritons coupler based on dispersion engineering of metamaterials[J]. Applied Physics Letters, 2017, 111(15): 151904.

[126] Pang Y, Wang J, Ma H, et al. Spatial k-dispersion engineering of spoof surface plasmon polaritons for customized absorption[J]. Scientific Reports, 2016, 6: 29429.

[127] Gollub J N, Smith D R, Vier D C, et al. Experimental characterization of magnetic surface plasmons on metamaterials with negative permeability[J]. Physical Review B, 2005, 71(19): 195402.

[128] Pendry J B, Holden A J, Robbins D J, et al. Magnetism from conductors and enhanced nonlinear phenomena[J]. IEEE Transactions on Microwave Theory and Techniques, 1999, 47(11): 2075-2084.

[129] Wang Z, Wang J, Ma H, et al. High-efficiency real-time waveform modulator for free space waves based on dispersion engineering of spoof surface plasmon polaritons[J]. Journal of Physics D: Applied Physics, 2017, 50(21): 215104.

[130] Bozhevolnyi S I, Søndergaard T. General properties of slow-plasmon resonant nanostructures: nano-antennas and resonators[J]. Optics Express, 2007, 15(17): 10869-10877.

[131] Rao P R R, Datta S K. Estimation of conductivity losses in a helix slow-wave structure using eigen-mode solutions[C]. Vacuum Electronics Conference, 2008. IVEC 2008. IEEE International. IEEE, 2008: 99-100.

[132] Pendry J B, Holden A J, Stewart W J, et al. Extremely low frequency plasmons in metallic mesostructures[J]. Physical Review Letters, 1996, 76(25): 4773.

[133] Shelby R A, Smith D R, Schultz S. Experimental verification of a negative index of refraction[J]. Science, 2001, 292: 77-79.

[134] Baena J D, Marqués R, Medina F, et al. Artificial magnetic metamaterial design by using spiral resonators[J]. Physical Review B, 2004, 69(1): 014402.

[135] Caloz C, Itoh T. Application of the transmission line theory of left-handed (LH) materials to the realization of a microstrip "LH line"[C]. IEEE Antennas and Propagation Society International Symposium (IEEE Cat. No. 02CH37313), IEEE, 2002, 2: 412-415.

[136] Lai A, Itoh T, Caloz C. Composite right/left-handed transmission line metamaterials[J]. IEEE Microwave Magazine, 2004, 5(3): 34-50.

[137] Caloz C, Itoh T. Transmission line approach of left-handed (LH) materials and microstrip implementation of an artificial LH transmission line[J]. IEEE Transactions on Antennas and Propagation, 2004, 52(5): 1159-1166.

[138] Achouri K, Yahyaoui A, Gupta S, et al. Dielectric resonator metasurface for dispersion engineering[J]. IEEE Transactions on Antennas and Propagation, 2017, 65(2): 673-680.

[139] Gupta S, Caloz C. Analog signal processing in transmission line metamaterial structures[J]. Radioengineering, 2009, 18(2): 155-167.

[140] Gupta S, Sounas D, Zhang Q, et al. All‐pass dispersion synthesis using microwave C‐sections[J]. International Journal of Circuit Theory and Applications, 2014, 42(12): 1228-1245.

[141] Gupta S, Parsa A, Perret E, et al. Group-delay engineered noncommensurate transmission line all-pass network for analog signal processing[J]. IEEE Transactions on Microwave Theory and Techniques, 2010, 58(9): 2392-2407.

[142] Gupta S, Zhang Q, Zou L, et al. Generalized coupled-line all-pass phasers[J]. IEEE Transactions on Microwave Theory and Techniques, 2015, 63(3): 1007-1018.

[143] 张克潜, 李德杰. 微波与光电子学中的电磁理论[M]. 2 版. 北京: 电子工业出版社, 2001.

[144] Sommerfeld A, Brillouin L. Wave Propagation and Group Velocity[M]. New York: Academic Press Inc., 1960.

[145] Jackson J D. Classical Electrodynamics[M]. New York: John Wiley &Sons, Inc., 1999.

[146] Landy N I, Sajuyigbe S, Mock J J, et al. Perfect metamaterial absorber[J]. Physical Review Letters, 2008, 100(20): 207402.

[147] Shen X, Cui T J, Zhao J, et al. Polarization-independent wide-angle triple-band metamaterial absorber[J]. Optics Express, 2011, 19(10): 9401-9407.

[148] Ye D, Wang Z, Xu K, et al. Ultrawideband dispersion control of a metamaterial surface for perfectly-matched-layer-like absorption[J]. Physical Review Letters, 2013, 111(18): 187402.

[149] Suran G, Naili M, Niedoba H, et al. Magnetic and structural properties of Co-rich CoFeZr amorphous thin films[J]. Journal of Magnetism and Magnetic Materials, 1999, 192(3): 443-457.

[150] Koschny T, Kafesaki M, Economou E N, et al. Effective medium theory of left-handed materials[J]. Physical Review Letters, 2004, 93(10): 107402.

[151] Arfken G B. Mathematical Methods for Physicists[M]. 3rd ed. Orlando: Academic Press, 1985.

[152] Brown J, Jackson W. The properties of artificial dielectrics at centimetre wavelengths[J]. Proceedings of the IEE-Part B: Radio and Electronic Engineering, 1955, 102(1): 11-16.

[153] Smith D R, Padilla W J, Vier D C, et al. Composite medium with simultaneously negative permeability and permittivity[J]. Physical Review Letters, 2000, 84(18): 4184-4187.

[154] Eleftheriades G V, Iyer A K, Kremer P C. Planar negative refractive index media using periodically LC loaded transmission lines[J]. IEEE Transactions on Microwave Theory and Techniques, 2002, 50(12): 2702-2712.

[155] Yang J, Wang J F, Zheng X Z, et al. Broadband anomalous refractor based on dispersion engineering of spoof surface plasmon polaritons[J]. IEEE Transactions on Antennas and Propagation, 2021, 69(5): 3050-3055.

[156] 蒲明博. 亚波长结构材料的宽带频率响应特性研究[D]. 北京: 中国科学院大学, 2013.

[157] Jiang Z H, Yun S, Lin L, et al. Tailoring dispersion for broadband low-loss optical metamaterials using deep-subwavelength inclusions[J]. Scientific Reports, 2013, 3(1): 1-9.

[158] Caloz C, Gupta S, Zhang Q, et al. Analog signal processing: a possible alternative or complement to dominantly digital radio schemes[J]. IEEE Microwave Magazine, 2013, 14(6): 87-103.

[159] Säynätjoki A, Mulot M, Ahopelto J, et al. Dispersion engineering of photonic crystal waveguides with ring-shaped holes[J]. Optics Express, 2007, 15(13): 8323-8328.

[160] Wang Z, Zhang B, Deng H. Dispersion engineering for vertical microcavities using subwavelength gratings[J]. Physical Review Letters, 2015, 114(7): 073601.

[161] Caloz C, Itoh T. Electromagnetic Metamaterials: Transmission Line Theory and Microwave applications[M]. New York: John Wiley&Sons, Inc. , 2006.

[162] Jiang X, LIu B, Xu W, et al. Tailoring group delay dispersion of spatial phaser using anisotropic metasurface and polarized incident waves[J]. Advanced Optical Materials, 2023, 11: 2202844.

[163] Kong J A. Electromagnetic Wave Theory[M]. New York: EMW Publishing, 2008.

[164] 倪尔瑚. 材料科学中的谐振和色散[M]. 杭州: 浙江大学出版社, 2010.

[165] Eleftheriades G V, Balmain K G. Negative-refraction metamaterials: fundamental principles and applications[M]. New York: John Wiley & Sons, 2005.

[166] Ziolkowski R W, Jin P. Metamaterial-based dispersion engineering to achieve high fidelity output pulses from a log-periodic dipole array[J]. IEEE Transactions on Antennas and

Propagation, 2008, 56(12): 3619-3629.

[167] Gupta S, Sounas D L, Nguyen H V, et al. CRLH-CRLH C-section dispersive delay structures with enhanced group-delay swing for higher analog signal processing resolution[J]. IEEE Transactions on Microwave Theory and Techniques 2012, 60(2): 3939-3949.

[168] Horii Y, Gupta S, Nikfal B, et al. Multilayer broadside-coupled dispersive delay structures for analog signal processing[J]. IEEE Microwave and Wireless Components Letters, 2011, 22(1): 1-3.

[169] Hsu H T, Yao H W, Zaki K A, et al. Synthesis of coupled-resonators group-delay equalizers[J]. IEEE Transactions on Microwave Theory and Techniques, 2002, 50(8): 1960-1968.

[170] Zhang Q, Sounas D L, Caloz C. Synthesis of cross-coupled reduced-order dispersive delay structures(DDSs) with arbitrary group delay and controlled magnitude[J]. IEEE Transactions on Microwave Theory and Techniques, 2013, 61(3): 1043-1052.

[171] Siso G, Gil M, Aznar F, et al. Dispersion engineering with resonant‐type metamaterial transmission lines[J]. Laser & Photonics Reviews, 2009, 3(1-2): 12-29.

[172] Jackson D R, Caloz C, Itoh T. Leaky-wave antennas[J]. Proceedings of the IEEE, 2012, 100(7): 2194-2206.

[173] Zhang M. Design of miniaturized band-pass filter with composite right/left-handed transmission line[J]. Journal of Computer and Communications, 2015, 3(3): 44.

[174] Yang X M, Zhou X Y, Cheng Q, et al. Diffuse reflections by randomly gradient index metamaterials[J]. Optics Letters, 2010, 35(6): 808-810.

[175] Shi H G, Li J X, Zhang A X, et al. Gradient metasurface with both polarization-controlled directional surface wave coupling and anomalous reflection[J]. IEEE Antennas and Wireless Propagation Letters, 2015, 14: 104-107.

[176] Aieta F, Genevet P, Yu N, et al. Out-of-plane reflection and refraction of light by anisotropic optical antenna metasurfaces with phase discontinuities[J]. Nano Letters, 2012, 12(3): 1702-1706.

[177] Sun S, Yang K Y, Wang C M, et al. High-efficiency broadband anomalous reflection by gradient meta-surfaces[J]. Nano Letters, 2012, 12(12): 6223-6229.

[178] Wei Z, Cao Y, Su X, et al. Highly efficient beam steering with a transparent metasurface[J]. Optics Express, 2013, 21(9): 10739-10745.

[179] Li X, Xiao S, Cai B, et al. Flat metasurfaces to focus electromagnetic waves in reflection geometry[J]. Optics Letters, 2012, 37(23): 4940-4942.

[180] Shen Z, Jin B, Zhao J, et al. Design of transmission-type coding metasurface and its application of beam forming[J]. Applied Physics Letters, 2016, 109(12): 121103.

[181] Pu M, Chen P, Wang Y, et al. Anisotropic meta-mirror for achromatic electromagnetic polarization manipulation[J]. Applied Physics Letters, 2013, 102(13): 131906.

[182] Guo Y, Wang Y, Pu M, et al. Dispersion management of anisotropic metamirror for super-octave bandwidth polarization conversion[J]. Scientific Reports, 2015, 5(1): 1-7.

[183] Pu M, Chen P, Wang C, et al. Broadband anomalous reflection based on gradient low-Q meta-surface[J]. AIP Advances, 2013, 3(5): 052136.

[184] Feng Q, Pu M, Hu C, et al. Engineering the dispersion of metamaterial surface for broadband

infrared absorption[J]. Optics Letters, 2012, 37(11): 2133-2135.

[185] 李勇峰. 超表面的电磁波相位调制特性及其应用研究[D]. 西安: 空军工程大学, 2015.

[186] Zhu R, Wang J, Han Y, et al. Greedy-algorithm-empowered design of wideband achromatic beam deflector based on spoof surface plasmon polariton mode[J]. The European Physical Journal Plus, 2022, 137 (5): 566.

第2章 人工表面等离激元的基础理论与研究方法

人工表面等离激元(SSPP)作为一种典型的亚波长电磁模式,具有波长短、场局域增强、色散特性丰富等特点。了解 SSPP 的基本特性,首先要得到其色散曲线,然后根据设计需求有针对性地对其色散特性进行调控,以面向应用场景开发新型电磁功能器件。本章主要介绍了 SSPP 的基础理论和研究方法,包括 SSPP 的传播方程、场分布、幅值和相位特性、群速特性、损耗特性等,给出了最常用的仿真和实验方法。

2.1 人工表面等离激元的基础理论

2.1.1 传播方程

以二维周期性金属凹槽结构(简称为凹槽结构)为例,推导 SSPP 的传播方程。如图 2.1 所示为金属凹槽结构,其中 a 为凹槽的宽度,P 为周期,h 为凹槽深度。假设 TM 极化波沿 xOz 面入射到周期结构上,入射角为 θ,下面计算沿 x 方向传播的 SSPP 波矢与频率的色散关系曲线 $\omega(k_x)$。为了产生 SSPP,切向波矢必须满足 $k_x > \omega / c_0$,电磁波被约束在凹槽结构表面,激发亚波长的 SSPP 模式。

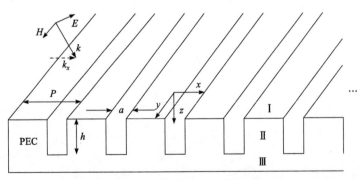

图 2.1　二维周期性金属凹槽结构

入射波的电场和磁场分别如下:

$$\boldsymbol{E}^{\mathrm{inc}} = \frac{1}{\sqrt{P}} \mathrm{e}^{\mathrm{i}k_x x} \mathrm{e}^{\mathrm{i}k_z z} \begin{pmatrix} 1 \\ 0 \\ -k_x / k_z \end{pmatrix} \tag{2.1a}$$

$$\boldsymbol{H}^{\mathrm{inc}} = \frac{1}{\sqrt{P}} \mathrm{e}^{\mathrm{i}k_x x} \mathrm{e}^{\mathrm{i}k_z z} \begin{pmatrix} 0 \\ k_0 / k_z \\ 0 \end{pmatrix} \tag{2.1b}$$

其中，$k_0 = \omega / c_0$ 为自由空间波矢，$k_z = \sqrt{k_0^2 - k_x^2}$。可以看出，电场沿 x 和 z 方向有分量，沿 y 轴没有分量，磁场只有 y 轴分量。当 $k_x > \omega / c_0$ 时，沿 z 方向的波矢分量为虚数，电磁场只能沿 x 方向传播，沿 z 方向呈指数级衰减。

反射波可以看作 n 阶腔体模式的展开，每个腔体模式的电场和磁场分别为

$$\boldsymbol{E}^{\mathrm{ref},n} = \frac{1}{\sqrt{P}} \mathrm{e}^{\mathrm{i}k_x^{(n)} x} \mathrm{e}^{-\mathrm{i}k_z^{(n)} z} \begin{pmatrix} 1 \\ 0 \\ k_x^{(n)} / k_z^{(n)} \end{pmatrix} \tag{2.2a}$$

$$\boldsymbol{H}^{\mathrm{ref},n} = \frac{1}{\sqrt{P}} \mathrm{e}^{\mathrm{i}k_x^{(n)} x} \mathrm{e}^{-\mathrm{i}k_z^{(n)} z} \begin{pmatrix} 0 \\ -k_0 / k_z^{(n)} \\ 0 \end{pmatrix} \tag{2.2b}$$

其中，$k_x^{(n)} = k_x + 2\pi n / P \ (n = -\infty, \cdots, 0, \cdots, +\infty)$，$k_z^{(n)} = \sqrt{k_0^2 - \left(k_x^{(n)}\right)^2}$。

这里假设凹槽宽度远小于波长 $(a \ll \lambda)$，在腔体模式展开中，只考虑 TE 基模，即

$$\boldsymbol{E}^{\mathrm{TE},\pm} = \frac{1}{\sqrt{P}} \mathrm{e}^{\pm \mathrm{i}k_x^{(n)} x} \begin{pmatrix} 1 \\ 0 \\ 0 \end{pmatrix} \tag{2.3a}$$

$$\boldsymbol{H}^{\mathrm{TE},\pm} = \frac{1}{\sqrt{P}} \mathrm{e}^{\pm \mathrm{i}k_x^{(n)} x} \begin{pmatrix} 0 \\ 1 \\ 0 \end{pmatrix} \tag{2.3b}$$

区域 I 内的场为入射波与反射波的叠加，可表示为

$$\boldsymbol{E}^{\mathrm{I}} = \frac{1}{\sqrt{P}} \begin{pmatrix} \mathrm{e}^{\mathrm{i}k_x x} \mathrm{e}^{\mathrm{i}k_z z} + \sum_n \rho_n \mathrm{e}^{\pm \mathrm{i}k_x^{(n)} x} \\ 0 \\ -k_x \mathrm{e}^{\mathrm{i}k_x x} \mathrm{e}^{\mathrm{i}k_z z} / k_z + \sum_n \rho_n k_x^{(n)} \mathrm{e}^{\pm \mathrm{i}k_x^{(n)} x} / k_z^{(n)} \end{pmatrix} \tag{2.4a}$$

$$H^{\mathrm{I}} = \frac{1}{\sqrt{P}} \begin{pmatrix} 0 \\ k_0 e^{ik_x x} e^{ik_z z} / k_z - \sum_n \rho_n k_0 e^{ik_x^{(n)} x} e^{-ik_z^{(n)} z} / k_z^{(n)} \\ 0 \end{pmatrix} \tag{2.4b}$$

其中，ρ_n 为 n 阶衍射的反射系数，$e^{\pm ik_x^{(n)} x}$ 对于不同的 n 满足正交性。

区域 II 凹槽内的电磁场为腔体内前向波和后向波的叠加，可表示为

$$E^{\mathrm{II}} = C^+ E^{\mathrm{TE},+} + C^- E^{\mathrm{TE},-} \tag{2.5a}$$

$$H^{\mathrm{II}} = C^+ H^{\mathrm{TE},+} + C^- H^{\mathrm{TE},-} \tag{2.5b}$$

应用边界条件，E^{I} 和 E^{II} 在 $z=0$ 处相等，H^{I} 和 H^{II} 在 $z=0$ 处相等，E^{II} 在 $z=h$ 处为零。由于 $e^{\pm ik_x^{(n)} x}$ 在 $(-P/2, P/2)$ 对于 n 满足正交性（$\int_{-P/2}^{P/2} e^{ik_x^{(n)} x} e^{\pm ik_x^{(m)} x} \mathrm{d}x = \delta(m-n)$），因此得到反射系数如下

$$\rho_n = -\delta_{n0} - \frac{2i \tan(k_0 h) S_0 S_n k_0 / k_z}{1 - i \tan(k_0 h) \sum_{n=-\infty}^{+\infty} S_n^2 k_0 / k_z^{(n)}} \tag{2.6}$$

其中，$S_n = -\frac{1}{aP} \int_{-P/2}^{P/2} e^{ik_x^{(n)x}} \mathrm{d}x = \sqrt{\frac{a}{P}} \frac{\sin(k_x^{(n)} a/2)}{k_x^{(n)} a/2}$。这里只考虑 $n=0$ 时的反射系数，计算反射系数的极点可得

$$k_z = k_0 \sqrt{1 + \frac{a^2}{P^2} \tan^2(k_0 h)} \tag{2.7}$$

为了验证公式(2.7)的正确性，仿真凹槽结构的色散曲线，并与公式计算结果对比，如图 2.2 所示。凹槽的结构参数为 $P=1.5\mathrm{mm}$，$a=0.6\mathrm{mm}$，$h=0.8\mathrm{mm}$、$1\mathrm{mm}$、$1.2\mathrm{mm}$。可以看出，仿真结果与计算结果基本一致。计算结果与仿真结果在高频段差异较大，这是因为高频段入射波的波长短，不能满足远大于凹槽宽度这一条件，高阶衍射的贡献越来越明显，计算结果与仿真结果偏差增大。可以看出，对于给定频率，深度较小的凹槽结构激发的 SSPP 波矢更接近于自由空间波矢。

根据等效介质理论[1]，对于具有亚波长深度的凹槽结构（$a \ll \lambda$），区域 II 可等效为各向异性的均匀介质，其等效电磁参数可以表示为

$$\varepsilon_x = P/a, \quad \varepsilon_y = \varepsilon_z = \infty \tag{2.8a}$$

$$\mu_y = \mu_z = 1/\varepsilon_x, \quad \mu_x = 1 \tag{2.8b}$$

通过计算，得到 TM 波的反射系数为

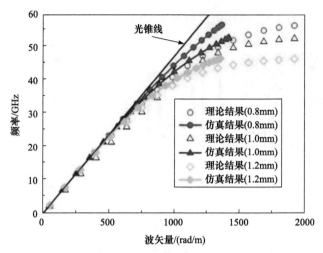

图 2.2　仿真与计算色散曲线对比

$$R = \frac{(\varepsilon_x k_z - k_0) + (k_0 + \varepsilon_x k_z)\mathrm{e}^{2ik_0 h}}{(\varepsilon_x k_z + k_0) - (k_0 - \varepsilon_x k_z)\mathrm{e}^{2ik_0 h}} \tag{2.9}$$

计算 R 的极点，可以得到与式(2.7)一样的结果。可以看出，当把凹槽结构等效为均匀介质时，可以很容易地推导出其色散曲线，为高效激发 SSPP 模式提供了一种有效途径，即通过具有等效介质特性的人工结构功能材料激发 SSPP 模式。当凹槽结构在 y 方向的厚度很小或者趋于无限薄时，即演变为三维的金属锯齿结构(简称为锯齿结构)，其色散曲线与凹槽结构类似，这里不再赘述。

　　上述推导针对的是 TM 极化波入射下激发 SSPP 模式的方法。同理，在具有正负磁导率的界面可以激发 TE 极化的 SSPP 模式，称为磁 SSPP[2]，其色散公式为

$$k_x = \frac{\omega}{c}\sqrt{\frac{\mu_1\mu_2(\varepsilon_1\mu_2 - \varepsilon_2\mu_1)}{\mu_2^2 - \mu_1^2}} \tag{2.10}$$

其中，ε_i, μ_i 分别为介质 I 的介电常量和磁导率。当介质 I 为自由空间时，式(2.10)可以简化为

$$k_x = \frac{\omega}{c}\sqrt{\frac{\mu_2(\mu_2 - \varepsilon_2)}{\mu_2^2 - 1}} \tag{2.11}$$

　　文献[3]提出了开口谐振环(SRR)结构，可在微波波段实现负的等效磁导率，文献[2]证明了 SRR 构成的电磁介质可以激发 SSPP 模式，即 TE 极化的磁 SSPP。图 2.3 给出了 SRR 结构单元和色散曲线，其结构参数为 $w = 2.14\mathrm{mm}$，$c = 0.13\mathrm{mm}$，$d = 0.35\mathrm{mm}$，$g = 0.47\mathrm{mm}$。SRR 结构刻蚀在厚度为 0.8mm 的 FR4 环氧树脂介质

基板上(介电常量为 4.3，损耗角正切为 0.025)。

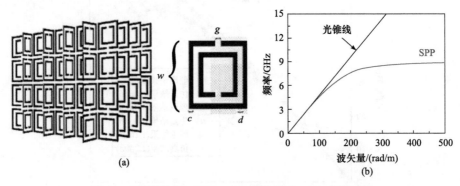

图 2.3　磁场诱导的 SSPP：(a) 结构单元；(b) 色散曲线

　　可以看出，在具有负磁导率的 SRR 结构单元阵列与空气界面可以激发微波波段的 SSPP 模式，这种模式也具有截止频率，并且随着频率增大，波矢越来越远离自由空间波矢。相对于锯齿结构，SRR 的电尺寸只有 0.06λ，可用于深亚波长的 SSPP 模式的激发和传输。文献[4, 5]将二维凹槽结构拓展到三维结构，将超薄金属锯齿结构刻蚀在厚度很薄的介质基板上，通过仿真与实验验证了这种超薄金属锯齿结构能够激发 SSPP 模式，图 2.4 给出了该结构的色散曲线。相对于无限厚度的二维凹槽结构来说，三维锯齿结构的色散更强，截止频率更低；随着厚度的增大，截止频率向低频移动。

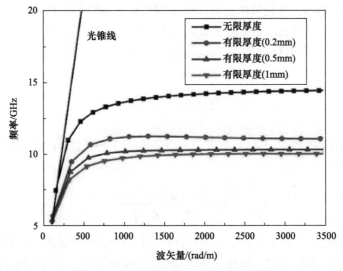

图 2.4　不同厚度锯齿结构的色散曲线

2.1.2　场分布

图 2.5(a)和(b)分别给出了 12.7GHz 下的凹槽结构(z 方向无限大)上 SSPP 模式的电场和磁场分布, 结构参数为 $P = 1.5$mm, $a = 0.6$mm, $h = 0.8$mm。由图 2.5 可见, SSPP 的电场主要集中在锯齿上方, 锯齿内部的电场主要是沿 x 方向的 TE_{10} 模式, 磁场主要在锯齿底部, 沿着 z 方向, 与理论分析结果一致。

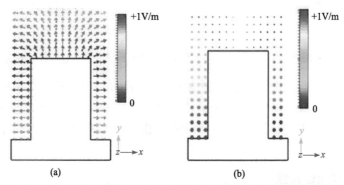

图 2.5　金属锯齿结构的场分布: (a) 电场分布; (b) 磁场分布

同样, 图 2.6 给出了 11.07GHz 下的锯齿结构(z 方向无限薄)上 SSPP 模式的电场和磁场分布, 结构尺寸参数为 $P = 0.5$mm, $a = 0.25$mm, $h = 5.0$mm, 金属结构刻蚀在厚度为 0.8mm 的 F4B(聚四氟乙烯)介质基板上。同图 2.5 一样, SSPP 电场主要集中分布在锯齿上方, 磁场主要集中分布在锯齿底部。

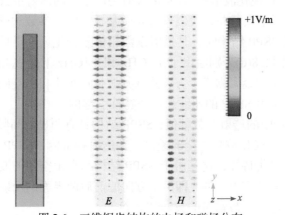

图 2.6　三维锯齿结构的电场和磁场分布

图 2.7(a)和(b)分别给出了图 2.3(a)中磁 SSPP 的电场和磁场分布。由图可以看出, 电场主要分布在两个 SRR 之间的耦合区域, 而磁场主要分布在 SRR 内环内侧和 SRR 外环外侧。图 2.7(c)给出了磁 SSPP 结构的表面电流分布, 可以看出在 SRR 的上下侧和左右侧均形成反平行电流, 构成一个磁谐振单元, 验证了磁 SSPP

是由 SRR 结构的磁谐振引起的。

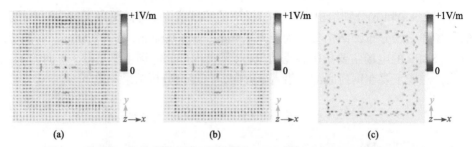

$$\text{(a)} \qquad\qquad\qquad \text{(b)} \qquad\qquad\qquad \text{(c)}$$

图 2.7　磁 SSPP 的场分布：(a) 电场分布；(b) 磁场分布；(c) 表面电流分布

综上所述，通过分析锯齿结构的电磁场分布，可以确定 SSPP 的电场、磁场主要分布区域，验证了锯齿结构上激发的 SSPP 模式是由腔体模式与自由空间波耦合而成的；同时，磁 SSPP 可由具有负等效磁导率的磁谐振器耦合激发。

2.1.3　幅值和相位特性

SSPP 的波矢远大于自由空间波的波矢，其波长 λ_{SPP} 远小于自由空间波的波长，相比于自由空间波，在同样传播长度下传输相位增大。图 2.8(a)给出了由 60 个周期性金属锯齿结构单元构成的组合结构，结构参数为 $P = 0.5\text{mm}$，$a = 0.25\text{mm}$，$h = 12.6\text{mm}$，沿 y 和 z 方向的周期分别为 16.0mm 和 8.0mm。图 2.8(b)和(c)分别给出了 y 极化波沿 $+x$ 方向正入射到该结构的透射系数幅值和透射系数相位仿真结果，图中黑色曲线代表只有介质基板时的 S 参数和透射系数相位。可以看出，当加载 SSPP 结构时，其透射系数相位差变化远大于只有介质基板时的透射系数相位。图 2.8(d)分别给出了 7.7GHz 和 8.1GHz 下的 E_x 电场分量，可以看出电磁波集中分布在金属锯齿上方，并且其波长远小于自由空间波的波长，验证了相位积累增大是由 SSPP 的亚波长传播特性引起的。

对比图 2.8(b)中的透射系数幅值，SSPP 结构具有明显的高频截止特性，而单纯介质基板对于 y 极化波基本全部透过；在透射频带内，SSPP 结构的透射系数幅值呈现出波动变化特征，这是由于 SSPP 结构与自由空间的波矢不匹配，界面反射导致腔体共振效应引起的：即沿 x 方向的前后两界面的反射波干涉叠加相长和相消分别导致透射系数幅值的波峰和波谷。

为了提高 SSPP 与自由空间波的匹配，文献[6]提出了加入波矢匹配段，通过调节结构尺寸的高度，在结构两端加入匹配度好的短齿结构，随后逐渐增加锯齿高度，并提高 SSPP 的色散特性，保证必要的透射系数相位积累。但是，透射系数相位跨度会变小，这是因为匹配段的波矢小于最高锯齿的波矢，即 $k_{SPP}(h_{\text{large}}) > k_{SPP}(h_{\text{small}})$，

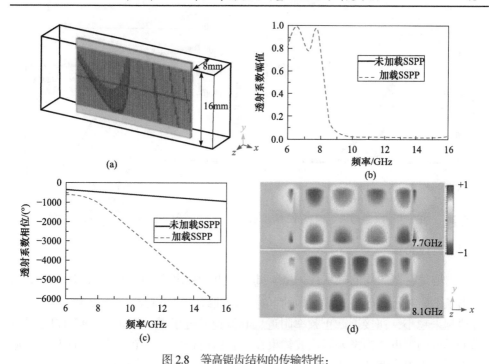

图 2.8　等高锯齿结构的传输特性：
(a) 结构侧视图；(b) 透射系数幅值；(c) 透射系数相位；(d) 电场分布

使得其总体相位累积也变小。图 2.9(a)给出了不同高度变化方式(线性、二次凸函数、二次凹函数)，锯齿高度轮廓线是关于 y 的函数，表达式为 $x=f(y)=c_1y^2+c_2y+c_3$，其中当 $c_1>0$ 时，轮廓线为二次凸函数；当 $c_1=0$ 时，轮廓线为线性函数；当 $c_1<0$ 时，轮廓线为二次凹函数。图 2.9(b)和(c)分别给出了不同锯齿高度轮廓下的透射系数幅值和透射系数相位。可以看出，加入匹配段的 SSPP 结构透射系数幅值显著增强(均在 0.9 以上)，但其透射系数相位明显没有图 2.8(b)中的大，并且随着轮廓线由凸函数逐渐变化为凹函数，透射系数相位积累逐渐减小，而透射率有所提高。对于文献[7-11]中利用 SSPP 结构进行梯度相位设计的，必须在保证足够高透射率的情况下，尽可能多地增加透射系数相位积累。

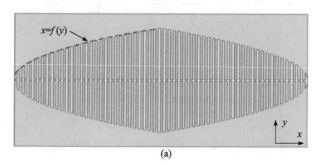

(a)

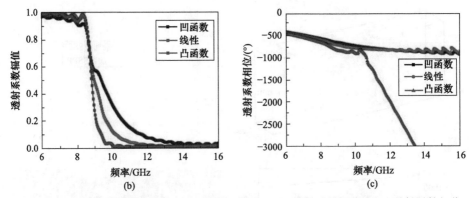

图 2.9　加入匹配段的锯齿结构：(a) 结构示意图；(b) 透射系数幅值；(c) 透射系数相位

2.1.4　群速特性

由群速色散曲线的关系 $(v_g = \mathrm{d}\omega / \mathrm{d}\beta)$，可计算出 SSPP 模式的群速。图 2.10 给出了不同锯齿高度下凹槽结构的群速色散曲线，可以看出，随着频率的增大，群速越来越小，在接近截止频率附近，其群速趋近于零。例如，文献[12]通过阶梯型厚度的锯齿结构将太赫兹波约束在金属锯齿结构的某个位置，不同频率局域在不同的锯齿高度处，可用于化学诊断、光谱仪探测等。对于图 2.10 中每一条曲线的低频区域，其群速变化较小，属于弱群速色散区，随着锯齿高度减小，其弱群速色散区域逐渐向高频区覆盖，不同频率下 SSPP 的传播相位相对变化较小，可用于消色差电磁器件设计。例如，文献[10，11]利用 SSPP 的弱群速色散区设计了宽带消色差透镜、偏转器。对于图 2.10 中每一条曲线在接近于截止频率处，其群速变化较大，属于强群速色散区，不同频率下 SSPP 的传播相位相对变化较大，使得信号波形随频率发生畸变，可用于实时信号处理。例如，文献[13]利用强群速色散区设计了高效实时的波形调制器，并验证了该器件对波形调制的畸变程度。

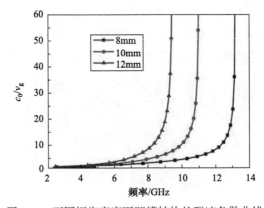

图 2.10　不同锯齿高度下凹槽结构的群速色散曲线

2.1.5　损耗特性

根据周期性慢波结构的传播长度方程[14,15]（$L = Qv_g / \mathrm{Re}(w)$）和传播损耗方程（$\alpha = (\pi \times f)/(V_g \times Q)$），可计算出 SSPP 的波矢实部、品质因子($Q$ 值)、传播长度和波矢虚部，分别如图 2.11(a)～(d)所示。可以看出，随着锯齿高度的增加，色散逐渐增强，截止频率降低，同时波矢虚部增大，传播损耗逐渐增大，使得传播长度变短。尤其是在接近截止频率附近的区域，损耗显著增强，传播长度显著变短。

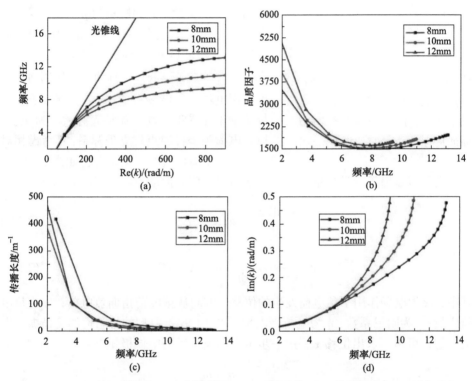

图 2.11　SSPP 的特征参数：(a) 波矢实部；(b) 品质因子；(c) 传播长度；(d) 波矢虚部

2.2　典型人工表面等离激元结构

2.2.1　金属短线的电偶极子模型

金属锯齿结构在空间中表现出周期性，其最小的单元由金属齿和齿间空隙组成，最小单元通过周期性级联构成了金属锯齿结构。2.1.1 节推导了二维周期性凹槽结构和三维周期性锯齿结构的色散方程，从中可以看出锯齿结构耦合激发的 SSPP 在低频部分表现出较好的准线性色散区，随着频率升高，非线性色散效应明显加强，SSPP 丰富的色散特性使其在电磁波调控中表现出极大的应用

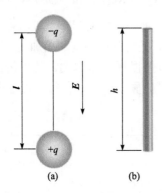

图 2.12　金属短线的电偶极子模型：(a) 电场驱动下电偶极子模型示意图；(b) 可等效为电偶极子的长为 h(波长的 1/2)的金属线模型示意图

潜力。事实上，锯齿结构表现出的这种色散特性是最小单元(金属短线)在外加电磁场的作用下形成等效电偶极子、产生洛伦兹谐振的结果。

在电磁场与微波技术中，通常将金属短线等效看作电偶极子。金属短线的电偶极子模型如图 2.12(a)所示，电偶极矩为 $p = ql$，现讨论在外电场驱动下电偶极子的电磁响应和色散特性。当无外电场作用时，电偶极子正负电荷中心重合，不显极性；当有外电场作用时，考虑作用电场为时谐场 $E = xEe^{j\omega t}$，偶极子在电场驱动下作受迫振动，振动固有频率为 ω_0。以正电荷为坐标原点建立坐标系，不考虑相对论效应，无损耗情况下振动方程如式(2.12a)所示，由于有碰撞等导致的损耗存在，增加损耗项后振动方程如式(2.12b)所示：

$$m\frac{\mathrm{d}^2 x}{\mathrm{d}t^2} + m\omega_0^2 x = qE \tag{2.12a}$$

$$m\frac{\mathrm{d}^2 x}{\mathrm{d}t^2} + \gamma m\frac{\mathrm{d}x}{\mathrm{d}t} + m\omega_0^2 x = qE \tag{2.12b}$$

其中，x 为电场作用下负电荷发生的位移，方向从正电荷指向负电荷；m 为负电荷质量；γ 为阻尼系数；q 为电荷带电量。式(2.12b)是典型的带阻尼的简谐振子振动方程，可由其求出位移 x，进一步可求出极化后的电偶极矩

$$p = qx = \frac{q^2 / m}{\omega_0^2 - \omega^2 + \mathrm{j}\gamma\omega}E \tag{2.13}$$

若有 N 个相同偶极子在电场驱动下发生极化，则总的偶极矩 $P = Np$，进而可求出电极化率 χ_e。

$$\chi_e = \frac{P}{\varepsilon_0 E} = \frac{Np^2 / (\varepsilon_0 m)}{\omega_0^2 - \omega^2 + \mathrm{j}\gamma\omega} = \chi' - \mathrm{j}\chi'' \tag{2.14}$$

为了分析偶极子谐振模式，图 2.13 给出了电极化率 χ_e 的归一化频率响应。

从图 2.13 可知，时谐电场驱动下，电偶极子谐振模式为典型洛伦兹谐振，在谐振频点处，谐振系统发生强色散。在宏观介质中，对电极化率的求解可在以上分析的基础上进行，利用

$$\varepsilon = \varepsilon_0(\chi_e + 1) \tag{2.15}$$

可求出介质的介电常量，进而求出介质折射率，得到介质色散方程。

众所周知，金属短线可看作电偶极子，而金属线中电子的运动可用洛伦兹模

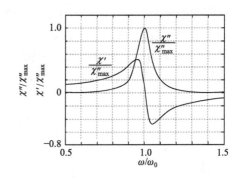

图 2.13　电极化率 χ_e 的归一化频率响应

型来描述[16,17]，如图 2.12(b)所示。为了更为直观地分析金属锯齿结构的色散特性，便于对其激发的 SSPP 色散特性进行调控，需要建立理论模型，得到结构参数对其 SSPP 色散特性的影响规律。基于这种考虑，首先建立 SSPP 结构的基本结构单元——由刻蚀在介质板上的金属短线构成的电偶极子模型，并得到了金属线高度对其色散特性的影响规律。与凹槽结构的最小空间周期结构相似，图 2.14(a)中的插图给出了金属短线结构单元，该单元一方面可以通过调节级联的多个金属锯齿高度，实现更为灵活的色散调控；另一方面，锯齿结构可以采用印刷电路板工艺进行加工制作，降低加工难度。以色散曲线具有宽带可调线性色散区为目标，优化模型结构参数，如图 2.14(a)中局部图所示，z 方向厚度为 0.018mm 的金属齿结构刻蚀在厚度为 0.5mm 的 F4B-2 介质基板上，空间周期 $P = 0.4$mm，锯齿在 y 方向高为 h(可调参数)，金属短线占空比为 0.5，x 方向周期为 6.518mm。

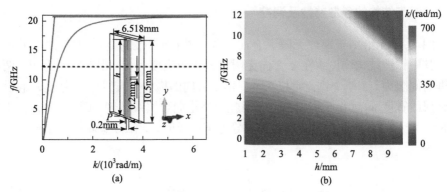

图 2.14　金属短线电偶极子的色散特性：(a) $h = 8.0$mm 时的色散曲线；(b) 金属锯齿高度 h 对电偶极子色散特性的影响

图 2.14(a)给出了 $h = 8.0$mm 时由该电偶极子构成的无限大电磁介质的基模(电场沿 y 方向，磁场沿 z 方向)在第一布里渊区的色散曲线，其中蓝线代表自由

空间波的色散曲线。可以看出，电磁波以慢波模式存在，其色散曲线与 SSPP 相同。以图中虚线作为分界，偶极子色散曲线可以分为准线性和非线性两部分区域。图 2.14(b)给出了金属锯齿高度对偶极子色散特性的影响。h 越小，偶极子色散曲线越接近自由空间色散曲线。当多个电偶极子级联时，金属锯齿高度渐变结构有助于实现 SSPP 与自由空间波的波矢匹配，提高耦合效率。

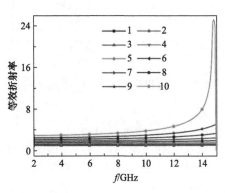

图 2.15　金属锯齿高度变化时的等效折射率

根据等效介质理论计算，得到了金属锯齿高度变化时等效折射率 n_e 的变化，如图 2.15 所示。当沿 y 极化电磁波沿 x 方向入射时，由 Fermat 原理可得，单个偶极子模型提供的相移是 $\varPhi_{\text{dipole}} = \int n_e k_0 \mathrm{d}x$，$k_0$ 是入射波波矢。将 n 个电偶极子沿 z 方向级联，沿入射方向每个偶极子激发的 SSPP 波矢为 $k_{\text{SSPP}i}$，且 $k_{\text{SSPP}i} = n_{ei}k_0$，则由多电偶极子级联而成的结构提供的相移为

$$\varPhi = \sum_{i=1}^{n} \int_{-(n+1-i)p}^{-(n-i)p} k_{\text{SSPP}i}\mathrm{d}x \tag{2.16}$$

由于厚度薄、纵向周期小，并且色散特性可进行人工设计，因此可将超薄金属锯齿结构作为结构单元，基于 SSPP 模式设计各种新型电磁功能器件。

2.2.2　锯齿结构的色散特性及调控

图 2.16(a)给出了厚度无限大金属锯齿结构(即二维的金属凹槽结构)的示意图，其中锯齿结构厚度 t 在 x 方向无限大，锯齿高度为 h，锯齿周期为 P，两相邻锯齿间隙为 a，单个锯齿宽度为 w，沿 z 方向的横向金属线宽度为 w_1，假设横向金属线宽度 w_1 远小于锯齿高度，因此忽略横向金属线宽度，即 $w_1 \approx 0$。当工作波长远大于锯齿周期 P 和锯齿之间的缝隙宽度 a 时，无限厚金属锯齿结构的色散方程为

$$k_z = k\sqrt{1 + \frac{a^2}{P^2}\tan^2(kh)} \tag{2.17}$$

其中，k_z 为金属锯齿上电磁波沿 z 方向的传播常数，k 为周围介质中电磁波的波数。

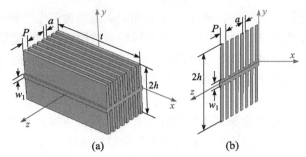

图 2.16　锯齿结构：(a) 无限厚金属锯齿结构；(b) 超薄金属锯齿结构

从上面的色散方程可以看出：锯齿结构的色散方程与锯齿高度 h、锯齿周期 P 和相邻锯齿间隙 a 有关。取 $a = 0.25\text{mm}$，$P = 0.5\text{mm}$，$h = 2.2\text{mm}$，锯齿厚度 t 为无限大，根据公式(2.17)求解得到的色散曲线和仿真得到的色散曲线如图 2.17 所示，图中红色曲线为真空中波的色散曲线。可以看出：锯齿结构色散曲线的仿真结果与理论计算结果基本一致，只是在高频有一定差异；锯齿结构的色散曲线偏离自由空间色散曲线，任一频点处，锯齿结构上波的传播常数均大于真空中波的传播常数。因此，锯齿结构上传播的电磁波完全约束在金属锯齿上，电磁波沿 z 方向传播，在 y 方向上为衰减模式，锯齿结构支持 SSPP 模式的传播。另外，当频率大于截止频率 f_c 时，锯齿结构上电磁波的传播截止。从色散方程(2.17)可以得出 $f_c = 1/\left(4h\sqrt{\mu\varepsilon}\right)$，因此，SSPP 的截止频率只取决于锯齿高度 h 和周围介质的电磁参数(介电常量和磁导率)。为研究图 2.16(b)锯齿结构上 SSPP 的色散特性，分别仿真锯齿厚度 $t = 0.017\text{mm}, 10.0\text{mm}, 20.0\text{mm}$ 的色散曲线, 仿真结果如图 2.18 所示。可以看出，锯齿厚度较大时，锯齿厚度 t 对色散曲线的影响很小，只对截止频率有细微的影响，而当锯齿厚度 t 很小时，色散曲线对锯齿厚度 t 的变化较敏感。

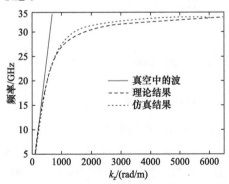

图 2.17　无限厚锯齿结构理论计算和仿真得到的色散曲线

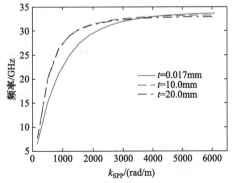

图 2.18　不同厚度锯齿结构的色散曲线仿真结果

对于超薄金属锯齿结构，其 x 和 y 方向的周围均为自由空间(空气或真空)，而对于在 xOy 平面内周期性排列的超薄金属锯齿结构单元，锯齿结构 x 和 y 方向的周围不再是自由空间。如图 2.19 所示，左侧和右侧的锯齿单元均为周期性超薄金属锯齿结构阵列的单元结构形式，其上的 SSPP 模式具有相同的色散，为研究超薄金属锯齿结构阵列上 SSPP 的色散关系，分别仿真 y 方向周期 $2l = 8\text{mm}$，x 方向周期 $q = 8\text{mm}$ 的超薄金属锯齿结构阵列和单个锯齿结构上 SSPP 的色散曲线。仿真中，锯齿结构单元的结构参数与单个锯齿结构的结构参数完全相同，即 $a = 0.25\text{mm}$，$P = 0.5\text{mm}$，$h = 2.2\text{mm}$。仿真结果如图 2.20 所示，可以看出，锯齿结构阵列的色散曲线与单个锯齿结构的色散曲线存在很大的差异。

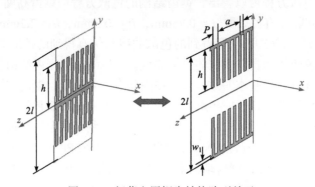

图 2.19　超薄金属锯齿结构阵列单元

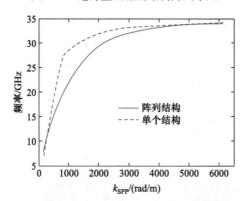

图 2.20　锯齿结构阵列与单个锯齿结构的色散曲线

为了研究锯齿结构阵列中锯齿厚度对其上 SSPP 色散的影响，分别仿真不同厚度锯齿结构单元上的 SSPP 色散曲线。仿真结果如图 2.21 所示，其中锯齿结构参数与上面仿真中的结构参数相同，锯齿厚度 t 分别取 0.017mm，10.0mm 和 20.0mm。从图中的仿真结果可以看出：厚度 t 对 SSPP 色散曲线影响不大，尤其当锯齿厚度较大时，厚度的增减几乎对色散曲线不产生影响，只有当锯齿厚度很小时，色散曲线对锯齿厚度较敏感，厚度的变化对截止频率 f_c 有细微的影响。

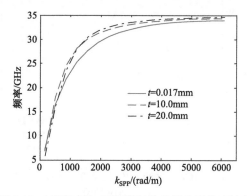

图 2.21　不同厚度 t 下锯齿结构色散曲线仿真结果

　　下面主要介绍无限薄($t = 0.017$mm)金属锯齿结构阵列单元(以下简称为锯齿结构单元)。为得到锯齿结构单元周围介质电磁参数对 SSPP 色散曲线的影响，设计三种不同的锯齿结构单元，如图 2.22 所示。三种单元 x 和 y 方向的单元周期均为 6.0mm，金属锯齿的其他结构参数与图 2.19 完全一致。图 2.22(a)单元 1 锯齿结构单元周围介质为空气；图 2.22(b)单元 2 锯齿结构一侧为空气，另一侧为厚度 $d = 0.6$mm 的 F4B 介质基板($\varepsilon_r = 2.65$，$\tan\delta = 0.001$)；图 2.22(c)单元 3 锯齿两侧均为 $d = 0.6$mm 的 F4B 介质基板。根据之前的分析，锯齿结构周围介质的电磁参数将影响色散曲线的截止频率 f_c。对于图 2.22 所示三种单元的背景介质，单元 1 的介电常量小于单元 2 的等效介电常量，单元 2 的等效介电常量小于单元 3 的等效介电常量。由此可以推测，单元 1 的截止频率大于单元 2 的截止频率，单元 2 的截止频率大于单元 3 的截止频率，与图 2.23 中的仿真结果完全一致。另外，从图 2.23 可以看出：在任意频点处，SSPP 的传播常数 k_{SPP} 随周围介质介电常量的增大而增大。仿真结果与理论分析完全一致。

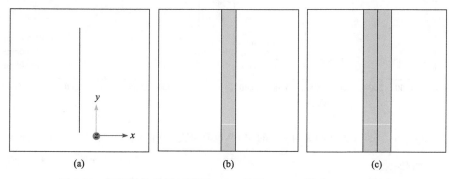

图 2.22　锯齿结构单元正视图：(a) 单元 1；(b) 单元 2；(c) 单元 3

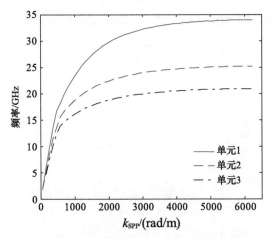

图 2.23　三种锯齿结构的 SSPP 色散曲线

　　为分析锯齿单元 x 和 y 方向的周期对其色散曲线的影响，分别仿真 x 和 y 方向周期 q 和 $2l$ 取不同值时的色散曲线，如图 2.24 所示。其中的插图为仿真的锯齿结构，锯齿结构左侧为 0.6mm 的 F4B 介质基板。图 2.24(a) 为 $2l = 6.0$mm，$q =$ 4.0mm，7.0mm 和 10.0mm 时的色散曲线。从图中可以看出：x 方向的周期对色散曲线的影响很小，尤其当 q 较大时，色散曲线随 q 几乎无变化。图 2.24(b) 为 $q =$ 6.0mm，$2l = 5.0$mm，7.0mm 和 9.0mm 时的色散曲线，从图中可以看出，y 方向的周期 $2l$ 与 $2h$ 相差不大时，$2l$ 对色散曲线的影响较大，而当 $2l$ 远大于 $2h$ 时，y 方向周期 $2l$ 对色散曲线的影响很小。

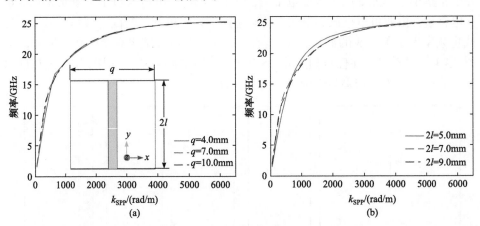

图 2.24　(a) 不同 x 方向的周期 q 时的 SSPP 色散曲线；(b) 不同 $2l$ 时的 SSPP 色散曲线

2.2.3　鱼骨结构

　　图 2.25 为由 60 个锯齿组成的锯齿结构三维视图，图中无限薄锯齿结构刻蚀

在厚度 $d = 0.6\text{mm}$ 的 F4B($\varepsilon_r = 2.65$, $\tan\delta = 0.001$)介质基板上,单个锯齿宽度 $w = 0.25\text{mm}$,相邻锯齿之间的间隙 $a = 0.25\text{mm}$,锯齿高度为 h,整个单元结构沿 z 方向的总长度为 $l = 30.0\text{mm}$,单元结构沿 x 和 y 方向的单元周期均为 $q = 6.0\text{mm}$。

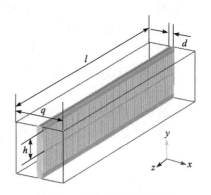

图 2.25　锯齿结构三维视图

仿真计算 y 极化波从+z 方向垂直入射至锯齿结构时的透射系数幅值和透射系数相位,锯齿高度 $h = 2.2\text{mm}$。x 和 y 方向均采用 Unit Cell 边界条件,z 方向的边界条件设为 open add space,图 2.26 为仿真得到的透射系数幅值和透射系数相位。图 2.26(a)中的插图给出了图 2.25 锯齿结构上 SSPP 的色散曲线仿真结果。从图中可以看出,当入射电磁波频率$f < 25.1\text{GHz}$时,y 极化波可以透射,而从锯齿结构的色散曲线可以看出,锯齿结构上 SSPP 的截止频率f_c也等于25.1GHz,即当频率小于锯齿结构上 SSPP 截止频率f_c时,锯齿结构单元能够实现y极化入射波的透射传输。因此,此透射传输为基于 SSPP 耦合的透射传输,即在自由空间与锯齿结构界面上,入射y极化波首先耦合转化为锯齿结构上的 SSPP 模式,在锯齿结构中 SSPP 传播至锯齿结构与自由空间界面上时,再次耦合转化为y极化的自由空间波。从图 2.26(b)的透射系数相位仿真结果可以看出,y 极化波入射时的透射系数相位随频率具有非线性的色散特性,再次证明此透射传输为基于 SSPP 耦合的透射传输。

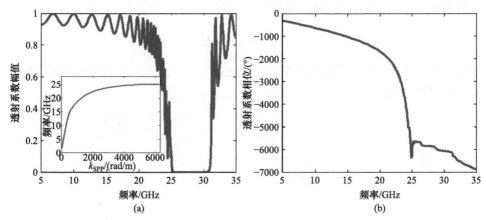

图 2.26　y 极化波垂直入射时,锯齿结构单元(锯齿高度 $h = 2.2\text{mm}$)的透射系数幅值
(a)和透射系数相位(b)仿真结果

从图 2.26(a)所示的透射系数幅值仿真结果不难看出,SSPP 透射传输的幅值并不高,且随着频率的增大而降低,尤其当频率接近 SSPP 的截止频率时,透射

系数幅值迅速下降，当频率增大至 23.5GHz 时，透射系数幅值降低至 0.6 以下。根据之前的分析，SSPP 透射率完全取决于 SSPP 和自由空间波之间的耦合转化效率。即在入射波的空气-锯齿结构界面上，自由空间波可高效地耦合为锯齿结构上的 SSPP 模式，而在透射波的锯齿结构-空气界面上，SSPP 可高效地耦合为自由空间波。因此，要提升透射率，就要提高锯齿结构上 SSPP 的耦合效率。而 SSPP 耦合效率取决于锯齿结构-自由空间界面上 SSPP 和自由空间波的波矢匹配。为了提高 SSPP 的耦合效率，通过对锯齿结构的设计实现 SSPP 波矢 k_{SPP} 空间色散设计，使得 SSPP 在与自由空间的分界面处的波矢 k_{SPP} 尽可能地接近自由空间波的波矢 k_0，即锯齿结构单元上的 SSPP 波矢 k_{SPP} 在其传播方向上随位置变化。

假设锯齿结构沿 z 方向放置，沿 SSPP 传播方向上的总长度为 l，为了实现在 $z=0$ 和 $z=l$ 两个分界面上，自由空间波和 SSPP 之间高效地转换，实现自由空间波和 SSPP 的波矢匹配，在 $z=0$ 和 $z=l$ 的分界面处，锯齿结构上 SSPP 的波矢 $k_{SPP}(z=0,l)$ 应尽可能小，接近自由空间波的波矢。同时，为了更好地利用 SSPP 的深亚波长特性，在远离两分界面的锯齿结构单元中间位置 $z=l/2$ 附近，SSPP 的波矢应远大于自由空间波的波矢，一方面可使 SSPP 更好地局域在锯齿结构上，另一方面 SSPP 的波矢 k_{SPP} 越大，通过相同长度的锯齿结构可实现更大的传播相位积累。

基于上面的分析，图 2.27 给出了几种锯齿结构单元上 SSPP 波矢沿传播方向上的空间色散设计 $k_{SPP}(z)$，图中横轴表示 z 坐标，纵轴表示锯齿结构单元上 SSPP 的波矢 k_{SPP}，其中(a)为线性分布，(b)为二次分布，(c)为高斯分布。它们均关于 $z=l/2$ 对称分布，在 $z=0$ 和 l 处，k_{SPP} 最小，在 $z=l/2$ 处，k_{SPP} 最大。根据 SSPP 波矢的空间色散很容易得到相位积累

$$\phi=\int_{z=0}^{z=l}k_{SPP}(z)\mathrm{d}z \tag{2.18}$$

因此，固定锯齿结构长度 l 的情况下，可通过 SSPP 波矢空间色散的调制实现传播相位积累的调控。

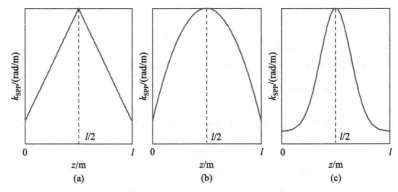

图 2.27　SSPP 空间色散设计 $k_{SPP}(z)$：(a) 线性分布；(b) 二次分布；(c) 高斯分布

为简单起见,选择利用线性的 SSPP 波矢空间色散设计得到了如图 2.28 所示的鱼骨结构,除锯齿高度以外的其他单元结构参数与图 2.25 中一致。通过对锯齿高度 h 的空间分布 $h(z)$ 的设计,实现线性空间色散的 $k_{SPP}(z)$,鱼骨结构中最大的锯齿高度 $h = 2.2mm$。仿真计算 y 极化波垂直入射时的透射系数,图 2.29 为仿真得到的鱼骨结构和具有恒定锯齿高度($h = 2.2mm$)的锯齿结构的透射系数幅值。从图中可以看出,相对于具有恒定锯齿高度($h = 2.2mm$)的金属锯齿结构的透射系数幅值,鱼骨结构透射系数幅值显著提高,在 $f < 23.5GHz$ 的宽带频率范围内,透射系数幅值均大于 0.98。

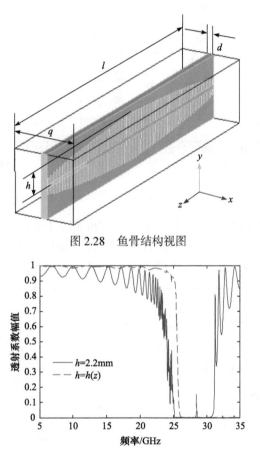

图 2.28　鱼骨结构视图

图 2.29　鱼骨结构和锯齿结构的透射系数幅值仿真结果

2.2.4　鱼骨结构的传输特性

通过 SSPP 波矢 k_{SPP} 的空间分布设计可实现高效传输相位调控,对于图 2.25 所示的等高锯齿结构,当锯齿高度 h 取不同值时,其上激发的 SSPP 模式具有不

同的波矢 k_{SPP}。因此，通过调控锯齿高度 h 的大小可实现透射相移 $\Delta\phi = l\Delta k$ 的调控。仿真计算 y 极化波从 z 方向垂直入射至等高锯齿结构时的透射系数幅值和相位，图 2.30 为仿真得到的锯齿高度 h 分别取 2mm，2.2mm 和 2.4mm 时的透射系数幅值和透射系数相位，其中(a)为透射系数幅值，(b)为透射系数相位。从仿真结果可以看出，在 $f < 22.8\text{GHz}$ 的宽带频率范围内，三种单元均可实现 y 极化波的透射传输，同时三种锯齿结构的 k_{SPP} 不同，三种单元具有不同的透射系数相位，如图 2.30(b)所示。

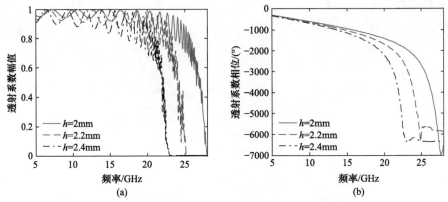

图 2.30　y 极化波从 z 方向垂直入射时的透射系数幅值(a) 和透射系数相位(b) 仿真结果

图 2.31 为锯齿高度 h 分别取 2mm，2.2mm 和 2.4mm 时 SSPP 色散曲线的仿真结果。从图中可以看出，随着锯齿高度增大，SSPP 模式的截止频率向低频移动。另外，在任意频点处，SSPP 的波矢 k_{SPP} 随着锯齿高度的增大而增大。

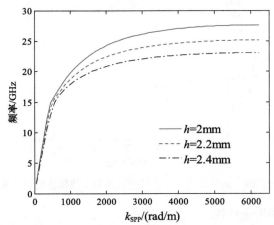

图 2.31　锯齿高度 $h = 2\text{mm}$，2.2mm 和 2.4mm 时 SSPP 色散曲线的仿真结果

为进一步验证上面提出的基于 SSPP 波矢 k_{SPP} 空间分布设计的透射系数相位

调控方法，根据图 2.30 中仿真计算得到的三种锯齿结构单元(单元 1：$h=2\text{mm}$；单元 2：$h=2.2\text{mm}$；单元 3：$h=2.4\text{mm}$)的透射系数相位ϕ_1，ϕ_2 和ϕ_3，分别计算得到单元 1 和单元 2、单元 3 之间的透射系数相位差$\Delta\phi_1$ 和$\Delta\phi_2$，如图 2.32(a)所示。然后，根据图 2.31 仿真得到的 SSPP 色散曲线仿真结果，由$\Delta\phi=l\Delta k$ 分别计算出单元 1 和单元 2、单元 3 之间的透射系数相位差$\Delta\phi_1$ 和$\Delta\phi_2$，如图 2.32(b)所示。对比图 2.32(a)所示的仿真结果和图 2.32(b)所示的计算结果，可以看出：仿真得到的透射系数相位差与通过 SSPP 色散曲线计算得到的透射系数相位差完全一致。因此，通过 SSPP 波矢 k_{SPP} 的精确设计可实现透射传输相位的自由调控，即透射相移$\Delta\phi=l\Delta k$，其中 l 为 SSPP 结构沿着传播方向的长度，Δk 为 SSPP 波矢 k_{SPP} 的变化量。

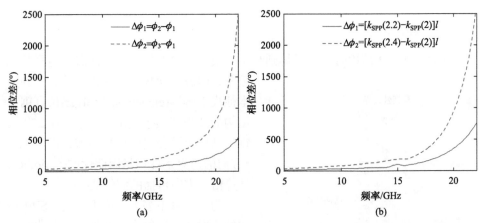

图 2.32　(a) 三种单元的透射系数相位差；(b) 根据色散曲线计算得到的三种单元的透射系数相位差

对于图 2.28 中具有线性空间渐变波矢的鱼骨结构，可通过对波矢线性分布的斜率(即相邻锯齿之间 SSPP 波矢差 $\mathrm{d}k_{\text{SPP}}$)的调控实现透射系数相位调控。图 2.33

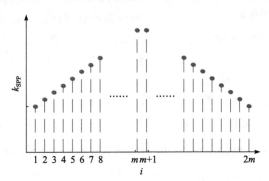

图 2.33　鱼骨结构上 SSPP 波矢 k_{SPP} 的线性空间分布

为由 $2m(m$ 为任意整数)个锯齿组成的鱼骨结构上的 SSPP 波矢线性空间分布，假设第一个锯齿上的 SSPP 传播常数(波矢实部)为 β_0，相邻锯齿之间 SSPP 传播常数差为 $\mathrm{d}k_{\mathrm{SPP}}$，那么，鱼骨结构上 SSPP 的相位积累为

$$\phi = 2\sum_{i=1}^{m}\left(\beta_0 + (i-1)\mathrm{d}k_{\mathrm{SPP}}\right)P \tag{2.19}$$

其中，P 为锯齿周期。因此，对于鱼骨结构，可通过对相邻锯齿之间波矢差 $\mathrm{d}k_{\mathrm{SPP}}$ 的调控实现透射系数相位 ϕ 的调控。

2.3　人工表面等离激元的仿真与实验方法

2.3.1　仿真方法

在设计 SSPP 结构时，为了得到其本征模式的波矢关系，通常需要仿真其色散图，即波矢随频率的变化关系，可利用本征模求解器(eigenmode solver)仿真锯齿结构的波矢随频率变化的关系。图 2.34 为锯齿结构色散曲线的仿真模型，沿 x、y、z 方向的边界条件均是周期性的(periodic)，计算沿 x 方向传播的波矢值。

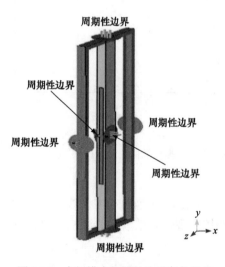

图 2.34　本征模求解器的边界条件设置

为了仿真由多个锯齿组成的 SSPP 结构的透射率、反射率、群延迟时间曲线以及输入/输出波形，通常需要仿真其镜面反射率和正常透射率，如图 2.35(a)所示为镜面反射率的仿真模型，对于 y 极化波，沿 x 方向正入射，y 方向为电边界($E_t = 0$)，z 方向为磁边界($H_t = 0$)，x 方向为 open add space。对于 z 极化波，沿 x 方向正入射，y 方向为磁边界($H_t = 0$)，z 方向为电边界

($E_t = 0$)，x 方向为自由空间，入射端口(port)在 $-x$ 的位置，最终可以得到 y 极化波或 z 极化波沿 $+x$ 方向正入射时的反射系数的幅值和相位。通过反射率和透射率相位信息就可以计算出群延迟时间曲线(对于图 2.35(a)：$\tau(w) = -\mathrm{d}\{\arg[S_{21}(w)]\}/\mathrm{d}w$；对于图 2.35(b)：$\tau(w) - \mathrm{d}\{\arg[S_{11}(w)]\}/\mathrm{d}w$)和吸收率(对于图 2.35(a)：$A(w) = 1 - |S_{11}|^2$；对于图 2.35(b)：$A(w) = 1 - |S_{11}|^2 - |S_{21}|^2$)。式中，$S_{11}$ 为反射系数幅值，S_{21} 为透射系数幅值。

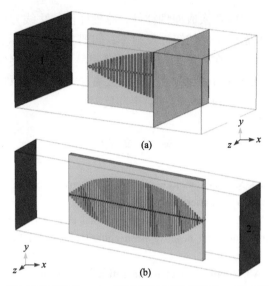

图 2.35　典型仿真模型设置：(a) 镜面反射率仿真模型；(b) 透射率仿真模型

2.3.2　实验方法

为了测试原理样件的反射率与透射率，一般在微波暗室中采用自由空间测试样件的镜面反射率和透射率，对样本的尺寸要求不高。若样件尺寸足够大，则可在开放空间中进行测量。

整个测试系统由一对标准增益的喇叭天线、矢量网络分析仪和圆形转台组成。图 2.36 所示为整个测试平台，暗室四周墙壁上覆有角锥吸波材料，样品板垂直固定在圆形转台的中心台上，转台的一对悬臂上固定一组喇叭天线，喇叭天线的极化角可以自由调节，通过对转台两个悬臂间的夹角的调节可以实现透射率和反射率的测量。如图 2.36(a)所示，为了测试结构的反射率，将两个悬臂固定在样品的同一侧，悬臂间具有一定的夹角(不超过 15°)，先用同样平面尺寸大小的金属

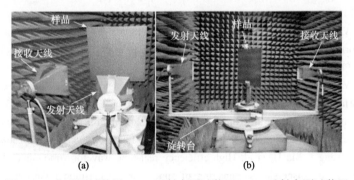

图 2.36　典型测试装置：(a) 反射率测试装置；(b) 透射率测试装置

板进行归一化处理，然后替换成原理样件，原理样件的法线方向对准一对喇叭天线的中心，测试得到原理样件的镜面反射率；如图 2.36(b)所示，为了测试结构的透射率，将两个悬臂固定在样品的两侧，悬臂间呈 180° 的夹角，先去掉原理样件，对一组喇叭天线进行归一化处理，然后放置原理样件，原理样件的法线对准喇叭的中心，测试得到原理样件的透射率和反射率。

参 考 文 献

[1] Koschny T, Kafesaki M, Economou E N, et al. Effective medium theory of left-handed materials[J]. Physical Review Letters, 2004, 93(10): 107402.

[2] Gollub J N, Smith D R, Vier D C, et al. Experimental characterization of magnetic surface plasmons on metamaterials with negative permeability[J]. Physical Review B, 2005, 71(19): 195402.

[3] Pendry J B, Holden A J, Robbins D J, et al. Magnetism from conductors and enhanced nonlinear phenomena[J]. IEEE Transactions on Microwave Theory and Techniques, 1999, 47(11): 2075-2084.

[4] Shen X P, Cui T J, Martin-Canob D, et al. Conformal surface plasmons propagating on ultrathin and flexible film[J]. Proceedings of the National Academy of Science, 2013, 110(1): 40-45.

[5] Shen X P, Jun Cui T. Planar plasmonic metamaterial on a thin film with nearly zero thickness[J]. Applied Physics Letters, 2013, 102(21): 211909.

[6] Ma H F, Shen X, Cheng Q, et al. Broadband and high-efficiency conversion from guided waves to spoof surface plasmon polaritons[J]. Laser & Photonics Reviews, 2014, 8(1): 146-151.

[7] Li Y, Zhang J, Qu S, et al. k-dispersion engineering of spoof surface plasmon polaritons for beam steering[J]. Optics Express, 2016, 24(2): 842-852.

[8] Li Y, Ma H, Wang J, et al. High-efficiency tri-band quasi-continuous phase gradient metamaterials based on spoof surface plasmon polaritons[J]. Scientific Reports, 2017, 7: 40727.

[9] Yang J, Wang J, Li Y, et al. Broadband planar achromatic anomalous reflector based on dispersion engineering of spoof surface plasmon polariton[J]. Applied Physics Letters, 2016, 109(21): 211901.

[10] Yang J, Wang J, Li Y, et al. 2D achromatic flat focusing lens based on dispersion engineering of spoof surface plasmon polaritons: broadband and profile-robust[J]. Journal of Physics D: Applied Physics, 2018, 51(4): 045108.

[11] Yang J, Wang J, Feng M, et al. Achromatic flat focusing lens based on dispersion engineering of spoof surface plasmon polaritons[J]. Applied Physics Letters, 2017, 110(20): 203507.

[12] Gan Q, Fu Z, Ding Y J, et al. Ultrawide-bandwidth slow-light system based on THz plasmonic graded metallic grating structures[J]. Physical Review Letters, 2008, 100(25): 256803.

[13] Wang Z, Wang J, Ma H, et al. High-efficiency real-time waveform modulator for free space waves based on dispersion engineering of spoof surface plasmon polaritons[J]. Journal of Physics D: Applied Physics, 2017, 50(21): 215104.

[14] Bozhevolnyi S I, Søndergaard T. General properties of slow-plasmon resonant nanostructures: nano-antennas and resonators[J]. Optics Express, 2007, 15(17): 10869-10877.

[15] Rao P R R, Datta S K. Estimation of conductivity losses in a helix slow-wave structure using eigen-mode solutions[C]. 2008 IEEE International, Vacuum Electronics Conference, IVEC 2008: 99-100.

[16] Pendry J B, Martínmoreno L, Garciavidal F J. Mimicking surface plasmons with structured surfaces[J]. Science, 2004, 305(5685): 847.

[17] 张克潜, 李德杰. 微波与光电子学中的电磁理论[M]. 2 版. 北京: 电子工业出版社, 2001.

第3章 基于人工表面等离激元弱色散区调控的消色差器件

人工表面等离激元(SSPP)是通过人工电磁介质在微波频段激发的慢波模式，通过调节介质或结构参数可对其色散特性进行灵活调控。特别地，在截止频率以下的弱色散区，SSPP 色散曲线近似为直线，其等效折射率也近似为一常数，利用这一特性，可以解决一些新型功能器件的色差问题。本章运用理论分析、数值仿真和实验验证等研究手段，从基础理论、设计方法和原理验证测试等方面，介绍了基于 SSPP 色散调控的宽带异常反射、波束调控、平板聚焦等消色差电磁功能器件。

3.1 消色差异常反射

2011 年，哈佛大学 Capasso 团队推导出了广义 Snell 反射定律，并利用相位梯度超表面实现了平板异常反射，由此激发了利用平板电磁器件实现波束调控的研究，如平板反射阵列天线、雷达散射截面缩减超表面等。但是，相位梯度超表面的色差问题导致其反射角度随着频率变化，不利于其在宽带天线、宽带天线罩等领域的应用。针对这一问题，本节介绍基于 SSPP 色散调控的宽带消色差异常反射平板的设计、制备与实验验证研究。首先对消色差异常反射进行理论分析，得到了在宽频带内以相同角度产生反射偏折的充分条件；然后，在此基础上，通过金属齿高度渐变的电偶极子级联构成了超薄金属栅结构，用以实现 SSPP 的高效耦合激发；最后，通过优化金属栅的结构参数，调控 SSPP 的色散特性，设计了宽带消色差异常反射平板，制作了原理样件并进行了实验验证。

3.1.1 消色差色散条件

如图 3.1 所示，假设平面波以入射角 θ_i 入射到反射平板上，若在反射平板与空气界面发生正常反射，则反射遵循 Snell 定律，即入射角 θ_i 与反射角 θ_r 相等，但因在铜背板上加载了可以提供切向相位梯度的亚波长结构阵列，故根据广义 Snell 定律，发生异常反射。广义 Snell 定律应用于异常反射时的表达式为[1]

$$k_i \sin(\theta_i) + \frac{\mathrm{d}\phi}{\mathrm{d}x} = k_r \sin(\theta_r) \tag{3.1}$$

其中，$k_i = k_r = k_0 = 2\pi f/c$，$f$是入射波频率，$c$是自由空间光速。(3.1)式两边对$x$积分，可得异常反射平板沿$x$轴的相位分布$\phi(x, f) = [\sin(\theta_r) - \sin(\theta_i)]k_0 x + \psi(f)$，$\psi(f)$是与$x$无关的积分常数。

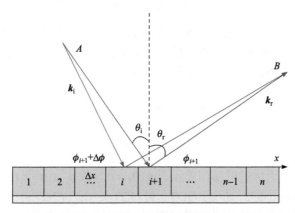

图 3.1　基于广义 Snell 定律的异常反射平板示意图，其表面由离散化的亚波长结构单元构成，黄色部分代表金属反射背板

为便于设计，需要对上述相位分布进行离散化。如图 3.1 所示，异常反射平板是由离散化的亚波长结构单元组成的，离散化的亚波长结构单元阵列提供不连续的相位分布。对广义 Snell 定律做离散化处理，将 dϕ/dx 用 $\Delta\phi/\Delta x$ 代替。因此，在垂直入射情况下，运用离散化的广义 Snell 定律可求得异常反射角：

$$\sin(\theta_r) = \frac{c}{2\pi\Delta x}\frac{\Delta\phi}{f} \tag{3.2}$$

由(3.2)式可知，影响异常反射角θ_r的参数主要有三个：$\Delta\phi$，Δx 和f。考虑到Δx 是亚波长结构单元沿x方向的周期，是一个常数，因而要实现消色差反射，$\Delta\phi/f$ 应保持不变，即

$$\frac{\Delta\phi}{f} = a = \frac{2\pi\Delta x \sin(\theta_r)}{c} \tag{3.3}$$

假设图 3.1 中第i个亚波长结构单元的色散关系为$\phi_i = \phi_i(f)(i = 1, \cdots, n)$。在准静态极限(工作波长远大于单元尺寸)情况下[2,3]，$\phi_i = \phi_i(f)$可在$f = 0$GHz 处展开为幂级数形式，且$\Delta\phi = \phi_{i+1} - \phi_i$，即

$$\begin{cases} \phi_i(f) = \sum_{j=0}^{\infty}\frac{1}{j!}\left.\frac{\mathrm{d}^{(j)}\phi_i}{\mathrm{d}f^{(j)}}\right|_{f=0}f^j \\ \Delta\phi = \sum_{j=0}^{\infty}\frac{1}{j!}\left(\left.\frac{\mathrm{d}^{(j)}\phi_{i+1}}{\mathrm{d}f^{(j)}}\right|_{f=0} - \left.\frac{\mathrm{d}^{(j)}\phi_i}{\mathrm{d}f^{(j)}}\right\|_{f=0}\right)f^j \end{cases} \tag{3.4}$$

对比(3.3)式和(3.4)式的系数可得

$$\left.\frac{\mathrm{d}^{(j)}\phi_{i+1}}{\mathrm{d}f^{(j)}}\right|_{f=0} - \left.\frac{\mathrm{d}^{(j)}\phi_i}{\mathrm{d}f^{(j)}}\right|_{f=0} = 0 \quad (j=0,2,3,\cdots) \tag{3.5}$$

这是实现宽带消色差异常反射亚波长结构单元所应满足的色散条件。为了简化计算,考虑(3.5)式的特解,即每个亚波长结构单元的色散关系均为线性且在 $f=0$GHz 处通过同一点,则消色差的色散条件为

$$\phi_i(f) = \phi_i(0) + \frac{\mathrm{d}\phi_i}{\mathrm{d}f} f \tag{3.6a}$$

$$\phi_i(0) = \phi_{i+1}(0) \tag{3.6b}$$

一般来说,对于反射型结构单元, $\phi_i(0) = \pi$,故 $\phi_{i+1}(0) - \phi_i(0) = 0$ 满足。考虑到群延迟时间(group delay time,GDT;且 $GDT = -\mathrm{d}\phi_i/(2\pi\mathrm{d}f)$),从该特解可以看出,通过设计亚波长结构单元的群延迟响应可以实现宽带消色差异常反射。

3.1.2　SSPP 结构设计与色散调控

SSPP 的色散曲线分为准线性区和非线性区,准线性区可用于设计宽带消色差异常反射平板。利用亚波长结构单元实现 SSPP 的高效耦合和宽频段线性色散特性调控是实现宽带消色差异常反射的关键。

由金属栅结构单齿的电偶极子模型可知,SSPP 色散曲线具有准线性区和非线性区两部分,并且金属齿的高度变化对 SSPP 的色散特性有影响,即齿的高度越小,SSPP 色散曲线越接近自由空间波色散曲线。为实现 SSPP 的高效耦合和宽频段线性色散特性,设计了如图 3.2(a)和(b)所示的亚波长结构单元,厚度为 0.018mm 的超薄金属栅结构刻蚀在厚度为 0.5mm 的 F4B-2($\varepsilon_r=2.65,\tan\delta=0.001$)介质基板上,整个结构放置在 PEC 背板上,模型尺寸如图所示,其中锯齿个数 $n=30$, h 是金属齿高度。金属齿高度外形采用高度渐变的方式实现波矢的渐变匹配,以实现 SSPP 的高效耦合激发,高度变化遵循抛物线函数 $x=(4l/h^2)y^2-l$。对反射型金属栅结构的场分布和色散特性进行仿真,如图 3.2(c)和(d)所示, y 极化电磁波沿 x 轴垂直入射。图 3.2(d)中金属栅结构的色散曲线(用反射相位和入射波频率表征)位于真空色散曲线的下方,说明自由空间波被耦合成了 SSPP,色散曲线有明显的线性区和非线性区。SSPP 在 xOy 面的电场分布如图 3.2(c)所示,从电场分布可以看出,自由空间波被耦合成沿金属齿上下界面传播的 SSPP,且随着金属齿高度的增加,电场局域化程度增强。

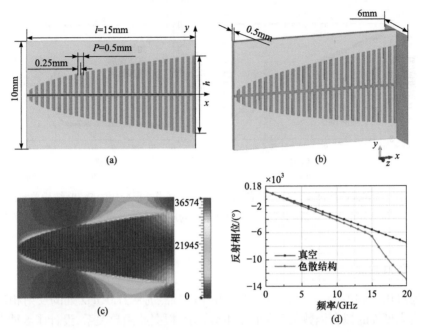

图 3.2　消色差异常反射板的 SSPP 结构单元：(a) 侧视图；(b) 主视图；(c) 电场沿 y 轴极化的电磁波沿 x 轴入射后亚波长电场分布；(d) 亚波长结构色散曲线

　　较好的金属齿高度渐变外形即可保证 SSPP 的高效耦合激发，但不同渐变外形的线性色散特性有较大差别。考虑三种高度渐变外形：抛物线(如图 3.2(a)和(b)所示)、直线和椭圆，后两种结构如图 3.3(a)和(b)所示。能否提供足够宽的相位跨度和宽频段线性相位响应是制约渐变外形选择的两个主要因素。图 3.3(c)和(d)给出了当金属齿的高度 $h_{max} = 9.14mm$ 时，三种 SSPP 结构的相位响应和群延迟响应。图 3.3(c)中 f_P、f_L 和 f_E 分别代表抛物线、直线和椭圆三种线形的线性区截止频率，截止频率越高，则线性区越宽，可以看出 $f_E < f_P < f_L$，则直线结构具有最宽的线性区，抛物线结构次之，椭圆结构最差，这一结论从图 3.3(d)也能看出。从提供足够宽的相位跨度来看，相同频点处能提供最大相位延迟的结构是椭圆形，抛物线次之，线性最差。综合来说，抛物线形的 SSPP 结构是一个可接受的折中选择。

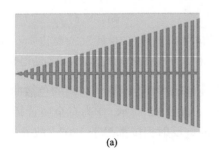

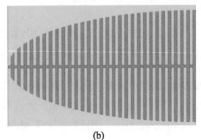

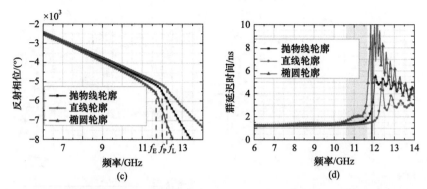

(c)　　　　　　　　　　　　　　(d)

图 3.3　不同金属齿高度渐变外形及其色散特性：(a) 直线外形变化的 SSPP 结构单元；(b) 椭圆外形变化的 SSPP 结构单元；(c) 三种 SSPP 结构的反射相位；(d) 三种 SSPP 结构的群延迟响应

3.1.3　仿真验证

通过仿真和拟合，SSPP 结构单元在中心频点 $f_0 = 11.0 \text{GHz}$ 处的反射相位 ϕ 与金属齿高度 h 的拟合函数关系如图 3.4(a)所示。根据此函数关系，设计了 6 种 SSPP 结构单元组成大周期结构单元，如图 3.4(b)所示。6 种 SSPP 结构单元金属齿的高度依次是：$h_1 = 1.50 \text{mm}$，$h_2 = 5.59 \text{mm}$，$h_3 = 7.19 \text{mm}$，$h_4 = 8.10 \text{mm}$，$h_5 = 8.71 \text{mm}$ 和 $h_6 = 9.14 \text{mm}$，可在中心频点处实现 2π 的反射相位跨度。相邻两单元相位差 $\pi/3$，$\Delta x = q = 6.00 \text{mm}$。由此可得，沿 z 方向的相位梯度为 $\Delta\phi/\Delta x = \pi/(3q)$。由式(3.2)得，正入射情况下，消色差异常反射角为 $\theta_r(f) = 49.3°$。

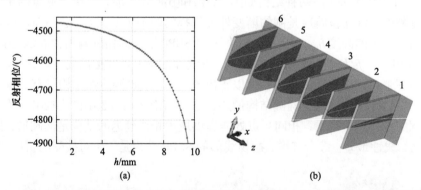

(a)　　　　　　　　　　　　　　(b)

图 3.4　由 6 个 SSPP 结构单元构成的大周期结构单元：(a) 11.0GHz 处 SSPP 结构单元的反射相位 ϕ 与金属齿高度 h 的拟合函数关系；(b) 6 种 SSPP 结构单元组成的大周期结构单元

为分析 6 种 SSPP 结构单元的宽带线性色散特性，计算了它们的色散曲线(用反射相位和入射波频率表征)和群延迟响应，如图 3.5 所示。作为有金属背板 SSPP 结构单元的反射相位，当频率等于 0GHz 时，反射相位都等于 180°，故 6 条色散曲线都经过点(0，180°)。由图 3.5(a)和(b)可知，受 SSPP 结构色散特性的影响(频率越低，色散越弱)，随着频率降低，6 个单元能实现的反射相位跨度也相应减小；但随频率升高，色散曲线线性度变差。基于上述两方面考虑，选择 10.7～11.7GHz 作为工作频段(图 3.5(a)和(b)中阴影区域)。

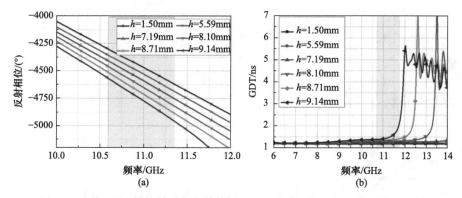

图 3.5　6 种 SSPP 结构单元的色散特性：(a) 反射相位响应；(b) 群延迟响应

采用这 6 种 SSPP 结构单元组成一个大周期结构单元，沿 y 方向与 z 方向分别以 10.0mm 和 36.0mm 的周期间隔排列 12 组和 10 组，构成尺寸为 $13.2\lambda_0 \times 5.5\lambda_0$ 的消色差反射平板。对其进行数值仿真，仿真设置如图 3.6(a)所示，采用有限大端口馈电，电场沿 y 轴极化，边界均为 open add space。正入射情况下，仿真得到的异常反射角度如图 3.6(b)所示，其中橘黄色直线代表理论计算得到的异常反射角的位置。在 10.7GHz，11.0GHz，11.4GHz 和 11.7GHz 四个频点处，异常反射板的反射角分别为 50.0°，51.0°，47.0°和 48.0°，均在理论值附近。此外，由图 3.6(b)可以看出，四个频点的反射波束具有一致的波束宽度。综上可得，异常反射板在 10.7～11.7GHz 内有很好的消色差异常反射效应。

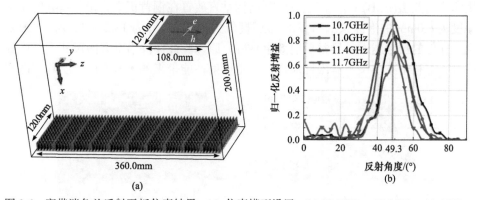

图 3.6　宽带消色差反射平板仿真结果：(a) 仿真模型设置；(b) 10.7GHz，11.0GHz，11.4GHz，
11.7GHz 四个频点的归一化反射增益

四个频点在 xOz 平面上的电场分布如图 3.7(a)～(d)所示。从电场分布图可以看出垂直入射的电磁波发生了明显的异常反射,反射角度如图中所标。综上所述,仿真结果很好地验证了所设计反射平板的宽带消色差异常反射特性。

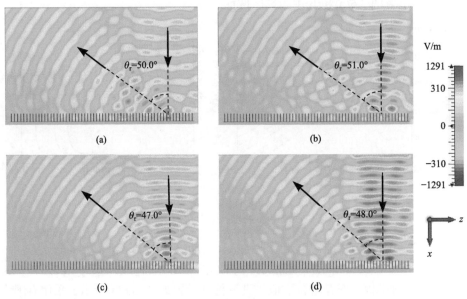

图 3.7　宽带消色差异常反射板在 xOz 平面的电场分布:(a) 10.7GHz;(b) 11.0GHz;(c) 11.4GHz;(d) 11.7GHz。各频点处的异常反射角已在图中标出

3.1.4　实验验证

为了进一步验证所设计的反射平板的宽带消色差异常反射特性,制备了一块由 10×25 个大周期结构单元组成的原理样件,如图 3.8(a)所示。SSPP 结构条采用印刷电路板(PCB)工艺加工,SSPP 结构垂直放置在铜背板上,相邻间隔处使用厚度为 6.0mm 的泡沫条($\varepsilon \approx 1$)固定金属栅位置,样件尺寸为 $13.2\lambda_0 \times 9.2\lambda_0$。一般来说,样件的尺寸越大,异常反射效果越好,原理验证样件沿 y 方向尺寸大于仿真样件,有利于减小尺寸有限性对样件异常反射性能带来的不利影响。实验在微波

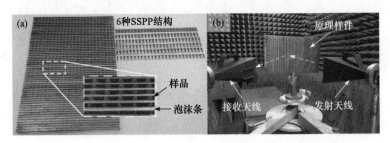

图 3.8　原理样件及实验设置: (a) 实验样品; (b) 测试系统

暗室中进行，样品被固定在转台中央，转台两个悬臂分别用于固定发射和接收喇叭天线(工作频段为 8.0～12.0GHz)；固定发射喇叭天线的位置，并使其将电磁波垂直入射到样品表面，旋转接收喇叭天线所在的悬臂梁，可以测得不同角度处的反射率，实验设置如图 3.8(b)所示。

　　实验测试结果如图 3.9 所示，接收喇叭旋转的角度为 α。当 $\alpha = 0°$ 时，测得的反射率(黑色曲线)在 10.7～11.7GHz 频段降低到−5dB 以下，而当旋转角 $\alpha = 49.3°$ 时(红色曲线)，反射率在 10.7～11.7GHz 频段上升到最大值，而在其他频段仍然保持低反射率。由此可得，在 10.7～11.7GHz 内，垂直入射电磁波的反射角度为 49.3°，实验结果与仿真结果吻合。此外，$\alpha = 0°$ 时的反射率曲线在 9.3～10.7GHz 内也出现明显的下降，这是因为所设计的异常反射平板在此频段内的消色差异常反射失效，垂直入射的电磁波被反射到了其他方向。

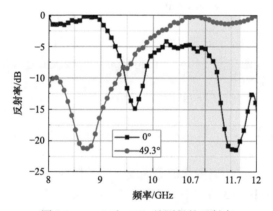

图 3.9　$\alpha = 0°$ 和 49.3° 处测得的反射率

　　本节介绍了基于 SSPP 色散调控的宽带消色差异常反射平板的设计研究。基于广义 Snell 定律，分析了由离散化的 SSPP 结构单元组成的反射平板实现宽带消色差异常反射的色散条件。基于金属齿高度渐变设计了反射型 SSPP 结构单元，用于实现 SSPP 的高效耦合激发，通过对其结构参数的空间分布设计，实现了宽带线性色散特性。在此基础上，基于 SSPP 色散调控设计了宽带消色差异常反射平板，通过数值仿真和实验测试验证了所设计的反射板宽带消色差异常反射特性。

3.2　消色差波束调控

　　作为透射型波束调控器件，异常折射平板在波束调控天线(beam steering antenna)、共形天线(conformal antenna)、雷达隐身技术等领域有着重要应用。传统波束调控器件一般通过透镜外形设计来实现，存在加工难度大、体积大、质量重、有色差等缺陷。尤其在微波频段，其宽带/超宽带应用非常受限。近年来，超表面被用于异常折射平板设计，有效解决了传统透镜的诸多缺陷，将异常折射平板向应用推进了一大步，但色差问题仍旧没有得到解决，并且超表面异常折射平板还面临透射效率低的问题。本节介绍基于 SSPP 色散调控的宽带消色差异常折射平板设计、制备与实验验证，首先从理论上分析实现消色差异常折射的色散条件，在此基础上根据广义 Snell 定律，从调控 SSPP 色散曲线出发，设计了具有高透射率和宽带消色差异常折射特性的平板，制作了原理样件并进行了实验验证。

3.2.1　消色差色散条件

根据广义 Snell 定律，异常折射角 θ_{r} 可由下式计算[1]

$$\theta_{\mathrm{r}} = \arcsin\left[\sin(\theta_{\mathrm{i}}) + \frac{c}{2\pi f}\frac{\mathrm{d}\phi}{\mathrm{d}z}\right] \tag{3.7}$$

其中，$\mathrm{d}\phi/\mathrm{d}z$ 是沿 z 方向分布的相位梯度，θ_{i} 是入射角，f 是入射波频率，c 是自由空间光速。(3.7)式两边对 z 积分，可得异常反射板表面连续的相位分布为

$$\phi(z,f) = [\sin(\theta_{\mathrm{r}}) - \sin(\theta_{\mathrm{i}})]\frac{2\pi f z}{c} + \psi(f) \tag{3.8}$$

其中，$\psi(f)$ 是与 z 无关的常数。为便于实际设计，需对连续的相位分布进行离散化。

如图 3.10 所示，采用离散化的等高度亚波长散射单元阵列实现异常折射板。在相位不连续情况下，(3.7)式中的相位梯度 $\mathrm{d}\phi/\mathrm{d}z$ 离散化为 $\Delta\phi/\Delta z$，其中 $\Delta\phi = \phi_{i+1} - \phi_i$，$\phi_i((i-1)\Delta z, f)$ 代表第 i 个亚波长单元的传输相位响应。考虑电场沿 y 极化平面波 x 方向垂直入射到平板表面，其折射角度可由下式计算

$$\theta_{\mathrm{r}} = \arcsin\left(\frac{c}{2\pi f}\frac{\Delta\phi}{\Delta z}\right) \tag{3.9}$$

与实现宽带消色差异常反射相似，亚波长结构单元的线性传输相位响应是实现宽带消色差异常折射的充分条件。若要实现消色差的异常折射，则第 i 个亚波长结构单元的线性相位响应需满足

$$\phi_i(f) = \phi_i(0) + \alpha_i f \quad (i = 1, 2, \cdots, m) \tag{3.10}$$

其中，$\alpha_i = (\mathrm{d}\phi_i/\mathrm{d}f)$，$\phi_i(0)$ 是第 i 个亚波长单元在 $f = 0\mathrm{GHz}$ 的相位响应且 $\phi_i(0) = 0°$。因此，第 i 个亚波长结构单元的传输相位响应可简化为

$$\phi_i(f) = \alpha_i f \quad (i = 1, 2, 3, \cdots, m) \tag{3.11}$$

根据群延迟时间(GDT)的定义，满足(3.11)式的亚波长结构单元的传输 GDT 是频

率无关的常数，并且不同结构单元的 GDT 也不同。

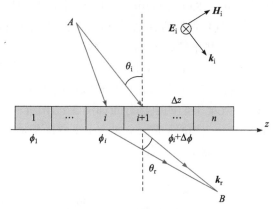

图 3.10　平板异常折射原理示意图

3.2.2　结构设计与色散调控

在消色差异常折射平板设计中，关键是设计出具有宽带线性相位响应和高透射率的 SSPP 结构单元。为实现具有宽带线性相位响应的 SSPP 结构单元，设计了由 $2n$ 个($n = 40$)电偶极子级联构成的透射型 SSPP 结构，如图 3.11 所示。图 3.12 给出了透射型 SSPP 结构的局部放大视图，其中 $a = 0.2\text{mm}$，$w = 0.2\text{mm}$，$P = 0.4\text{mm}$，h 是金属齿的高度。为提高 SSPP 耦合效率、增大传输相位，金属齿高度外形采用两端抛物线型渐变、中间等高的对称分布设计。在 x 轴正方向，当 $x>(2n+1)P/4$ 时，抛物线方程为 $x = -(2n-1)Py^2/(4h^2)+nP$；当 $0 < x \leqslant (2n+1)P/4$ 时，金属齿高度均为 h；x 轴负方向与正方向结构对称，金属栅刻蚀在 0.5mm 厚的 F4B-2 介质板上($\varepsilon_r = 2.65$，$\tan\delta = 0.001$)。

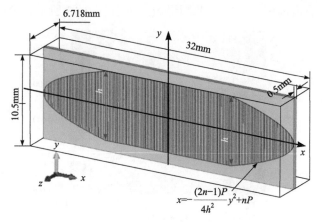

图 3.11　透射型 SSPP 结构单元示意图

对 SSPP 结构单元的色散特性进行仿真计算，电场沿 y 轴极化的平面波沿 x 正方向入射，SSPP 结构($h = 8.0$mm)的电磁响应如图 3.12(a)所示。从 SSPP 结构的传输相位可以明显看出其色散特性由线性区(浅橙色区域)和非线性区组成，线性区上边界是 SSPP 结构的截止频率 f_{cutoff}。在线性区中，相位曲线的一阶导数明显大于自由空间相位曲线斜率，说明 SSPP 结构表现出群延迟时间特性。同时，在线性区 SSPP 结构的传输效率接近 1，但在非线性区传输效率骤然下降到接近完全截止。SSPP 结构在 xOy 平面的电场分布如图 3.12(b)所示，从电场分布可以看出，自由空间波被 SSPP 结构耦合成沿金属齿上下界面传播的 SSPP，波长被压缩，电场能量被局域在金属栅上下边沿。

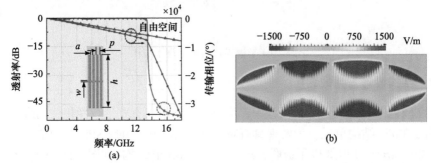

图 3.12　透射型 SSPP 结构单元的色散特性：(a) 传输相位与透射率，图中同时给出了自由空间波的色散曲线(相位响应曲线中的上方蓝色直线)，SSPP 结构单元的金属齿尺寸如局部视图所示；(b) SSPP 结构在 xOy 平面上的电场分布

在 SSPP 结构设计中，金属齿最大高度 h 是唯一可调参数，其余参数通过仿真优化已设定为固定值(如图 3.11 和图 3.12(a)局部示意图所示)，通过调节 h 可以实现金属齿传输相位的调节，进而设计出可实现异常折射的相位分布。通过仿真计算，不同金属齿高度对应的色散频谱 $\phi(f, h)$ 如图 3.13 所示，色散特性用传输

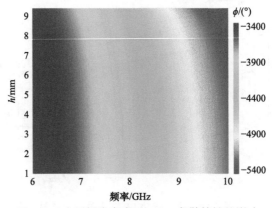

图 3.13　金属锯齿高度对 SSPP 色散特性的影响

相位 ϕ、入射波频率 f 和金属齿高度 h 表征。由此频谱，可根据需要的传输相位响应确定 SSPP 结构的尺寸。

3.2.3　仿真验证

采用上述渐变高度 SSPP 结构单元进行异常折射平板设计。在垂直入射情况下，令其异常反射角为 $\theta_r = 13.1°$，其中心工作频率为 $f_0 = 9.0\text{GHz}$。采用 $m = 26$ 种 SSPP 结构单元实现 400.0° 的相位跨度。根据(3.9)式可解得 $\Delta\phi = -25°$，参考相位为鱼骨结构 $h = 1.0\text{mm}$ 时的相位，SSPP 结构的传输相位 $\phi_1 = -4694.108°$，每种 SSPP 结构单元的传输相位的色散特性由 $\phi_{i+1} = \phi_i + \Delta\phi$ 求得。根据图 3.13 所示的 SSPP 结构单元的色散频谱，以及所求得的每个 SSPP 结构单元的理论相位响应特性，可求得每种 SSPP 结构的金属齿高度如表 3.1 所示。

表 3.1　26 种超薄 SSPP 结构的金属齿高度　　　　　　　　(单位：mm)

h_1	h_2	h_3	h_4	h_5	h_6	h_7	h_8	h_9
1.000	2.887	3.934	4.728	5.360	5.890	6.345	6.742	7.089
h_{10}	h_{11}	h_{12}	h_{13}	h_{14}	h_{15}	h_{16}	h_{17}	h_{18}
7.399	7.672	7.931	8.136	8.331	8.501	8.657	8.798	8.917
h_{19}	h_{20}	h_{21}	h_{22}	h_{23}	h_{24}	h_{25}	h_{26}	
9.034	9.139	9.236	9.321	9.394	9.468	9.535	9.598	

为了验证 26 种 SSPP 结构单元的宽带线性相位响应特性以及其高透射率，分析了 $i = 1$，6，11，16，21，26 这 6 个代表性结构单元的频率响应，如图 3.14 所示。由图 3.14(a) 可以看出，6 种单元在 6.9～9.1GHz 具有很好的线性相位响应特性，图 3.14(b) 中 6.9～9.1GHz 内 6 种单元接近常数的群延迟响应也很好地证实了这一点。此外，图 3.14(a) 中 6 种单元在 6.9GHz 以下也展现出很好的线性相位响

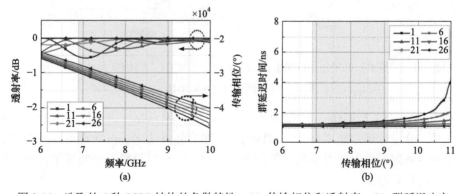

图 3.14　选取的 6 种 SSPP 结构的色散特性：(a) 传输相位和透射率；(b) 群延迟响应

应，但考虑到频率越低，相同尺寸的折射板能提供的传输相位跨度越小，异常折射效应也相应变差，故选择 6.9～9.1GHz 作为其工作频段。图 3.14(a)也给出了 6 种单元的透射率，在 6.9～9.1GHz 内透射率都在 90%以上，证实了其高透射效率。

将 26 种超薄 SSPP 结构单元按照图 3.10 所示依次排布，在 y 轴上以周期为 10.5mm 重复排列 15 组，组成消色差异常折射平板的仿真模型，模型尺寸为 $5.1\lambda_0 \times 4.7\lambda_0$，其中 λ_0 为中心工作波长。使用时域求解器对模型进行仿真计算，边界均设为 open，y 极化平面波沿 x 轴正方向入射。在 6.5～9.5GHz 内以 0.2GHz 为步长取 16 个频点，每个频点的折射角如图 3.15(b)所示，在 6.9～9.1GHz 内(浅橙色区域)每个频点的折射角保持在 11.0°～12.0°，与理论计算值 13.1°的偏差主要是由模型的有限尺寸以及不同高度金属齿相互作用导致的。为了更好地分析消色差异常折射效果，计算了 6.9GHz，7.6GHz，8.3GHz 和 9.1GHz 四个频点的归一化远场方向图，如图 3.15(a)所示。可以看出，四个频点的归一化方向图主瓣均发生偏折，主瓣方向与图 3.15(b)中数据一致。当频率低于 6.9GHz 时，模型尺寸的电尺度减小，电磁波绕射效应增强，绕射波对透射波方向图产生影响，使得偏折波束 3dB 带宽变大且波束主瓣向垂直透射方向靠近；当频率高于 9.1GHz 时，高阶旁瓣增大，使得偏折到主瓣方向的能量减少，故而有效工作频段为 6.9～9.1GHz，带宽为 2.2GHz。

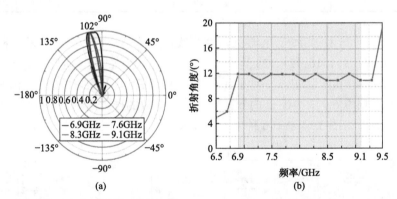

图 3.15　消色差异常折射平板仿真结果：(a) 6.9GHz，7.6GHz，8.3GHz 和 9.1GHz 的归一化远场增益图；(b) 正入射情况下 6.5～9.5GHz 内的主瓣方向

在 6.9GHz，7.6GHz，8.3GHz 和 9.1GHz 四个频点处，仿真模型在 xOz 平面的电场 y 分量分布如图 3.16(a)～(d)所示，从四个频点的电场分布也可以看出当平面波垂直入射时，电场发生明显的偏折。综上，仿真结果很好地验证了消色差异常折射的设计理论。

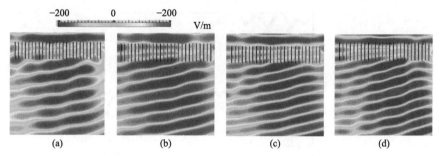

图 3.16　*xOz* 平面的电场 *y* 分量分布：(a) 6.9GHz；(b) 7.6GHz；(c) 8.3GHz；(d) 9.1GHz

3.2.4　实验验证

为了进一步验证设计理论和仿真结果，制备了与仿真模型尺寸一致的实验样品，如图 3.17 所示。刻蚀有 SSPP 结构的介质板用厚度为 6.0mm、相对介电常量近似为 1 的泡沫条固定在一起，组成实验样品。与消色差异常反射平板的测试过程一样，整个实验在微波暗室中进行，样品被固定在转台中央，转台两个悬臂分别用于固定发射喇叭天线和接收喇叭天线，固定发射喇叭天线的位置使电磁波垂直入射到样品表面。测试时，旋转接收喇叭天线所在的悬臂梁，可以测得不同角度的透射率，接收喇叭天线和发射喇叭天线初始时分居样品两侧且位于样品法线上，以 α 角转动接收喇叭天线，测试 $\alpha = 0°$，12.0°和 18.0°时的透射率。

当 α 取不同角度时，测得透射率如图 3.18 所示。$\alpha = 0°$ 时，在 6.9～9.1GHz 频段内归一化透射率降低，并且 $\alpha = 0°$ 时的透射率曲线随着频率的下降幅度整体呈现出减小的趋势。这是因为随着频率降低，样品能提供的相位跨度减小，样品的有效电尺寸也降低，样品边缘的绕射效应越来越大，波束整体向法线方向偏折。$\alpha = 12.0°$ 时，透射率在 6.9～9.1GHz 内显著升高，在带外则迅速降低；在 9.1～9.5GHz 内，透射率曲线与仿真结果一致。在 6.9～9.1GHz 频段内，虽然主瓣方向仍然在 12.0°，但旁瓣电平

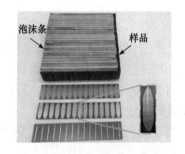

图 3.17　异常折射平板实验样品

太高，$\alpha = 18.0°$ 时的透射率曲线在此频段升高也说明了这一点。$\alpha = 18.0°$ 时，透射率在 6.9～9.1GHz 内的值保持在比较低的水平，而后在 9.2～10.0GHz 升高，原因同上；在 10.0GHz 以上，透射率又开始下降，这是因为 SSPP 结构在高频段线性相位响应变差，导致消色差异常折射效果变差，造成折射角度也随频率发生变化。

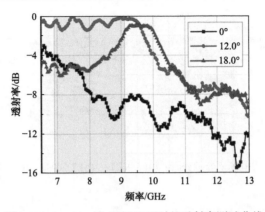

图 3.18　$\alpha = 0°$，12.0°和 18.0°时的透射率测试曲线

　　本节介绍了基于 SSPP 色散调控的宽带消色差异常折射平板的设计、制作及实验验证研究。首先通过理论分析，得到了平板消色差异常折射的传输相位色散特性，即构成平板的亚波长结构单元应在宽频带内具有线性传输相位特性。然后，在此基础上从级联电偶极子的角度出发，设计了可高效激发 SSPP 的高度渐变 SSPP 结构单元，实现了宽带线性相位响应，同时具有高透射率。最后，采用该结构单元，设计了宽带消色差异常折射平板，并从理论分析、仿真计算和实验验证三个层面对平板的宽带消色差异常折射效应进行了验证，理论和实验结果均很好地验证了宽带消色差异常折射特性。

3.3　消色差平板聚焦

　　聚焦透镜在高增益天线、雷达成像系统等领域有着广泛而重要的应用。传统介质透镜体积大、造价高、加工难，并存在色差。基于超表面的平板聚焦透镜可有效减小透镜的体积和减轻透镜的重量，降低加工难度，但色差问题仍未得到解决。传统透镜系统通常采用多级级联解决色差问题，系统复杂，要求精度高，限制了透镜的应用。针对平板聚焦透镜的色差问题，本节开展了宽带高效消色差平板聚焦透镜的设计、制作及实验验证研究。首先通过理论分析得到了宽带消色差平板聚焦的色散条件，即平板聚焦透镜的亚波长结构单元应具有线性色散特性。然后，在此基础上，基于 SSPP 色散调控设计了一维、二维宽带消色差平板聚焦透镜，并从理论分析、仿真计算和实验验证三个层面对平板透镜的宽带消色差聚焦特性进行了验证。最后讨论了二维宽带消色差平板聚焦透镜一个有趣的性质——外形鲁棒性，即当二维透镜的外形轮廓沿光轴方向发生形变时，透镜仍然表现出很好的宽带消色差聚焦特性和高聚焦效率。1990 年，哈勃望远镜升空但未能迅速投入使用，原因是其主透镜的边缘被多磨去了 2μm，影响了整个系统的成像能力。因此，具有外形鲁棒性的消色差平板聚焦透镜具有更高的应用价值。此外，外形鲁棒性也为设计共形消色差电磁器件带来新的契机。

3.3.1 消色差平板聚焦色散条件

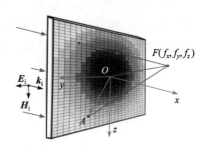

图 3.19 二维平板聚焦示意图

二维平板聚焦示意图如图 3.19，y 极化的电磁波沿 x 轴正向垂直入射到平板透镜表面，经过平板透镜的相位调制，聚焦到焦点 $F(f_x, f_y, f_z)$。二维平板聚焦透镜的相位约束公式如(3.12)式所示。

$$\phi(y, z, k_i) = \phi(0, 0, k_i) + \frac{2\pi f}{c}\left[\sqrt{(y - f_y)^2 + (z - f_z)^2 + f_x^2} - \sqrt{f_x^2 + f_y^2 + f_z^2}\right] \quad (3.12)$$

其中，$\phi(y, z, k_i)$ 是平板聚焦透镜在坐标 (y, z) 点处的相位，f 是入射波频率。为便于设计，平板聚焦透镜利用离散的亚波长结构单元阵列实现不连续的相位分布。将(3.12)式离散化，y、z 分别用 $m_y P_y$ 和 $m_z P_z$ 替换，P_y 和 P_z 分别是亚波长结构单元沿 y、z 方向的空间周期，可得

$$\begin{aligned}&\phi(m_y P_y, m_z P_z, k_i) \\ &= \phi(0, 0, k_i) + \frac{2\pi f}{c}\left[\sqrt{(m_y P_y - f_y)^2 + (m_z P_z - f_z)^2 + f_x^2} - \sqrt{f_x^2 + f_y^2 + f_z^2}\right]\end{aligned} \quad (3.13)$$

其中，(m_y, m_z) 是亚波长结构单元的编号，且 $m_y = -M_y, \cdots, -2, -1, 0, 1, 2, \cdots, M_y$，$m_z = -M_z, \cdots, -2, -1, 0, 1, 2, \cdots, M_z$。为简单计，第 (m_y, m_z) 个结构单元的传输相位响应用 $\phi_{(m_y, m_z)}$ 表示。

在准静态条件下(亚波长结构单元的尺寸远小于工作波长)，将第 (m_y, m_z) 个结构单元的相位响应 $\phi_{(m_y, m_z)}$ 展开成 $f = 0\mathrm{GHz}$ 处的幂级数，如下式

$$\phi_{(m_y, m_z)} = \sum_{j=0}^{\infty} \frac{1}{j!} \left. \frac{\partial^{(j)} \phi_{(m_y, m_z)}}{\partial f^{(j)}} \right|_{f=0} f^j \quad (3.14)$$

利用(3.14)式将 $\phi_{(0,0)}$ 展开成 $f = 0\mathrm{GHz}$ 处的幂级数，并将其与(3.14)式一并代入(3.13)式，得到

$$\begin{cases} \sum_{j=0}^{\infty} \frac{1}{j!} \left. \left(\frac{\partial^{(j)} \phi_{(m_y, m_z)}}{\partial f^{(j)}} - \frac{\partial^{(j)} \phi_{(0,0)}}{\partial f^{(j)}} \right) \right|_{f=0} f^j = \alpha_{(m_y, m_z)} f & (3.15\mathrm{a}) \\[4mm] \alpha_{(m_y, m_z)} = \frac{2\pi}{c}\left[\sqrt{(m_y P_y - f_y)^2 + (m_z P_z - f_z)^2 + f_x^2} - \sqrt{f_x^2 + f_y^2 + f_z^2}\right] & (3.15\mathrm{b}) \end{cases}$$

宽带消色差平板聚焦意味着平板透镜焦点 $F(f_x, f_y, f_z)$ 的位置不随频率变化。所以，式(3.15b)中 $\alpha_{(m_y, m_z)}$ 与频率无关，只与透镜孔径上点的空间位置有关。若要使式(3.15a)和式(3.15b)中焦点 $F(f_x, f_y, f_z)$ 不随频率变化，须满足式

$$\left\{ \begin{array}{l} \left. \left(\dfrac{\partial \phi_{(m_y, m_z)}}{\partial f} - \dfrac{\partial \phi_{(0,0)}}{\partial f^{(j)}} \right) \right|_{f=0} = \alpha_{(m_y, m_z)} \qquad\qquad (3.16a) \\[4mm] \left. \left(\dfrac{\partial^{(j)} \phi_{(m_y, m_z)}}{\partial f^{(j)}} - \dfrac{\partial^{(j)} \phi_{(0,0)}}{\partial f^{(j)}} \right) \right|_{f=0} = 0, \quad j = 0,2,3,\cdots \quad (3.16b) \end{array} \right.$$

式(3.16a)和式(3.16b)给出了二维宽带消色差平板聚焦透镜的亚波长结构单元所需要满足的色散条件。

考虑满足式(3.16a)和式(3.16b)的一个特解，即当第(m_y, m_z)个结构单元的相位响应是线性方程时，宽带消色差平板聚焦条件可以被满足，如下式

$$\phi_{(m_y, m_z)}(f) = \phi_{(m_y, m_z)}(0) + \beta_{(m_y, m_z)} f \qquad\qquad (3.17)$$

在此特解中，$\beta_{(m_y, m_z)}$ 是 $\phi_{(m_y, m_z)}$ 对频率的一阶导数。线性的色散响应意味着群延迟响应为与频率无关的常数。对于有限厚度的平板聚焦透镜 $\phi_{(m_y, m_z)} = 0°$，第(m_y, m_z)个结构单元的相位响应可写为

$$\phi_{(m_y, m_z)}(f) = \beta_{(m_y, m_z)} f \qquad\qquad (3.18)$$

由上式可知，当平板聚焦透镜的亚波长结构单元的传输相位为频率的正比例函数，且其斜率为聚焦相位分布对频率的一阶导数时，可实现消色差的平板聚焦透镜。

3.3.2　一维平板聚焦透镜设计与实验验证

为了验证宽带消色差平板聚焦设计理论，首先设计了一维宽带消色差平板透镜。一维平板聚焦示意图如图 3.20 所示，平板透镜沿 z 方向的不连续相位分布为

$$\phi(mP, k_i) = \phi(0, k_i) + \frac{2\pi f}{c} \left[\sqrt{(mP)^2 + F^2} - F \right] \qquad\qquad (3.19)$$

其中，P 是亚波长结构单元沿 z 方向的空间周期，F 是焦距。一维消色差平板聚焦的色散条件与二维情况完全一致，亚波长结构单元的宽带线性色散响应是宽带消色差平板聚集的充分条件。

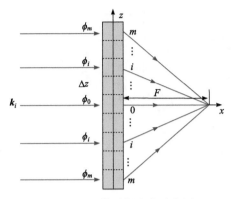

图 3.20　一维平板聚焦示意图

　　SSPP 丰富的色散特性可用于实现宽带线性色散响应。由多个电偶极子级联组成的 SSPP 结构可将自由空间波高效耦合为 SSPP，且具有宽带线性色散特性，可用于设计消色差平板透镜。SSPP 结构的色散特性已在 3.2.2 节进行了充分的讨论。选择初始相位 $\phi(0, k_0) = -5056.0°$，中心工作频点为 $f_0 = 9.0\text{GHz}$，设计焦距为 213.6mm，空间周期分别为 $P_y = 10.5\text{mm}$，$P_z = 6.518\text{mm}$。根据(3.19)式可计算出每个亚波长结构单元传输相位色散特性，由每个结构单元的传输相位和 SSPP 结构单元的色散特性，可求得每个结构单元金属齿高度参数 h 的取值，如表 3.2 所示。

表 3.2　一维平板聚焦时透镜的 20 种亚波长结构单元金属齿高度 h　　（单位：mm）

h_0	h_1	h_2	h_3	h_4	h_5	h_6	h_7	h_8	h_9
9.440	9.435	9.420	9.395	9.361	9.317	9.256	9.175	9.075	8.950
h_{10}	h_{11}	h_{12}	h_{13}	h_{14}	h_{15}	h_{16}	h_{17}	h_{18}	h_{19}
8.805	8.614	8.373	8.068	7.672	7.160	6.485	5.560	4.168	1.353

　　为了分析组成消色差平板聚焦透镜的各个单元的宽带线性色散响应和高透射率，选取了 $m = 0$，3，7，11，15 和 19 这 6 个具有代表性的单元分析其电磁响应，如图 3.21 所示。由图 3.21(a)可以看出，6 种单元在 7.5～9.0GHz 具有很好的线性传输相位响应特性，图 3.21(b)中 7.5～9.0GHz 内 6 种单元接近常数的群延迟响应也很好地证实了这一点。此外，图 3.21(a)中 6 种单元在 6.9GHz 以下也表现出很好的线性相位响应，但考虑到频率越低，相同尺寸的透镜电尺寸越小，能提供的相位跨度也减小，聚焦效应也相应变差，故选择 7.5～9.0GHz 作为工作频段。图 3.21(a)也给出了 6 种单元的透射率，经换算，在 7.5～9.0GHz 内透射率都在 90%以上，证实了其高透射率。

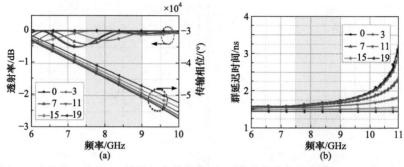

图 3.21　选取的 6 种 SSPP 结构的色散特性：(a) 传输相位与透射率；(b) 群延迟响应

　　按照图 3.20 所示，将 20 种单元沿 z 方向排成阵列，沿 y 方向以 10.5mm 的空间周期重复排列 15 组，构成一维平板聚焦透镜的仿真模型，模型尺寸为 $3.9\lambda_0 \times 4.7\lambda_0$。$y$ 极化的平面波沿 x 轴垂直入射到透镜表面，边界均设为 open add

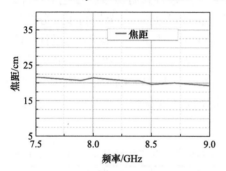

图 3.22　一维宽带消色差平板聚焦透镜
在 7.5～9.0GHz 内的仿真焦距

space，在 7.5～9.0GHz 内仿真其焦距，仿真结果如图 3.22 所示。从图 3.22 可以看出，平板透镜的焦距在 7.5～9.0GHz 内保持稳定，且与理论焦距 213.6mm 保持很好的一致性。为了更好地分析消色差聚焦特性，同时也给出了在 7.5GHz，8.3GHz 和 9.0GHz 的电场 y 分量 $|E_y|$ 分布，如图 3.23 所示，图中"×"表示 $|E_y|$ 最大值的位置。从三个频点 $|E_y|$ 最大值的位置也可以看出，平板透镜在 7.5～9.0GHz 内表现出很好的消色差聚焦特性。此外，从图 3.23(a)～(c)可以看出，

随着频率降低，焦深变长，焦斑变宽。

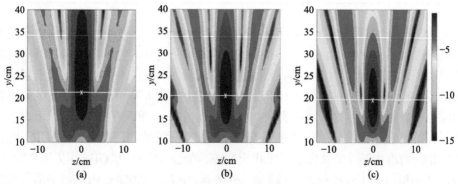

图 3.23　归一化电场 y 分量 $|E_y|$ 分布的仿真结果：(a) 7.5GHz；(b) 8.3GHz；(c) 9.0GHz。其中白色"×"符号代表电场分布中 $|E_y|$ 最大值所在位置，标尺单位为 dB

　　为了分析一维消色差平板透镜的聚焦效率，求解了仿真模型在焦平面上电场 y 分量分布，如图 3.24 所示。聚焦效率的定义为聚焦能量与入射能量的比值，可用下式计算

$$\eta = \frac{P_{\text{focs}}}{P_{\text{inc}}} = \frac{P_{\text{trans}}}{P_{\text{inc}}} \times \frac{P_{\text{focs}}}{P_{\text{trans}}} = |S_{21}|^2 \frac{P_{\text{focs}}}{P_{\text{trans}}} \tag{3.20}$$

其中，P_{focs} 是聚焦能量，P_{trans} 是透射能量，S_{21} 是透射系数，P_{inc} 是入射能量。仿真模型在 7.5GHz、8.3GHz、9.0GHz 三个频点的透射系数分别为 0.915、0.940、0.867。对图 3.24 中白框内的电场能量积分可得聚焦能量，对整个焦平面的电场能量积分可得透射能量，由此计算得出在三个频点的聚焦效率分别是：48.1%、54.1%、47.1%。

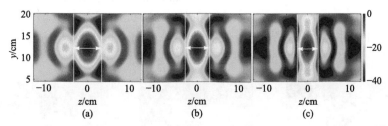

图 3.24　不同频点焦平面电场能量密度分布：(a) 7.5GHz；(b) 8.3GHz；(c) 9.0GHz

　　评价透镜设计优劣的另一个指标是数值孔径(number aperture，NA)，其定义为透镜所处环境的折射率与半孔径角的正弦之积，用以衡量透镜聚光的光锥角范围，后者决定了透镜的聚光能力和分辨率，NA 越大，透镜聚光能力越强。如图 3.25 所示，透镜所处环境为空气(折射率是 1)，半孔径角为 θ，则 NA 定义为

$$\text{NA} = \sin(\theta) = \frac{D}{\sqrt{(4F)^2 + D^2}} \tag{3.21}$$

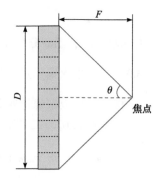

图 3.25　平板聚焦透镜的数值孔径计算示意图

其中，D 是透镜直径。由(3.21)式可求得所设计透镜具有高数值孔径 NA = 0.7。

　　为了在实验上对一维平板聚焦透镜的宽带消色差聚焦性能进行验证，加工了一块实验样品，如图 3.26 所示。在刻蚀有 SSPP 结构单元的介质板条之间，放置厚度为 6.0mm 的泡沫条($\varepsilon_r \approx 1$)，将 SSPP 结构单元固定在一起，整块样品尺寸为 $6.3\lambda_0 \times 7.6\lambda_0$。

图 3.26　一维宽带消色差平板聚焦透
镜测试样品

采用自由空间法测试样品透射电场分布。在微波暗室中搭建二维近场测试系统，测试系统的空间分辨率为 2.0mm，可测得 200.0mm × 200.0mm 区域的电场 y 分量 $|E_y|$ 分布。测得的 7.5GHz，8.3GHz 和 9.0GHz 三个频点的电场 y 分量如图 3.27(a)～(c)所示，白色直线标出了该频点处仿真焦距的位置，仿真焦距均在实验焦深的范围内。此外，与仿真结果相比，实验测得的焦深在图 3.27(a)和(b)中是不封闭的，这是因为随着频率变低焦深变长，仿真结果也说明了这一点，而二维近场测试系统只能测得 200.0mm × 200.0mm 区域的电场 y 分量，故在图 3.27(a)和(b)中焦深不是完全封闭的，但在 9.0GHz 处，实验与仿真的焦深均封闭。总体上，实验测试与仿真结果具有很好的一致性。

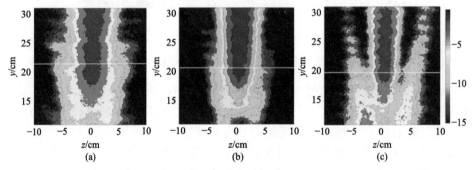

图 3.27　电场 y 分量分布测试结果：(a) 7.5GHz；(b) 8.3GHz；(c) 9.0GHz。标尺单位为 dB

3.3.3　二维平板聚焦透镜设计与实验验证

将一维平板聚焦透镜设计推广到实用性更强的二维平板聚焦透镜设计。考虑焦点为 $F(f_x, 0, 0)$，二维平板透镜的相位分布公式为

$$\phi(m_y p_y, m_z p_z, k_i) = \phi(0, 0, k_i) + \frac{2\pi f}{c}\left[\sqrt{(m_y p_y)^2 + (m_z p_z)^2 + f_x^2} - f_x\right] \quad (3.22)$$

二维宽带消色差平板聚焦的色散条件由式(3.18)给出。

二维平板聚焦透镜的设计指标和参数与一维相同，设计焦距 $f_x = 213.6$mm，中心频点为 9.0GHz，初始相位 $\phi(0, k_o) = -5056.0°$，$M_y = 11$，$M_z = 19$。根据(3.22)式，求得二维平板聚焦透镜的离散化透射系数相位分布如图 3.28 所示。根据图 3.28，可求得每个亚波长结构单元金属齿的高度 h，由于二维透镜的对称性，只需要求得

图 3.28 中第一象限内每个结构单元的 h 值，其余三个象限的单元阵列可由第一象限的单元阵列对称变换得到。第一象限内每个结构单元的金属齿高度如表3.3所示。

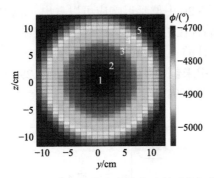

图 3.28　二维平板聚焦透镜的离散化透射系数相位分布图

表 3.3　二维平板聚焦透镜在第一象限内的所有亚波长结构单元金属齿高度 h　（单位：mm）

m_z	m_y											
	0	1	2	3	4	5	6	7	8	9	10	11
0	9.440	9.427	9.388	9.325	9.223	9.069	8.856	8.553	8.107	7.436	6.398	4.637
1	9.435	9.422	9.383	9.320	9.216	9.062	8.848	8.542	8.084	7.418	6.373	4.593
2	9.420	9.407	9.369	9.305	9.197	9.041	8.825	8.511	8.053	7.364	6.296	4.456
3	9.395	9.382	9.345	9.278	9.165	9.004	8.784	8.457	7.984	7.272	6.165	4.217
4	9.361	9.348	9.310	9.236	9.119	8.951	8.722	8.382	7.884	1.137	5.970	3.875
5	9.317	9.303	9.260	9.176	9.058	8.882	8.638	8.283	7.749	6.953	5.700	3.343
6	9.256	9.241	9.192	9.107	8.977	8.797	8.529	8.145	7.574	6.715	5.342	2.550
7	9.175	9.158	9.107	9.048	8.877	8.68	8.39	7.969	7.348	6.405	4.864	1.006
8	9.075	9.057	9.001	8.901	8.757	8.535	8.219	7.748	7.059	6.007	4.192	
9	8.950	8.930	8.871	8.768	8.599	8.353	7.993	7.471	6.695	5.488	3.245	
10	8.805	8.783	8.713	8.591	8.399	8.123	7.713	7.117	6.229	4.796	1.568	
11	8.614	8.588	8.509	8.369	8.154	7.828	7.360	6.670	5.620	3.815		
12	8.373	8.345	8.256	8.090	7.834	7.459	6.907	6.093	4.801	2.169		
13	8.068	8.033	7.923	7.730	7.430	6.981	6.324	5.320	3.597			
14	7.672	7.631	7.502	7.269	6.905	6.363	5.546	4.209	1.175			
15	7.160	7.109	6.949	6.666	6.218	5.531	4.436	2.361				
16	6.485	6.420	6.222	5.865	5.272	4.319	2.600					
17	5.560	5.457	5.205	4.707	3.489	2.200						
18	4.168	4.042	3.640	2.766								
19	1.353											

同样，选取了图3.28中五个白色数字标记的五个单元作为代表，分析了SSPP

结构单元的色散特性，如图 3.29 所示。五个单元金属齿的高度依次为：$h_1 =$ 9.440mm，$h_2 = 9.310mm$，$h_3 = 8.757mm$，$h_4 = 7.828mm$，$h_5 = 4.209mm$。由图 3.29(a) 中的传输相位响应和图 3.29 中群延迟响应可以看出，五种单元在 7.0～9.0GHz 有很好的宽带线性色散特性(在 7.0～7.5GHz 内，亚波长结构单元也具有很好的线性色散特性，但因为所设计的一维透镜在 y 方向电尺寸较小，故在一维平板聚焦透镜设计中，其工作频段中未包含 7.0～7.5GHz)。图 3.29(a)表明，五种单元的透射率在 7.0～9.0GHz 内均在 90%以上。

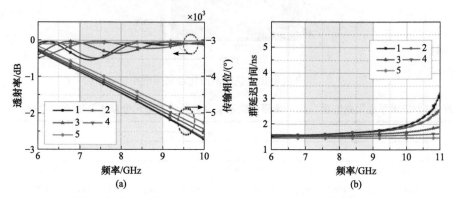

图 3.29　选取的五种 SSPP 结构的色散特性：(a) 传输相位和透射率；(b) 群延迟响应

将离散化的结构单元组合成阵列形成二维平板透镜。y 极化的平面波沿 x 轴正方向入射到透镜表面，透镜在 7.0～9.0GHz 内的焦距仿真结果如图 3.30 所示。从图 3.30 可以看出，二维宽带消色差平板聚焦透镜在7.0～9.0GHz 内表现出很好的消色差聚焦特性，且与理论设计值保持很高的一致性。

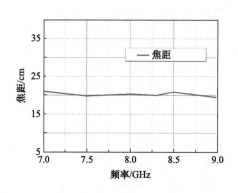

图 3.30　二维平板聚焦透镜在 7.0～
9.0GHz 内的焦距仿真结果

为了更好地分析消色差聚焦特性和聚焦效率，仿真了二维平板聚焦透镜在 7.0GHz，8.0GHz 和 9.0GHz 三个频点处的电场能量密度，如图 3.31 所示。图 3.31(a)～(c)给出了 xOz 平面上三个频点的电场能量密度分布，可以看出二维透镜有着很好的聚焦特性，图中白色"×"符号表示电场能量密度最大的位置，三个频点的焦距也验证了二维透镜良好的消色差聚焦特性。为了计算聚焦效率，仿真计算了二维透镜在各自焦平面上的电场能量密度分布，如图 3.31(d)～(f)所示。求得三个频点处透镜的聚焦效率分别为

54.5%，53.5%，55.7%。二维宽带消色差平板聚焦透镜数值孔径 NA = 0.7。

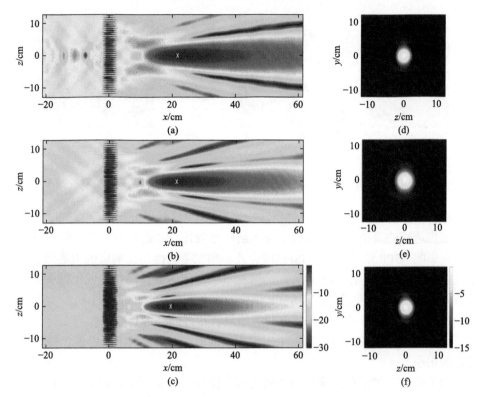

图 3.31 二维平板聚焦透镜电场能量密度在 *xOz* 平面内的分布：(a) 7.0GHz；(b) 8.0GHz；
(c) 9.0GHz。在焦平面内的电场能量密度分布：(d) 7.0GHz；(e) 8.0GHz；(f) 9.0GHz。
标尺单位为 dB

为进行实验验证，加工了与仿真模型同尺寸的实验测试样品，如图 3.32 所示。
为了固定 SSPP 结构单元的间距和组装二维透镜，加工了若干条横、纵两个方向的 FR4 介质条(图中淡黄色介质条，ε_r = 4.3)，介质条厚 1.0mm，其上开有凹槽，用以固定 SSPP 结构。

实验测试过程与一维透镜测试过程相同，采用自由空间法测电场 *y* 分量$|E_y|$分布。测得的 7.0GHz，8.0GHz 和 9.0GHz 三个频点的电场 *y* 分量分布如图 3.33(a)～(c)所示，白色直线表征了该频点处仿真焦距的位置，三个频点仿真焦距均在实验焦深范围内。从焦深和焦距两方面综合来看，实验结果与仿真结果具有很好的一致性，验证了二维平板聚焦透

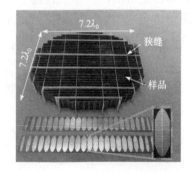

图 3.32 二维平板聚焦透镜测试样品

镜的宽带消色差聚焦性能。

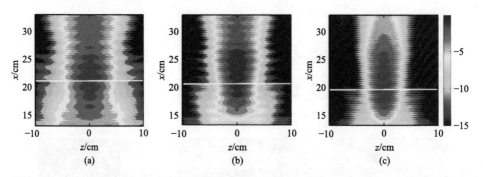

图 3.33　电场 y 分量分布测试结果：(a) 7.0GHz；(b) 8.0GHz；(c) 9.0GHz。标尺单位为 dB

　　SSPP 的高效耦合和宽带线性色散特性是 SSPP 结构单元用于实现宽带消色差平板聚焦透镜的关键。除了结构本身的结构参数外，电磁波的入射方向和极化方向也是影响 SSPP 结构单元、SSPP 耦合效率和宽带线性相位响应的重要因素。在不改变入射波波矢方向和极化方向的情况下，即使 SSPP 结构单元沿波矢方向(x 轴方向)发生一定程度错位，其 SSPP 耦合效率和宽带线性响应也不会发生太大变化。所以，二维宽带消色差平板聚焦透镜具有很好的外形鲁棒性。当二维宽带消色差平板聚焦透镜的外形轮廓发生一定程度的形变时，宽带消色差聚焦特性受到的影响很小。

　　为了验证二维消色差聚焦透镜的外形鲁棒性，沿 x 轴平移超薄 SSPP 结构单元使透镜外形轮廓发生如图 3.34(b)的形变。模型的其他参数保持不变，不同位置处 SSPP 结构单元沿 x 轴的平移按照函数 $x = x(z) = nP + A\sin(2\pi z/((M_z-1)q_z))$ 分布，其中 $A = 12.0$mm。在同样设置下，仿真了 7.0～9.0GHz 内形变透镜的焦距，如图 3.35 所示。整体来看，外形轮廓发生形变的透镜在 7.0～9.0GHz 内仍然保持了很好的宽带消色差聚焦性能，相比无形变的平板聚焦透镜，工作频段内透镜的焦距整体有所增大，但仍保持稳定。

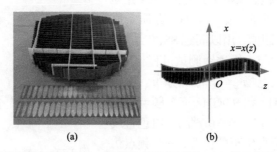

图 3.34　外形轮廓发生形变的二维消色差聚焦透镜：(a) 样片照片；(b) 侧视图

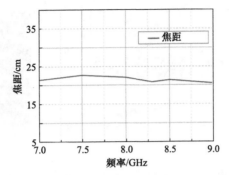

图 3.35　沿 x 方向发生形变的二维平板聚焦透镜在 7.0～9.0GHz 内的焦距

为了进一步分析有形变二维平板聚焦透镜的消色差聚焦特性和聚焦效率,仿真了其在 7.0GHz, 8.0GHz 和 9.0GHz 三个频点处的电场能量密度,如图 3.36 所示。图 3.36(a)～(c)给出了三个频点在 xOz 平面上的电场能量密度分布,图中白色"×"符号表示电场能量密度最大的位置。由图可以看出,二维透镜有着很好的聚焦特性,三个频点的焦距位置也验证了二维透镜良好的消色差聚焦特性。

为了计算聚焦效率,仿真计算了正弦形变的二维透镜在各自焦平面上的电场能量密度分布,如图 3.36(d)～(f)所示。求得三个频点处透镜的聚焦效率分别为 58.0%, 67.5% 和 56.5%,聚焦效率相比无形变的二维透镜稍有升高。

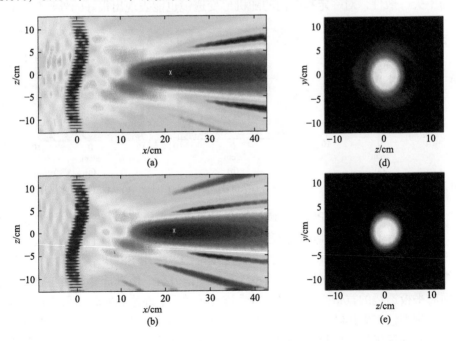

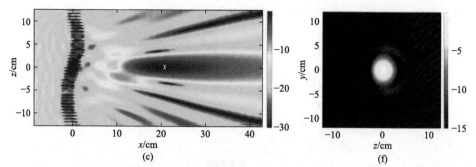

图 3.36　二维平板聚焦透镜电场能量密度在 xOz 平面内的分布：(a) 7.0GHz；(b) 8.0GHz；
(c) 9.0GHz。在焦平面内的电场能量密度分布：(d) 7.0GHz；(e) 8.0GHz；(f) 9.0GHz。
标尺单位为 dB

对正弦形变的二维透镜进行实验测试，测得的在 7.0GHz，8.0GHz 和 9.0GHz 三个频点的电场 y 分量分布如图 3.37(a)～(c)所示，白色直线标出了该频点处仿真焦距的位置，三个频点仿真焦距均在实验焦深的范围内。有形变二维平板聚焦透镜在这三个频点处电场 y 分量分布与无形变的二维平板聚焦透镜实验数据 (图 3.33)相比，二者表现出很高的一致性。总体上，有形变二维平板聚焦透镜的实验与仿真结果均验证了其宽带消色差聚焦特性，验证了二维平板聚焦透镜的外形鲁棒性。以上对于二维平板聚焦透镜外形鲁棒性的验证仅研究发生正弦形变，但为不失一般性，对一定程度内的随机形变透镜也能表现出很好的外形鲁棒性。

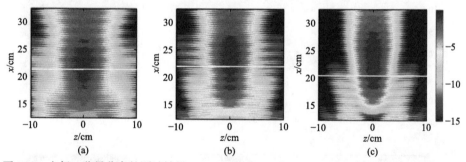

图 3.37　电场 y 分量分布的测试结果：(a) 7.0GHz；(b) 8.0GHz；(c) 9.0GHz。标尺单位为 dB

本节介绍了基于 SSPP 色散调控的宽带消色差平板聚焦透镜的设计及验证研究。首先分析了实现二维宽带消色差平板聚焦的色散条件，即平板聚焦透镜的亚波长结构单元应具有线性色散特性。在此基础上，采用 SSPP 结构单元，设计了一维、二维宽带消色差平板聚焦透镜，并从理论分析、仿真计算和实验验证三个层面对平板透镜的宽带消色差聚焦特性进行了验证，理论和实验结果均很好地验证了宽带消色差聚焦特性。基于 SSPP 色散调控的平板聚焦透镜具有高数值孔径、高聚焦效率等优势。值得一提的是，基于 SSPP 色散调控的平板聚焦透镜具有外形鲁棒性，在其外形轮廓发生形变时，仍能具有很好的宽带消色差聚焦特性和高聚焦效率。

3.4　本 章 小 结

本章围绕宽带消色差设计这一主题，介绍了基于 SSPP 色散调控的消色差电磁器件设计理论与方法，具体包括宽带消色差异常反射平板、宽带消色差波束调控盖板、一维和二维宽带消色差平板聚焦透镜等的设计与验证研究[4-7]。宽带消色差电磁器件设计的核心是具有线性色散特性的 SSPP 结构单元，即其在宽频段内的群延迟时间为常数。通过调节 SSPP 结构单元的结构参数可对其中激发的 SSPP 进行色散调控，进而在宽频带内实现线性的色散响应，消除电磁器件的色差。本章仅介绍了基于 SSPP 色散调控的消色差波束调控和消色差平板聚焦，未来研究还可在以下三个方面展开：①基于消色差同角度反射的宽角域、宽频段 RCS 增强的研究，在目标跟踪、民事搜救等方面具有潜在的应用价值；②共形消色差电磁器件的研究，以实现共形消色差波束调制器件、共形消色差透镜等，从而进一步拓宽宽带消色差电磁器件的应用领域；③消色差电磁器件与各类电磁功能器件结合实现各类消色差功能器件的研究。

参 考 文 献

[1] Yu N, Genevet P, Kats M A, et al. Light propagation with phase discontinuities: generalized laws of reflection and refraction[J]. Science, 2011, 334(6054): 333.

[2] Fano U. The theory of anomalous diffraction gratings and of quasi-stationary waves on metallic surfaces (Sommerfeld's waves)[J]. J. Opt. Soc. Am, 1941, 31(31): 213-222.

[3] Smith D R, Pendry J B, Wiltshire M C K. Metamaterials and negative refractive index[J]. Science, 2004, 305(5685): 788-792.

[4] Yang J, Wang J F, Li Y F, et al. Broadband planar achromatic anomalous reflector based on dispersion engineering of spoof surface plasmon polariton [J]. Applied Physics Letters, 2016, 109(21): 333.

[5] Yang J, Wang J F, Feng M D, et al. Achromatic flat focusing lens based on dispersion engineering of spoof surface plasmon polaritons [J]. Applied Physics Letters, 2017, 110(20): 4074.

[6] Yang J, Wang J, Feng M, et al. Achromatic flat focusing lens based on dispersion engineering of spoof surface plasmon polaritons[J]. Applied Physics Letters, 2017, 110(20): 203507.

[7] Yang J, Wang J, Zheng X, et al. Broadband anomalous refractor based on dispersion engineering of spoof surface plasmon polaritons[J]. IEEE Transactions on Antennas and Propagation, 2020, 69(5): 3050-3055.

第4章 基于人工表面等离激元弱色散区调控的电磁增透技术

电磁介质的电磁响应与其色散特性相关，为实现高效电磁透明，首先需要保证界面上的阻抗匹配。人工表面等离激元(SSPP)的色散可调控性允许我们在空间上进行波矢渐变分布设计，补偿自由空间波与电磁介质中电磁模式的波矢差，实现波矢渐变匹配(阻抗匹配)，从而减小界面反射，增大透射率。所以，空间频率(波矢大小，即波数)的空间色散调控是进行阻抗匹配设计的基础。SSPP 的色散曲线不仅可以通过结构参数调节，还可以通过空间色散设计进行调节。对于沿 z 轴垂直入射的空间波，此时需要进行空间频率 $k_{SPP, eff}$ 沿 z 轴的空间分布设计。对 $k_{SPP, eff}$ 用泰勒级数展开：

$$k_{SPP,eff}(z) = k_0 + \frac{\partial k_{SPP,eff}}{\partial z}\bigg|_{z_0}(z-z_0) + \frac{1}{2}\frac{\partial^2 k_{SPP,eff}}{\partial z^2}\bigg|_{z_0}(z-z_0)^2 + \cdots$$

其中，k_0 表示 $z = z_0$ 处的自由空间波的空间频率。通过对 $\partial k_{SPP,eff}/\partial z$ 和 $\partial^2 k_{SPP,eff}/\partial z^2$ 进行调控，可补偿自由空间波与 SSPP 模式之间的波矢差，实现波矢渐变匹配(阻抗匹配)，减小界面反射，提高透射率。

4.1 基于界面局域场调制的 SSPP 电磁增透结构

基于 SSPP 在亚波长范围内对界面局域场的调制效应，本节介绍在宽频内可增强高介陶瓷板透波性能的 SSPP 内衬。在高介陶瓷的一侧加载 SSPP 结构，使高介陶瓷内部的电场发生局部弯曲，导致电磁波在亚波长尺度产生分裂和倾斜。在不违背斯涅尔(Snell)定律的前提下，调控界面的反射/折射波，根据菲涅耳(Fresnel)公式，可以达到减少反射、增强透射的效果。

4.1.1 基于 SSPP 局域场调制的增透原理

如图 4.1(a)所示，当垂直极化波(电场垂直于入射面)以入射角 θ_i 入射到空气-高介陶瓷界面 $(z = 0)$ 时，入射波的电磁场可表示为

$$\boldsymbol{E}_i = \boldsymbol{e}_y E_{i0} e^{-jk_1(x\sin\theta_i + z\cos\theta_i)} \tag{4.1a}$$

$$\boldsymbol{H}_i = (-\boldsymbol{e}_x \cos\theta_i + \boldsymbol{e}_z \sin\theta_i)\frac{E_{i0}}{\eta_1}\mathrm{e}^{-jk_1(x\sin\theta_i + z\cos\theta_i)} \tag{4.1.b}$$

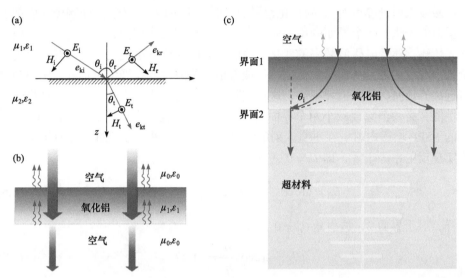

图 4.1 (a) 垂直极化波入射到空气-介质分界面示意图；(b) 电磁波由空气入射到氧化铝介质中；(c) 电磁波由空气入射到加载 SSPP 增透内衬的氧化铝介质中

根据反射定律，反射波的电磁场为

$$\boldsymbol{E}_r = \boldsymbol{e}_y E_{r0}\mathrm{e}^{-jk_1(x\sin\theta_i - z\cos\theta_i)} \tag{4.2.a}$$

$$\boldsymbol{H}_r = (\boldsymbol{e}_x \cos\theta_i + \boldsymbol{e}_z \sin\theta_i)\mathrm{e}^{-jk_1(x\sin\theta_i - z\cos\theta_i)} \tag{4.2.b}$$

透射波的电磁场可表示为

$$\boldsymbol{E}_t = \boldsymbol{e}_y E_{t0}\mathrm{e}^{-jk_2(x\sin\theta_t + z\cos\theta_t)} \tag{4.3.a}$$

$$\boldsymbol{H}_t = (-\boldsymbol{e}_x \cos\theta_t + \boldsymbol{e}_z \sin\theta_t)\frac{E_{t0}}{\eta_2}\mathrm{e}^{-jk_2(x\sin\theta_t + z\cos\theta_t)} \tag{4.3.b}$$

根据分界面 $z=0$ 处电场切向分量和磁场切向分量在界面两侧连续的边界条件，由 (4.1)~(4.3)式以及折射定律 $k_1\sin\theta_i = k_2\sin\theta_t$ 可得

$$E_{i0} + E_{r0} = E_{t0} \tag{4.4.a}$$

$$(-E_{i0} + E_{r0})\frac{\cos\theta_i}{\eta_1} = -\frac{\cos\theta_t}{\eta_2}E_{t0} \tag{4.4.b}$$

空气-高介陶瓷界面的反射率可表示为

$$\Gamma = \frac{E_{r0}}{E_{i0}} = \left|\frac{\eta_1\cos\theta_i - \eta_0\cos\theta_t}{\eta_1\cos\theta_i + \eta_0\cos\theta_t}\right| \tag{4.5}$$

其中， η_1 和 η_0 分别表示在高介陶瓷和空气的波阻抗，这就是垂直极化下的菲涅耳公式。这里高介陶瓷不妨采用氧化铝，相对介电常量 $\varepsilon_1 = 9.9$ 。如图 4.1(b)所示，当电磁波入射到厚度为 d 的氧化铝平板上时，上下两个空气-高介陶瓷界面都会有反射波产生。两个界面的反射波将会发生干涉相长或相消，类似于分层介质中的光传输。随着电磁波频率的变化，两反射波的相位差也随之变化，二者可能完全抵消或者相加，从而导致传输峰值或谷值。透射性能在峰值时很好，然而当频带远离峰值时，插入损耗很高，这在实际应用中是无法接受的。为了实现高效透射性能，必须消除或减小两个界面的反射。考虑到这一点，提出了如图 4.1(c)所示的 SSPP 增透内衬。在垂直入射的情况下，入射角 $\theta_{i1} = 0$，对于界面 1 而言，为实现反射率等于零，即 $\Gamma_1 = 0$，有

$$\theta_{t1} = \arccos \frac{\eta_1}{\eta_0} = \arccos \sqrt{\frac{1}{9.9}} = 71.47° \qquad (4.6)$$

同样，对于界面 2，透射角 $\theta_{t2} = 0$，故

$$\theta_{i2} = \arccos \frac{\eta_1}{\eta_0} = 71.47° \qquad (4.7)$$

也就是说要消除两个界面正常入射条件下的反射波，氧化铝内部电磁波的传播方向必须发生偏折而不是沿原来的方向。对于传统斯涅尔定律来说这是不可能实现的，因为水平方向的波矢量必须守恒，否则将违背动量守恒。幸运的是，通过加载如图 4.1(c)所示的 SSPP 结构可以局部改变波矢量的传播方向。这种 SSPP 结构能在亚波长范围内局部改变高介陶瓷内电磁场的分布，使得局部的场线发生弯曲并集中，局部改变场的传播方向。电场在亚波长范围内发生偏折，因此相应的波矢量可以在不违背动量守恒的前提下实现局部的倾斜。由于折射波传播方向发生偏折，因此折射角也随之改变，根据(4.5)式，在空气-高介陶瓷界面的反射率会相应减小。同时，由于在 SSPP 结构两侧的波矢倾斜方向是相反的，所以波矢平行分量在宏观上总体保持守恒，符合斯涅尔定律。在局部上改变折射特性，实质上等效改善两个界面的阻抗匹配，故高介陶瓷的电磁透射性能可以得到显著增强。

考虑到某些超高温应用场景，为避免增透结构被高温烧蚀，将 SSPP 增透内衬加载到高介陶瓷板的内壁，用来调控界面 2 的局部场分布。由于部分修改后的电场也会影响到界面 1，因此只要高介陶瓷的电厚度不是很大，界面 1 的阻抗匹配也会得到改善。因此，即使不能同时将两个界面的反射率降为零，也可以尝试在消除界面 2 反射的同时使得界面 1 的反射最小，所以设计的目标是

$$\text{Max}\{\theta_{t1}\}|_{\theta_{i2}} = 71.47°$$

也就是说，要在 θ_{i2} 接近预测的理想角度条件下将 θ_{t1} 实现最大化。这样，可以最大限度减少两个界面的反射波，达到最好的增透效果。

4.1.2　SSPP 增透结构设计

SSPP 增透结构示意图如图 4.1(c)所示。在氧化铝平板一侧，加载长度渐变的金属鱼骨结构后，氧化铝平板内部的电场线发生偏折，导致能流方向发生改变，使得能量向两相邻金属鱼骨结构之间集中，并且由于这种亚波长金属鱼骨结构对电磁波的约束特性，其等效介电常量大于 1。通过设计锯齿高度沿着纵向的变化曲线，可实现等效介电常量由大至小的渐变分布，有利于界面的阻抗匹配设计。当电磁波传播到 SSPP 结构上时，电磁波在金属结构表面以亚波长模式传播，并且其波矢逐渐变小，波长逐渐变大，当传输至鱼骨尖端时，亚波长 SSPP 模式被转化为自由空间波，实现高效传输性能[1-4]。

对于厚度为 3.0mm 的氧化铝平板，在 16.0GHz 附近存在一个半波壁透射峰值(此时，平板的电厚度约为 1/2 波长)，并且在 8.0GHz 附近存在一个透射谷值(厚度约为 1/4 波长)，所以在 X 波段(8.0~12.0GHz)插入损耗很高。为了提高 X 波段的透射性能，将 SSPP 增透内衬加载到内侧界面。图 4.2(a)给出了加载 SSPP 内衬的氧化铝平板，其中的插图为 SSPP 结构的细节图。SSPP 内衬采用的是金属鱼骨结构，金属线长度逐渐增大，这样做是为了更好地与自由空间的波矢匹配[1-4]。如图 4.2 所示，金属光栅的槽宽定义为 a，在 x 方向的周期为 P。金属带的最大长

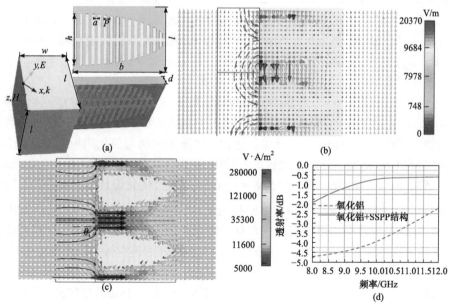

图 4.2　用于增强半波壁频率以下频段透射率的 SSPP 内衬：(a) 在内侧附着 SSPP 结构的氧化铝平板；(b) 在 10.0GHz 下的电场分布；(c) 在 10.0GHz 下的能流分布；(d) 加载与未加载 SSPP 增透内衬的氧化铝平板透射率频谱图

度为 h，并且沿 x 方向呈椭圆形逐渐减小。在厚度为 0.50mm 的 F4B 介质($\varepsilon_{\mathrm{r}} = 2.65$，$\tan\delta = 0.001$)基板两侧刻蚀相同的金属鱼骨结构，在 x 和 y 方向的长度分别定义为 b 和 l。

首先解决低于半波长峰值频率的电磁增透问题。为了验证上面的设计方案，对上述结构进行仿真，结构参数为 $h = 3.30\mathrm{mm}$，$l = 4.20\mathrm{mm}$，$P = 0.40\mathrm{mm}$，$a = 0.20\mathrm{mm}$，$w = 3.00\mathrm{mm}$ 和 $b = 15\times P = 6.00\mathrm{mm}$。$y$ 极化波沿 x 方向入射到高介陶瓷平板上。10.0GHz 电场分布如图 4.2(b)所示，SSPP 内衬改变了氧化铝平板界面 2 的电场分布：由于金属鱼骨结构的亚波长特性，因此在每个单元都会产生类似于电偶极子的电场，从而使得原来的电场线发生弯曲。因此，局部波矢量被分成两部分，并朝金属鱼骨结构的相反方向偏折，如图 4.2(c)所示。这种局部的波矢量调控主要有两个作用：①改变界面的入射角；②保持界面上平行波矢分量的守恒。在界面 2 模拟得到的入射角约为 70°，十分接近通过 (3.7) 式的预测值。此外，界面 1 附近的场也受到了影响，折射角 θ_{t1} 也有一定的倾斜，从而也减少了界面 1 的反射。另外，由于这种亚波长金属鱼骨结构对电磁波的约束特性，当电磁波传播到其上时，电磁波以 SSPP 慢波的形式在金属鱼骨结构上传播，当传输过程被几何边界终止时，SSPP 被转化为平面电磁波辐射至自由空间。因此，采用这种金属鱼骨 SSPP 结构，可在 8.0～12.0GHz 范围内实现良好的透射效果。加载与未加载 SSPP 增透内衬的氧化铝平板透射率频谱对比如图 4.2(d)所示，氧化铝在 X 波段的透射率很低，然而加载 SSPP 内衬后，在整个 X 波段传输性能平均提升了 2.8dB。在 8.0～12.0GHz 的平均插入损耗小于 1.0dB，透射率达到了 80%以上，这在实际的应用中是可以接受的。

人们进一步设计了高于透射峰值频率增透的 SSPP 内衬(结构 B)，具体结构如图 4.3(a)所示。与第一个结构的主要区别在于金属鱼骨结构与氧化铝平板没有直接接触，间距为 1.0mm($s = 1.0\mathrm{mm}$)。这样，将减少金属与氧化铝板的近场耦合。另外，只在 F4B 基板一侧附着金属鱼骨结构。结构参数为 $h = 4.00\mathrm{mm}$，$l = 5.00\mathrm{mm}$，$P = 0.50\mathrm{mm}$，$a = 0.25\mathrm{mm}$，$b = 15\times P = 8.00\mathrm{mm}$。经过优化设计，金属条的长度变化依据方程 $x = -4b\times h^{-2}\times y^2 + b$。模拟透射频谱如图 4.3(b)所示，可以看出在 14.0～21.0GHz 范围内可以实现一个宽带传输通带，插损小于 0.8dB，这验证了 SSPP 内衬在高于透射峰值频率时依然可以实现很好的透射效果。值得注意的是，与纯氧化铝平板相比，在原始峰值处(15.7GHz)的传输效果略有下降，这是由于加载增透内衬后，原来反射波的干涉相消被破坏，在界面 1 处仍存在较小的反射，但对总体透射性能影响不大。

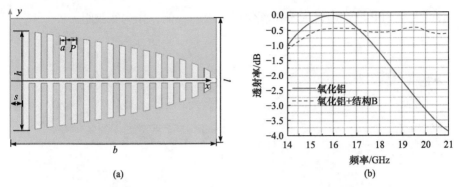

图 4.3　用于增强半波壁频率以上频段透射率的 SSPP 内衬：(a) SSPP 结构单元；(b) 透射频谱
　　　　仿真结果

　　基于结构 B，讨论结构参数对透射性能的影响，可以更深层次地了解其背后
的物理机理。首先，就是金属鱼骨结构与氧化铝平板之间的距离 s。如果金属带
与氧化铝直接接触，两者之间没有间隔 F4B 介质板，则会产生强烈的共振，造成
透射效果破坏或增强，如图 4.4(a)中的黑实线所示，这是无法控制的。另外，金
属条的长度对增透效果的影响也十分明显，如图 4.4(b)所示，随着长度的增加，
增透频段向低频范围移动，并且增透效率严重降低。

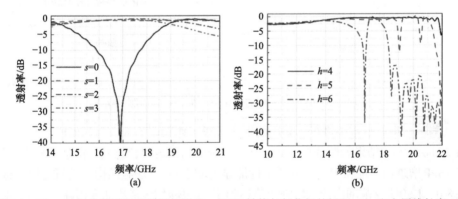

图 4.4　SSPP 结构参数对增透效果的影响：SSPP 结构与氧化铝的间距 s(a) 和金属线长度 h(b)
　　　　对应的透射频谱

　　为了验证 SSPP 增透内衬的宽带增透性能，制作并测试了如图 4.5(a)和(b)所
示的测试样品。采用 PCB 工艺在 0.50mm 厚的 F4B 介质板上刻蚀 SSPP 鱼骨结构，
结构 A 在衬底两侧刻蚀金属结构，结构 B 只刻蚀一侧金属结构，结构参数与仿
真模拟的单元结构相同。为了便于组装，在介质条上加工了沟槽。带有金属结构
的 F4B 条相互垂直插入构成周期性的二维方格，在垂直入射下具有极化不敏感特
性。纯度为 99%的氧化铝作为高介陶瓷基底，样件大小为 200.0mm × 200.0mm，

为对照组。SSPP 增透内衬附着在氧化铝平板的一侧，作为实验组。

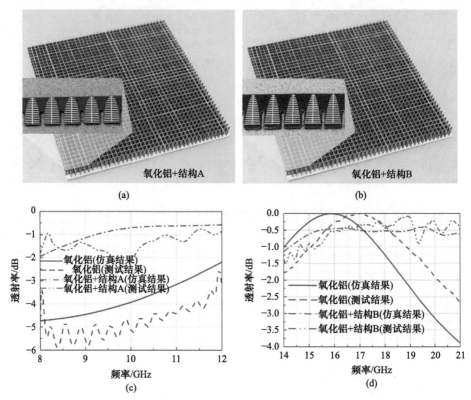

图 4.5　样品及测试结果：(a)和(b)代表两种不同结构的 SSPP 增透内衬；(c)和(d)分别为加载和未加载 SSPP 增透内衬的氧化铝平板透射频谱测试结果

测试在微波暗室中进行，采用的喇叭天线工作频段为 8.0～12.0GHz 和 14.0～21.0GHz。实验结果如图 4.5(c)和(d)所示。测试结果表明，与氧化铝基板相比，加载 SSPP 增透内衬使得氧化铝的透射性能显著增强：对于加载结构 A 的氧化铝平板，在 8.0～12.0GHz 范围内透射增强幅值达到了 3.0dB 以上，平均插入损耗小于 1.5dB；对于加载结构 B 的氧化铝平板，在 14.6～21.0GHz 范围内平均插入损耗小于 0.8dB。与仿真结果相比，测试的透射峰值均有略微的红移，这可归因于氧化铝平板由于加工误差而造成的厚度不均匀。同时由于环境噪声和干扰以及绕射波的存在，测试结果不像仿真结果那么平滑。然而，实验与仿真的透射增强程度基本上是一致的，实验与仿真结果都证实了 SSPP 增透内衬能够对氧化铝平板实现宽带的增透效果。

本节介绍了利用 SSPP 能够局部调控界面近场分布实现高介陶瓷透射性能增强的 SSPP 增透内衬。首先分析了基于局域场调制效应实现宽带增透的机理，即通过加载 SSPP 结构单元，对局部近场进行了调控，使得局部的波矢量被分裂开并向相反的方向传输。因此，在不违背斯涅尔定律的前提下，对界面的反射/折射波进行了修正，达到减少反射、增强透射的效果。设计并制作了两种增透结构，分别在 X 和 Ku 波段实现宽带的透射增强，结构内部的电场及能流分布均证明所提理论的正确性，仿真结果与实验结果都验证了设计的 SSPP 增透内衬具有宽带的增透性能。本节工作同样为高介陶瓷在微波频段的增透内衬设计提出了新的思路，为宽带电磁透明陶瓷器件设计提供了一种新的方案。

4.2　SSPP 增透夹芯结构

随着复合材料技术的飞速发展，纤维增强树脂基复合材料被广泛用于建筑、交通、电子、化工等各个领域。其中，树脂基玻璃纤维板(FR4)是最常见的复合材料之一，它以环氧树脂胶为基体，以玻璃纤维为材料，在高温、高压下压制而成，耐热、阻燃、防潮性好，具有较高的机械性能和介电性能。FR4 板质量轻，拉伸、压缩和弯曲强度大，因此它是金属材料很好的替代品，常被用作车辆、飞行器、雷达等装备的壳体、内板及其他部件，可实现结构的轻量化设计。在实际工程应用中，FR4 板常用作夹心结构的面板以增强弯曲强度。然而，当对电磁波透射性能有要求时(例如天线罩体)，FR4 板却存在一定缺陷。当电磁波垂直或者以小角度斜入射到 FR4 板时，它可以具备较好的透射性能。当电磁波斜入射角较大时，由于 FR4 板的介电常量较高，透射率将会急剧下降，这在一定程度上限制了 FR4 板的应用范围。本节以 FR4 面板和聚甲基丙烯酰亚胺(PMI)泡沫构成的夹心结构为例，在 PMI 泡沫芯体中加载对称的 SSPP 结构，调控夹心结构内部的电场分布，改变波矢量的传播方向，使电磁波的传输路径发生偏折。根据菲涅耳公式，改变分界面处的入射波或折射波的角度，可以达到减小界面反射、增强透射的目的。需要注意的是，由于 SSPP 结构是在亚波长尺度内调控电场分布的，因此仅使局域范围内电磁波发生偏折，宏观上依旧满足平行波矢量守恒定律。通过参数设计，该增透夹心结构可在 X 和 Ku 频段内实现宽带透射效果。此外，加载 SSPP 结构也大幅提升了夹心结构的强度和能量吸收性能。该方案为夹心结构的增透设计提供了新的思路和方法。

4.2.1　设计原理

首先考虑单个界面的情况[5]。如图 4.6 所示，当垂直极化的电磁波以角度 θ_i 从空气媒介斜入射到 FR4 界面时，入射波的场可表示为

$$\boldsymbol{E}_i = E_0 y \mathrm{e}^{-\mathrm{j}k_1(x\sin\theta_i + z\cos\theta_i)} \tag{4.8a}$$

$$\boldsymbol{H}_i = \frac{E_0}{\eta_1}(-x\cos\theta_i + z\sin\theta_i)\mathrm{e}^{-\mathrm{j}k_1(x\sin\theta_i + z\cos\theta_i)} \tag{4.8b}$$

式中，$k_1 = \omega\sqrt{\mu_1\varepsilon_1}$ 和 $\eta_1 = \sqrt{\mu_1/\varepsilon_1}$ 分别为空气媒介中的波数和阻抗。反射波的场可表示为

$$\boldsymbol{E}_{\mathrm{r}} = E_0\boldsymbol{\Gamma}y\mathrm{e}^{-\mathrm{j}k_1(x\sin\theta_{\mathrm{r}}-z\cos\theta_{\mathrm{r}})} \tag{4.9a}$$

$$\boldsymbol{H}_{\mathrm{r}} = \frac{E_0\boldsymbol{\Gamma}}{\eta_1}(x\cos\theta_{\mathrm{r}}+z\sin\theta_{\mathrm{r}})\mathrm{e}^{-\mathrm{j}k_1(x\sin\theta_{\mathrm{r}}-z\cos\theta_{\mathrm{r}})} \tag{4.9b}$$

透射波的场可表示为

$$\boldsymbol{E}_{\mathrm{t}} = E_0Ty\mathrm{e}^{-\mathrm{j}k_2(x\sin\theta_{\mathrm{t}}+z\cos\theta_{\mathrm{t}})} \tag{4.10a}$$

$$\boldsymbol{H}_{\mathrm{t}} = \frac{E_0\boldsymbol{\Gamma}}{\eta_2}(-x\cos\theta_{\mathrm{t}}+z\sin\theta_{\mathrm{t}})\mathrm{e}^{-\mathrm{j}k_2(x\sin\theta_{\mathrm{t}}+z\cos\theta_{\mathrm{t}})} \tag{4.10b}$$

式中，Γ 和 T 分别为反射系数和透射系数，$k_2 = \omega\sqrt{\mu_2\varepsilon_2}$ 和 $\eta_2 = \sqrt{\mu_2/\varepsilon_2}$ 分别为 FR4 媒介中的波数和波阻抗。入射波、反射波和透射波的表达式中，存在 T，Γ，θ_{r}，θ_{t} 这四个未知量，需进一步寻求它们之间的关系。

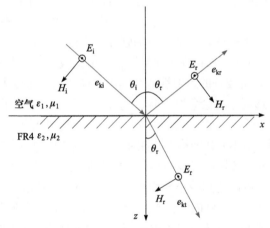

图 4.6　电磁波斜入射到空气-FR4 界面的情况

由于电场的切向分量 E_y 和磁场的切向分量 H_x 在空气-FR4 界面处 $(z=0)$ 是连续的，可得到如下两个方程：

$$\mathrm{e}^{-\mathrm{j}k_1x\sin\theta_{\mathrm{i}}} + \Gamma\mathrm{e}^{-\mathrm{j}k_1x\sin\theta_{\mathrm{r}}} = T\mathrm{e}^{-\mathrm{j}k_2x\sin\theta_{\mathrm{t}}} \tag{4.11a}$$

$$\frac{-1}{\eta_1}\cos\theta_{\mathrm{i}}\mathrm{e}^{-\mathrm{j}k_1x\sin\theta_{\mathrm{i}}} + \frac{\Gamma}{\eta_1}\cos\theta_{\mathrm{r}}\mathrm{e}^{-\mathrm{j}k_2x\sin\theta_{\mathrm{r}}} = \frac{-T}{\eta_2}\cos\theta_{\mathrm{t}}\mathrm{e}^{-\mathrm{j}k_2x\sin\theta_{\mathrm{t}}} \tag{4.11b}$$

再由 Snell 反射定律和折射定律，可得

$$\theta_{\mathrm{i}} = \theta_{\mathrm{r}} \tag{4.12a}$$

$$k_1\sin\theta_{\mathrm{i}} = k_2\sin\theta_{\mathrm{t}} \tag{4.12b}$$

由方程(4.11)和(4.12)，可求得反射系数 Γ 为

$$\Gamma = \left| \frac{\eta_2\cos\theta_i - \eta_1\cos\theta_t}{\eta_2\cos\theta_i + \eta_1\cos\theta_t} \right| \tag{4.13}$$

对于空气-FR4 界面，有 $\mu_1 = \mu_2 = 1$，$\varepsilon_1 = 1$，$\varepsilon_1 = 4.3$。依据(4.13)式可知，当反射系数 $\Gamma = 0$ 时，可获得最大的透射效率，则有

$$\eta_2\cos\theta_i - \eta_1\cos\theta_t = 0 \tag{4.14}$$

若电磁波以入射角 $\theta_i = 60°$ 入射，此时满足 $\Gamma = 0$ 的折射角 $\theta_t = 76°$。然而，根据 Snell 定律(4.12)式，折射角 θ_t 应为 24.7°。显然，$\Gamma = 0$ 的条件违背了 Snell 定律，这样的情况通过传统的介质增透层是无法实现的。

夹心结构多层界面传输模型如图 4.7(a)所示，夹心结构由 FR4 面板、PMI 泡沫芯体和 FR4 背板组成。根据(4.13)式，当垂直极化电磁波入射到夹心结构时，第 m 层界面的反射率 Γ_m 可表示为

$$\Gamma_m = \left| \frac{\eta_{tm}\cos\theta_{im} - \eta_{im}\cos\theta_{tm}}{\eta_{tm}\cos\theta_{im} + \eta_{im}\cos\theta_{tm}} \right| \tag{4.15}$$

(4.15)式中，$m = 1, 2, 3, 4$ 代表夹心结构中各界面编号，η_{im} 为第 m 层界面入射波所在媒介的波阻抗，η_{tm} 为第 m 层界面折射波所在媒介的波阻抗。若忽略材料的电磁损耗，则有夹心结构的整体透射率 T 为

$$T = \prod_{m=1}^{4} T_m = \prod_{m=1}^{4}(1 - \Gamma_m) \tag{4.16}$$

由上式可知，降低各个界面的反射率，可增强整体结构的透射率。在本工作中，我们使用的 FR4 板和 PMI 泡沫的介电常量分别为 $\varepsilon_1 = 4.3$，$\varepsilon_2 = 1.27$。对于该夹心结构，一旦材料参数确定，根据 Snell 定律(4.12)式，各界面电磁波的入射角及折射角范围也就确定了。当入射角 θ_1 为 0°～90°时，可求得第 m 个界面入射角和折射角的范围，见图 4.7(b)。同样地，想要通过传统材料调节入射和折射角度以获得零反射率($\Gamma_m = 0$)是无法实现的。

研究表明，采用超材料可在亚波长范围内改变电磁波的局域场分布，从而调控相邻媒介分界面处入射波和折射波的传播角度，实现电磁波增透[6, 7]。2019 年，李永智等在纤维复合材料面板中掺杂超材料金属线结构，使空气-纤维面板界面处的局域电场发生偏折，波矢量在不违背宏观上的平行波矢量守恒的前提下发生局部倾斜。根据(4.13)式可知，波矢量的倾斜使折射角增大，抑制了电磁波的反射，因此透射率将会增大[6]。基于该原理，以工程中应用广泛的 FR4 面板夹心结构为例，在夹心结构芯体中加入梯度渐变的 SSPP 结构。SSPP 结构具有很强的局域场束缚能力，因此可调节结构内部的电场分布，实现正入射及斜入射电磁波增透。

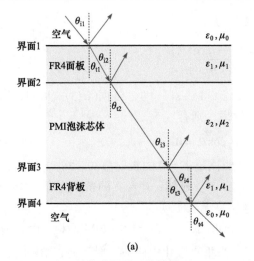

图 4.7　夹心结构多层界面传输模型：(a) PMI 泡沫芯体；(b) 各界面入射角和折射角范围

4.2.2　结构设计及仿真

图 4.8(a)分别为 PMI 泡沫夹心结构和 SSPP 增透夹心结构的结构单元示意图，它们都由 FR4 面板和 PMI 泡沫芯体组成。其中，SSPP 增透夹心结构的芯体中加入了梯度渐变的金属线阵列，如图 4.8(b)所示。定义结构单元在 x 和 y 方向的周期分别为 P_x 和 P_y，FR4 面板的厚度为 $t(t=1\text{mm})$，PMI 泡沫芯体的厚度为 h。图 4.8(b)中，梯度金属线阵列呈对称分布，金属线的宽度为 w，相邻金属线的间隔为 s，长边金属线长度为 l，与面板的间隔为 d，单侧金属线的数量为 $n(n=20)$。根据建立的二维坐标系，左侧金属线阵列中金属线长度按照方程 $z=-4l^{-2}by^2+b\,(-l/2\leqslant y\leqslant l/2)$ 进行变化[7]，右侧金属线阵列尺寸与左侧相同，介质基板采用厚度为 0.5mm 的 F4B 板。

首先考虑电磁波垂直入射的情况，采用频域求解器进行计算，仿真过程中电场沿 y 方向，FR4 面板的相对介电常量为 $4.3(1-\text{j}0.025)$，F4B 基板的相对介电常量为 $2.65(1-\text{j}0.001)$，PMI 泡沫的相对介电常量约为 1.27，铜金属线的电导率为 $5.8\times10^7\text{S/m}$。对于 PMI 泡沫夹心结构，当面板的厚度 $t=1\text{mm}$，芯体厚度 $h=20\text{mm}$ 时，垂直入射下的透射率、反射率和吸收率曲线如图 4.9(a)所示。在电磁波垂直入射的情况下，不同夹层媒介的分界面会产生反射波，这些反射波会发生相长或相消干涉。从图中的结果可以看出，当相消干涉较强时透射率曲线出现峰值，而相长干涉较强时透射率曲线出现谷值。因此，要想增强电磁波的透射率，就必须抑制电磁波的反射。通过在 PMI 泡沫芯体中加入周期性 SSPP 结构可显著抑制反射波，可在宽带范围内提高夹心结构的透射率。若定义图 4.8 中单元模型的结构

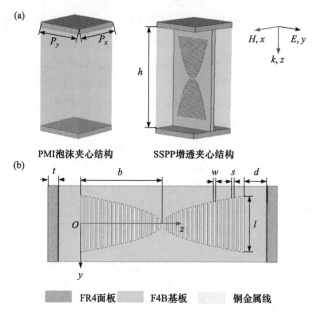

图 4.8　SSPP 夹心结构：(a) PMI 泡沫夹心结构与 SSPP 增透夹心结构单元；(b) 梯度金属线阵列 SSPP 结构

参数为 $P_x = P_y = 6\text{mm}$，$l = 4.5\text{mm}$，$w = s = 0.2\text{mm}$，$d = 2.2\text{mm}$，仿真计算得出的透射率、反射率及吸收率曲线如图 4.9(b)所示。结果表明，加载 SSPP 的夹心结构透波性能较纯 PMI 泡沫夹心结构透射性能得到显著提升，在 8.12～17.50GHz 频段内的透射率均大于 80%。

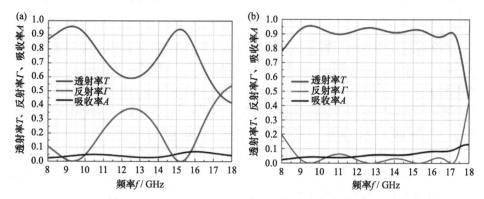

图 4.9　垂直入射下的透射率、反射率和吸收率曲线：(a) PMI 泡沫夹心结构；(b) SSPP 增透夹心结构

在该夹心结构中，电磁波传输受各分界面的影响较大，在加入 SSPP 阵列后使得芯体的等效参数发生变化，将会影响芯体-面板分界面的阻抗匹配，即图 4.7

中的界面 2 和界面 3。而影响界面阻抗匹配的结构参数主要是 SSPP 阵列的长边 l 和金属线长边与面板的间距 d。因此，我们计算了不同 l 值和 d 值情况下的透射率曲线，如图 4.10 所示。在垂直入射情况下，当金属线的长度从 4.1mm 增大至 4.9mm 时，通带的左截止频率变化很小，右截止频率逐渐向低频移动，使得通带逐渐变窄。说明金属线长度越大，高频电磁波在分界面的阻抗匹配越差。需要注意的是，虽然 $l=4.1$mm 时通带较宽，但是带内的曲线波动较大，透射性能呈现一定的不稳定性。此外，不同 d 值的透射率曲线如图 4.10(b)所示。结果表明，d 的取值太大或者太小，都会导致界面的阻抗匹配变差，使得通带内部曲线波动增大，透射性能不稳定。而当 $d=2.2$ 时，界面的阻抗匹配较好，通带内部曲线比较稳定。综合上述分析可知，通过调节 l 的取值，可以调节垂直入射情况下的透射通带；要想获得稳定的透射效果，d 的取值需要控制在一定范围以获得更好的界面阻抗匹配。

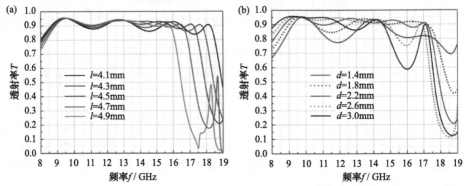

图 4.10　结构参数对透射性能的影响：(a) 不同 l 值情况下的透射率曲线；(b) 不同 d 值情况下的透射率曲线

在实际应用中，电磁斜入射的情况居多。图 4.11 给出了 PMI 泡沫夹心结构斜入射情况下的透射率图谱，虚线标记了 80%透射率的边界。从图谱中可以看出，PMI 泡沫夹心结构在 8～20GHz 频段内存在两个透射窄带，并且随着入射角的增大，透射带逐渐向高频移动并且越来越窄。可见在斜入射情况下，PMI 泡沫夹心结构的透射性能较差，这在一定程度上限制了夹心结构的应用。

上述研究表明，加入 SSPP 结构显著提升了垂直入射情况下的透射性能，对于斜入射情况，分别计算了不同 l 值的透射率图谱，如图 4.12 所示。可以看出，在斜入射情况下，原先的两个窄带拓展成了一个宽带，并且随着入射角的增大，透射宽带的左截止频率逐渐向高频移动，透射带呈现向高频倾斜的趋势。与垂直入射情况类似，l 值同样影响了透射带的右截止频率。从图 4.12(a)～(d)可以看出，随着 l 的增大，透射带的右截止频率逐渐向低频移动，使得透射带逐渐变窄。

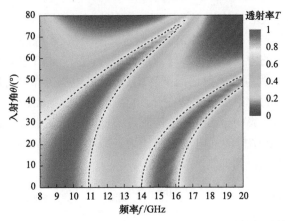

图 4.11　PMI 泡沫夹心结构斜入射情况下的透射率图谱

需要注意的是，虽然 l 值越小透射带越宽，但是在大入射角情况下的透射性能将会变差。例如 l = 4.1mm，当入射角增大至 45°以上时，透射宽带将被分解为多个透射带，并且随着入射角增大透射效果越来越差；对于 l = 4.7mm，虽然透射频带较窄，但是连续的透射宽带可以维持到斜入射 56°左右，其大入射角情况下的透射性能明显优于 l = 4.1mm 的夹心结构。在实际应用中，可根据应用需求确定 l 的取值。

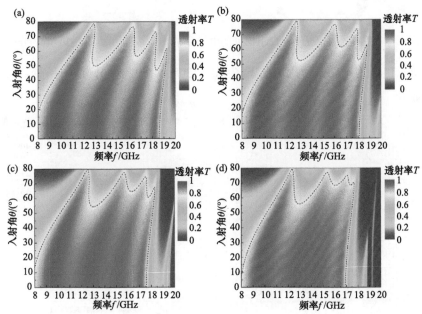

图 4.12　增透夹心结构斜入射情况下的透射率：(a) l = 4.1mm；(b) l = 4.3mm；(c) l = 4.5mm；

(d) l = 4.7mm

　　为了研究增透夹心结构的工作机理，分别监测了不同入射角情况下的电场和能流分布情况。首先，在图 4.13(a)中分别定义两个截面，截面 1 与 xOz 面平行，位于相邻结构单元的中央；截面 2 与 yOz 面平行，位于 F4B 基板和金属线阵列的分界面。图 4.13(b)为垂直入射情况下 12GHz 处的电场分布。可以看出，当电磁波入射至夹心结构时，电场被束缚在介质-金属界面上，如图截面 1 和截面 2 所示，强电场区域明显集中至 SSPP 结构附近。此时，电磁波以表面波的形式沿界面传输，由于 SSPP 结构的强电场束缚能力，减小了电磁波向外辐射，夹心结构中的界面反射也因此得到抑制。

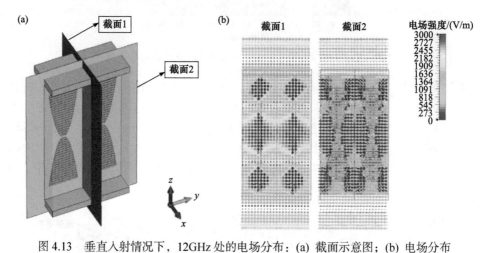

图 4.13　垂直入射情况下，12GHz 处的电场分布：(a) 截面示意图；(b) 电场分布

　　图 4.14(a)为不同入射角情况下($\theta = 0°$，$30°$，$45°$和$60°$)，12GHz 处截面 1 上

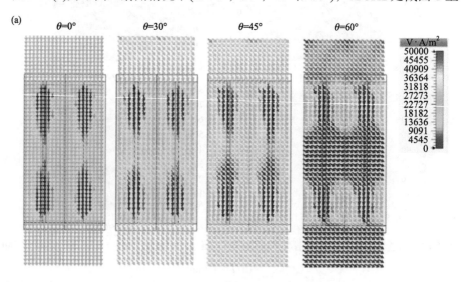

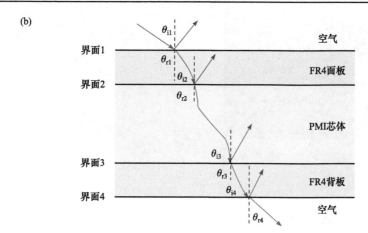

图 4.14　不同入射角情况下，12GHz 处的能流：(a) 能流分布；(b) 斜入射电磁波的传输路径
示意图

的能流分布。可以看出，斜入射电磁波入射至夹心结构上面板时，由于 SSPP 结构对电场的束缚作用，电磁波的传播路径逐渐向竖直方向倾斜；在芯体的上半部分，电磁波以接近垂直的角度向下传播，到达芯体中间部分又逐渐恢复斜向传播；下半部分的传输情况与上半部分对称。根据能流分布图绘制了斜入射情况下的电磁波传输路径示意图，如图 4.14(b)所示。可以看出，随着电磁波传输路径的改变，界面 2 处的入射角 θ_{i2} 与折射角 θ_{r2} 均减小。根据(4.15)式可知，界面 2 的反射率将减小。同样地，界面 3 的入射角 θ_{i3} 与折射角 θ_{r3} 均减小，因此反射率也将减小。各界面反射的减小，使整体结构的透射率得到增强。

4.2.3　样品加工及实验验证

为进一步验证增透夹心结构的透射性能，研究加载 SSPP 结构对整体机械性能的影响，分别加工了电磁和机械性能测试样件，选取的结构参数为 $l = 4.5\text{mm}$，$d = 2.2\text{mm}$，FR4 面板的厚度 $t = 1\text{mm}$。SSPP 结构通过覆铜的 F4B 板刻蚀而成，F4B 板的厚度为 0.5mm，覆铜的厚度为 0.036mm。图 4.15(a)为 SSPP 结构和 PMI 泡沫样品的图片，夹心结构的芯体是将这两种材料通过环氧树脂胶复合，随后再将合成的芯体与 FR4 面板进行复合即可制成实验样件。电磁性能测试样件如图 4.15(b)所示，样件的尺寸为 300mm×300mm。此外，为了研究加载 SSPP 结构前后机械性能的变化，分别加工了尺寸为 54mm×54mm 的 PMI 泡沫夹心结构样件和增透夹心结构样件，如图 4.15(c)所示。

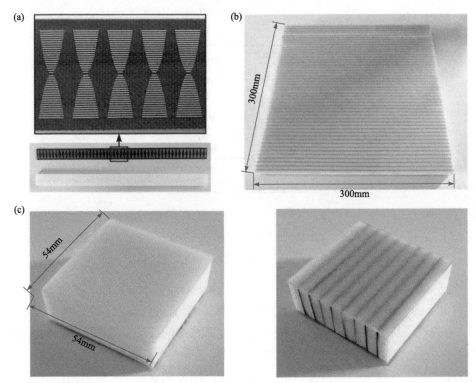

图 4.15　样件加工：(a) SSPP 结构和 PMI 泡沫样件；(b) 增透夹心结构样件；(c) 机械性能测试样件

采用自由空间法，在微波暗室中测试了增透夹心结构的电磁波透射性能。实验过程中，选用 X 和 Ku 波段的天线喇叭，测试了 8～18GHz 频段内的透射率曲线。图 4.16 分别给出了入射角 $\theta=0°$，20°，30°和 40°时的仿真和测试结果。从仿真结果(蓝色实线)可以看出，这 4 个入射角下的透射带(80%以上透射率)分别为：8.12～17.50GHz，8.50～17.61GHz，8.95～17.74GHz，9.57～17.90GHz。从测试结果(红色虚线)可以看出，测试结果与仿真结果基本吻合，并且随着入射角的增大，透射带逐渐向高频移动，这与仿真计算的结论一致。通过实验进一步验证了，加载 SSPP 结构实现夹心结构增透的方案是可行的。

机械性能通过压缩实验进行测试,实验设置如图 4.17(a)所示,采用 INSTRON 3382 材料万能试验机分别测试了 3 组 PMI 泡沫夹心结构和增透夹心结构的压缩性能。在压缩过程中，试验机的加载速率为 0.1mm/min，通过采集力和位移数据，并计算 3 组实验数据的平均值，可绘制两种结构的应力-应变曲线，如图 4.17(b)中虚线所示。从测试结果可以看出，增透夹心结构与 PMI 泡沫夹心结构的曲线走势基本相同。在初始阶段(弹性形变阶段)，应变随应力呈线性增长趋势；当达到

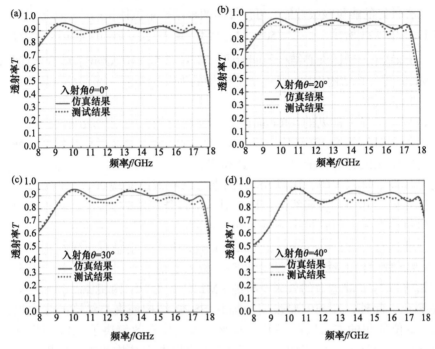

图 4.16　电磁性能测试：(a) $\theta = 0°$；(b) $\theta = 20°$；(c) $\theta = 30°$；(d) $\theta = 40°$

峰值点后，应力会略微下降，随后应力维持在"屈服平台"；随着应变的不断增大，结构内部更加密实，因此在压缩后期阶段(致密化阶段)应力随应变呈快速增长趋势。从整个压缩过程可以看出，弹性形变阶段之后的峰值点即为夹心结构的强度，如图 4.17(b)所示，PMI 泡沫夹心结构的强度为 $\sigma_{p1} = 7.16$MPa，增透夹心结构的强度为 $\sigma_{p2} = 12.32$MPa。此外，压缩曲线中屈服平台较长，因此这两种结

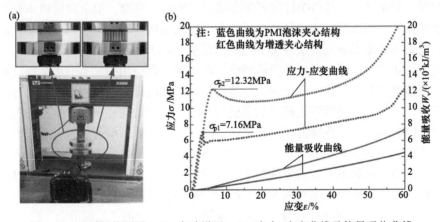

图 4.17　机械性能测试：(a) 实验设置；(b) 应力-应变曲线及能量吸收曲线

构均具有较好的能量吸收性能。可计算出两种结构单位体积的能量吸收曲线，如图 4.17(b)中实线所示。当 $\bar{\varepsilon}=50\%$ 时，PMI 泡沫夹心结构的能量吸收为 $W_{v1}=3.49\times10^3\,\mathrm{kJ/m^3}$，增透夹心结构的能量吸收 $W_{v2}=5.57\times10^3\,\mathrm{kJ/m^3}$。综合上述分析，与 PMI 泡沫夹心结构相比，增透夹心结构的强度提升了 72%，单位体积的能量吸收提升了 60%。

　　本节以工程中常见的 FR4 面板夹心结构为例，利用局域场调控机理，在芯体中加入对称的 SSPP 结构，通过调控局部区域电磁波的传输路径，增强夹心结构的电磁波透射性能。采用仿真和实验相结合的方法，计算并验证了该方案的可行性。研究表明，加载 SSPP 的夹心结构能够实现 X 和 Ku 波段内的宽带增透效果。其中，金属线的长度 l 对透射性能影响较大，l 值越小透射带越宽，但也存在大入射角情况下透射性能差的问题。因此，l 的取值应根据实际需求合理选择。当 $l=4.5\mathrm{mm}$，$d=2.2\mathrm{mm}$ 时，垂直入射情况下该结构在 8.12～17.50GHz 频段内的透射率均大于 80%；斜入射情况下，当入射角小于 55° 时，能够始终保持宽带透射的效果，与纯 PMI 泡沫夹心结构相比，透射性能得到大幅提升。此外，压缩实验表明，加载 SSPP 结构使夹心结构的强度提升了 72%，单位体积的能量吸收提升了 60%。该工作有效解决了 FR4 面板夹心结构电磁波透射性能差的问题，对提升 FR4 面板夹心结构的工程应用价值具有一定意义。

4.3　SSPP 增透栅格结构

　　蜂窝在夹心结构的芯体中应用较为广泛。虽然目前市场上开发了很多纤维复合材料、芳纶纸、三维(3D)打印等非金属材料的轻质蜂窝，但金属材料本身强度大延展性好、耐高温、导电导热性强，金属蜂窝结构更加稳定、综合性能更加优异，更能满足很多极端复杂环境下的应用需求。对于金属孔状结构，电磁波通常呈现出高频透射、低频反射的传输特性。在实际工程应用中，当采用金属蜂窝作为外部结构件时，工作在低频的功能器件将无法在内部使用。虽然可以通过增大蜂窝内孔尺寸来提高低频电磁波的透射效率，但是随着孔径增大，结构的机械性能也相应减弱。只有在蜂窝尺寸不变的情况下，实现低频增透效果，才能做到既保证结构性能又满足功能需求。本节应用 SSPP 理论和波导传输理论增强金属方孔蜂窝芯体中低频电磁波透射的想法，设计了一种三维频率选择结构。通过在金属方孔蜂窝中嵌入周期排布的 SSPP 金属线阵列结构，压缩电磁波的空间场分布，从而提高低频电磁波的传输效率。需要说明的是，这里的"低频增透"的"低频"特指金属方孔蜂窝结构截止频率以下的频段。

4.3.1　金属方孔蜂窝传输特性

金属方孔蜂窝结构与周期排布的矩形波导类似。如图 4.18(a) 所示，建立了方孔蜂窝的结构模型，蜂窝孔的内尺寸为 $a×b$，高度为 h，壁厚为 d。若 $b≤a<λ_0$，则当电磁波垂直入射时，在孔腔体内激发出多种波导模式。其中，基模为主要的传播模式。因此，TE 波的波矢 k_z 可表示为[8]

$$k_z = i\sqrt{\pi^2/b^2 - k^2(f)} \qquad (4.17)$$

式中，$k(f) = 2\pi f/c$ 为自由空间波矢，c 为自由空间光速。由(4.17)式可知，TE 波的色散特性主要取决于波导的宽度 b。采用 CST 2015 本征模求解器，计算了方孔蜂窝的色散曲线，定义方孔蜂窝的参数 $a = 16$mm，$h = 10$mm，$d = 0.4$mm。当 b 的值为 6mm、8mm、10mm 和 12mm 时，其色散曲线如图 4.18(a)所示，散点为(4.17)式的理论计算结果，两者吻合。因此，采用波导传输理论研究方孔蜂窝传输特性的方法是可行的。

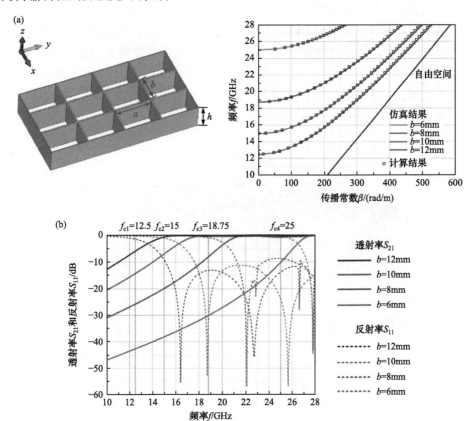

图 4.18　金属方孔蜂窝传输特性研究：(a) 结构示意图及色散曲线；(b) 不同 b 值的透射率和反射率曲线

由色散曲线可知，金属方孔蜂窝呈现"高通、低阻"的传输特性，传输截止频率 f_c 为色散曲线与纵坐标的交点。可以看出，f_c 的值与蜂窝孔的宽度 b 相关，b 值越大截止频率越小。并且随着频率的增大，色散曲线越来越趋近于自由空间色散曲线，因此在高频的传输效率也就越高。图 4.18(b)给出了不同 b 值的透射率和反射率参数曲线，并在图中标注了理论截止频率 $f_{c1} \sim f_{c4}$。当小于截止频率 f_c 时，电磁波不能通过方孔蜂窝传输，基本全被反射；而当频率大于 f_c 后，反射率曲线开始呈现下降趋势，透射率曲线逐渐上升，在高频处基本全透。然而，在特定的工程应用中，有时也需要在小于截止频率处实现透波。因此，提出了应用 SSPP 机理，在不改变蜂窝尺寸的情况下，提高低频电磁波透射效率的想法。

4.3.2　增透结构设计及机理

该结构是通过在栅格孔内嵌入周期排布的金属线阵列来实现低频增透的。周期结构如图 4.19(a)所示，结构中金属线为铜线，电导率为 5.8×10^7 S/m。为了减小传输损耗，金属线阵列的介质基板选用损耗较小的 F4B 板，相对介电常量为 $\varepsilon = 2.65(1 - j0.001)$。图 4.19(b)为结构单元的俯视图，定义栅格孔的内尺寸为 $a \times b$，栅格壁的厚度为 d，栅格的高度为 h，介质基板的厚度为 t，介质基板与边长为 a 的栅格壁平行，介质-金属界面到内壁的距离为 $b/2$。图 4.19(c)为金属线阵列结构示意图，定义金属线的长度为 l，宽度为 w，相邻金属线的间隔为 s，高度 h 满足 $h = n(w+s)$，n 为金属线的数量。

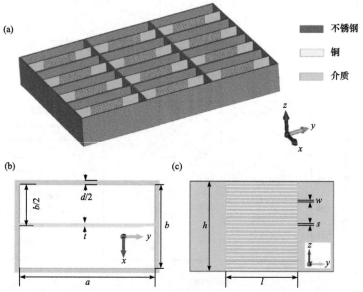

图 4.19　低频增透金属方孔栅格结构：(a) 周期结构示意图；(b) 结构单元俯视图；(c) 金属线阵列结构示意图

首先，单独研究了金属线阵列的传输特性。先前的研究表明，此类金属线阵列的色散特性可通过调节线长度来定制其空间色散特性[9]。定义参数：介质基板的长度 $a = 16$mm，金属线阵列的参数 $w = s = 0.2$mm，$n = 25$，金属线的长度 l 为变量。图 4.20(a)为 $l = 6$mm、8mm、10mm 和 12mm 时的色散曲线。可以看出，随着电磁波频率的增大，其波矢 k 将增大并逐渐远离自由空间色散曲线，直至到达某一渐近频率 f_a 处，波矢 k 趋于无穷大，渐近频率处的波矢与自由空间波矢的严重失配使得电磁波无法传播，此时会产生一个传输零点。图 4.20(b)为对应 l 值的传输率曲线，图中标记了渐近频率 $f_{a1}\sim f_{a4}$ 的位置。结果表明，金属线阵列结构呈现出"低通、高阻"的传输特性，其截止频率即为色散曲线中的渐近频率。因此，金属线长度 l 越大，截止频率也就越低。

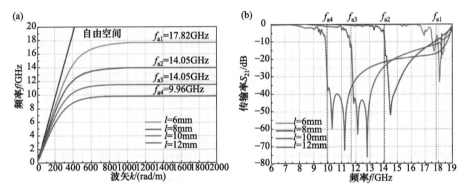

图 4.20 SSPP 金属线阵列的传输特性：(a) 不同 l 值的色散曲线；(b) 不同 l 值的传输率曲线

此外，该金属线阵列还可实现局域场增强效应。空心的金属栅格之所以无法传播低频电磁波，是因为低频电磁波的波长较长，当波长大于孔径的 1/4 时，电磁波将无法传输。因此，假设通过应用金属线阵列来改变电磁波的空间场分布，局域场的增强，相当于"压缩"了电磁波的波长，从而使低频电磁波能够在金属栅格芯体中进行传输。为了验证这一想法，首先计算了 $a = 16$mm，$b = l = 8$mm 时的透射率和反射率曲线，如图 4.21 所示。对于空心的金属方孔栅格，当 $a = 16$mm，$b = 8$mm 时，其截止频率为 18.75GHz。而引入金属线阵列后，在截止频率下方形成了一个通带，该结构大于-3dB 传输率的频带为 11.51~13.83GHz(大于-1dB 的频带为 11.72~13.42GHz)，部分频点处的传输率甚至大于-0.5dB。值得注意的是，形成通带的右截止频率与单独金属线阵列的截止频率相同，均在 14GHz 附近。因此，可以判断该结构在低频处通带的右截止频率与金属线阵列的截止频率一致。

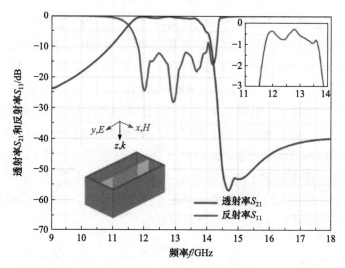

图 4.21　低频透射型金属方孔栅格的透射率和反射率曲线($a = 16\text{mm}$, $b = l = 8\text{mm}$)

　　研究金属方孔栅格的低频增透原理可从结构的色散特性来考虑。图 4.22 分别给出了 $a = 16\text{mm}$, $b = l = 8\text{mm}$ 时金属方孔栅格、金属线阵列以及两者结合后的色散曲线。对于金属方孔栅格，随着频率的增大，色散曲线上升较快，并逐渐趋近于自由空间色散曲线，说明波导中传播的电磁波以"快波"模式为主；对于金属线阵列结构，随着频率的增大，色散曲线逐渐远离自由空间色散曲线，并最终

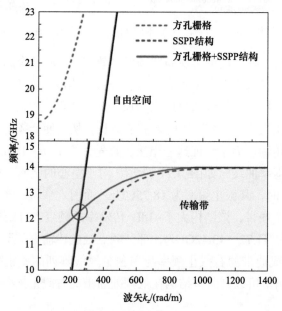

图 4.22　低频透射型金属方孔栅格的色散曲线($a = 16\text{mm}$, $b = l = 8\text{mm}$)

达到渐近频率点，说明金属线阵列中传播的电磁波为"慢波"模式；而当两者相结合后，结构的色散曲线将会穿越自由空间的色散曲线，如图 4.22 中红线所示。可以看出，加入金属线阵列后，空心方孔栅格的截止频率(色散曲线与纵轴的交点)由 18.75GHz 降低到 11.32GHz。最终，色散曲线与金属线阵列的渐近频率重合在 14GHz 附近，整体结构的色散曲线分布区域即为通带区域。值得注意的是，整体结构的色散曲线与自由空间的色散曲线相交在 12GHz 附近，此时结构与自由空间的波矢匹配最好，从图 4.21 也可以看出 S_{21} 曲线在 12GHz 附近达到最高点。此外，从等效介质理论来看，当在方孔栅格中加入金属线结构后，栅格孔内的等效折射率 n_{eff} 可表示为[10]

$$n_{\text{eff}} = k'(f)/k(f) \tag{4.18}$$

式中，$k'(f)$ 为金属线结构的波矢量；$k(f)$ 为自由空间的波矢量。从色散曲线的分布看，等效折射率始终满足 $n_{\text{eff}}>1$。因此，当加入金属线阵列后，栅格腔体内的折射率增加了，使可传输的电磁波截止频率降低。整体结构的色散曲线证明，采用金属线阵列实现金属方孔栅格芯体低频增透的方法是可行的。

为进一步探究金属方孔栅格的低频增透机理，在仿真过程中分别监测了空心方孔栅格和加载金属线阵列栅格的电场分布情况，如图 4.23 所示。选取了两个监测截面，其中截面 1 垂直于介质基板并与金属线阵列相交，截面 2 在金属-介质分界面位置。对于空心金属方孔栅格(图 4.23(a))，监测频点为 18GHz、22GHz 和 24GHz，其中 18GHz 为阻带频点，22GHz 和 24GHz 为通带频点。可以看出，在 22GHz 和 24GHz 处，截面 1 上的电场分布区域均小于金属孔的宽度 b，而 18GHz 处的电场分布区域超过了金属孔的宽度。因此，在场分布较为集中的情况下电磁波可以通过金属方孔栅格传输。图 4.23(b) 为加入金属线阵列后的结构在 11.51GHz、12.67GHz 和 13.83GHz 的电场分布情况。可以明显看出，此时电场被束缚在金属线阵列附近，形成了沿介质-金属界面传播的表面波。电场分布情况证明，金属线阵列的存在使电磁波的空间电场分布区域被压缩，从而使低频电磁波以表面波的形式传输。

上述结果表明，在金属方孔栅格结构中加入金属线阵列后可在截止频率下方产生一个通带。由于该通带是波导传播模式和 SSPP 模式耦合作用的结果，因此通带频段主要与孔的宽度 b 和金属线长度 l 的取值有关。当 l = 8mm，b 在 6~12mm 取值时，透射率曲线如图 4.24(a)所示。由于通带的右截止频率是由金属线阵列决定的，因此当 l = 8mm 保持不变时，右截止频率始终保持在 14GHz 附近不变，而左截止频率随 b 的增大逐渐向低频移动，通带带宽也随之变宽。当 b = 8mm，l 在 6~12mm 取值时，透射率曲线如图 4.24(b)所示。可以看出，随着 l 的增大，通带的右截止频率逐渐向低频移动，且不同 l 值的右截止频率与单独金属线阵列的截止频率一一对应。对于左截止频率，随着 l 的增大也会向低频移动，而通带的

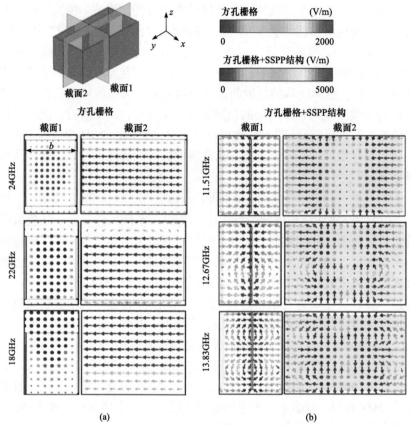

图 4.23　空心方孔栅格(a)与加载金属线阵列栅格(b)结构在不同频点处的电场分布对比

带宽随之逐渐变窄。结果表明，该低频增透型金属栅格可通过设计 b 和 l 的值来定制通带范围，其中右截止频率由参数 l 决定，左截止频率由参数 l 和 b 共同决定。

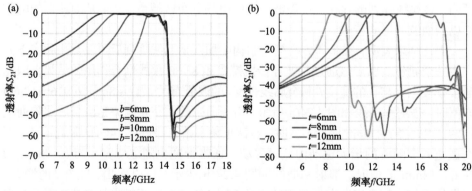

图 4.24　结构参数对传输特性的影响：(a) 不同 b 值的透射率曲线($l = 8$mm)；(b) 不同 l 值的透射率曲线($b = 8$mm)

4.3.3 样品加工及实验验证

低频增透型金属方孔栅格结构的实验样件采用"开槽嵌锁"工艺进行加工，如图 4.25(a)所示。该样件由三个部件转配而成，部件 1 和部件 2 是厚度为 d、高度为 h 的 304 不锈钢板。部件 3 为周期排布的金属线阵列，金属线长度为 $l = 8\text{mm}$，通过覆铜的 F4B 基板刻蚀而成。采用激光切割和线切割工艺分别对 304 不锈钢板和 F4B 基板进行开槽，开槽的周期、宽度和深度如图 4.25(a)所示。对于部件 1 和部件 2，通过装配深度为 $h/2$ 的槽，可制成金属方孔栅格；随后将部件 3 插入部件 2 中深度为 $3h/5$ 的槽中，即制成实验样件。最后采用环氧树脂胶对槽连接处加固。图 4.25(b)为加工完成的样件及其局部细节放大图，该样件的尺寸为 295mm×290mm×10mm，包含 17×34 个结构单元。

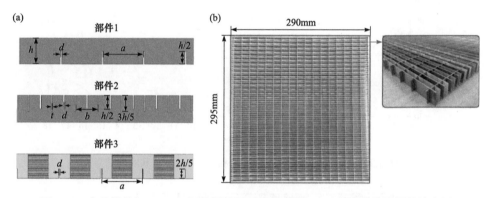

图 4.25 实验样件加工：(a) 组装部件及开槽示意图；(b) 实验样件及局部放大图

采用自由空间法，在微波暗室中测试了低频增透型金属方孔栅格的电磁波传输特性，测试方法与第 2、3 章中反射率的测试方法相同，不同的是发射喇叭和接收喇叭分别置于样件的两侧。我们测试了不同入射角情况下的电磁波透射率参数，测试频段为 8～18GHz。图 4.26 给出了 $\theta = 0°$、$30°$、$45°$ 和 $60°$ 时的仿真和实验测试的透射参数 S_{21} 曲线。结果表明：当 $\theta = 0°$ 时，-3dB 以上的通带为 11.51～13.83GHz；当入射角较小时(例如 $\theta = 30°$)，传输性能保持稳定、传输带宽无明显变化；但是随着入射角 θ 的继续增大，通带内插损逐渐增加，S_{21} 曲线的带内波动越来越大；当 $\theta = 60°$ 时，传输宽带被分解为多个窄带。总体来看，实验结果与仿真结果吻合较好。

图 4.27 为斜入射情况下的透射率图谱，虚线标记了 -3dB 的透射率边界。可以看出，当入射角 θ<50°时，11.51～13.83GHz 的传输带随着入射角的增大基本保持不变；而当 θ>50°时，电磁波由宽带传输逐渐变为多个窄带传输；直至入射角大于80°，仍有部分频带内的电磁波能够传输。透射率图谱表明，该结构在斜入

−50°～50°范围内，始终保持稳定的低频增透效果；对于斜入射大于 50°的电磁波，仍具备一定的低频增透效果。

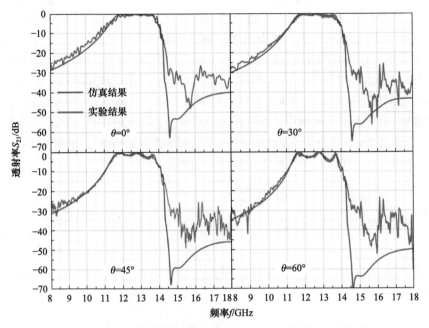

图 4.26　入射角 θ 为 0°、30°、45°和 60°时的仿真和实验结果

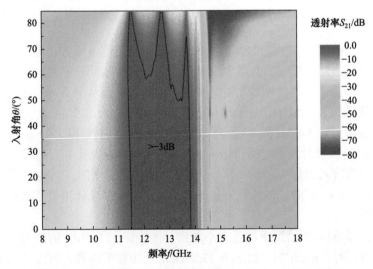

图 4.27　斜入射情况下的透射率图谱($a = 16\text{mm}$, $b = l = 8\text{mm}$)

本节介绍了基于 SSPP 的低频增透型金属方孔栅格结构，该结构通过"开槽

嵌锁"工艺,将以 F4B 为基板的金属线阵列嵌入方孔栅格芯体的孔内。在特定频带内,金属线阵列可以压缩电磁波的空间场分布,实现局域场增强效应,从而使低频电磁波得以通过栅格孔传输。研究表明,当参数 $a=16\mathrm{mm}$, $b=l=8\mathrm{mm}$ 时,该结构能在方孔栅格截止频率($f_c=18.75\mathrm{GHz}$)下方形成一个 $11.51\sim13.83\mathrm{GHz}$ 的通带。并且,该通带在入射角小于 50°时具有很好的角度稳定性。此外,该通带还具备可设计性,通带的右截止频率由参数 l 决定,左截止频率由参数 l 和 b 共同决定。因此,通过调节栅格孔宽度 b 和金属线长度 l,可实现定制的通带。仿真和实验结果表明,该增透结构有效地解决了金属方孔栅格截止频率以下电磁波无法透射的问题。

4.4　本章小结

本章围绕 SSPP 色散调控在电磁增透技术中的应用,介绍了基于 SSPP 近场调制特性、波矢匹配设计等的电磁增透结构设计理论与方法,包括:①利用高度渐变锯齿结构设计实现了基于局域场调制的 SSPP 增透内衬,通过对高介陶瓷板内部电磁场进行局域调制,改变局部波矢量的传播方向,进而调控界面反射/折射波的传播方向,达到减少反射、增强透射的效果;②利用 SSPP 结构的局域场增强效应,压缩电磁波的空间场分布,提升亚波长金属孔隙结构对低频电磁波的透射能力;③利用 SSPP 结构调控夹心结构内部的局域场分布,改变电磁波的传播路径,提升夹心结构中的电磁波透射率。由于可同时实现与介质材料蒙皮的阻抗匹配以及局部场分布调制,SSPP 结构在结构-功能一体化的功能复合材料设计方面具有巨大的应用前景。

参 考 文 献

[1] Yang J, Wang J, Feng M, et al. Achromatic flat focusing lens based on dispersion engineering of spoof surface plasmon polaritons[J]. Applied Physics Letters, 2017, 110(20): 203507.

[2] Pang Y, Wang J, Ma H, et al. Extraordinary transmission of electromagnetic waves through sub-wavelength slot arrays mediated by spoof surface plasmon polaritons [J]. Applied Physics Letters, 2016, 108(19): 194101.

[3] Gao X, Zhou L, Cui T J. Odd-mode surface plasmon polaritons supported by complementary plasmonic metamaterial[J]. Scientific Reports, 2015, 5: 9250.

[4] Ma H F, Shen X, Cheng Q, et al. Broadband and high‐efficiency conversion from guided waves to spoof surface plasmon polaritons[J]. Laser & Photonics Reviews, 2014, 8(1): 146-151.

[5] David M, Pozar D V. 微波工程[M]. 4版. 谭云华, 周乐柱, 吴德明, 等译. 北京: 电子工业出版社, 2019.

[6] Li Y, Lin Z, Wang J, et al. Wide-angle transmission enhancement of metamaterial-doped fiber-reinforced polymers [J]. IEEE Access, 2019, 7: 76042-76048.

[7] Li Y, Wang J, Yang J, et al. Metamaterial anti-reflection lining for enhancing transmission of high-permittivity plate [J]. Journal of Physics D: Applied Physics, 2019, 52: 03LT01.

[8] Pendry J B, Martín-Moreno L, Garcia-Vidal F J. Mimicking surface plasmons with structured surfaces [J]. Science, 2004, 305: 847-848.

[9] Pang Y, Wang J, Ma H, et al. Spatial k-dispersion engineering of spoof surface plasmon polaritons for customized absorption[J]. Scientific Reports, 2016, 6: 29429.

[10] Jiang W, Fan Y, Ma H, et al. A three-dimensional frequency selective structure based on the modes coupling of spoof surface plasmon and waveguide transmission [J]. Physics Letters A, 2020, 384: 126103.

第5章 基于人工表面等离激元弱色散区调控的电磁调制器件

人工表面等离激元(SSPP)具有局域场增强效应和深亚波长传播特性[1-8]，一方面基于其亚波长特性可在更薄厚度内对透射电磁波的传输相位、几何相位等进行调控，另一方面通过波矢的空间分布设计、极化变换、吸波等可对透射电磁波的幅值进行调控，这种幅值-相位调控能力在新型电磁功能器件设计中具有广泛的应用前景。本章介绍了基于人工表面等离激元弱色散区调控的电磁调制器件，包括波前调制、极化调控、非互易传输、副瓣抑制等。

5.1 波 前 调 制

通过对锯齿结构传播常数 k_{SPP}(从不同角度去看，也称为波数、空间频率)的调控可实现对特定极化电磁波的透射率及透射系数相位的灵活调制。本节利用锯齿 SSPP 结构实现透射波波前调控器件，SSPP 的非线性色散特性可实现随频率变化的相位梯度，通过改变锯齿结构阵列的周期进行相位梯度设计，实现透射波的波前调控。

5.1.1 人工表面等离激元结构单元

由 60 个锯齿构成的锯齿结构单元如图 5.1(a)所示，y 方向的周期为 $a = 8.0$mm，x 方向的周期为 $q = 4.0$mm，图 5.1(b)给出了锯齿结构局部放大图，0.017mm 厚的金属锯齿结构印刷在厚度 $d = 0.6$mm 的 F4B($\varepsilon_r = 2.65$，$\tan\delta = 0.001$)介质基板上，

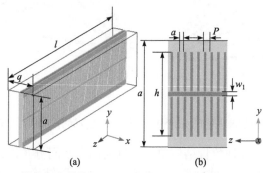

(a)   (b)

图 5.1 等高锯齿结构：(a) 三维视图；(b) 正视图及结构参数

金属锯齿周期 $P = 0.5$mm，锯齿宽度 $w = 0.25$mm，沿 z 方向的脊线宽度 $w_1 =$

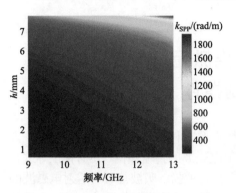

图 5.2　不同锯齿高度 h 下 SSPP 结构的色
散谱 $k_{SPP}(f, h)$

0.35mm，单元沿 z 方向的总长度 $l =$ 30.0mm，金属锯齿高度为 h。图 5.2 为仿真得到的锯齿高度 h 变化时，金属锯齿 SSPP 结构的色散谱 $k_{SPP}(f, h)$，图中横坐标表示频率，纵坐标为锯齿高度 h，图中颜色深度表示 SSPP 的波矢 k_{SPP}。从图中可以看出，随着频率逐渐增大或锯齿高度逐渐增大，SSPP 的波矢均非线性增大。

以设计中心工作频率 $f = 11.0$GHz 的波前调控器件为例，根据锯齿结构 k_{SPP} 空间色散设计对锯齿高度进行渐变设计，得到具有高透射率的鱼骨结构单元。设计由九种鱼骨 SSPP 结构构成的波前调控器件，在中心频率 $f = 11.0$GHz 处，相邻单元之间的相位差为 40°。根据 SSPP 的相位调控机理，假设第一个鱼骨结构单元中相邻锯齿之间的波矢差为 $dk_{SPP}(1) = 0.3$rad/m，那么其他八种单元中相邻鱼骨结构的波矢差分别为 $dk_{SPP}(2) = 2.1$rad/m，$dk_{SPP}(3) = 2.1$rad/m，$dk_{SPP}(4) = 2.1$rad/m，$dk_{SPP}(5) = 2.1$rad/m，$dk_{SPP}(6) = 2.1$rad/m，$dk_{SPP}(7) = 2.1$rad/m，$dk_{SPP}(8) = 2.1$rad/m，$dk_{SPP}(9) = 2.1$rad/m。图 5.3(a)为中心频率 $f = 11.0$GHz 时九种 SSPP 结构的波矢空间色散设计，图 5.3(b)给出了通过色散谱得到的锯齿高度空间分布。

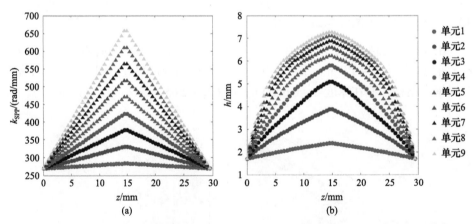

图 5.3　九种 SSPP 结构的波矢空间分布设计：(a) 波矢空间分布 $k(z)$；(b) 高度空间分布 $h(z)$

根据图 5.3(b)中九种鱼骨结构单元的锯齿高度空间分布设计的九种 SSPP 结构沿 x 方向排列，构成了波前调控器件的"超单元"结构，如图 5.4 所示。x 方

向的排列周期为 q。"超单元"结构 z 向厚度为 $l = 30.0\mathrm{mm}$。相位梯度沿 x 方向，且根据相位梯度计算公式：$\Delta\phi = \Delta\phi/q$（相移 $\Delta\phi$ 是通过鱼骨结构上 SSPP 的相位积累实现的），相位梯度的大小随着 x 方向周期 q 的改变而改变。另外，由于 SSPP 的非线性色散特性，相位梯度随频率变化，具有色散特性。

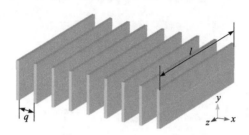

图 5.4　由九种鱼骨结构构成的波前调控器件"超单元"

5.1.2　仿真验证

为了验证上面"超单元"实现的色散相位梯度，仿真计算 y 极化电磁波垂直入射至九种鱼骨结构单元的透射系数幅值和透射系数相位，仿真结果如图 5.5 所示，其中图 5.5(a)为九种单元的透射系数幅值，可以看出：在 $8.0 \sim 14.0\mathrm{GHz}$ 的宽带频率范围内，y 极化波的透射系数均近似大于 0.95。对应的透射系数相位由图 5.5(b)给出，从图中可以看出：在设计的中心工作频率 $f = 11.0\mathrm{GHz}$ 处，相邻单元之间的透射相移近似等于 $40°$。由于 SSPP 的非线性色散特性，相邻单元之间的透射相移随着频率的增大而增大。因此，相位梯度具有色散特性。

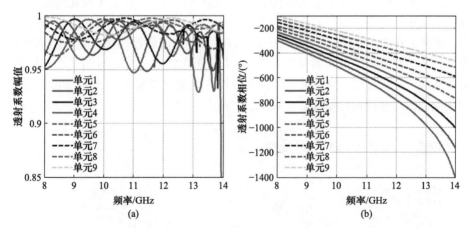

图 5.5　y 极化波垂直入射至九种鱼骨结构的透射系数幅值(a)和透射系数相位(b)

仿真计算九种鱼骨结构的电场 y 分量分布，结果如图 5.6 所示。可以看出，y 极化波被鱼骨结构高效地耦合为 SSPP 模式，电场全部局域在锯齿结构上，从电

场 y 分量分布可以看出，相邻单元的相位积累差约等于 40°。

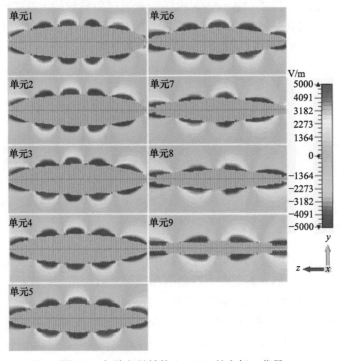

图 5.6　九种鱼骨结构上 SSPP 的电场 y 分量

　　为验证上面所设计的波前调控器件的波束调控特性，仿真 y 极化波垂直入射至有限尺寸波前调控器件时，中心工作频率 $f = 11.0\text{GHz}$ 处的场(E_y，H_x 和 H_z)分布。仿真由 6×20 "超单元" 阵列组成的有限尺寸波前调控器件。图 5.7 为鱼骨结构单元沿 x 方向的排布周期分别为(a)$q = 4.0\text{mm}$ 和(b)$q = 4.5\text{mm}$ 时的电磁场分布仿真结果。可以看出，两种波前调控器件均产生透射波束偏折，偏折角度分别为 49°和 44°，与理论设计值 49.25°和 42.33°基本一致。

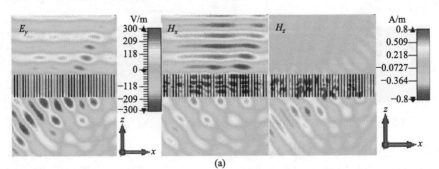

(a)

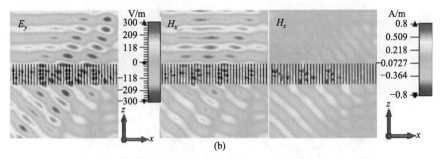

(b)

图 5.7　y 极化波垂直入射至两种波前调控器件时，中心频点 $f = 11.0\text{GHz}$ 处的电磁场分布仿真结果，其中(a) $q = 4.0\text{mm}$，(b) $q = 4.5\text{mm}$

图 5.8 所示为 y 极化波垂直入射至两种波前调控器件时，$f = 11.0\text{GHz}$ 处入射面内的归一化功率分布仿真结果。由于两种波前调控器件的一维相位梯度分布，因此入射面与折射面共面。图中 y 极化波沿 0°方向入射，透射波发生偏折，偏折角度约等于 49°和 44°，其他方向上的透射能量近似等于零。这进一步证明：可以通过改变鱼骨结构在相位梯度方向上的周期 q 实现透射波束偏折角度的调控。

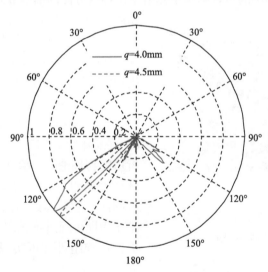

图 5.8　y 极化波垂直入射时，$f = 11.0\text{GHz}$ 处入射面内的归一化功率分布

为验证波前调控器件的可调性，分别仿真 y 极化波垂直入射至 $q = 4.0\text{mm}$ 和 $q = 4.5\text{mm}$ 两种波前调控器件时的归一化透射谱，如图 5.9 所示，其中图(a)为 $q = 4.0\text{mm}$，图(b)为 $q = 4.5\text{mm}$。图中横坐标表示频率，纵坐标表示偏折角度，图中的颜色表示归一化的透射功率。可以看出：y 极化波垂直入射时，两种波前调控器件在 9.0～12.0GHz 的宽带频率范围内均可实现高效的波束偏折，且 $q = 4.0\text{mm}$ 的波前调控器件的偏折角度大于 $q = 4.5\text{mm}$ 的波前调控器件的偏折角度，与之前

的理论分析结论完全一致。

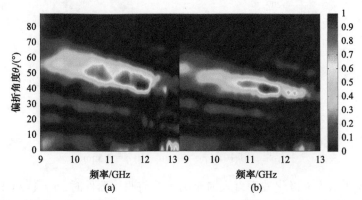

图 5.9　y 极化波垂直入射至(a)$q = 4.0$mm 和(b)$q = 4.5$mm 两种波前调控器件时的归一化透射谱

　　为进一步验证相位梯度的可调性,仿真鱼骨结构的排布周期 q 从 3.0mm 逐渐增大到 6.6mm 时,$f = 11.0$GHz 处的归一化透射谱,如图 5.10 所示。图中横坐标表示波前调控器件中的鱼骨结构单元沿相位梯度方向的周期 q,纵坐标表示偏折角度,图中的颜色表示归一化的透射场功率,偏折角度的理论计算值在图中用带"o"标记的白色曲线给出。从图中可以看出:对于单元周期从 3.0mm 增大到 6.6mm 的所有波前调控器件,y 极化波垂直入射时,透射波均发生了偏折,偏折角度从 83°逐渐降低至 27°,整个频段内仿真的偏折角度与理论计算值基本吻合。因此,仿真结果证明了波前调控器件具有很好的可调性。在实际设计中,鱼骨结构单元的排布周期可通过机械调控改变,通过加载机械调控组件即可实现可调的波前调控器件。

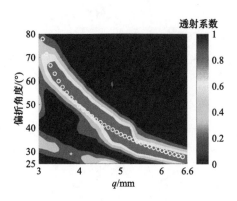

图 5.10　$f = 11.0$GHz 处,不同排布周期 q 的波前调控器件的归一化透射谱

5.1.3　实验验证

　　图 5.11 为利用印刷电路板工艺加工的 $q = 4.0$mm 和 $q = 4.5$mm 的两种波前调控器件及九种鱼骨结构照片,先用印刷电路板工艺分别加工九种鱼骨结构,然后将鱼骨结构排列成周期性阵列,利用 F4B 介质固定板固定构成波前调控器件。如图 5.12(a)和(b)分别为测试得到的 y 极化波垂直入射时,两种波前调控器件样品的镜面反射率和法向透射率。从图中可以看出,在 9.0~13.0GHz 的宽带

频率范围内，两波前调控器件的镜面反射率
均小于–10dB，而法向透射率小于–5dB。两
波前调控器件均发生高效的透射波束偏折。
图 5.13(a)和(b)为两种波前调控器件的归一化
透射谱测试结果。从图中可以看出：除了实验
测试的透射偏折波束宽度远大于仿真波束宽
度外，测试结果与实验仿真结果基本一致。实
验测试中，由于圆形转台两悬臂的长度较短
(约等于 900mm)，接收天线在空间任何一方向
上均可同时接收 17°角域内的透射电磁波，接

图 5.11　可调波前调控器件样品及
九种鱼骨结构

收天线的角度分辨率很低，因此，测试的偏折波束宽度远大于其仿真结果。

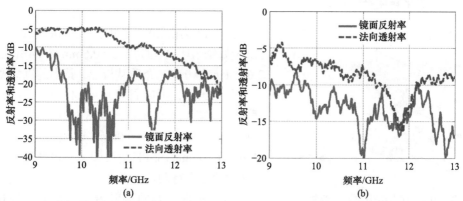

图 5.12　y 极化波垂直入射至(a) $q = 4.0$mm 和(b) $q = 4.5$mm 的两种波前调控器件时镜面反射率
和法向透射率的测试结果

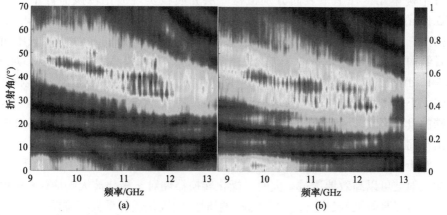

图 5.13　y 极化波垂直入射至(a)$q = 4.0$mm 和(b)$q = 4.5$mm 两种波前调控器件时归一化透射谱
的测试结果

5.2 极 化 调 控

本节介绍基于 SSPP 模式的极化转换器件。鱼骨结构对于两正交方向极化的电磁波均具有很高的透射率，对于其中一种极化波，可将其高效耦合转化为 SSPP 模式，而对于另外一种极化波则可实现基于自由空间波传播的高效透射传输。极化转换所需的相移差很容易通过 SSPP 和自由空间波不同的色散特性实现。通过 SSPP 色散调控，在工作频点实现 π/2 的相移。因此，通过极化转换器件的面内旋转，可实现两个正交方向极化波的透射功率分配，进而实现透射波的极化状态调控。

5.2.1 极化转换器件设计

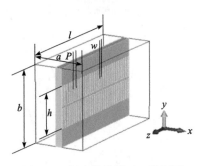

图 5.14   锯齿结构单元三维视图

图 5.14 为由 30 个锯齿构成的鱼骨结构单元，金属锯齿印刷在厚度 $d = 0.6\text{mm}$ 的 F4B(ε = 2.65, tanδ = 0.001)介质基板上，其中的锯齿宽度 $w = 0.2\text{mm}$，锯齿周期 $P = 0.4\text{mm}$，横向金属脊线线宽 $w_1 = 0.3\text{mm}$，金属锯齿高度为 h，x 方向的排布周期 $a = 5.0\text{mm}$，y 方向的单元周期 $b = 10.0\text{mm}$。SSPP 的波矢 k_{SPP} 可通过改变锯齿高度 l 进行调控。

为了实现高效的透射传输和足够大的相位积累，对锯齿高度进行空间分布设计，得到鱼骨结构单元，在上下表面分别覆盖一层介质板实现极化转换器件单元。如图 5.15(a)所示为极化转换器件单元三维视图，(b)为侧视图，(c)为正视图。单元结构由三层组成：yOz 面内的鱼骨结构夹在两层 0.6mm 厚的 F4B 介质板中间。鱼骨结构单元沿 z 方向的总长度为 l = 12.0mm，其锯齿高度的空间分布 $h(z)$ 由图 5.15(d)给出，对应的 SSPP 的波矢空间色散 $k_{\text{SPP}}(z)$ 由图 5.15(e)给出。可以看出：波矢大小首先线性地从最小值增加到最大值，随后又线性地减小至最小值。这种特殊的设计可改善两个分界面上 SSPP 和自由空间波的波矢匹配，实现 SSPP 和自由空间波之间的高效耦合转换，进而实现高耦合效率和高透波率。

对于图 5.15 中设计的极化转换器件，由于鱼骨结构上 SSPP 的高效耦合，y 极化入射波可以高效地透过。同时，极化转换器件对 x 极化波无响应，x 极化入射波也可以高效地透过。x，y 极化波入射时的同极化透射系数相位差为

$$\Delta\phi = \int_0^l k(z)\text{d}z - 2\pi f \sqrt{\mu_0 \varepsilon_0} l \tag{5.1}$$

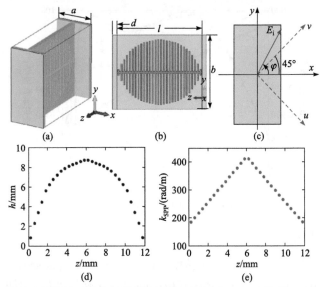

图 5.15　(a) 极化转换器件单元结构三维视图；(b) 侧视图；(c) 正视图；(d) 鱼骨结构锯齿高
度空间分布；(e) SSPP 波矢的空间色散分布

其中，f 为工作频率，$k(z)$ 为 SSPP 波矢的空间分布，l 为鱼骨结构的总长度。

通过精确设计，相位差 $\Delta\phi$ 设计为 $\pi/2$，假设从 $+z$ 方向入射的线极化波的电场为 $E_i = E_0\cos(\varphi)\exp(\mathrm{i}k_zz)\hat{x} + E_0\sin(\varphi)\exp(\mathrm{i}k_zz)\hat{y}$，其中，$\varphi$ 为入射线极化波的极化角度，那么，透射电磁波的电场可以表示为

$$E_t = t_{xx}\exp(\mathrm{i}\phi_{xx})E_0\cos(\varphi)\exp(\mathrm{i}k_zz)\hat{x} + t_{yy}\exp(\mathrm{i}\phi_{yy})E_0\sin(\varphi)\exp(\mathrm{i}k_zz)\hat{y}$$

其中，$t_{xx}\exp(\mathrm{i}\phi_{xx})$ 和 $t_{yy}\exp(\mathrm{i}\phi_{yy})$ 分别为 x 和 y 极化波入射时的同极化透射系数。根据之前的分析，x，y 极化波入射时的透射系数幅值均近似等于 1，且工作频点的同极化透射系数相位差为 $\pi/2$。因此，可以推断：①当入射线极化波的极化角度 $\varphi = \pm45°$ 时，透射波为圆极化(circularly polarized, CP)波；②当入射线极化波的极化角度 $\varphi = 0°$ 和 $\pm90°$ 时，可得到高效的 x 和 y 极化透射波，不产生极化转换；③当入射线极化波的极化角度为其他值时，透射波为椭圆极化波。

分别仿真 x 和 y 极化波垂直入射时的同极化透射系数幅值和透射系数相位，结果如图 5.16 所示，图中左纵轴为透射系数幅值(由黑色曲线给出)，右纵轴为透射系数相位(由红色曲线给出)，从图中可以看出：在 7.0～11.5GHz 的宽带频率范围内，x 和 y 极化波垂直入射时的同极化透射系数均大于 0.95。x 极化波入射时，由于其空间波传播模式，同极化透射系数相位 ϕ_{xx} 与频率 f 呈线性关系；y 极化波入射时，由于人工表面等离激元模式的高效耦合，同极化透射系数相位 ϕ_{yy} 与频率 f 呈非线性关系；$\pi/2$ 同极化透射系数相位差位于频率 $f = 8.4$GHz 处，稍微偏离理论设计点 $f = 8.0$GHz。

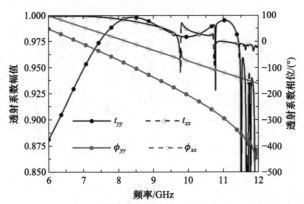

图 5.16   x 和 y 极化波垂直入射时的同极化透射系数幅值和透射系数相位仿真结果

5.2.2   仿真与实验

采用印刷电路板工艺加工极化转换器件，图 5.17 为样品照片，"鱼骨"结构阵列夹在两块 0.6mm 厚的 F4B 介质基板中间。极化转换器件总厚度为 13.2mm。v 和 u 极化波对应极化角度分别为 $\varphi = 45°$ 和 $-45°$ 的线极化波。v 和 u 极化波垂直入射时的线-圆极化转换透射系数幅值仿真结果如图 5.18(a)所示，可以看出：v 和 u 极化垂直入射波可分别高效地转化为左旋圆极化(left-handed circularly polarized, LCP)波和右旋圆极化(right-handed circularly polarized, RCP)波，在 7.2~9.4GHz 的宽带频率范围内的线-圆极化转换透射系数幅值均大于 0.98。在同一频段，左旋和右旋圆极化入射波同样可高效地转化为 u、v 极化透射波。在测试中，首先测试 v 极化波垂直入射时，y 和 x 极化透射波的透射系数幅值和相位，根据测试结果可计算得到 v 极化波垂直入射时的线-圆极化转换透射系数幅值的测试结果，如图 5.18(b)所示。可以看出：线-圆极化转换透射系数幅值的实验结果与其仿真结果基本吻合。仿真和实验结果均证明了线-圆极化波之间高效的转换效率。另外，图 5.19 所示为仿真计算得到的 v，u 极化波及左旋和右旋圆极化波以不同入射角度入射时的极化转换透射系数幅值谱 $t_{Lv}(f, \theta_i)$，$t_{Ru}(f, \theta_i)$，$t_{uL}(f, \theta_i)$ 和 $t_{vR}(f, \theta_i)$。可以看出，在 7.2~9.4GHz 的宽带频率范围内，当入射角度小于 40° 时，极化转换透射系数均大于 0.95。

图 5.17   极化转换器件样品照片

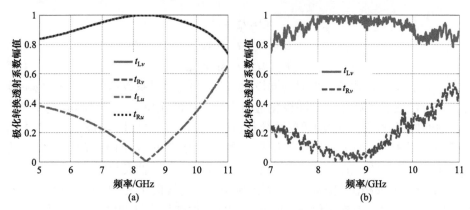

图 5.18　(a)v 和 u 极化波垂直入射时的线-圆极化转换透射系数幅值仿真结果；(b)v 极化波垂直入射时的线-圆极化转换透射系数幅值测试结果

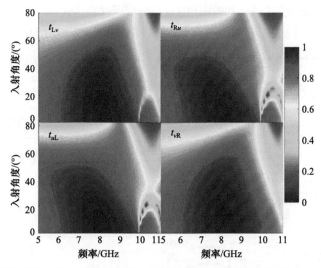

图 5.19　线、圆极化波入射时的线-圆、圆-线极化转换透射系数幅值谱($t_{Lv}(f, \theta_i)$，$t_{Ru}(f, \theta_i)$，$t_{uL}(f, \theta_i)$，$t_{vR}(f, \theta_i)$)仿真结果

5.2.3　性能分析

根据之前的分析，透射电磁波的极化状态可以通过极化转换器件的面内旋转(xOy 面内旋转)进行调控，也就是通过改变入射线极化波的极化角度实现透射波极化状态的调控。为了讨论中心频点 $f = 8.4\text{GHz}$ 处，具有不同极化角度的线极化波垂直入射时透射电磁波的极化状态，引入四个 Stokes 参数

$$I = t_{vv}^2 + t_{uv}^2 \tag{5.2}$$

$$Q = t_{vv}^2 - t_{uv}^2 \tag{5.3}$$

$$U = 2t_{vv} \cdot t_{uv} \cos\phi_{\text{diff}} \tag{5.4}$$

$$V = 2t_{vv} \cdot t_{uv} \sin\phi_{\text{diff}} \tag{5.5}$$

其中，$t_{vv(uv)}$为 v 极化波入射时的同极化(交叉极化)透射系数幅值，$\phi_{\text{diff}} = \phi_{uv} - \phi_{vv}$ 为交叉极化透射系数相位与同极化透射系数相位的相位差，这里$\phi_{vv(uv)}$为 V 极化波入射时同极化(交叉极化)透射系数相位。线极化波入射时，同极化和交叉极化的透射系数幅值和透射系数相位随入射波极化角度变化曲线的仿真结果如图 5.20(a)所示，图中的左纵轴表示透射系数幅值，右纵轴表示透射系数相位。定义 $A = t_{uv}/t_{vv}$，如果相位差$\phi_{\text{diff}} = 0$ 或者π，则透射波为线极化波；当 $A = 1$ 和$\phi_{\text{diff}} = \pi/2$ 都满足时，透射波为圆极化波；除此之外的透射波均为椭圆极化波。 另外，当相位差 $0 < \phi_{\text{diff}} < \pi$时，透射波为左旋极化波，而当 $\pi < \phi_{\text{diff}} < 2\pi$(或$-\pi < \phi_{\text{diff}} < 0$)时，透射波为右旋极化波。透射电磁波的极化椭圆通过极化方位角α和椭圆角β来定义，如图 5.20(b)所示。极化方位角α和椭圆角β可以分别通过表达式：$\tan 2\alpha = U/Q$ 和 $\tan 2\beta = V/I$计算得到，其中极化方位角α描述椭圆的主轴方向，椭圆角β描述椭圆的形状。

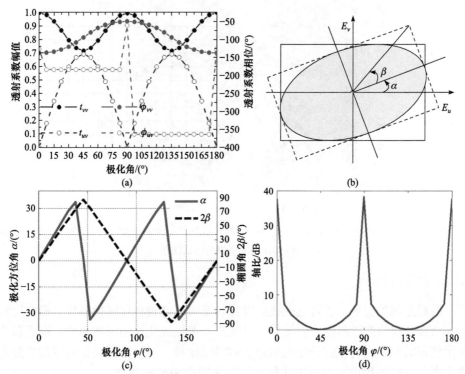

图 5.20　(a) $f = 8.4\text{GHz}$ 处不同极化角度的线极化波(v 极化波)垂直入射时的同极化和交叉极化的透射系数幅值和透射系数相位仿真结果；(b) 极化椭圆示意图；(c) 透射波的极化方位角α和椭圆角 2β；(d) 透射波的轴比

图 5.20(c)为入射线极化波极化角度从 0°到 180°变化时极化方位角 α 和椭圆角 2β 的计算结果。可以看出：入射波极化角度 $\varphi = 45°$ 和 135°时，仿真得到的椭圆角 2β 近似等于 $\pi/2$，$\varphi = 0°$，90°和 180°时，$2\beta = 0$。因此，当入射波的极化角度 $\varphi = 45°$ 和 135°时，透射波为圆极化波，而当 $\varphi = 0°$，90°和 180°时，透射波为线极化波。除此之外，根据表达式 $r = 10\log10(\tan(\beta))$ 计算得到的透射波的轴比在图 5.20(d)中给出，可以看出：当入射波的极化角度 $\varphi = 45°$ 和 135°时，计算得到的轴比近似等于零，而当 $\varphi = 0°$，90°和 180°时，轴比约等于 38dB，因此，轴比的计算结果与之前的分析完全吻合。

图 5.21 给出了入射线极化波极化角度 $\varphi = 0°$，22.5°，45°，67.5°，90°，112.5°，135°，157.5°，和 180°时，透射波的极化椭圆。从图中可以看出：当入射波的极化角度 $\varphi = 0°$ 和 180°时，透射波为 y 极化波；当 $\varphi = 90°$ 时，透射波为 x 极化波；当 $\varphi = 45°$ 时，透射波为左旋圆极化(LCP)波；当 $\varphi = 135°$($\varphi = -45°$)时，透射波为右旋圆极化(RCP)波；当 $\varphi = 22.5°$ 和 67.5°时，透射波为左旋椭圆极化波；当 $\varphi = 112.5°$ 和 157.5°时，透射波为右旋椭圆极化波。极化椭圆的主轴方向由图 5.20(c)中给出的极化方位角确定。

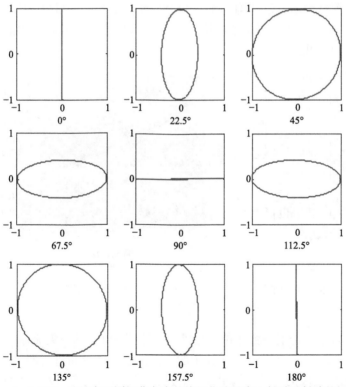

图 5.21　$f = 8.4$GHz 处具有不同极化角度的线极化波垂直入射时透射波的极化椭圆

5.3　多极化调制

本节利用 SSPP 模式的非线性色散特性实现了多极化转换器件，可分别在不同频点实现线-线、线-圆、圆-线及圆-圆的高效极化转换透射。随着频率的变化，线极化波或圆极化波入射时，透射波可实现庞加莱球零经线方向上两次全极化状态转换。同时，在某些频点处，通过改变入射线极化波的极化角度，透射波同样可实现庞加莱球零经线上所有的极化状态转换。

5.3.1　多极化转换器件设计

图 5.22(a)所示为本节设计的锯齿结构，厚度 $d = 0.6$mm 的 F4B($\varepsilon_r = 2.65$, $\tan\delta = 0.001$)介质基板上刻蚀锯齿结构，锯齿宽度 $w = 0.25$mm，长度 $h = 4.4$mm，锯齿周期 $P = 0.5$mm，横向金属鳍线的线宽 $w_1 = 0.25$mm，y 方向的单元周期 $a = 6$mm，x 方向上的单元周期 $q = 6$mm。图 5.22(b)为仿真得到的具有不同锯齿高度 h 的锯齿结构单元上 SSPP 的色散谱，图中横坐标表示频率，纵坐标表示锯齿高度 h，图中的颜色深度表示锯齿结构单元上 SSPP 的波矢 k_{SPP}。从图中可以看出：在同一频点处，SSPP 的波矢 k_{SPP} 随锯齿高度的增大而非线性增大，截止频率随锯齿高度的增大而降低。

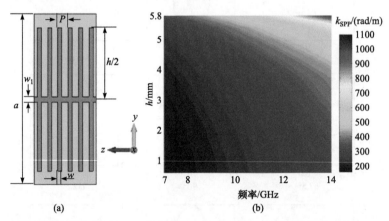

图 5.22　锯齿结构及其色散谱：(a) 结构参数；(b) 不同 h 下锯齿结构单元上 SSPP 的色散谱仿真结果

根据透射率和透射系数相位调控机理，按照 SSPP 的波矢 k_{SPP} 空间色散设计对图 5.22 所示的金属锯齿结构单元中的锯齿高度空间分布进行调制，得到两种由 60 个金属锯齿组成的鱼骨结构单元，单元 z 方向的总长度为 $l = 30.0$mm，在频率 $f = 8.0$GHz 处，两种鱼骨结构单元上的 SSPP 传播相位积累差 $\phi_{diff} = \Delta k_{SPP}l = \pi/2$。

两种单元垂直交叉放置形成图 5.23(a)所示的随频多极化转换器件单元结构，单元
x 和 y 方向的周期长度均等于 $a=6.0\text{mm}$，由于 SSPP 的非线性色散特性，设计的
相位积累差将随着频率的改变而改变。为验证上面设计的两种鱼骨结构的透射系
数幅值和非线性色散透射系数相位差，分别仿真 y 极化波垂直入射时的透射系数
幅值和透射系数相位，仿真结构如图 5.23(c)和(d)所示，其中图(c)为透射系数幅
值，图(d)为透射系数相位。可以看出在 5～20GHz 的宽带频率范围内，两种鱼骨
结构的透射系数幅值均大于 0.95，两个鱼骨结构的透射系数相位差即为两个鱼骨
结构上 SSPP 的相位积累差，随着频率的增大，非线性增大，$\pi/2$ 相位差对应频率
$f=8.01\text{GHz}$，与设计的频率 $f=8\text{GHz}$ 基本一致。由于 SSPP 的非线性色散特性，
两种鱼骨结构的透射系数相位差 ϕ_{diff} 是非线性色散的，相位差 $\phi_{\text{diff}}=90°$，$180°$，
$270°$，$450°$，$40°$ 和 $630°$ 分别对应频率 8.01GHz，12.51GHz，15.01GHz，17.62GHz，
18.38GHz，和 18.95GHz。为了进一步验证设计的色散相位差，分别仿真 $f=$
8.01GHz，12.51GHz 和 15.01GHz 三个频点处两种鱼骨结构上 SSPP 电场的 y 分
量分布，仿真结果如图 5.23(e)所示，从图中可以看出，SSPP 完全局域在鱼骨结
构上，并且从图中的场分布仿真结果可以看出，三个频点处的相位差分别为 $90°$，
$180°$ 和 $270°$，与之前的设计值完全一致。

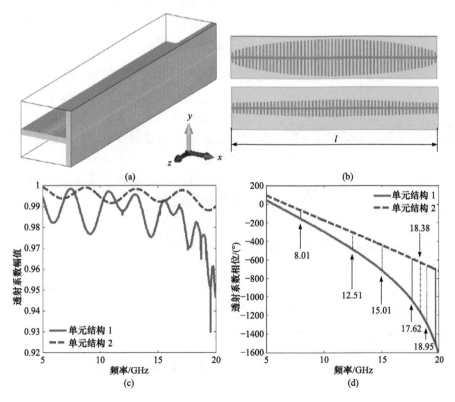

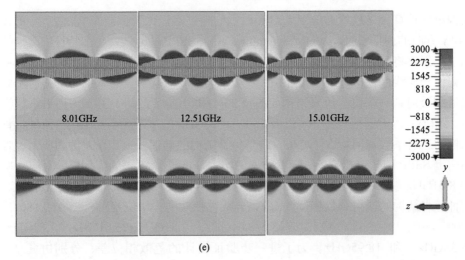

8.01GHz

12.51GHz

15.01GHz

(e)

图 5.23　(a) 多极化转换器件单元结构；(b) 组成单元结构的两种鱼骨结构；两种鱼骨结构的(c)
透射系数幅值和(d)透射系数相位仿真结果；(e) $f = 8.01\text{GHz}$，12.51GHz 和 15.01GHz 时，两种
鱼骨结构上 SSPP 电场 y 分量仿真结果

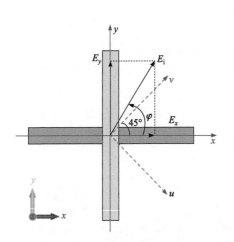

图 5.24　多极化转换工作原理示意图

对于如图 5.24 所示的透射型极化转换器件，假设电磁波从 $+z$ 方向入射。则入射波的电场可以表示为 $\boldsymbol{E_I} = \boldsymbol{E_X} + \boldsymbol{E_Y} = \left(E_0 \cos(\varphi) e^{i\phi_x} \hat{x} + E_0 \sin(\varphi) e^{i\phi_y} \hat{y} \right) e^{ik_0 z}$，其中 φ 为入射波的极化角度。在 $\varphi = \pm\pi/4$ 的方向上建立 uOv 坐标系，如图中红色虚线所示。如果 $\phi_y - \phi_x = \pm\pi/2$ 且 $\varphi = \pm\pi/4$，入射电磁波为圆极化波。而 $\phi_y - \phi_x = 0$ 或 π 时，入射波为线极化波。由传输矩阵可以得出透射波的电场表达式为

$$\boldsymbol{E_t} = \begin{pmatrix} t_{xx} e^{i\phi_{xx}} & t_{xy} e^{i\phi_{xy}} \\ t_{yx} e^{i\phi_{yx}} & t_{yy} e^{i\phi_{yy}} \end{pmatrix} \boldsymbol{E_i} \tag{5.6}$$

其中，$t_{xx(yy)}$ 和 $t_{xy(yx)}$ 分别为 $x(y)$ 极化波垂直入射时的同极化和交叉极化透射系数幅值，$\phi_{xx(yy)}$ 和 $\phi_{xy(yx)}$ 分别为对应的透射系数相位。如果忽略传输矩阵中的交叉极化传输项，也就是 $t_{xy} = t_{yx} = 0$，则透射电磁波的电场可以表示为

$$\boldsymbol{E_t} = \left(t_{xx} E_0 \cos(\varphi) e^{i(\phi_x + \phi_{xx})} \hat{x} + t_{yy} E_0 \sin(\varphi) e^{i(\phi_y + \phi_{yy})} \hat{y} \right) e^{ik_0 z} \tag{5.7}$$

假设 x 和 y 极化波垂直入射时的同极化透射系数均近似等于 1，即 $t_{xx} = t_{yy} \approx 1$，可以推断：如果 $(\phi_y - \phi_x) + (\phi_{yy} - \phi_{xx}) = \pm\pi/2$ 且 $\varphi = \pm\pi/4$，透射电磁波为圆极化波；而如果 $(\phi_y - \phi_x) + (\phi_{yy} - \phi_{xx}) = 0$ 或者 $\pm\pi$，透射电磁波为线极化波。换句话说，在圆极化波入射时，如果相位差 $\phi_{yy} - \phi_{xx} = \pm\pi$，透射电磁波为交叉圆极化波，而当相位差 $\phi_{yy} - \phi_{xx} = \pm\pi/2$ 时，透射电磁波为线极化波。在线极化波入射时，如果相位差 $\phi_{yy} - \phi_{xx} = \pm\pi$，透射波为交叉线极化波，而当相位差 $\phi_{yy} - \phi_{xx} = \pm\pi/2$ 且 $\varphi = \pm\pi/4$ 时，透射波为圆极化波。

5.3.2　性能分析

对于上面设计的多极化转换器件，由于相位差 $\phi_{\text{diff}} = 90°$，$180°$，$270°$，$450°$，$40°$ 和 $630°$ 分别对应频率 8.01GHz，12.51GHz，15.01GHz，17.62GHz，18.38GHz 和 18.95GHz，因此，可以推断：在频率 $f = 8.01$GHz，15.01GHz，17.62GHz 和 18.95GHz 处，圆极化波可以转换为 $v(u)$ 极化波，同时，$v(u)$ 极化波可以转换为圆极化波；在频率 $f = 12.51$GHz 和 18.38GHz 处，左旋(右旋)圆极化波可以转换为右旋(左旋)圆极化波，同时，$v(u)$ 极化波能够转换为 $u(v)$ 极化波。

由于 SSPP 的非线性色散特性，x 和 y 极化波垂直入射时的同极化透射系数相位差是非线性色散的，而 x 和 y 极化波垂直入射时的同极化透射系数幅值均近似等于 1。因此，当 $v(u)$ 极化波或圆极化波入射时，随着频率的变化，透射波可以实现庞加莱球零经线上所有的极化状态，当入射波的频率从 6GHz 变化到 20GHz 时，x 和 y 极化波垂直入射时的同极化透射系数相位差的改变大于 4π，因此，在此频带内，随着频率的变化，透射波可实现两次全极化状态转换。且由于非线性色散的相位差，随着频率逐渐增大，透射波极化改变越来越快。$v(u)$ 极化波垂直入射时，x 和 y 极化波的透射系数幅值近似相等，透射波的极化状态随着相位差的改变而改变。特别地，当相位差 $\phi_{\text{diff}} = \pi/2$ 时，透射波为左旋圆极化；当 $\phi_{\text{diff}} = \pi$ 时，透射波为 u 极化；当 $\phi_{\text{diff}} = 3\pi/2$ 时，透射波为右旋圆极化；当 $\phi_{\text{diff}} = 2\pi$ 时，透射波为 v 极化。圆极化垂直入射时，x 和 y 极化波的透射率相等且约等于 0.5，同样，透射波的极化状态可通过改变相位差 ϕ_{diff} 来调控。图 5.25(a)为仿真计算得到的 v 极化波和左旋圆极化波垂直入射时透射电磁波的轴比随频率变化的曲线。从图中可以看出：v 极化波和左旋圆极化波垂直入射时，在 6～20GHz 的宽带频率范围内，透射电磁波完成两次庞加莱球零经线上的全极化状态转换。另外，由于非线性色散的相位差，随着频率逐渐增大，透射波的极化状态改变越来越快。

在 $f = 8$Hz，15.01Hz，17.62Hz 和 18.95GHz 四个频点处，相位差 $\phi_{\text{diff}} = \pm\pi/2$，透射电磁波的极化状态取决于 x 和 y 方向上透射率的分配。具体地，x 和 y 方向上的透射率相同时，透射波为圆极化波；如果其中一个方向上的透射率为零，则透射波为线极化波；若 x 和 y 方向上的透射率不相等时，透射波为椭圆极化波。图 5.25(b)为仿真计算得到的线极化波的极化角度从 0°改变到 180°时，透射波的轴比。计算结果表明：当入射线极化波的极化角度从 0°改变到 180°时，透射电磁波将实现庞加莱球零经线上的全极化状态转换。

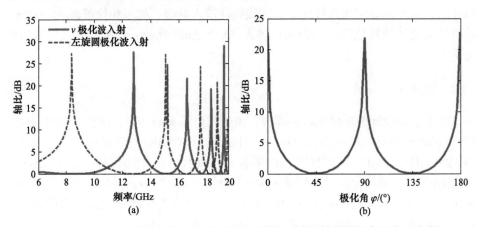

图 5.25　(a) v 极化波和左旋圆极化波垂直入射时透射电磁的轴比随频率变化的曲线；(b) $f =$ 8.01GHz 处不同极化角度的线极化波垂直入射时透射波的轴比计算结果

5.3.3　仿真与实验

加工两种鱼骨结构，将两种结构正交排列组合，通过介质板固定组件固定形成多极化转换器件样品，如图 5.26(a)所示为加工的多极化转换器件样品照片。测试中，首先分别测试 y，x，v 和 u 极化波垂直入射时的同极化和交叉极化透射幅值和相位，即 $t_{yy(xx)}$，$t_{yx(xy)}$，$t_{vv(uu)}$，$t_{vu(uv)}$，$\phi_{yy(xx)}$，$\phi_{yx(xy)}$，$\phi_{vv(uu)}$ 和 $\phi_{vu(uv)}$。圆极化波入射时的交叉极化透射系数可以通过下面的表达式计算得到

$$t_{RL}e^{i\phi_{RL}} = \frac{t_{xy}e^{i\phi_{xy}} - t_{yx}e^{i\phi_{yx}} + i\left(t_{xx}e^{i\phi_{xx}} + t_{yy}e^{i\phi_{yy}}\right)}{2i} \tag{5.8}$$

$$t_{LR}e^{i\phi_{LR}} = \frac{t_{yx}e^{i\phi_{yx}} - t_{xy}e^{i\phi_{xy}} + i\left(t_{yy}e^{i\phi_{yy}} + t_{xx}e^{i\phi_{xx}}\right)}{2i} \tag{5.9}$$

其中，$t_{RL(LR)}$ 和 $\phi_{RL(LR)}$ 分别为交叉极化透射系数的幅度和相位。而 v 极化波垂直入射时的线-圆极化转换透射系数可以通过表达式(5.10)和(5.11)计算得到

$$t_{Lv}e^{i\phi_{Lv}} = \frac{\sqrt{2}}{2}\left(t_{vv}e^{i\phi_{vv}} - it_{uv}e^{i\phi_{uv}}\right) \tag{5.10}$$

$$t_{Rv}e^{i\phi_{Rv}} = \frac{\sqrt{2}}{2}\left(t_{uv}e^{i\phi_{uv}} - it_{vv}e^{i\phi_{vv}}\right) \tag{5.11}$$

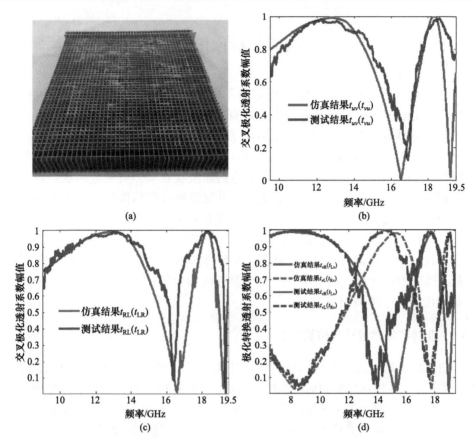

图 5.26　(a) 多极化转换器件样品照片；(b) $v(u)$极化波垂直入射时的交叉极化透射系数幅值仿真与测试结果；(c)圆极化波垂直入射时的交叉极化透射系数幅值仿真与测试结果；(d) v，u 极化波和圆极化波垂直入射时的线-圆(圆-线)极化转换透射系数幅值仿真与测试结果

为了验证多极化转换器件的极化转换性能，分别仿真和测试线、圆极化波垂直入射时的交叉极化透射，以及线、圆极化波垂直入射时的线-圆、圆-线极化转换透射。$v(u)$极化波垂直入射时的交叉极化透射系数幅值仿真和测试结果如图 5.26(b)所示；左旋(右旋)圆极化波垂直入射时的交叉极化透射系数幅值仿真和测试结果如图 5.26(c)所示；v，u 极化波和圆极化波垂直入射时的线-圆(圆-线)极化转换透射系数幅值仿真与测试结果如图 5.26(d)所示。

可以看出：实验测试结果能够与仿真结果很好地吻合得很好。仿真与实验测试结果均表明：设计的多极化转换器件在 $v(u)$极化波和圆极化波垂直入射时，不仅可以实现高效的双带交叉极化透射，同时还可以实现高效的双带线-圆和圆-线极化转换透射。

5.4　非对称传输

非对称传输[9-13]是指传输介质对沿不同方向入射的电磁波呈现不同的传输特性，在电磁传播和光学设备等领域有着重要应用。非对称传输器件可以摆脱笨重的磁性材料及其偏磁组件，适用于集成化微波组件。本节介绍一种基于 SSPP 的非对称传输设计架构。该结构由两层 SSPP 结构组成，中间层为斜置金属线。SSPP 结构可在截止频率附近达到强吸收效果，斜置金属线可以达到极化旋转的效果。把两种结构组合之后，电磁波通过该结构可在一个方向入射时实现高效传播，而在另一个方向入射时则被吸收。仿真和实验均验证了非对称传输的性能。非对称传输结构充分利用了 SSPP 在电磁调制性能方面的优势，提高了设计的可定制性和效率。此外，非对称传输设计可以摆脱对磁性材料的依赖，提高器件性能，易于集成，为非对称传输设计提供了新的思路，拓展了非对称传输的应用前景。

5.4.1　非对称传输设计与仿真分析

图 5.27(a)所示为基于 SSPP 的非对称传输结构的整体架构。SSPP 结构刻蚀在介质基板上，并相互穿插构成二维栅格结构。基板材料为 FR4 型玻璃纤维增强的环氧树脂板材，厚度为 0.4mm，相对介电常量为 4.3(1–j0.025)。斜置金属线放置在栅格中间，金属线宽度为 0.4mm。图中黄色部分金属线是梯形 SSPP 结构和斜置金属线，由铜制成，厚度为 0.017mm，如图 5.27(b)所示。梯形 SSPP 结构用于吸收线极化波，斜置 45°的金属线用于极化变换，如图 5.27(c)所示。

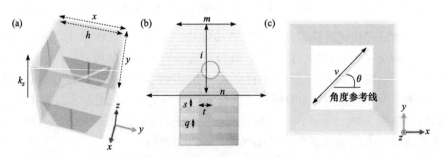

图 5.27　结构示意图：(a) 整体架构，其中 $h = 13.2$mm，$x = 14$mm，$y = 17$mm；(b) SSPP 结构，其中 $n = 12.6$mm，$m = 6.5$mm，$i = 7$mm，$s = 0.2$mm，$q = 0.2$mm，$t = 0.4$mm；(c) 极化旋转金属线俯视图，其中 $v = 13$mm，$\theta = 45°$

图 5.28 给出了非对称传输的原理示意图。梯形 SSPP 结构具有吸收线极化波的能力[15]。非磁性介质中的电磁吸收主要由电损耗和电场强度决定，遵循以下关系：

$$P_{\text{abs}} = \frac{(\omega\varepsilon'' + \sigma)|E|^2}{2} \tag{5.12}$$

其中，ω 是角频率，ε'' 是虚部电容率的一部分，σ 是电导率，E 是总电场强度。显然，损耗和电场强度的增加导致了电磁波的吸收。在这里，电磁波的强吸收是借助于 SSPP 的局域场增强效应实现的。在 SSPP 截止频率附近，色散特性非常强烈，波长极短，造成电磁场被约束在介质基板附近，介质基板中的场强急剧增大，从而造成损耗吸收增强。

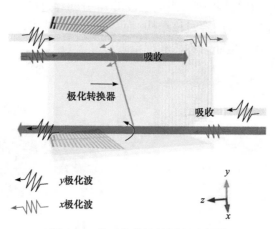

图 5.28　非对称传输的原理示意图

此外，通过设计 k 的空间色散和梯形 SSPP 结构单元，可在宽频带内实现高效匹配吸收。由于梯形 SSPP 结构的金属线长度自下而上减小，下部较长的金属线的截止频率大于上方的较短梯形金属线的截止频率。在这种情况下，SSPP 首先从上到下传播，然后当在 k_z/k_0 达到最大值时，电磁波有明显的吸收。为了验证梯形 SSPP 结构的吸波效果，仿真了梯形 SSPP 结构的传输特性，并监测了电场分布，如图 5.29 所示。显然，在不同频率电磁波的作用下，在 xOz 平面上的电场被集中在不同的空间位置，并且随着频率的增加，z 方向上的电场位置沿从下由上的方向移动。从 8.5GHz 到 11.5GHz，SSPP 金属线阵列的电磁波吸收能力均在 90%以上，如图 5.29(d)所示。因此，在图 5.28 的示意图中，y 方向上下对称放置在结构左半部分的梯形 SSPP 结构用于吸收 x 极化电磁波。相应地，x 方向前后对称放置在结构右半部分的梯形 SSPP 结构用于吸收 y 极化电磁波。中间的斜置金属线极化旋转结构用于线极化电磁波入射时的极化旋转。斜置金属线可支持多个极化态，可以工作在"对称"和"反对称"模式[14,15]。这里我们以 x 极化波为例，当 x 极化波传输到斜置金属线时，x 极化波的入射电场可以分解为沿斜置金属线和垂直于斜置金属线的两个分量。垂直分量直接通过，沿金属线方向则激发表面电流，从而在两个分量之间产生相位差，实现极化旋转。

当 y 极化电磁波沿 $-z$ 方向传播时，它首先通过左半部分的梯形 SSPP 结构，由于没能激发 SSPP 模式，不会产生吸收损耗。电磁波可以继续传播至斜置金属线。由于斜置金属线的极化旋转效应，y 极化电磁波被转换成 x 极化电磁波。由于右半部的梯形 SSPP 结构在 y 极化波的激励下激发 SSPP 模式，从而在 SSPP 截止频率附近产生强吸收，而对于 x 极化波则不会产生响应，因此这时候转化为 x 极化的电磁波可以高效地穿过该结构。当 x 极化电磁波沿 $-z$ 方向传播的，直接被左半部分的梯形 SSPP 结构吸收。当电磁波沿 $+z$ 方向穿过结构时，情况正好相反。y 极化电磁波不能沿 $+z$ 方向穿过该结构，而 x 极化电磁波可以沿 $+z$ 方向穿过该结构。因此，该结构就产生非对称传输现象。

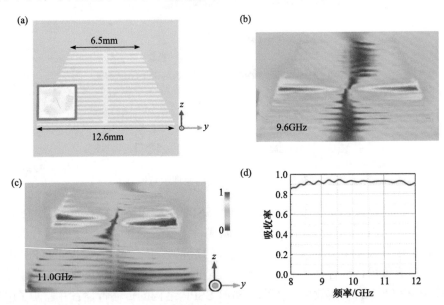

图 5.29　梯形 SSPP 结构单元及其吸波性能仿真结果：(a) 单元示意图；(b) 9.6GHz 和 (c) 11.0GHz
下的 yOz 平面上的电场；(d) 8.0~12.0GHz 的吸波效果

对上述结构进行仿真，结果如图 5.30 所示。图中，t_{xx} 代表 x 极化波入射时，x 极化波的透射系数幅值；t_{xy} 代表 y 极化波入射时，x 极化波的透射系数幅值。t_{yx} 代表 x 极化波入射时，y 极化波的透射系数幅值；t_{yy} 代表 y 极化波入射时，y 极化波的透射系数幅值。

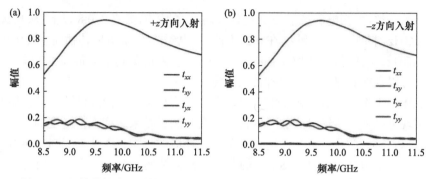

图 5.30　整体结构在电磁波沿(a)–z 方向(b)+z 方向传播时透射系数的仿真结果

5.4.2　实验验证

从实验上验证上述基于 SSPP 结构与极化旋转结构的复合设计方案所具有的非对称传输性能，制备该复合结构超材料实验样品。如图 5.31 所示，整个样品尺寸为 22.4cm×22.4cm，包含了 16×16 个非对称周期结构单元。对于该实验样品的非对称传输性能的测试主要是在微波暗室中进行的，其主要测试系统是由矢量网络分析仪(Agilent E8363B)，一对宽频带喇叭天线(工作频段：8.0～12.0GHz)和用泡沫制作的支撑平台组成。测试结果如图 5.31(c)和(d)所示，与仿真结果相比，具

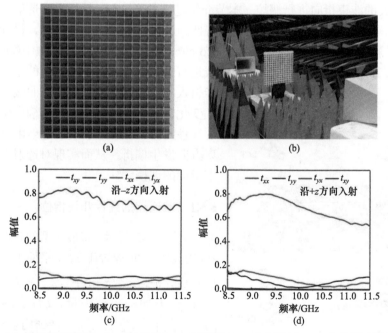

图 5.31　(a) 样品的正视图；(b) 测试环境；电磁波沿(c)–z 方向和(d)+z 方向传播时透射系数的
实验结果

有较好的一致性。当电磁波沿$-z$方向传播时，t_{xy}的传输幅值在 0.8 以上，从 9.2GHz 到 10.2GHz，同时 t_{yx}、t_{xx} 和 t_{yy} 在 0.2 以下。当电磁波沿$+z$方向传播时，从 9.3GHz 到 10.3GHz，t_{yx} 的传输幅值在 0.8 以上，t_{xy}、t_{xx} 和 t_{yy} 的传输幅值在 0.2 以下。很明显，可以观察到显著的非对称传输现象。

　　上述基于 SSPP 结构和极化旋转结构组合的非对称传输的设计方案，能够有效地实现电磁波的传输和吸收。尽管在仿真和测量结果之间保持高度的一致，但是也可以观察到微小的差异。这是由于测量环境的影响，样品生产制造误差等因素的存在。本节介绍的基于 SSPP 的非对称传输结构，对不同方向入射的电磁波表现出不同的传输特性。使用梯形 SSPP 结构作为吸波结构，斜置金属线作为极化旋转结构，然后将这两种结构结合起来实现非对称传输。当不同的线极化波以相反的方向入射时，将分别发生吸收和高效传输。该方法为设计非对称传输器件提供了一种新的思路，有利于器件的轻量化，拓展了非对称传输的应用前景，可适用于微波、毫米波、太赫兹波段和光学波段等。

5.5　准连续几何相位调制

　　基于 SSPP 的弱色散区调控，通过几何相位(P-B 相位)空间分布设计，可对透射电磁波的波束指向进行调控。本节介绍基于共形 SSPP 结构实现透射波束调控的方法。首先利用 SSPP 亚波长传播特性的透射系数相位调控机理，设计了具有高效传输效率的双频段圆-圆(circular-to-circular，CTC)极化转换结构单元。在此基础上，将 SSPP 结构按照最速降曲线进行共形弯折，在传输相位的基础上进一步引入几何相位。由于最速降曲线斜率的线性变化，与之共形的 SSPP 结构产生准连续的线性几何相位梯度，所以透射电磁波的波束方向发生偏折，从而实现对透射电磁波波束指向的调控。

5.5.1　准连续的线性几何相位

　　如图 5.32 所示，将最典型的各向异性结构(如金属短线)放置于 xOy 平面上，通过左旋圆极化波($E_L=(x+iy)/\sqrt{2}$，x 和 y 分别为 x 和 y 方向的单位矢量)或右旋圆极化波($E_R=(x-iy)/\sqrt{2}$)激发时，该结构会产生沿 x 和 y 方向上两个不同幅度、不同相位的响应

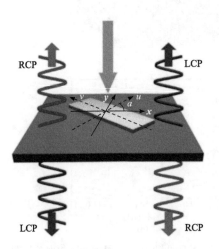

图 5.32　金属短线电磁波散射示意图

电流，两个正交方向的这种差异响应将会导致微结构散射的电磁波同时具有左旋圆极化(LCP)分量和右旋圆极化(RCP)分量。以透射波为例，将产生相同旋转方向的分量称为同极化透射波，而具有相反旋转方向的分量称为交叉极化透射波。

通常用琼斯矩阵来分析几何相位。当电磁波正入射至超表面时，透射/反射特性一般可由两个琼斯矩阵来描述，

$$T(0) = \begin{pmatrix} t_{uu} & t_{uv} \\ t_{vu} & t_{vv} \end{pmatrix} \tag{5.13a}$$

$$R(0) = \begin{pmatrix} r_{uu} & r_{uv} \\ r_{vu} & r_{vv} \end{pmatrix} \tag{5.13b}$$

其中，u，v 代表微结构单元的两个主轴，r_{ij} 和 t_{ij} 分别代表从 j 轴入射 i 轴出射的反射复振幅和透射复振幅，其中 i，$j \in (u, v)$。通过圆、线偏振之间的基矢变换，可得到圆偏振基下的琼斯矩阵的表达式：$\tilde{T}(0)$、$\tilde{R}(0)$，其中~代表圆偏振基的情况。通过透射琼斯矩阵 $\tilde{T}$ (反射琼斯矩阵 $\tilde{R}$)，可将透射电场 E_t(反射电场 E_r)与入射电场(E_{in})之间联系起来

$$E_t = \tilde{T}(0)E_{in} \tag{5.14a}$$

$$E_r = \tilde{R}(0)E_{in} \tag{5.14b}$$

如果将结构单元绕 z 轴旋转 α 角度，则新的透射琼斯矩阵和反射琼斯矩阵可分别表示为 $\tilde{T}(\alpha) = M \cdot T \cdot M^{-1}$，$\tilde{R}(\alpha) = M \cdot R \cdot M^{-1}$,其中

$$M = \begin{pmatrix} \cos\alpha & \sin\alpha \\ -\sin\alpha & \cos\alpha \end{pmatrix} \tag{5.15}$$

代表局域坐标系和全局坐标系之间的转换矩阵。因此，在旋转角 α 下，透射波可写为

$$\begin{pmatrix} E_t^+ \\ E_t^- \end{pmatrix} = \begin{pmatrix} \frac{1}{2}\left[t_{uu} + t_{vv} + i(t_{uv} - t_{vu})\right] & \frac{1}{2}\exp(i2\alpha)\left[t_{uu} - t_{vv} - i(t_{uv} + t_{vu})\right] \\ \frac{1}{2}\exp(-i2\alpha)\left[t_{uu} - t_{vv} + i(t_{uv} + t_{vu})\right] & \frac{1}{2}\left[t_{uu} + t_{vv} - i(t_{uv} - t_{vu})\right] \end{pmatrix} \tag{5.16}$$

由上式可知，当右旋圆极化波 E_t^+ 入射时，异常透射的附加几何相位为 $+2\alpha$，是单元结构转动角度的 2 倍。当左旋圆极化波 E_t^- 入射时，异常透射的附加几何相位为 -2α，但符号相反。同理，对于反射电磁波可采用相同方法进行分析。

将分离的旋转不同角度的金属短线微结构单元连接起来，构成连续弯曲的曲线形式，这样便可以将离散的相位梯度变为准线性连续的相位梯度。在这里将连

接起来的金属短线弯曲成最速降曲线的形状。为了验证和说明设计原理，首先分析最速降曲线的特性。最速降曲线的形状如图 5.33 所示，其表达式为

$$\begin{cases} x = r(t - \sin t) \\ y = r(\cos t - 1) \end{cases} \tag{5.17}$$

其中，r、$t(0 \leqslant t \leqslant 2\pi)$分别为图中滚动圆的半径和转过的弧度。在这个参数方程中求 y 对 x 的导数，我们可以得到最速降曲线上任意点 p' 处的切线梯度为

$$\frac{\mathrm{d}y}{\mathrm{d}x} = \frac{\partial y / \partial t}{\partial x / \partial t} = -\frac{\sin t}{1 - \cos t} = -\cot \frac{t}{2} = \tan\left(\frac{t}{2} - \frac{\pi}{2}\right) \tag{5.18}$$

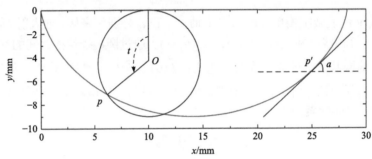

图 5.33　最速降曲线

由此可得，切线与水平方向的夹角为

$$\alpha = \left(\frac{t}{2} - \frac{\pi}{2}\right) = \frac{1}{2}\left(\frac{x}{r} - \pi\right) \tag{5.19}$$

在这里，夹角 α 相对于 x 是线性连续的。通过以上分析，可知最速降曲线上任意两点 z_1 和 z_2 的相位差可以表示为

$$\Delta\phi = \pm 2\Delta\alpha = \pm\frac{1}{r}(x_2 - x_1) \tag{5.20}$$

因此，沿 z 轴的相位梯度为 $\nabla\phi = \pm 1/r$，显然相位梯度是线性且是准连续的，式中 "+" 表示 LCP 波，"−" 表示 RCP 波。根据广义斯涅尔定律，异常折射角可以表示为

$$\theta_t = \arcsin \frac{1}{n_t k_0} \frac{\mathrm{d}\phi}{\mathrm{d}z} = \arcsin \frac{1}{n_t k_0} \nabla\phi = \pm\arcsin \frac{1}{n_t k_0 r} \tag{5.21}$$

式中，n_t 为透射波的介质折射率，$k_0 = 2\pi/\lambda_0$ 为自由空间的传播常数。根据(5.21)式可知，通过改变 r 的值可以调节 P-B 相位，无须重新构建 P-B 相位来获得所需的异常折射角。

5.5.2 几何相位调制器件设计

准连续线性的相位梯度设计原理如图 5.34 所示，该结构由共形 SSPP 结构组成。当左旋圆极化波入射时，透射波被有效地转化为具有异常折射的交叉极化波，即右旋圆极化波，反之亦然。在线极化(linearly polarized，LP)波入射的情况下，透射波被分为两束沿相反方向发生异常折射的圆极化(circularly polarized，CP)波。

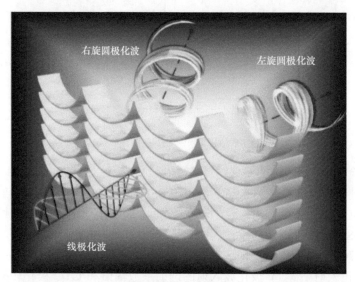

图 5.34 准连续线性的相位梯度设计原理示意图

为了实现较高的传输效率，需要考虑空气-介质和介质-空气变换中波矢的匹配特性。因此，鱼骨结构的锯齿高度需要根据 SSPP 传播常数 $k(z)$ 的空间分布逐渐调节。由于最速降曲线具有连续的线性相位梯度，因此将鱼骨结构以最速降曲线的形式排列，可以保证良好的匹配特性，实现准连续的线性几何相位梯度。

由于 SSPP 是在金属-介质界面产生的，y 极化的波矢会增大，导致沿 z 轴方向的 y 极化波有较大相位积累。y 极化入射波在自由空间中转换为 k 值较大的 SSPP 模式，而 x 极化波保持在自由空间中的传播模式。因此，y 极化透射波可以获得较大的相位积累，这导致了透射波的两个正交分量之间的相位差，是极化转换的必要条件。透射的 x 极化和 y 极化波之间的相位差可以表示为

$$\Delta\phi = \int_0^l k(z)\mathrm{d}z - 2\pi f \sqrt{\varepsilon_0 \mu_0}\, l \tag{5.22}$$

式中，f 为工作频率，$k(z)$ 为 SSPP 传播常数的空间分布，l 为 SSPP 结构的长度。通过对参数 l 进行优化调整，可以得到所需的相位差 $\Delta\phi$。因此，SSPP 结构的长度 l 是根据 SSPP 传播常数 $k(z)$ 的空间分布设计的。所设计的 SSPP 结构如图 5.35(a) 和(b)所示，该结构为三层结构：在两块 0.5mm 厚的 F4B($\varepsilon_r = 2.65$, $\tan\delta = 0.001$)

介质基板之间蚀刻了 30 条金属条。SSPP 结构沿 z 方向的长度为 $l = 2\pi r = 9\text{mm}$，其中 $r = 3.5/\pi(\text{mm})$ 为滚动圆的半径，$T = 6\text{mm}$ 为沿 x 和 y 方向的周期。几何参数设计为 $d_1 = 0.18\text{mm}$，$d_2 = 0.12\text{mm}$，$h = 0.35\text{mm}$。

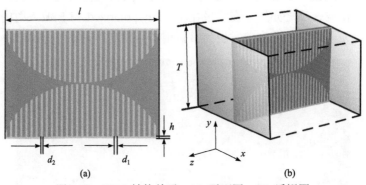

图 5.35　SSPP 结构单元：(a) 平面图；(b) 透视图

　　为了验证 SSPP 结构的 CTC 极化转换透射率，对 LP 波和 CP 波+z 方向正入射条件下进行数值仿真。图 5.36(a)给出了 SSPP 结构在 x 和 y 极化透射波之间的同极化相位差$\Delta\phi$。可以看出，x 方向和 y 方向的同极化相位分别是线性和非线性的，这与 SSPP 模式和自由空间传输的相位积累有关。当相位差为 π 和 3π 的频率分别为 11.7GHz 和 15.2GHz 时，透射波为交叉极化波。图 5.36(b)分别为 LCP 波和 RCP 波正入射下 x、y 极化波入射的透射系数幅值和 CTC 极化转换幅值。在 9.7~15.4GHz 的宽频带内，y 极化和 x 极化入射波的透射振幅均大于-2 dB。此外，CTC 极化转换幅度在 11.7GHz 和 15.2GHz 达到峰值，这是由于 x 和 y 极化波在这两处频点的相位差分别为 π 和 3π。综上所述，该 SSPP 结构能够在两个频段内实现高效的 CTC 极化转换，且交叉极化幅值大于-1.5dB 的两个频段分别为 10.5~12.5GHz 和 13.9~15.4GHz。

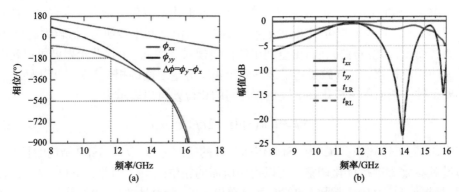

图 5.36　(a) SSPP 结构在 x 和 y 极化波正入射条件下的同极化相位差；(b) x 和 y 极化波正入射下的同极化透射系数幅值，左旋和右旋圆极化波正入射条件的交叉极化转换幅值

为了获得连续的线性相位梯度，SSPP 结构被弯曲成与最速降曲线共形。仿真了一种双频段准连续线性的相位梯度结构，如图 5.37 所示，它由 6×4 个单元阵列组成。由于最速降曲线的弧长($S = 8R = 36.0\text{mm} = 6T$)刚好可以容纳 6 个共形 SSPP 结构，将滚动圆半径 R 调整为 3.5mm。准连续线性的相位梯度结构在 x 和 y 方向上的重复周期分别为 $L = 2\pi R = 9\pi(\text{mm})$ 和 $T = 6\text{mm}$。与一般的相位梯度结构不同，共形 SSPP 结构的相位梯度沿 y 轴方向均是准连续线性的，所以在共形 SSPP 结构上的任何位置都可以实现异常折射。

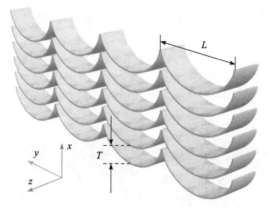

图 5.37　6×4 个单元阵列组成的准连续线性相位梯度结构

5.5.3　仿真分析

为了验证准连续线性的相位梯度结构的透射波束调控效果，对所设计的相位梯度结构进行了 LCP 波和 LP 波由+z 方向正入射条件下的全波数值仿真。在仿真中，分别以 LCP 平面波和 LP 平面波为源，平面波的馈源端口放置在距离结构中心大约 500.0mm 的正上方区域。图 5.38 为 LCP 和 y 极化波正入射条件下平行于 yOz 平面的电场 E_x 分量的分布仿真结果。图 5.38(a)～(c)给出了 LCP 波正入射条件下在 10.9GHz、11.7GHz、12.5GHz 处平行于 yOz 平面的电场 E_x 分量分布，对应的异常折射角度大致分别为 76°、65°和 58°；图 5.38(e)～(g)给出了 LCP 波正入射条件下在 13.9GHz、15.2GHz、15.4GHz 处平行于 yOz 平面的电场 E_x 分量分布，对应的异常折射角度大致分别为 45°、44°和 43°；图 5.38(d)和(h)分别给出了 y 极化波正入射条件下在 11.7GHz、15.2GHz 处平行于 yOz 平面的电场 E_x 分量分布，从图中可以看出，在 11.7GHz 和 15.2GHz 频点处透射波发生了异常折射，折射角分别为 $\theta \approx 65°$ 和 44°，与理论计算结果基本一致。除此以外，入射波在 10.9～12.5GHz 和 13.9～15.4GHz 频段都具有较明显的波束偏折效果，并且波束偏折频段与图 5.36(b)中极化转换的频段恰好对应。

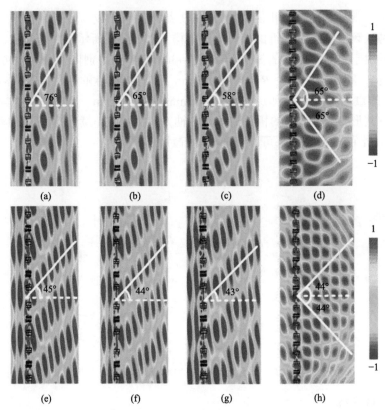

图 5.38　LCP 和 y 极化波正入射条件下平行于 yOz 平面的电场 E_x 分量的分布仿真结果：(a)～
(c)，(e)～(g)LCP 波正入射条件下 10.9GHz、11.7GHz、12.5GHz、13.9GHz、15.2GHz 和 15.4GHz
处的仿真结果；(d)，(h)在 y 极化波正入射条件下 11.7GHz 和 15.2GHz 处的仿真结果

　　由于 LCP 波和 RCP 波具有相同的相位梯度，但是符号相反，所以透射波在
线极化波的正入射条件下会分解为两束旋转方向相反的圆极化波。仿真结果表明
线极化透射波被高效率地分解成两束极化相反的透射波，并以对称的角度发生波
束偏折。

5.5.4　实验验证

　　为了进一步验证双频段准连续线性相位梯度结构的性能，制作尺寸为
240mm×200mm 的样件，如图 5.39(a)所示。利用 PCB 工艺加工 SSPP 结构，采用
商用 F4B 微波板材作为基板，覆铜厚度为 0.017mm，通过弯曲 SSPP 结构得到了
准连续线性的相位梯度结构。为了防止金属部分氧化，对覆铜部分进行了沉锡处
理。对原理样件的测试主要分为两部分：首先对样件的透射率进行测试，利用圆
极化喇叭天线测试所设计的相位梯度结构的交叉极化透射率；接着再对样件的异

常折射效果进行测试，分别利用圆极化和线极化喇叭天线测试原理样件的透射波的近场分布。

图 5.39　(a) 原理样件，由 31×8 个单元阵列组成；(b) 近场测试系统

如图 5.39(b)所示，样件的实验测量是在微波暗室中进行的。近场实验系统由实验平台、矢量网络分析仪(VNA)、喇叭天线和同轴扫描探针组成，用于测量样件表面以上 100mm×200mm 范围内的电场分布。制作的样件放置在扫描探针和喇叭圆/线极化天线之间。在这里，喇叭天线放置在距离样件中心 500mm 的位置，以确保准平面波入射，然后根据样件的尺寸设置探针扫描的范围。

为了验证所设计的相位梯度结构的高效传输，在微波暗室中测量了 LCP 波正入射条件下的透射率，测试结果如图 5.40 所示。由仿真结果可以看出，相位梯度结构在两个异常折射频段内都具有较好的传输效果，透射率都在 90%以上。LCP 和 y 极化波正入射条件下平行于 yOz 平面的电场 E_x 分量分布的仿真结果如图 5.41 所示。从图中可以看出，在两个频段的六个频点处透射波发生了异常折射，折射角分别与理论计算结果基本一致，入射波在 10.9～12.5GHz 和 13.9～15.4GHz 频段内都具有较明显的波束偏折效果，并且偏折频段与图 5.36 中极化转换的频段吻

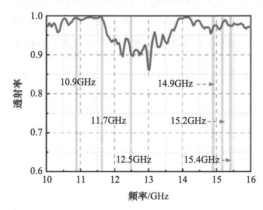

图 5.40　LCP 波正入射条件下的透射率

合较好。测量的电场分布强度与模拟结果略有不同，主要是由于入射波源并不是严格意义上的平面波，测试环境噪声也可能会导致测量结果与模拟结果之间的差异。

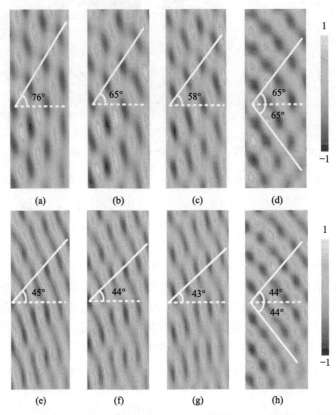

图 5.41　LCP 和 y 极化波正入射条件下平行于 yOz 平面的电场 E_x 分量的分布测试结果：(a)～(c), (e)～(g)LCP 波正入射条件下 10.9GHz、11.7GHz、12.5GHz、13.9GHz、15.2GHz 和 15.4GHz 处的测试结果；(d), (h)在 y 极化波正入射条件下 11.7GHz 和 15.2GHz 处的测试结果

基于 SSPP 的弱色散区调控，本节介绍了基于共形 SSPP 结构的准连续线性透射相位调控方法。将 SSPP 结构弯曲成与最速降曲线共形的曲面，便得到了准连续的线性的相位梯度结构，可以实现准连续线性的 P-B 相位。采用这种方法设计的准连续线性相位梯度结构可以在不重新构建 P-B 相位的情况下，通过调整最速降曲线的参数就可以改变特定频段透波波束的偏折角度，为实现波束调控提供了一种新的设计方法。

5.6　幅值调制

在实际应用中，对电磁波的任意操控不仅与空间相位、极化状态有关，还与幅值有关。目前已有一些关于电磁波幅值调制的研究，但其中很少有独立幅值调制的相关设计。在保持相位不变的情况下，很难实现幅值的单独调制。对于给定的 SSPP 结构，沿其纵向对称轴折叠一定角度，可在保持透射系数相位不变的情况下实现对透射系数幅值的调控，即实现幅值的独立调控，提高设计自由度。如果在保持透射系数相位不变的情况下幅值可以随意定制，则可设计出诸多新型电磁器件，例如旁瓣电平抑制(side-lobe level suppression，SLLS)简称旁瓣抑制、波束形成、天线罩等。以旁瓣抑制应用为例，本节介绍了基于折叠型 SSPP 结构实现透射电磁波幅值独立调控的设计方法，可以在相位不变的情况下定制同极化透射电磁波的幅值。

5.6.1　旁瓣抑制的理论分析

对于天线，远场波瓣模式与表面电场强度的傅里叶变换关系可以表示为

$$E(\sin\varphi) = \int_{-\infty}^{+\infty} E(x_\lambda) e^{j2\pi x_\lambda \sin\varphi} dx_\lambda \tag{5.23a}$$

$$E(x_\lambda) = \int_{-\infty}^{+\infty} E(\sin\varphi) e^{j2\pi x_\lambda \sin\varphi} d\sin\varphi \tag{5.23b}$$

相应地透射电场可表示为 $E_i T_{yy}/(E_i T_{xx})$。傅里叶变换关系可以表示为

$$E(\sin\varphi) = \int_{-\infty}^{+\infty} E_i T_{yy(xx)}(x_\lambda) e^{j2\pi x_\lambda \sin\varphi} dx_\lambda \tag{5.24}$$

$$E_i T_{yy(xx)}(x_\lambda) = \int_{-\infty}^{+\infty} E(\sin\varphi) e^{-j2\pi x_\lambda \sin\varphi} d\sin\varphi \tag{5.25}$$

式中，$x_\lambda = x/\lambda$，λ 为工作波长，T_{yy} 和 T_{xx} 分别表示 y 极化和 x 极化波的同极化透射系数幅值，天线阵一般通过将天线辐射场幅值按照离散泰勒分布排列来实现旁瓣抑制(超低副瓣)。采用类似思想，本节将通过调节 SSPP 结构的透射电场幅值，使其呈现离散的泰勒分布，实现透射波束的旁瓣抑制。

当一束电磁波入射到 SSPP 结构上时，其远场散射模式主要由 SSPP 结构的空间传输相位积累和幅值分布共同决定。如果空间相位分布是均匀的，则远场散射模式只依赖于幅值的空间分布。如图 5.42 所示，通过傅里叶变换可以得到幅值空间分布的远场散射方向图。相反，通过傅里叶逆变换可以从远场散射方向图反推得到口面上的幅值空间分布。因此，可以通过对透射系数幅值的空间分布设计

实现远场散射的旁瓣抑制。

图 5.42　旁瓣抑制原理示意图：远场散射方向图与空间幅值分布之间的变换关系

5.6.2　幅值调制器件设计

对于给定的 SSPP 结构，沿其纵向对称轴折叠一定角度，可在保持透射系数相位不变的情况下实现对透射系数幅值的调制，从而实现幅值的独立调控，大大提升设计自由度。以折叠型 SSPP 结构为例，可通过改变折叠角度灵活调制透射波的幅值。如图 5.43 所示，该结构由两个对称的部分组成，它们可以沿纵向对称轴折成不同的角度。为了实现高的传输效率，需要考虑空气-介质和介质-空气变换中的波矢匹配特性。因此，鱼骨结构的锯齿高度需要根据 SSPP 传播常数 $k(z)$ 的空间分布优化调节，两端采用锥形设计。结构单元的介质基板材料采用 0.5mm 厚的 FR4($\varepsilon_r = 4.3$, $\tan\delta = 0.025$)玻璃纤维增强环氧树脂板材。SSPP 结构沿 z 轴方向的长度为 $l = 14.8$mm，沿中轴线的折叠角为α。优化后的几何参数设计如下：$h = 2.9$mm，$P = 0.2$mm，$q = 0.4$mm，$m = 0.125$mm，$n = 0.125$mm，$d = 0.5$mm，$r = 0.32$mm。

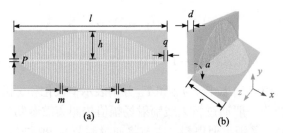

图 5.43　(a) SSPP 结构；(b) 折叠 SSPP 结构

为了验证可折叠 SSPP 结构的幅值可调但相位不变的特性，对 SSPP 结构在 y 极化波+z 方向法向入射条件下的电场 E_y 分量和表面电流进行了数值仿真。在仿真中，x 和 y 方向的重复周期设置为 $N = 4.2$mm。图 5.44(a)～(c)给出了 60°、90° 和 120°时的电场 E_y 分量，可以观察到在不同折叠角度下，SSPP 结构都具有较好的电磁传输特性。图 5.44(d)～(f)给出了 60°、90°和 120°时入射波激发的表面电流，当入射波电场沿+y 方向时，激发的电流方向如图中的蓝色箭头所示。随着折

叠角 α 增大，激发的电流 I_2 在沿 $-y$ 方向上的附加电场分量将会增大，其方向与入射波电场方向相反，导致同极化电磁波的透射系数幅值减小。

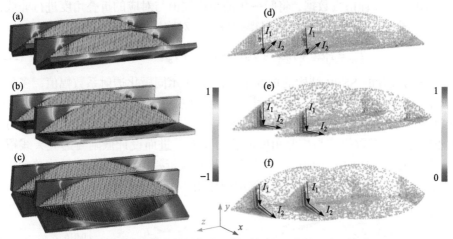

图 5.44　不同折叠角度 SSPP 结构在 y 极化波入射下电场 E_y 分量和表面电流：(a)～(c)60°、90°、120°的电场分布 E_y 分量；(d)～(f)60°、90°、120°的表面电流

　　在定性分析幅值与角度的变化规律的基础上，为了进一步定量地验证变化规律，对六种不同折叠角度的 SSPP 结构同极化透射系数相位 ϕ_{yy} 和同极化透射系数幅值 T_{yy} 进行了数值仿真计算，结果如图 5.45 所示。可以看出，在 20.0～28.0GHz 频段内，不同折叠角度下的相位差保持在±10°以内。此外，幅值除了有小幅度的波动外，平均值基本保持不变。

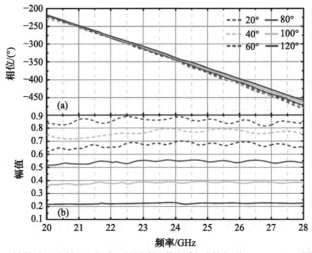

图 5.45　(a) SSPP 结构在不同折叠角度下的同极化透射系数相位 ϕ_{yy}；(b) 不同折叠角度下的同极化透射系数幅值 T_{yy}

为了得到 SSPP 结构折叠角度与同极化透射系数幅值的映射关系, 在 y 极化波由 $+z$ 方向正入射条件下对 $0°\sim150°$ 不同折叠角度下的同极化透射系数幅值进行了数值仿真。处理仿真数据, 将归一化的平均幅值与对应的折叠角度进行非线性拟合, 如图 5.46(a)所示, 最终可以得到幅值与对应折叠角度的关系方程:

$$T_{yy} = P_1\alpha^6 + P_2\alpha^5 + P_3\alpha^4 + P_4\alpha^3 + P_5\alpha^2 + P_6\alpha^1 + P_7 \tag{5.26}$$

其中, α 为设计的 SSPP 结构的折叠角度, T_{yy} 表示同极化透射系数幅值, 多项式拟合系数分别如下: $P_1 = -6.67\times10^{-13}$, $P_2 = 3.172\times10^{-10}$, $P_3 = -4.489\times10^{-8}$, $P_4 = 4.449\times10^{-6}$, $P_5 = -2.169\times10^{-4}$, $P_6 = 1.453\times10^{-2}$, $P_7 = 0.9969$。由此, 我们便可得到同极化透射系数幅值与折叠角度的映射关系, 进而设计低副瓣透波天线罩结构, 根据天线罩口面上幅值的泰勒分布, 将对应折叠角度的 SSPP 结构单元进行排列, 即可对透射波的旁瓣电平起到抑制作用。

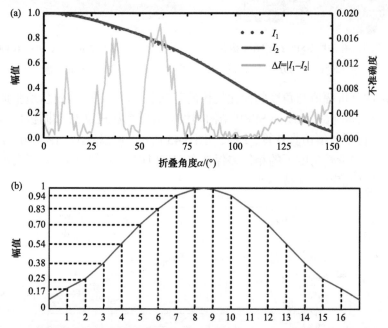

图 5.46　(a) SSPP 结构同极化透射系数幅值的非线性拟合; (b) 离散泰勒幅值分布取值点

图 5.46(b)给出了泰勒分布的 16 个离散点对应的 8 个幅值, 分别为: 0.17、0.25、0.38、0.54、0.70、0.83、0.94、1。根据(5.26)式, 可得到 8 个幅值对应的折叠角度分别为: 131.2°、121.0°、106.5°、89.4°、70.2°、50.5°、28.0°、0°。然后将 4×4 个 SSPP 结构作为亚单元阵列, 在 x 和 y 方向的周期为 $N = 4.2$mm。根据离散泰勒分布, 沿 x 方向上设计了同极化透射系数幅值的空间分布(根据离散泰勒分布的幅值设计亚单元阵列的折叠角度), 而在 y 方向上亚单元阵列的同极化透

射系数幅值是一致的，即亚单元阵列在 y 方向上结构相同。最终，设计了由 16×12 个亚单元阵列组成的旁瓣抑制透射结构，如图 5.42 所示。

5.6.3　仿真分析

为了验证旁瓣抑制的性能，对 y 极化波+z 方向正入射条件下的前向散射图进行了仿真计算。在仿真中，以 y 极化平面波为源，将 x、y、z 方向的边界条件均设置为开放边界，平面波的馈源端口放置在距离超材料中心大约 400.0mm 的正上方区域，该距离大于十倍的中心频对应的波长。

图 5.47 给出了在 20.0GHz、24.0GHz 和 28.0GHz 处 xOz 平面的前向散射方向图。可以观察到，在中心频点 24.0GHz 处的旁瓣抑制效果最佳，旁瓣比主瓣降低了 25dB，而在 20.0GHz 和 28.0GHz 处旁瓣抑制也达到了 20dB 以上。仿真结果表明，当 y 极化平面波正入射时，在 xOz 平面内前向散射模式的旁瓣水平在较宽的频率范围内有了显著的减小，在 20.0~28.0GHz 频段内，前向散射方向图的旁瓣至少降低了 20dB，在多个频率点几乎降低了 25dB。x 方向上的同极化透射系数幅值的离散泰勒分布，使得 xOz 平面上的前向散射的旁瓣显著减小。仿真结果充分验证了基于折叠型 SSPP 结构的透射系数幅值调控设计方法。

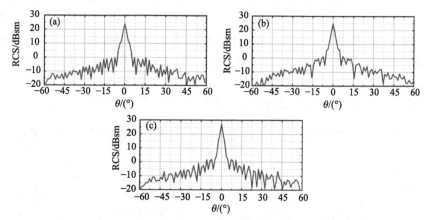

图 5.47　y 极化波入射下在 20.0GHz(a)、24.0GHz(b) 和 28.0GHz(c) 处 xOz 平面的前向散射方向图

5.6.4　实验验证

为了进一步验证抑制旁瓣电平的效果，制作尺寸为 332.8mm × 249.6mm 的原理样件，如图 5.48(a) 所示。样件是通过将 SSPP 结构折叠成不同角度后，按照离散泰勒分布排列得到的。如图 5.48(b) 所示，实验测量是在微波暗室中进行的。远场测试系统由实验平台、矢量网络分析仪(VNA)、发射喇叭天线和接收喇叭天线

组成。所制作的样件被放置在发射喇叭天线和接收喇叭天线之间。在这里，发射喇叭天线放置在距离样件 400mm 处，以确保准入射电磁波能够水平入射。对原理样件的测试主要分为两部分：首先利用线极化喇叭天线测试所设计的样件 xOz 平面的前向散射图，将样件置于发射天线和接收天线中间，发射天线位于距离样件中心 400.0mm 的位置；然后将喇叭天线旋转 90° 后，再对样件 yOz 平面的前向散射模式进行测试，测试结果作为实验测试的对照。

图 5.48　(a) 样件由 16×12 的亚单元阵列组成；(b) 远场测试系统

图 5.49 给出了 y 极化波正入射条件下在 20.0GHz、24.0GHz 和 28.0GHz 处 xOz 和 yOz 平面的前向散射方向图的测试结果，蓝色实线和红色虚线分别表示了 xOz 和 yOz 平面前向散射方向图的旁瓣电平。可以观察到，xOz 平面前向散射方向图的旁瓣电平至少降低了 20dB，这是由于在 x 方向上根据泰勒分布设计了同极化透射系数的幅值空间分布。仿真结果表明，当 y 极化平面波正入射时，在 xOz 平面内前向散射方向图的旁瓣电平在较宽的频率范围内有了显著的减小。通过与 yOz 平面的前向散射方向图进行对比，更加证明了较好的旁瓣抑制效果。

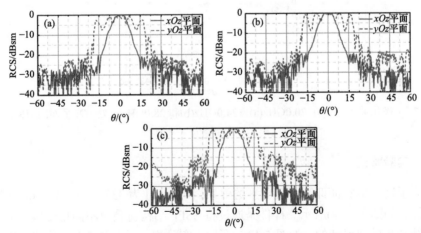

图 5.49　y 极化波正入射条件下在 20GHz(a)、24GHz(b) 和 28GHz(c) 处 xOz 和 yOz 平面的前向散射方向图的测试结果

　　基于 SSPP 弱色散区调控，本节介绍了基于折叠型 SSPP 结构的透射系数幅值调控设计方法。首先对给定的 SSPP 结构，沿其纵向对称轴折叠一定角度，可在保持透射系数相位不变的情况下实现对透射系数幅值的调控，即实现幅值的独立调控，进而极大地提高了设计自由度。然后对透射系数幅值与折叠角度之间的映射进行了非线性拟合，从而根据透射系数幅值很容易地得到对应的折叠角度。最后根据离散泰勒分布的幅值，设计并制作了一种抑制旁瓣的透射超材料。通过仿真和远场测试证明了基于折叠型的 SSPP 来实现旁瓣抑制的可靠性。值得注意的是，可根据幅值与折叠角的对应关系设计出任意的前向散射图，而不需重新设计结构单元，为实现旁瓣抑制提供了一种新的策略，在天线、天线罩和隐身技术等方面具有应用价值。

5.7　本　章　小　结

　　本章介绍了 SSPP 弱色散区调控在透射电磁波幅值、相位、极化等特性调制的应用及相关新型电磁功能器件的设计。通过波矢纵向分布设计，采用鱼骨结构可实现自由空间波与 SSPP 的高效耦合转化，从而允许我们基于 SSPP 模式实现对透射电磁传输相位和幅值的调控，进行新型电磁功能器件设计，包括波前调控、极化转换、非对称传输、副瓣抑制等。例如，通过对 SSPP 透射系数相位的调控，可实现相位梯度超材料；利用 SSPP 与自由空间波不同的传输相位积累，可实现极化转换超材料；通过两正交方向上 SSPP 的不同色散特性，可实现多极化转换超材料；等等。此外，本章还介绍了基于共形 SSPP 结构和折叠 SSPP 结构的透射系数相位和幅值调控方法。需要指出的是，本章仅对 SSPP 在透射系数相位和透射系数幅值调制的应用进行了简单的介绍。事实上，SSPP 幅-相调控设计仍旧有很大的研究空间。例如，在幅-相调控方面，还可以按照切比雪夫分布进行阵列排布，得到更好的旁瓣抑制效果；进一步设计 SSPP 结构的透射系数相位，可同时调控幅值和相位，实现幅-相联合调控，大大提升了设计自由度。

参 考 文 献

[1] Pendry J B, Martin-Moreno L, Garcia-Vidal F J. Mimicking surface plasmons with structured surfaces[J]. Science, 2004, 305(5685): 847-848.

[2] Raether H. Surface Plasmons on Smooth and Rough Surfaces and on Gratings [M]. New York: Springer-Verlag, 1988.

[3] Cui T J, Shen X P. Spoof surface plasmons on ultrathin corrugated metal structures in microwave and terahertz frequencies [C]. 2013 7th International Congress on Advanced Electromagnetic Materials in Microwaves and Optics. 16-21 September 2013, Talence, France, 2013.

[4] Ma H F, Shen X, Cheng Q, et al. Broadband and high‐efficiency conversion from guided waves to spoof surface plasmon polaritons[J]. Laser & Photonics Reviews, 2014, 8(1): 146-151.

[5] Shen X, Cui T J, Martin-Cano D, et al. Conformal surface plasmons propagating on ultrathin and flexible films[J]. Proceedings of the National Academy of Sciences, 2013, 110(1): 40-45.

[6] Gao X, Shi J H, Ma H F, et al. Dual-band spoof surface plasmon polaritons based on composite-periodic gratings[J]. Journal of Physics D: Applied Physics, 2012, 45(50): 505104.

[7] Gao X, Shi J H, Shen X, et al. Ultrathin dual-band surface plasmonic polariton waveguide and frequency splitter in microwave frequencies[J]. Applied Physics Letters, 2013, 102(15): 151912.

[8] Shen X, Cui T J. Planar plasmonic metamaterial on a thin film with nearly zero thickness[J]. Applied Physics Letters, 2013, 102(21): 211909.

[9] Chen K, Feng Y, Cui L, et al. Dynamic control of asymmetric electromagnetic wave transmission by active chiral metamaterial[J]. Scientific Reports, 2017, 7: 42802.

[10] Zhao J, Sun L, Zhu B, et al. One-way absorber for linearly polarized electromagnetic wave utilizing composite metamaterial[J]. Optics Express, 2015, 23(4): 4658-4665.

[11] Huang C, Feng Y, Zhao J, et al. Asymmetric electromagnetic wave transmission of linear polarization via polarization conversion through chiral metamaterial structures[J]. Physical Review B Condensed Matter, 2012, 85(19): 195131.

[12] Sun J, Sun W, Jiang T, et al. Directive electromagnetic radiation of a line source scattered by a conducting cylinder coated with left-handed metamaterial[J]. Microwave & Optical Technology Letters, 2010, 47(3): 274-279.

[13] Grady N K, Heyes J E, Chowdhury D R, et al. Terahertz metamaterials for linear polarization conversion and anomalous refraction[J]. Science, 2013, 340(6138): 1304-1307.

[14] Zhang S, Bao K, Halas N J, et al. Substrate-induced Fano resonances of a plasmonic nanocube: a route to increased-sensitivity localized surface plasmon resonance sensors revealed[J]. Nano Letters, 2011, 11(4): 1657.

[15] Pang Y, Wang J, Ma H, et al. Spatial k-dispersion engineering of spoof surface plasmon polaritons for customized absorption[J]. Scientific Reports, 2016, 6: 29429.

第 6 章　基于人工表面等离激元色散调控的 小型化微波器件

人工表面等离激元(SSPP)是电磁波与人工电磁介质中的电子振荡耦合产生的高度局域化的表面电磁模式，其波长 λ_{SSPP} 远小于自由空间波的波长 λ_0。这种短波长特性有利于器件小型化设计，在微波器件、天线等方面具有巨大的应用潜力。此外，SSPP 具有高频截止特性，利用这一特性可进行滤波器设计。考虑到 SSPP 的这些特性及其应用潜力，本章主要介绍基于 SSPP 亚波长传输特性的小型化微波器件，包括小型化环行器、宽带环行器、小型化滤波器等。

6.1　基于人工表面等离激元弱色散区调控的小型化环行器

6.1.1　人工表面等离激元传输线

SSPP 具有和 SPP 相同的机理和性质，都具有亚波长和场局域增强等效应。典型的微波频段 SSPP 结构如图 6.1 所示，金属锯齿结构贴附在低损耗的介质支撑板上。图 6.2 所示为电磁波沿 SSPP 传输线传输时的电场矢量分布图，其传播方向为+x 轴方向。如果入射电磁波的频率和金属结构表面自由电子的振荡频率一

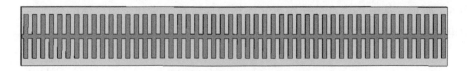

图 6.1　SSPP 传输线结构图

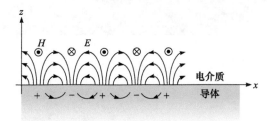

图 6.2　SSPP 传播示意图

致，便会激励 SSPP 模式的产生，从而沿着介质-导体(金属)分界面向前传播，而且在垂直于两种介质的分界面法线方向上按指数衰减。因此，SSPP 在金属一侧，具有等离子特性；在介质一侧，具有电磁波特性；由于在垂直于界面的两侧，电场按指数形式衰减，所以在分界面处电场强度取得最大值。

SSPP 具有亚波长传输特性，其深亚波长的特点可以通过 SSPP 的色散曲线表达出来，仿真的色散曲线如图 6.3 所示，其中图 6.3(b)所示为低频段的色散曲线。图中蓝色直线代表空气中电磁波的色散特性，其频率 f 和波矢 k 为线性关系；棕黄色曲线为 SSPP 的色散曲线，且随频率 f 增大波矢 k 呈非线性增长，即不同频率的波以不同的相速度传播，这种现象称为色散现象。由图中色散曲线可知对于同一频率，SSPP 的波矢 k_x 要大于空气中的波矢 k_0，即对于同一频率其波长相对较短。因此 SSPP 的深亚波长特性对于设计小型化微波器件具有独特的优势。

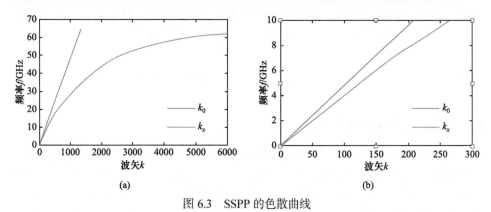

图 6.3　SSPP 的色散曲线

SSPP 的深亚波长特性也决定了其场局域增强的效应，仿真的电场强度如图 6.4 所示。从电场强度分布图可知，场强局域在介质和金属导体的分界面，其中电磁波从左至右沿 x 轴方向传播。

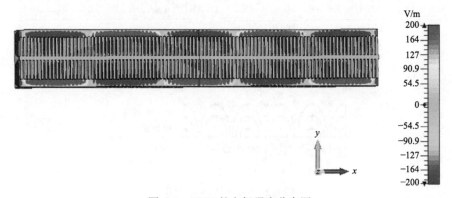

图 6.4　SSPP 的电场强度分布图

如图 6.5 所示为图 6.1 结构的仿真 S 参数曲线。从图中可以看出其回波损耗 (S_{11}) 在 0.0~16.0GHz 内都大于 10dB，即 $S_{11}<-10$dB，这说明 SSPP 具有很宽的传输频带。由图 6.5 可知，SSPP 的插入损耗(S_{21})在 0.3dB 以内，即 $S_{21}>-0.3$dB，这说明 SSPP 传输线损耗很小。

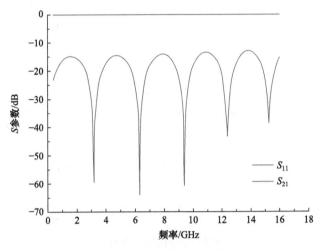

图 6.5 SSPP 传输线的 S 参数曲线

上述仿真结果验证了 SSPP 传输线的深亚波长、场局域增强和传输频带宽的特性，是一种开放单导体传输线，即通过一种导体结构可在开放空间中实现电磁波的高效传输。SSPP 传输线的这些特点决定了其在小型化、宽频带微波器件设计中的独特优势。

6.1.2 环行器设计

中心导体作为环行器至关重要的一部分，其设计涉及环行器的工作模式、工作频段和工作带宽[1-4]。传统的带线环行器为了拓展工作带宽，需在环行器的传输线上进行多级四分之一波长 ($\lambda/4$) 阻抗变换进行传输匹配，得到较宽的工作带宽。由于多级 $\lambda/4$ 的传输线作为匹配电路必然会导致环行器尺寸变大，为了设计小型化且宽频带的环行器，这里采用支持 SSPP 模式的传输线——梳状传输线，利用其深亚波长和宽带低插损传输特性设计 SSPP 环行器。

图 6.6 为 SSPP 小型化环行器的中心导体，图 6.6(a)为 3 端口 SSPP 环行器的 Y 型中心导体；图(b)为 Y 型中心导体的组成分支，由周期性金属锯齿构成类梳子状结构。Y 型中心导体的交汇处形成中心导体的中心结，三个分支相互成 120°。如图 6.6(a)所示，Y 型中心导体的分支长度 $L=4.5$mm。图 6.6(b)中金属结构的总高度 $h_2=2.0$mm，占空比 $a=0.2$mm，其中金属结构的周期 $P=0.4$mm。中心导体

锯齿的宽度都为 w = 0.2mm，齿的有效高度 h_1 = 0.9mm，中心导体的厚度 t = 0.2mm。中心导体采用金属铝，连接所有金属锯齿结构的中间连接线的宽度 w 和采用的介质板共同组成 50Ω馈电端口，即带状线的馈电端口阻抗为 50Ω，用以满足阻抗匹配，实现宽频带需求。

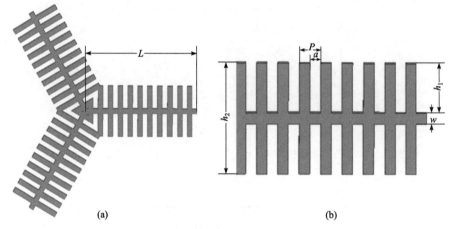

(a)　　　　　　　　　　　　(b)

图 6.6　SSPP 小型化环行器的中心导体

　　从图 6.6 中可知，中心导体梳状传输线的组成区别于传统的带状线或者微带线。当设计宽频带环行器时，带状线或者微带线的中心导体需要进行 $\lambda/4$ 传输线用以传输电路的阻抗匹配，但将导致环行器尺寸变大。SSPP 中心导体相比于传统的带线具有较大的波矢 k，即对于相同频率的电磁波具有相对较小的波长 λ，同时 SSPP 传输线不需要进行 $\lambda/4$ 传输线阻抗匹配，因此具有缩小器件尺寸的优势。

　　如图 6.7 所示，SSPP 环行器的结构主要包括中心导体、铁氧体、介质套环等，其结构关于中心导体上下镜面对称，铁氧体贴合在中心导体两侧，介质套环合在

图 6.7　SSPP 环行器结构示意图

铁氧体上用于阻抗匹配。按照环行器铁氧体的选择原则[3]，本节环行器所用铁氧体为 Li 系铁氧体，其中铁氧体的饱和磁化强度 $4\pi M_s$ = 3200G，铁磁共振线宽 ΔH = 150Oe(1Oe= 79.5775A/m)，相对介电常量 ε_r = 13。铁氧体外所套用的介质环材质是聚四氟乙烯，相对介电常量 ε_r = 2.1，损耗角正切 $\tan\delta$ = 0.0006。环行器结构示意图如图 6.7 所示，经过尺寸优化最终确定了铁氧体的半径和介质环的内半径均为 R_1 = 2.4mm，介质环的外半径为 R_2 = 4.55mm。介质环和铁氧体的厚度

都为 $H = 1.7\mathrm{mm}$。在阻抗计算公式计算下以及电磁仿真优化下，确定了梳状传输线的中心线宽度 w、介质环的厚度 H、介质基板的相对介电常量 ε_{r}，使其满足 50Ω 阻抗匹配要求，从而确保环行器的工作带宽。

6.1.3　仿真和结果分析

　　SSPP 环行器的仿真采用高频仿真软件 Ansoft HFSS 完成，HFSS 的仿真环境默认为金属边界，用此软件仿真时不用设计环行器的外腔体或者外壳。经过优化设计确定了用于驱动铁氧体饱和磁化强度 $4\pi M_{\mathrm{s}}$ 的偏置场强度 H_0，其强度为 $10000\mathrm{A/m}$，方向为垂直于铁氧体的圆平面向上即沿 z 轴向上。SSPP 环行器的仿真模型如图 6.8 所示。

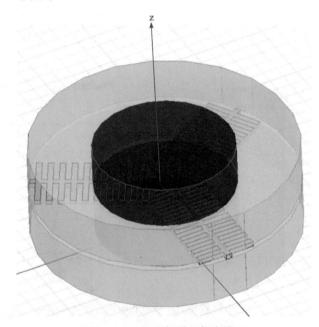

图 6.8　SSPP 环行器的仿真模型

　　由于 HFSS 仿真软件在仿真时默认背景为金属，所以在仿真设计时需要设计紧密贴合环行器的空气腔，用于隔离金属边界。该环行器工作在低场区，其仿真 S 参数和电场分布如图 6.9 所示。其中图 6.9(a)、(c)和(d)所示结果分别是由 SSPP 环行器的端口 1、2 和 3 馈电得到的仿真 S 参数曲线。通过对比可知无论从哪个端口输入信号其环行器效果都明显，且结果基本一致。仿真的回波损耗(S_{11}、S_{22} 和 S_{33})在 $6.0\sim9.0\mathrm{GHz}$ 频段内都大于 15dB，即 $S_{11}<-15\mathrm{dB}$、$S_{22}<-15\mathrm{dB}$、$S_{33}<-15\mathrm{dB}$，尤其是在 $6.5\sim8.0\mathrm{GHz}$ 频段以内其回波损耗都大于 20dB；同样隔离度在 $6.0\sim9.0\mathrm{GHz}$ 频段内也都大于 15dB，即 $S_{21}<-15\mathrm{dB}$、$S_{32}<-15\mathrm{dB}$、$S_{13}<-15\mathrm{dB}$，在 $6.5\sim$

8.0GHz 频段内其隔离度都大于 20dB；由图 6.9(a)、(c)和(d)可知其插入损耗在 6.0～9.0GHz 频段内都小于 0.8dB，即 S_{31}>-0.8dB、S_{12}>-0.8dB、S_{23}>-0.8dB。同样，在 6.5～8.0GHz 频段以内其插损在 0.5dB 以内。由仿真的 S 参数曲线可以很清晰地观察到 SSPP 环行器的环行效果，为了更加直观地表达出该环行器的环行效果，图 6.9(b)给出了由端口 1 作为馈电端口的电场分布图，从电场强度的分布可以直观地看出当信号从端口 1 进入时，由端口 3 输出，端口 2 作为隔离端，从而得出该环行器的环行方向为 1→3→2→1。

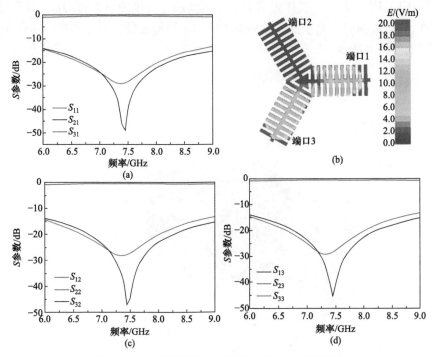

图 6.9　SSPP 环行器的 S 参数和电场分布仿真结果

6.1.4　环行器加工测试及结果分析

为了验证 SSPP 环行器的性能，加工了 SSPP 环行器的样品并进行了实验测试，如图 6.10 所示。SSPP 环行器样品主要包括六部分，图 6.10(a)所示的黑色为铁氧体圆柱体，套在铁氧体上的白色环为用于阻抗匹配的聚四氟乙烯介质环；图(b)为 SSPP 环行器的 Y 型中心导体，其中三个端口处增加了环状连接头，这样处理的目的是便于环行器的测试；图(c)所示为 SSPP 环行器的外腔体以及嵌入腔体里的铁氧体、介质环和 Y 型中心导体；图(d)左侧为永久磁铁，用于驱动铁氧体饱和磁化强度，右侧为 SSPP 环行器的螺旋盖；图(e)和(f)是加工完整的 SSPP 环行器样品。

如图 6.10(c)所示，其中铁氧体和介质环位于中心导体的两侧且要求紧密贴合不能存在间隙，否则会导致传输线阻抗失配。提供偏置场 H_0 的永久磁铁和铁氧体之间需安放薄铁片，其作用主要是有利于铁氧体接收到均匀的偏置场 H_0，同时铁片的存在有利于螺旋盖在旋紧过程中铁氧体受力均匀从而不容易被损坏。如图 6.10(e)所示在 SSPP 环行器的馈电端口都涂有白色的硅胶，其用途是包围裸露在空气中的中心导体和介质环，这有利于环行器传输线的阻抗匹配。

图 6.10　SSPP 环行器样品

由图 6.10 可知，SSPP 环行器的端口没有直接连接同轴线，因此其性能的测试需要用匹配的测试夹具，如图 6.11 所示。图 6.11(a)所示为测试夹具和 SSPP 环行器，其中靠近环行器一端的金黄色接头为环行器隔离端的阻抗匹配连接器，其作用类似于无限长的匹配传输线。图 6.11(b)是连接矢量网络分析仪的测试夹具及安放好的 SSPP 环行器，其中测试夹具的三条微带传输线和接连的三个同轴馈线都是 50Ω的阻抗匹配传输线。SSPP 环行器测试时必须固定在夹具上，其中环行器的三个馈电端口由同轴线延伸到其背部，正好对应图 6.11(a)中测试夹具的三个馈电孔。当测试 SSPP 环行器时，测试夹具的白色压力柱需要从环行器的正上方固定住环行器，确保环行器的馈电端口接触良好，从而保证结果的正确性。

图 6.11　SSPP 环行器测试夹具

SSPP 环行器固定稳定后，在测试频率范围内校准矢量网络分析仪，然后进行测试，其中测试的 S 参数结果如图 6.12 所示。从图中可以看出，测试结果和仿真结果基本一致。

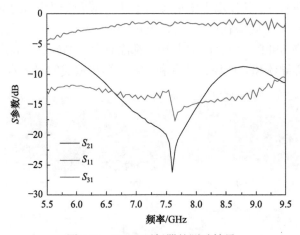

图 6.12 SSPP 环行器的测试结果

从图 6.12 中可以看出该环行器的回波损耗和仿真结果相比具有一定的偏差，在 6.0～9.0GHz 频段内测试的回波损耗相对较大，即在 13dB 左右，S_{11} 和仿真结果的回波损耗相比($S_{11}<-15$dB)具有 2dB 的差值。造成 SSPP 环行器 S_{11} 变差的主要原因是环行器在组装过程中永久磁铁、铁氧体及中心导体之间存在空气间隙，这导致了电磁波在输入过程中受阻，从而导致测试结果相对仿真较差。测试的隔离度即 S_{21} 和仿真结果基本一致，且中心工作频点也相同，这也从侧面反映了铁氧体工作在饱和磁环强度下。测试结果的插入损耗相比于仿真结果损耗较大，引起插入损耗变大的原因主要有两种：一种是 S_{11} 变差从而直接导致插入损耗参数的下降；另一种是环行器本身组装的紧密性相对仿真模型存在差异从而导致损耗的增大。其中组装工艺不够精密也在一定程度上造成了测试结果的误差。

总体来说，通过仿真和实验验证的方法分析并设计了 SSPP 环行器，通过对比 SSPP 环行器的测试结果和仿真结果，进一步验证了这种新型 SSPP 环行器的可行性。SSPP 环行器的尺寸图如图 6.13 所示，其尺寸和相应频带的传统嵌入式带线环行器相比具有明显的优势。

从图 6.13(a)可知 SSPP 环行器的垂直总高度为 7.0mm，如图 6.13(b)所示，SSPP 环行器的直径约为 9.0mm。市场上产品化的某型同频段嵌入式环行器长宽高分别是 19.0mm、20.3mm 和 14.0mm，插入损耗(S_{11})为 1.5dB，隔离度(S_{21})为 11dB，其驻波比为 1.8，即其反射系数 $\Gamma \approx 0.29$，相比较而言传统嵌入式环行器不仅尺寸相对较大，而且环行性能也相对较差。通过对比可知，SSPP 环行器不仅尺寸小，而且其环行性能也相对较好。

(a)　　　　　　　　　　　　(b)

图 6.13　SSPP 环行器的尺寸图

本节介绍了 SSPP 环行器的设计理论与方法，首先介绍了 SSPP 传输线的深亚波长和宽带传输的优点，根据 SSPP 模式的亚波长特性、宽带低损耗传输特性等进行小型化、宽频带环行器设计。据此，仿真设计了 SSPP 环行器，通过对 SSPP 环行器的尺寸参数优化得到了环行性能相对优越且尺寸相对较小的 SSPP 环行器。通过仿真并加工了 SSPP 环行器样品，其中测试结果和仿真结果基本一致，从而验证了 SSPP 环行器的可行性。最后在相应的频段对比了传统嵌入式带线环行器的尺寸和环行性能，结果表明 SSPP 环行器无论在尺寸上还是在性能上都具有明显的优势。

6.2　基于人工表面等离激元弱色散区调控的宽带环行器

6.2.1　设计原理

6.1 节基于 SSPP 的深亚波长、场局域增强和宽带传输的特点，设计了小型化 SSPP 环行器，其工作带宽相对较窄。为了进一步拓展 SSPP 环行器的工作带宽以及提高铁氧体对入射电磁波的旋磁效应，考虑在原有 SSPP 传输线的基础上增加圆形中心结。大多数嵌入式带状线和微带高度集成的传统环行器都采用了中心圆结作为中心导体的中心结。而且对于带状线圆形中心结，Bosma[5, 6]等已经给出了详细的分析和解释，这里不再赘述。为了提高传统传输线上的导行波与 SSPP 模式的耦合转换效率，采用了共面波导(coplanar waveguide，CPW)将导行波耦合为 SSPP。CPW 模式和 SSPP 的转换传输结构已比较成熟[7]，如图 6.14 所示。

如图 6.14(a)所示，区域Ⅰ为 CPW 区，区域Ⅱ为 CPW 到 SSPP 的耦合区，区域Ⅲ为 SSPP 传输区，它们分别对应于图 6.14 中的(b)、(c)和(d)。图(b)中 $2H$ 为 CPW 中心线的宽度，g 为 CPW 中心线和地的间隙，w 为地线的宽度。如图(c)所示为转换区，其中从 h_1 到 h_8 为金属齿长度从小到大的渐变区，长度渐变的金属齿结构有利于电磁波从 CPW 转换成 SSPP 模式。图(d)为 SSPP 模式的传输区，其中 P 为 SSPP 传输线的周期，a 为占空比，h 为金属齿的长度。如图 6.15 所示为 CPW 向 SSPP 传输转换线的仿真和测试的 S 参数曲线。通过传输曲线可知，在 2.0～12.0GHz 频段内，其 $S_{11}<-10$dB，S_{21} 大于-1.5dB，而且仿真和测试曲线基本一致，验证了该结构可实现导行波与 SSPP 之间的高效耦合转换和传输。

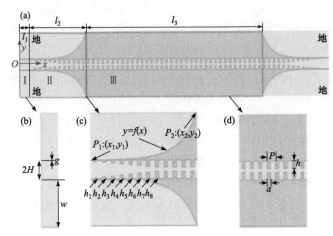

图 6.14　CPW 耦合 SSPP 结构图

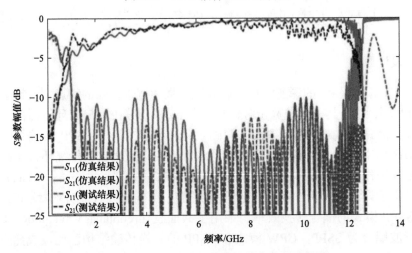

图 6.15　CPW 到 SSPP 转换的仿真和测试曲线

6.2.2　宽带环行器设计

基于 CPW 到 SSPP 高效的耦合效率以及铁氧体对中心圆形结的高效旋磁效应，设计如图 6.16 所示的 SSPP 环行器的中心导体，其材质为金属铝。图 6.16(a) 所示结构为 SSPP 环行器的中心导体，其中 L_3 是中心导体的分支长度，R 为中心圆形结的半径，它们的长度值分别是 $L_3 = 11.3\text{mm}$，$R = 2.0\text{mm}$，中心导体的厚度为 0.2mm；图(b)是 CPW 转换到 SSPP 的结构图，其中从 h_1 到 h_5 是金属齿高度渐变区，$h_1 = 0.15\text{mm}$，$h_5 = 0.95\text{mm}$，其步进值为 0.2mm。图(b)中的 L_1 是 CPW 的接地线长度，L_2 为其宽度；图(c)为 SSPP 的传输区，其中金属齿结构的周期 $P = 0.4\text{mm}$，占空比 $a = 0.2\text{mm}$，金属齿的有效高度为 $h = 1.25\text{mm}$。图中共面波导的阻抗值是 50Ω，用于匹配仿真端口阻抗和测试同轴线的阻抗。

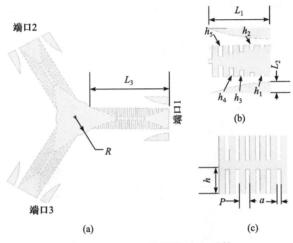

图 6.16　SSPP 环行器的中心导体

SSPP 环行器的基本结构主要包括 Y 型中心导体、铁氧体和介质基板。SSPP 环行器的结构如图 6.17 所示，其中绿色 Y 型板为介质基板，材质采用 F4B，相对介电常量 $\varepsilon_r = 2.65$，损耗角正切 $\tan\delta = 0.001$；黑色圆柱体为铁氧体，其中铁氧体的饱和磁化强度 $4\pi M_s = 2650\text{G}$，相对介电常量 $\varepsilon_r = 13$，损耗角正切 $\tan\delta = 0.0006$，铁磁共振线宽 $\Delta H = 300\text{Oe}$；中间金黄色为 Y 型中心导体，材质为金属铝。

当环行器工作时，铁氧体必须达到饱和磁化强度 $4\pi M_s$，否则环行器的损耗将会很严重，导致环行器无法正常使用。铁氧体的饱和磁化强度 $4\pi M_s$ 需要偏置场 H_0(静磁场)驱动，如图 6.17 所示，偏置场的方向垂直于铁氧体圆面向上，偏置场强度为 $H_0 = 10000\text{A/m}$。图中介质基板的三个分支相互成 120°，其中从基板圆心到分支顶端的长度和中心导体的长度 L_3(图 6.16)相同，介质基板厚度为 3.3mm，在介质基板中心位置有和铁氧体半径相同的圆柱形通孔，即半径 $r = 2\text{mm}$，用于嵌套圆柱形铁氧体。铁氧体的厚度和介质

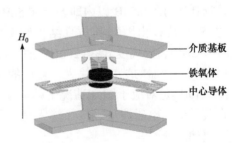

图 6.17　SSPP 环行器的结构示意图

基板相同,都是 3.3mm,铁氧体半径和介质基板的通孔半径相同为 2mm。对于圆结型中心导体的环行器,其铁氧体半径可以通过公式计算得到,其中该 SSPP 环行器的中心频率为 $f = 10.5$GHz,铁氧体相对介电常量为 13,通过计算可以得出其半径约为 2.32mm,经过优化设计最终确定为 2mm。

6.2.3　仿真和结果分析

SSPP 环行器的仿真模型结构图如图 6.18 所示,其中介质基板和铁氧体紧密贴合在中心导体两侧,考虑到 HFSS 仿真软件的金属背景条件,须建立和仿真结构体相同的空气腔紧密包围仿真结构体。

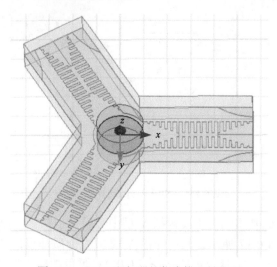

图 6.18　SSPP 环行器的仿真模型结构图

图 6.18 所示的 SSPP 环行器的偏置场 H_0 方向沿 z 轴向上,且该环行器工作在铁氧体的低场区,仿真 S 参数曲线和电场强度分布如图 6.19 所示。图 6.19(a)所示为从环行器的端口 1 输入信号,其中回波损耗(S_{11})在 9.3~12.0GHz 内都小于20dB 即 $S_{11} < -20$dB,在相应的频段内其隔离度(S_{21})也小于 20dB 即 $S_{21} < -20$dB,插入损耗(S_{31})在 0.5dB 以内即 $S_{31} > -0.5$dB;图 6.19(c)是信号从端口 2 输入时,对应的 S 参数,由图知其仿真结果和图(a)所表达的结果基本相同,即回波损耗 $S_{22} < -20$dB,隔离度 $S_{32} < -20$dB,插入损耗 S_{21} 在 0.5dB 以内;图 6.19(d)为电磁波信号从环行器的端口 3 输入,对应的 S 参数和图(a)、(b)所示的结果基本相同;图 6.19(b)是对应于图(a)情况下的电场强度分布图,从图中电场强度的分布可以直观看出当电磁波从端口 1 输入时,电磁波信号只能从端口 3 输出,端口 2 为隔离端。

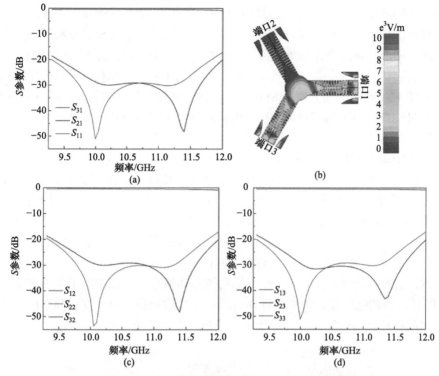

图 6.19　SSPP 环行器仿真参数曲线和电场分布图

通过图 6.19 所示的仿真 S 参数曲线可知，该环行器的环行方向为由端口 $1\rightarrow$ $3\rightarrow2\rightarrow1$，且在 $9.3\sim12.0$GHz 频段内，该环行器的环行性能可以满足工程应用的基本需求，即回波损耗和隔离度都在 20dB 以下，插入损耗在 0.5dB 以内，当然不同的应用背景对环行器的指标需求也不尽相同。对比于第 3 章的小型化 SSPP 环行器，该环行器无论是带宽还是环行性能都有所提高，这从侧面也反映了 CPW 到 SSPP 转换的高效性，同时也证明了铁氧体对圆形结中心导体的高效旋磁效应。相比于传统的带状线和微带线环行器，SSPP 环行器不需要进行四分之一波长阻抗匹配就可以实现宽频特征工作频带宽的特性。

6.2.4　环行器加工测试以及结果分析

为了验证该 SSPP 环行器在 $9.3\sim12.0$GHz 内的环行性能，加工了 SSPP 环行器的零部件，如图 6.20 所示。SSPP 环行器的加工样品如图 6.20 所示，其中图(a) 所示 Y 型为介质基板，黑色圆柱体为铁氧体，介质基板中心交会处打有通孔，用于安装铁氧体，且 Y 型介质基板的三条分支互成 120°夹角(由于加工技术的限制，在 Y 型介质基板三条分支的连接处无法实现棱角连接，因此在三条分支的连接处也打有通孔)；图(b)所示为粘贴有 SSPP 中心导体的介质基板，SSPP 中心导体的三条分支同样是互成 120°夹角，其中为了确保 SSPP 中心导体在安装过程中位于介质基板的位置和仿真时相同，因此在安装时使用了微量的导电胶水用于固定中心导体和中心导体三个端口处共面波导(CPW)的六个地线；图(c)所示分别是 SSPP 环行器的腔体结构和同轴馈电接头，其中腔体为正六棱柱结构，在其主视图以及左右旋转 120°所对的面分别是 SSPP 环行器的馈电端口，同轴的输入阻抗为 50Ω，和仿真时端口所设置的阻抗值相同；图(d)所示分别是 SSPP 环行器腔体的上部盖腔、底座和用于阻抗调节匹配的调节螺母。其中在上部盖腔上有四个圆柱形的圆腔，位于中间的圆柱形空腔是用于安装驱动铁氧体饱和磁化强度 $4\pi M_s$ 的永久性磁铁，其余外围的三个圆形腔用于安装阻抗调节螺母，调节螺母安装的位置正对于 Y 型介质基板三条分支的端口处，当调节螺母向下旋拧时，调节螺母的顶端就会挤压 Y 型介质基板的输入端口处以此来调节端口处的输入阻抗使其匹配馈电线同轴接头处的输出阻抗，其他螺母孔用于 SSPP 环行器的固定；图(e)所示为环行器腔体上部的内部结构和安装有介质基板和中心导体的腔体，中心导体位于两个相同的介质基板中间，整个 Y 型结构被腔体所包围；图(f)所示为安装完整的 SSPP 环行器的结构图，为了确保环行器在工作时避免来自外部同频率信号的干扰，因此在环行器的腔体外部添加了屏蔽板，即铁片用于隔离外部信号。

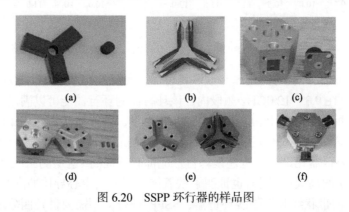

图 6.20　SSPP 环行器的样品图

　　为了方便环行器的测试，设计时在环行器的三个馈电端口增加了同轴接头如图 6.20(f)所示。SSPP 环行器的测试用矢量网络分析仪完成，其测试曲线如图 6.21 所示。由图可知，在 9.0～12.0GHz 频段内 SSPP 环行器的回波损耗都大于 15dB 即 $S_{11}<-15$dB；隔离度的测试曲线在相应的频段都大于 20dB 即 $S_{21}<-20$dB；插入损耗在 9.4～10.4GHz 内都在 1.5dB 以内，在 10.6～11.6GHz 频段内环行器的插入损耗在 0.5dB 以内，且在该频段内测试结果和仿真结果基本相同。相比于 SSPP 环行器的仿真结果，其中回波损耗(S_{11})和仿真的回波损耗具有较大的差异，造成偏差较大的原因主要有三个方面。其一，加工技术的限制，在加工介质基板时其三条分支的连接处无法实现和仿真时相同，而且在连接处打下三个通孔如图 6.20(a)

所示，且介质基板的棱边也存在不同程度的磨损的情况这在一定程度上也影响 SSPP 环行器的阻抗匹配程度，从而导致其 S_{11} 变差。其二，在安装中心导体时，为了确保和仿真时中心导体的位置相同，使用导电胶水把中心导体固定在介质基板上，其中在固定中心导体的三个端口处(共面波导的地线)，胶水的使用量相对较大，其不同于介质基板的相对介电常量必将导致阻抗失配从而会阻碍电磁波进入 SSPP 环行器。其三，共面波导的地线尺寸很小且加工精度不够精密导致共面波导的形状和大小都有不同程度的差异，这种差异也在一定程度上影响 S_{11} 参数。

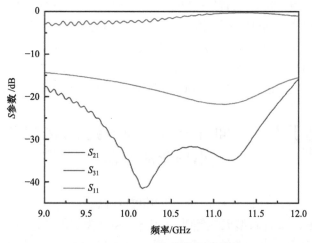

图 6.21　SSPP 环行器的测试结果

　　对比测试和仿真的隔离度曲线可知在 9.3～12.0GHz 频段内其值都在 20dB 以下，在单频点 10.2GHz 测试的隔离度相比于仿真而言其值更小，其主要原因有可能是在该频点处 S_{11} 的模值较大，即入射电磁波的反射较大从而导致隔离度的值偏小，测试隔离度曲线的总体趋势也从侧面反映了该 SSPP 环行器的铁氧体工作在饱和磁化强度下，即只有铁氧体达到饱和磁化强度(2650G)才可以在该频段实现对电磁波的旋磁效应。

　　参照仿真 S 参数曲线中的插入损耗(S_{31})，在 9.3～10.4GHz 内测试曲线的插入损耗较大，导致测试曲线插入损耗较大的原因并不是铁氧体没有达到饱和磁化强度，其主要原因是该 SSPP 环行器在该频率范围内的回波损耗较大，即测试的 $S_{11}<-15$dB 而仿真的值为 $S_{11}<-20$dB，这种误差是导致插入损耗变大的最直接原因。在 10.6～11.6GHz 频段内随着回波损耗降低，插入损耗也相应地降低，即当电磁波反射减小时，SSPP 环行器的插入损耗也减小，这种现象也说明了铁氧体工作在饱和磁化强度下，对入射电磁波的损耗较小。总体来说，该 SSPP 环行器的测试结果和仿真结果基本一致，从而在一定程度上证明了 SSPP 在环行器中的

可设计性和实用性。该 SSPP 环行器在尺寸上并没有明显的优势，这主要是因为为了测试的便捷性在环行器的三个端口处接入了同轴接头。

本节采用了 CPW 导行波到 SSPP 波高效耦合的技术手段和铁氧体对中心圆结高效的旋磁效应，设计制作了宽带 SSPP 环行器。首先，简要分析了 CPW 导行波耦合 SSPP 波的高效性，采用这种技术手段设计建立了 SSPP 环行器的仿真模型。通过对 SSPP 环行器的仿真和优化设计，确定了其结构参数和工作频带，并且在工作频段内其仿真结果满足环行器的工程应用指标(回波损耗、隔离度都大于 20dB，插入损耗在 0.5dB 以内)。为了验证设计的 SSPP 环行器，加工了 SSPP 环行器的零部件并在工程师的指导下组装了 SSPP 环行器。嵌入式环行器的测试相对复杂，必须用配套的测试夹具才能实现，为了方便环行器的测试，在加工制作时增加了 50Ω 的同轴馈电接头如图 6.20(f)所示。对比测试和仿真的 S 参数曲线可知 SSPP 环行器的测试和仿真结果基本一致，尤其是在 10.6～11.6GHz 频段内测试结果达到了应用指标要求。

6.3　基于人工表面等离激元强-弱色散区综合调控的小型化滤波器

近年来，国内已有研究人员关注到 SSPP 在微波通信领域的应用，例如，设计了基于 SSPP 的多种新型天线等[8]。将基于 SSPP 模式的传输线应用在滤波器的设计中，可结合它本身的亚波长特性，减小结构尺寸，在滤波器的小型化设计上更进一步。同时，这种微带线结构易于加工，容易降低制备成本。本节介绍基于 SSPP 的带通型悬置线腔体滤波器设计，其基本架构是由悬置于金属波导腔体中的 SSPP 传输线构成，利用 SSPP 的高频截止特性和波导的低频截止特性，形成带通滤波特性。由于牵涉波导，这里首先回顾一下矩形波导的简单知识。

6.3.1　矩形波导的传播模式

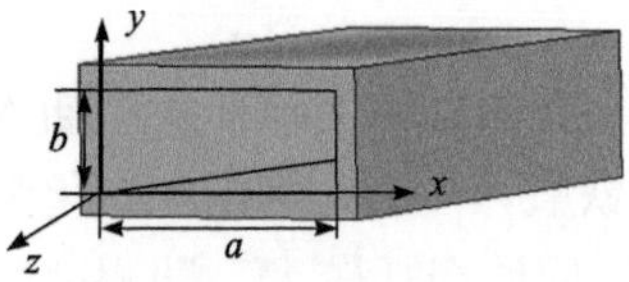

图 6.22　矩形波导

如图 6.22 所示矩形波导示意图，其为中空的矩形金属管，长边沿 x 轴方向，宽边沿 y 轴方向，长边长度为 a，宽边长度为 b，其材质假定为完美电导体(PEC)。下面将具体分析矩形波导的传输模式。波导中的截止波数 k_c 满足公式[9]：

$$k_c^2 = k^2 - \beta^2 = \omega^2 \mu \varepsilon - \beta^2 \tag{6.1}$$

其中，$k = \omega\sqrt{\mu\varepsilon} = 2\pi / \lambda$ 为波导中填充材料的波数，如果无任何填充材料，则为

$$k_0 = \omega\sqrt{\mu_0 \varepsilon_0} = \frac{2\pi}{\lambda_0} = \frac{2\pi f}{c} \tag{6.2}$$

矩形波导支持电磁波 TE 模和 TM 模,但不能传输 TEM(transverse electric and magnetic)波。在 b 小于 a 的前提下, TE_{10} 为 TE_{mn} 的主模, 同时也是最低模式, 其他模式 TE_{mn}、TM_{mn} 都叫做高次模。考虑到波导对电磁波的传输性质, 由(6.1)式可知截止波数 k_c 满足:

$$\beta^2 = k^2 - k_c^2 \tag{6.3}$$

其中, β 表示单位长度上的相移量, 即相位常数。分两种情况讨论:

(1) 如果截止波数 $k_c < k$, 此时相位常数 $\beta > 0$ 且为实数, 电磁波沿着 z 轴方向正常传输;

(2) 如果截止波数 $k_c > k$, 此时相位常数 β 为虚数, 电磁波沿着 z 轴呈衰减状态, 不能正常传输, 为截止状态, 存在截止频率。

可以得出结论: 截止波数 k_c 决定着电磁波能否在矩形波导中传输, 只有当 $k_c < k$ 时, 电磁波才可以在波导中呈传输状态。有确定值的 k_c 对应着相应的 f_c, 只有当 $f > f_c$ 时, 波导中才会产生相应的传输波。同时, 截止频率 f_c 也对应着截止波长 λ_c。f_c、λ_c 分别满足关系式:

$$(f_c)_{mn} = \frac{k_c}{2\pi\sqrt{\mu\varepsilon}} = \frac{1}{2\pi\sqrt{\mu\varepsilon}}\sqrt{\left(\frac{m\pi}{a}\right)^2 + \left(\frac{m\pi}{b}\right)^2} \quad (m, n = 0, 1, 2, \cdots) \tag{6.4a}$$

$$(\lambda_c)_{mn} = \frac{2\pi}{(k_c)_{mn}} = \frac{2}{\sqrt{\left(\frac{m}{n}\right)^2 + \left(\frac{m}{b}\right)^2}} \quad (m, n = 0, 1, 2, \cdots) \tag{6.4b}$$

可以看出, 除了矩形波导的尺寸参数 a、b 外, 截止频率 f_c 还由 m、n 的值决定, 所以波导具有高通低阻特性。当波导尺寸确定时, 在截止频率 f_c 以上频段的波可以传输, 并且这个频段中有些模式的波可以传输, 而有些模式的波不能传输; 反过来也是如此, 如果改变波导大小, 某些模式的波就不能在波导中传输。

接下来将探讨矩形波导尺寸和它的截止频率之间的关系。仿真四组结构参数下矩形波导的 TE_{10} 模, 将参数 a 和 b 的值分别设置为: ①$a = 15.0$mm, $b = 9.5$mm; ②$a = 25.0$mm, $b = 9.5$mm; ③$a = 35.0$mm, $b = 9.5$mm; ④$a = 25.0$mm, $b = 19.5$mm。截止频率的仿真结果如图 6.23 所示, 随着长边长度 a 的变化, 波导的截止频率 f_c 也在变化。保持 $b = 9.5$mm 不变, 当 $a = 15.0$mm、25.0mm 和 35.0mm 时, 截止频率 f_c 仿真结果分别为 10GHz、6GHz 和 4.3GHz; 而保持 $a = 25.0$mm 不变, $b = 9.5$mm 和 19.5mm 时, 截止频率 f_c 不变, 都为 6GHz。为了验证以上仿真结果, 计算当 $m = 1$, $n = 0$ 时的截止频率, 代入 $a = 25.0$mm, $b = 9.5$mm 和 19.5mm 得

$$(f_c)_{10} = \frac{1}{2\sqrt{\mu\varepsilon}} \cdot \sqrt{\left(\frac{1}{a}\right)^2} = \frac{c}{2a} = 6\text{GHz} \tag{6.5}$$

以上仿真结果证明了在此类波导传输模式下，f_c、a 和真空中光速 c 满足关系式：$f_c = c/(2a)$。由此可以看出，对于 TE_{10} 模式，矩形波导的截止频率 f_c 由它的长边长度 a 决定，与宽边长度无关。此外当 $a = 15.0$mm，$b = 9.5$mm 和 $a = 35.0$mm，$b = 9.5$mm 时，同样通过公式(6.5)计算出截止频率分别为 10.0GHz 和 4.3GHz。所以，在器件设计中，想要得到特定的截止频率 f_c，在 $a>b$ 的前提下，在微波仿真软件中设定波导为单一模式，即在传输波形为 TE_{10} 的前提下，调整尺寸参数 a 的值，便可得出对应的截止频率 f_c。

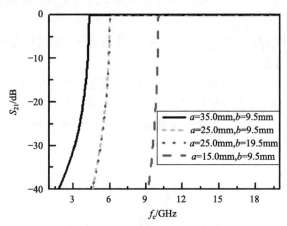

图 6.23　矩形波导截止频率随波导横截面尺寸的变化

　　上面从理论和仿真上验证了矩形波导的传输特性，清楚地了解到矩形波导具有高通低阻的滤波特性，可以在滤波器设计中利用这种特性。尤其在悬置线滤波器结构设计中，滤波器结构自身就包括了中空的矩形腔体，与传输线结构结合，当传输线结构具有低通高阻特性时(如 6.3.2 节所述的 SSPP 结构)，保证微带线结构的截止频率高于波导的截止频率，两个截止频率之间会形成一个通带，可进行带通滤波器的设计。与此同时，利用悬置线滤波器一些特有的优良性能，与上述内容结合，确保设计出具有较好性能参数的滤波器结构。再者，考虑到矩形波导截止频率处上升沿的陡峭度和 SSPP 结构截止频率处下降沿的陡峭度，这些特性在悬置线滤波器设计中结合起来，会表现出优异的陡截止滤波特性。

6.3.2　SSPP 传输线

　　图 6.24 所示为典型的 SSPP 传输线结构——等高锯齿结构，金属结构材质是铜，印刷在 F4B 介质板上，介质板介电常量 $\varepsilon_r = 2.65$，损耗角正切值为 $\tan\delta = 0.001$，厚度为 t，金属铜厚度为 ft，等高锯齿结构长度为 l_0，周期长度为 d，单个锯齿之间的距离为 s，垂直于锯齿结构的金属线宽度为 w_0。金属线方向平行于 x 轴方向，

锯齿结构平行于 y 轴方向。分析图 6.24 中的等高锯齿结构参数和其色散特性之间的关系。研究色散关系采用本征模法，仿真时 x 方向、y 方向、z 方向边界条件都设置为周期性边界，通过不同参数对应的色散曲线仿真结果，分析结构参数对 SSPP 色散特性的影响。

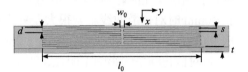

图 6.24　等高金属锯齿结构示意图

由图 6.25(a) 可以看出，金属锯齿高度 l_0 决定着 SSPP 结构的截止频率，随着高度 l_0 的增加，截止频率向低频移动。这意味着，如果想要得到理想的 SSPP 结构截止频率，可以通过调节高度 l_0 来实现。由图 6.25(b) 可以看出，等高锯齿结构周期结构之间的空隙 s 对 SSPP 结构截止频率影响很小，也就是说占空比的影响很小，定义占空比为 s/d，其中等高锯齿结构的周期长度 $d = 0.4\text{mm}$ 保持不变，$s = 0.1\text{mm}$、0.2mm、0.3mm 对应的占空比分别为 0.25、0.5、0.75，从图中仿真结果

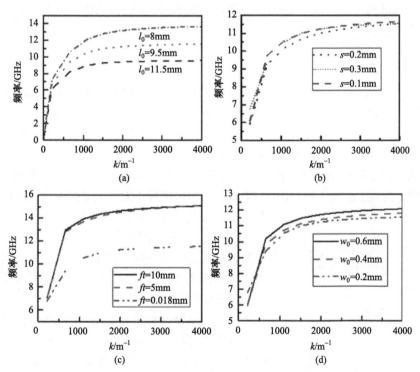

图 6.25　不同尺寸参数下的等高锯齿结构色散曲线：(a) $d = 0.4\text{mm}, s = 0.2\text{mm}, ft = 0.018\text{mm}, w_0 = 0.2\text{mm}, t = 0.5\text{mm}$; (b) $d = 0.4\text{mm}, l_0 = 9.5\text{mm}, ft = 0.018\text{mm}, w_0 = 0.2\text{mm}, t = 0.5\text{mm}$; (c) $d = 0.4\text{mm}, l_0 = 9.5\text{mm}, s = 0.2\text{mm}, w_0 = 0.2\text{mm}, t = 0.5\text{mm}$; (d) $d = 0.4\text{mm}, l_0 = 9.5\text{mm}, s = 0.2\text{mm}, ft = 0.018\text{mm}, t = 0.5\text{mm}$

可以看出占空比的影响很小。由图 6.25(c)可以看出，金属铜的厚度 ft 增加到 5mm 和 10mm 时对色散曲线影响很大，两种厚度下的截止频率基本一致，本设计中采用 0.018mm 厚度的金属铜。由图 6.25(d)可以看出，垂直于锯齿结构的金属线宽度 w_0 对截止频率的影响不明显，当 w_0 从 0.2mm 变化至 0.6mm 时，截止频率从 11.6GHz 移至 12.2GHz，只是向高频移动一点，影响很小。

由上面分析可以得出结论：等高锯齿结构的色散关系由金属线长度 l_0 主导，其他因素对色散关系的影响只是起到次要作用。从一定意义上来说，色散关系中的截止频率表明 SSPP 结构具有低通高阻的特性。所以，这种 SSPP 传输线可以与悬置线滤波器结合起来，发挥 SSPP 亚波长以及传输损耗很小的特性，从而实现滤波器小型化，并且保证较低的带内插损。

6.3.3　馈电结构设计

在上面对等高锯齿结构色散关系的仿真中，采用的是本征模法，馈电采用的是平面波馈电的方法，而在微波器件如滤波器的实际应用中，往往采用同轴馈电法。

1. 单极子同轴馈电法

如图 6.26 所示，对于等高锯齿金属结构，采用 50Ω SMA(Subminiature)同轴馈电法。一定长度的 SMA 同轴可等效看作单极子天线，对其馈电，它会将场以自身为中心向周围空间辐射出去。根据相关物理知识我们知道，时变电场激发磁场，时变磁场激发电场，两者即以这种方式在时间和空间上交替向前传输。对于这种从自由空间向结构馈电的方法，实质上是将场通过近场耦合的形式耦合进锯齿结构，在其上激发亚波长的 SSPP 模式，所以单极子天线离等高锯齿结构的距离不能太远，否则辐射场很难耦合进等高锯齿结构。

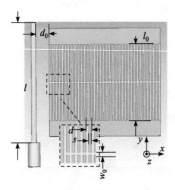

图 6.26　单极子同轴馈电法示意图

在图 6.26 中，单极子长度为 l，它的长度中点和锯齿结构的中心在同一水平线上，与等高锯齿金属结构的距离为 d_0，等高锯齿金属结构的长度为 l_0，采用的介质板材质为 F4B，损耗角正切值为千分之一，相对介电常量为 2.65。SSPP 结构尺寸如图中放大部分所示，周期长度为 d，相邻金属线间距为 s，垂直于锯齿的中心连接金属线宽度为 w_0。选定 $d_0 = 1\text{mm}$，$l_0 = 9.5\text{mm}$，$d = 0.4\text{mm}$，$s = 0.2\text{mm}$，$w_0 = 0.2\text{mm}$。通过对图中同轴端口馈电，电磁波可以通过近场耦合进入锯齿结构，然后在其上激发 SSPP 并沿着锯齿结构传输。考虑到 k 值匹配的问题，自由空间和等高锯齿结构之间的 k 值差别较大，因此场主要是约束在锯齿结构的上下两端。

由于单极子天线和金属锯齿结构的长度不相等，只有在阻抗匹配的时候，电磁场才能够高效耦合至等高锯齿结构，这种匹配反映到 S 参数中，就是 S_{11} 存在两个谐振频点。下面将通过调整单极子天线的长度 l_0 来探索谐振频率的变化情况。图 6.27 为 l 分别为 20.0mm、15.0mm 时 S_{11} 曲线的谐振频点分布情况。从图中可以看出，当 $l = $ 20.0mm 时，实线显示的谐振频点分别是 5.4GHz 和 12.0GHz；当 $l = 15.0$mm

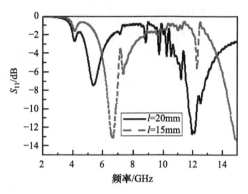

图 6.27　$l = 20.0$mm 和 15.0mm 时 S_{11} 曲线图

时，虚线显示的谐振频点分别是 6.67GHz 和 12.2GHz。可以认为，谐振频点从 5.4GHz 到 6.67GHz 的变化对应着 l 从 20.0mm 到 15.0mm 的变化。因为单极子长度从长到短变化，所以谐振频点也经历着由低到相对高点的频率变化。考虑到介质板材质为 F4B，具有一定的介电常量和损耗，仿真得出的谐振频率与结构长度大致是符合的。此外，12.0GHz 和 12.2GHz 对应着等高锯齿结构的谐振频率，因为这两个频点十分相近，而锯齿结构的长度又没有变化，所以可以认为前后两次仿真中锯齿的谐振频点没有变化。同样，考虑到介电常量和损耗，谐振频点与锯齿高度也是大致对应的。图 6.28 为 $l = 20.0$mm 和 15.0mm 时谐振频点的电场图，证明了发生谐振时 S_{11} 最低，反射的能量最少，有部分场可以在锯齿结构的两端交替向前传输，意味着在锯齿结构上激发了 SSPP 模式。

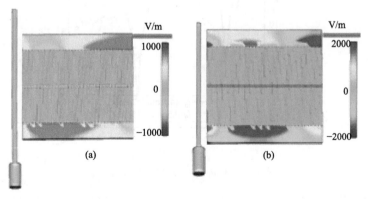

图 6.28　(a) $l = 20.0$mm 时谐振频点 5.4GHz 处 E_y 示意图；(b) $l = 15.0$mm 时谐振频点 6.67GHz 处 E_y 示意图

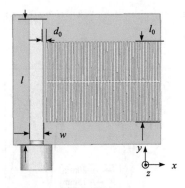

图 6.29　单极子贴片馈电法示意图

2. 单极子贴片馈电法

由于在实际应用中，上述特定长度的单极子天线的加工和固定都比较困难，难以保证其与锯齿结构的精确距离，所以这种馈电方法很难实现。因此，考虑将单极子的长金属棒等效成一定宽度和长度的贴片，这样作为馈源的贴片和锯齿之间的距离就可以自由调整，以此保证实现最好的近场耦合效果。目前国内微带线印制的精度可以保证在 0.02mm，可以很容易地采用 PCB 印刷技术加工出来，因此本设计中的微带线加工不存在问题。和长金属棒相似，微带贴片也可以等效为单极子天线，调节它的宽度和长度，就可以获得相同的辐射效果。与前者相比较，在相同的原理上将设计转化了一下，优点是考虑到了实际加工，易于加工实现。

与前者的研究方法类似，如图 6.29 所示，除了图中所示的参数 l_0、l、d_0、w 之外，锯齿的尺寸与图 6.26 所示的相同。为了获得相近的谐振频点，调整 l_0、l、d_0 和 w 参数的值。令 $d_0 = 0.4$mm，$w = 1.7$mm 时，仿真出 l_0 和 l 的两组值(①$l = 20$mm, $l_0 = 14.5$mm；②$l = 15$mm, $l_0 = 9.5$mm)对应的 S_{11} 曲线，得出对应的谐振频点。如图 6.30 所示，可以看出两组值中贴片和锯齿对应的谐振频点分别为：①4.6GHz 和 10.8GHz；②5.9GHz 和 14.0GHz。由此可知，贴片和锯齿结构的谐振频点是由它们本身的长度决定的，想要获得特定的谐振区，只需优化尺寸参数即可。

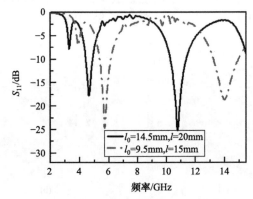

图 6.30　不同 l_0、l 值对应的 S_{11} 曲线

更重要的一点是，可以看出 $l = 15$mm 时 S_{11} 在谐振频点 5.9GHz 处达到了 −25dB，并且贴片总体上的谐振幅值都比上述的单极子金属棒馈电时要大。这些

毫无疑问地说明了相对于从自由空间耦合进锯齿结构的方法，这种单极子贴片馈电方式的近场耦合效果更好，因为贴片与锯齿结构同是金属结构，它们之间的距离近，本身的 k 值更相近，匹配更好，因此电磁场在 SSPP 结构中的传输效果更好。

同样，考察 $l_0 = 9.5\text{mm}$, $l = 15\text{mm}$ 时谐振频点的电场与电流分布图，如图 6.31 所示。图中的电场表明，谐振时电场集中在锯齿的上下两端沿着金属与介质板的分界面往前传输，5.9GHz 为金属贴片的谐振点，14.0GHz 为等高锯齿结构的谐振点，这两点的 S_{11} 值说明相当一部分电磁场耦合进入锯齿结构而不是反射回去，图(b)和(d)给出了这两个频点的表面电流分布情况，可以看出电流主要集中在锯齿中间的金属线附近，沿着金属线向前传导。如果在贴片的 x 轴对称位置再放置另一尺寸完全一样的贴片，增加一个接收端口，那么，就可能会有另一个谐振点存在。在贴片尺寸相同的情况下，这两个谐振点会在同一位置。

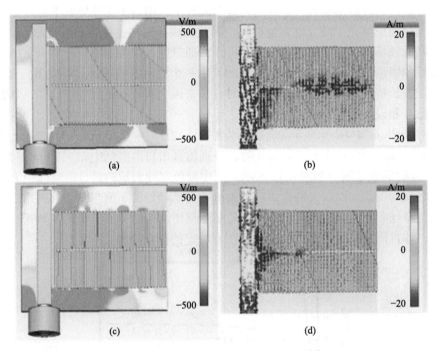

图 6.31　$l_0 = 9.5\text{mm}$, $l = 15\text{mm}$ 时谐振频点：(a) 5.9GHz 处的 E_y 示意图；(b) 5.9GHz 处的表面电流示意图；(c) 14.0GHz 处的 E_y 示意图；(d) 14.0GHz 处的表面电流示意图

考虑到悬置线滤波器本身就有矩形金属腔体，利用矩形波导具有的高通低阻特性，能提供一个上升沿处的截止频率，与上文已分析过的由单极子贴片馈电的等高锯齿结构 SSPP 传输线结合，二者构成的传输线存在两个谐振频点，这两个谐振频点与矩形波导的截止频率之间有形成通带的可能。一方面，矩形波导和 SSPP 传输线的截止频率处的带外抑制度强；另一方面，SSPP 传输线具有亚波长

特性，能够在滤波器结构尺寸上深度压缩，有利于进一步小型化。接下来将设计、制备并验证这种小型化滤波器。

6.3.4　滤波器设计

将金属矩形波导与等高锯齿结构 SSPP 传输线结合起来，再进行相关的设计优化工作。首先，在图 6.29 单极子贴片馈电方式的基础上，在端口一的对称位置再设置一个端口二，根据互易性原理，两个端口理论上的耦合效率、谐振频点是一样的，前者耦合进去的场通过 SSPP 传输线会被后者接收，实现电磁场从端口一到端口二的传输。其次，中空的矩形波导内部原本存在的全是空气，有它本身固有的截止频率，并且带外抑制度相当理想。悬置线结构就是将传输结构悬置在波导之中，这里采用的介质板是 F4B，相对介电常量是 2.65，相对于空气来说，介电常量大，折射率也大。如果把它置于波导中，相当于在波导原本低介电常量的空气介质中填充了高介电常量材料，因此，波导的截止频率必然会发生变化，并且向低频移动。变化后的截止频率可作为通带的起始频率，与介质板上由单极子贴片和锯齿结构形成的两个谐振点的其中一个之间形成通带。再者，由于 SSPP 具有亚波长特性，因此传输线结构相对波长来说会有较小的尺寸。这样，悬置线带通滤波器设计的思路就初具雏形。

对于图 6.24 所示的等高金属锯齿结构，当 d = 0.4mm，s = 0.2mm，ft = 0.018mm，w_0 = 0.2mm，t = 0.5mm 时，分别仿真出自由空间中 l_0 = 8mm，9.5mm，11.5mm 时的色散图，如图 6.32 所示。图中黑色实线表示的是自由空间中 k 值与频率之间的关系，而放大的虚线框里表示的是低频处的 k 值与频率的关系。可以看出，在任一频点自由空间的 k 值总是小于锯齿结构的 k 值，尤其在高频处更是如此，并且固定长度的锯齿结构还存在着特定的截止频率。

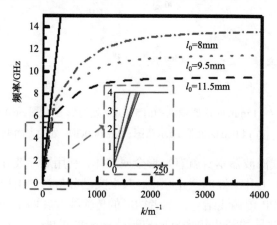

图 6.32　自由空间与锯齿结构的色散图

　　图 6.33 所示为优化设计后的 SSPP 耦合传导结构，刻蚀在厚度为 0.5mm 的 F4B 介质基板上，其上结构的尺寸分别为 $a' = 56.4$mm，$b' = 25$mm，$d = 0.4$mm，$s = 0.2$mm，$d_1 = 19$mm，$d_2 = 2.1$mm，$d_3 = 0.4$mm，$d_4 = 8$mm，$w = 1.7$mm，$w_0 = 0.2$mm，$l' = 14.9$mm，$l_0' = 9.5$mm，等高锯齿的数量为 $N = 36$。

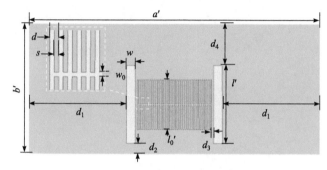

图 6.33　SSPP 耦合传导结构

　　仿真时将刻蚀有 SSPP 耦合传导结构的 F4B 介质板置于中空的金属矩形波导中，波导侧视图如图 6.34 所示。介质板距离上下金属内壁为 4.5mm，介质板宽度为 25mm，波导良好的密封性保证了电磁能量不外漏。考虑到采用 SMA 同轴馈电法，SMA 需要占据介质板的部分空间，因此仿真时就把介质板位置的部分减去，在软件中建模后的结构俯视图和透视图如图 6.35 所示。如图 6.36 所示，将 x、y、z 轴上的边界条件都设为

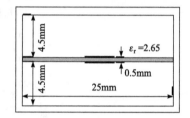

图 6.34　加载 SSPP 导波结构的矩形腔体侧视图

开放性边界，选用时域算法，仿真以下三种情况下的 S 参数曲线：① $l_0' = 8$mm，$l' = 13.9$mm；② $l_0' = 9.5$mm，$l' = 14.9$mm；③ $l_0' = 11.5$mm，$l' = 15.9$mm。由 S_{21} 曲线可见，滤波器表现出了明显的带通特性，仿真结果验证了滤波器设计方法的有效性。当 $l_0' = 9.5$mm，$l' = 14.9$mm 时，由 0.1dB 线所确定的通带范围为 3.3～4.1GHz，若考虑到 -3dB，则通带为 2.7～4.6GHz，带内插损基本上在 -0.1～-0.3dB，显示出密封在腔体中的 SSPP 传输线滤波器的带内插损确实比较小。

　　考察通带中 3.8GHz 处的电场和磁场示意图，如图 6.37 所示。在图 6.37(a) 中，可以看出电场集中在锯齿结构的上下两端，从馈电端贴片向接收端贴片传输，显示出 SSPP 传输线作为两个贴片之间的传输媒介，在 k 值过渡上起到了重要的作用。图 6.37(b) 表示的是 3.8GHz 处的磁场分布，可以看出波导传输的电磁场模式是 TM 模，磁场方向垂直于电磁波传播方向。

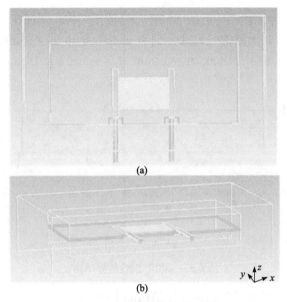

图 6.35　滤波器俯视图和透视图

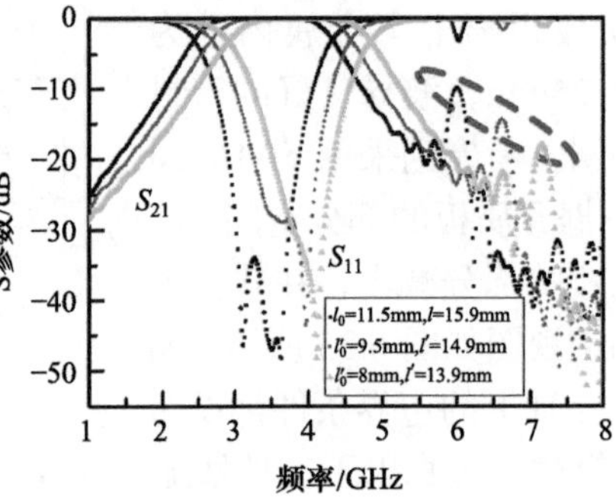

图 6.36　不同值的 l_0' 和 l' 对应的 S 参数曲线

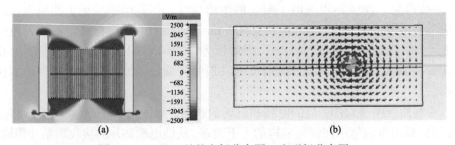

图 6.37　3.8GHz 处的电场分布图(a)和磁场分布图(b)

6.3.5　仿真和实验验证

对于通带形成的原因,分析如下:在图 6.32 所示的色散曲线图中,3GHz 处

自由空间对应的 k 值为 $k_1 \approx 65 \text{rad/m}$，$l_0 = 9.5\text{mm}$ 等高锯齿结构对应的 k 值为 $k_2 \approx 110\text{rad/m}$，所以可以推算出介质板的等效折射率为

$$n_{\text{eff}} = \frac{k_2}{k_1} = \frac{110}{65} \approx 1.7$$

其中，折射率 n_{eff} 的物理意义就是自由空间和介质中的电磁波相速比值。

相应地，等效相对介电常量为

$$\varepsilon_{\text{r}} = n_{\text{eff}}^2 = 2.89$$

同时，当矩形波导尺寸 $a = 25\text{mm}$，$b = 9.5\text{mm}$ 时，它原本的截止频率为 $f_{\text{cutoff}} = 6\text{GHz}$，现在 SSPP 耦合传导结构悬置在波导中，由于 SSPP 模式的波长短，等效具有高介电常量，波导的截止频率变为

$$f_{\text{lc}} = \frac{f_{\text{cutoff}}}{n_{\text{eff}}} = \frac{6}{1.7} \approx 3.5(\text{GHz})$$

可以看出变化后波导截止频率 $f_{\text{lc}} = 3.5\text{GHz}$，与仿真出通带上升沿的起始频率 3.3GH 很接近，证明了通带起始频率确实由矩形波导尺寸决定。

相同地，$l_0 = 9.5\text{mm}$，$l = 15\text{mm}$ 时单极子贴片原本的谐振频点为 $f = 5.9\text{GHz}$，因为长度相近，把它与 $l_0' = 9.5\text{mm}$，$l' = 14.9\text{mm}$ 时的情况近似等效，同样考虑到 SSPP 结构的等效高介电常量，单极子贴片的谐振频率也会变化，若仅考虑折射率的影响，则推算出通带下降沿的截止频率为

$$f_{\text{uc}} = \frac{f}{n_{\text{eff}}} = \frac{5.9}{1.7} \approx 3.5(\text{GHz})$$

推算出的 $f_{\text{uc}} = 3.5\text{GHz}$ 与通带下降沿的截止频率 4.1GH 相差较大，但是，如果再考虑到单极子贴片与金属锯齿的 SSPP 传输线之间的耦合作用，势必会对 f_{uc} 产生影响，使得这个截止频率向高频移动，f_{uc} 与 f_{lc} 之间的频段就是滤波器的通带。

图 6.36 中的椭圆形虚线标示出的三个谐振点对应着 l_0' 和 l' 的三种长度情况，其中当 $l_0' = 9.5\text{mm}$，$l' = 14.9\text{mm}$ 时通带外谐振点为 $f_{\text{r}} = 6.5\text{GHz}$，通带外的谐振点是密封矩形腔体的谐振造成的，图 6.33 中的 a' 和 b' 值确定了波导中金属腔体的尺寸，其中 $a' = 56.4\text{mm}$，$b' = 25\text{mm}$，可知 $c/f_{\text{r}}=46\text{mm}$，与 $2b' = 50\text{mm}$ 大小相近，所以这些谐振点的位置是由金属腔体本身的尺寸决定的。

为了验证这一滤波器设计方法，对图 6.33 中刻蚀有 SSPP 耦合传导结构的介质板及外部金属腔体进行了制备并密封组装，利用矢量网络分析仪进行了测试。如图 6.38 所示为加工的悬置线带通滤波器样品，金属腔体选用的材质是铝，腔体还需要和铝制金属封盖固定在一起，保证整个波导的密封性。图中所示腔体上所打的孔为固定螺丝所用，在组装结构的过程中还需要将两个 SMA 接头的探针与

介质板的微带线结构焊接上。

图 6.38 悬置线带通滤波器样品外观

在整个样品组装完成后，利用矢量网络分析仪测试滤波器的 S 参数特性。如

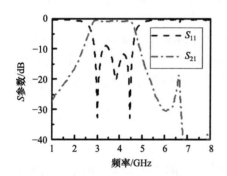

图 6.39 滤波器样品的 S 参数测试结果

图 6.39 所示，总体上看通带范围基本与仿真结果一致，实验测得的带外抑制度较好，并且通带外相同位置的谐振点同样存在，谐振峰值略下降至 $-20\mathrm{dB}$。测试结果的不足之处是通带的带内插损稍大，最大插损值达到 $1\mathrm{dB}$ 左右。

本节主要介绍了基于 SSPP 传输线的带通悬置线滤波器设计，依次进行了 SSPP 的激发条件分析、矩形波导的传播模式分析和等高锯齿结构 SSPP 传输线的色散关系及馈电方式分析，以及最终的滤波器结构的设计与仿真和实验验证。基于 SSPP 结构的小型化滤波器具有带内插损较低、结构简单易加工等优点，尤其是制备成本低。

6.4 本 章 小 结

本章介绍了几种典型的小型化 SSPP 微波器件。SSPP 具有亚波长特性，有利于缩减器件的尺寸和体积，在微波器件设计中具有广泛的应用价值。本章主要介绍了基于 SSPP 的铁氧体环行器和滤波器，包括：①基于 SSPP 模式的小型化环行器。梳状传输线是一种典型的支持 SSPP 模式的结构，它具有传输频带宽、插入损耗小的特点。梳状传输线用于环行器设计不仅可以确保环行器的工作带宽，而且可以缩小环行器尺寸。②基于 SSPP 模式的宽频带环行器设计方法。在梳状传输线结构的基础上增加了中心圆结，这种中心导体结构可实现 SSPP 模式和 TEM 模式的相互转化。在中心结处增加圆形结有助于提高铁氧体对电磁波的旋磁效应，从而改善环行器的环行性能，同时改善环行器的工作带宽。③基于 SSPP 模式的小型化带通滤波器。利用 SSPP 的亚波长特性缩减滤波器的体积，同时保证滤波器带内低插损。由于其波长远小于自由空间波长，SSPP 模式具有较高的等效介电常量，并且在其传输通带内具有低损耗特性，因此在矩形波导中利用单极子馈电的 SSPP 传输线实现了低频段的带通滤波特性，仿真和实验验证了其带内低插损、带外高抑制特性，该滤波器结构简单、易于加工，为低成本的小型化滤波器设计提供了技术新途径。

参 考 文 献

[1] 蒋微波, 蒋仁培. 微波铁氧体器件在雷达和电子系统中的应用、研究与发展[J]. 现代雷达, 2009, 31(10): 1-9.

[2] 蒋微波. 相控阵雷达中的多晶体微波铁氧体材料及器件[J]. 磁性材料及器件, 2004, 35(6): 31-33, 39.

[3] 余声明. 环行器/隔离器在微波通信中的地位和作用[J]. 电子元器件应用, 2003, 11: 1-4.

[4] 王卫华, 孙卫忠. 微波环行器、隔离器在雷达固态发射机中的应用[J]. 磁性材料及器件, 2012, 43(2): 6-9.

[5] Bosma H. On the principle of stripline circulation[J]. Proceedings of the IEE-Part B: Electronic and Communication Engineering, 1962, 109(21S): 137-146.

[6] Bosma H. On stripline Y-circulation at UHF[J]. IEEE Transactions on Microwave Theory and Techniques, 1964, 12(1): 61-72.

[7] Ma H F, Shen X, Cheng Q, et al. Broadband and high‐efficiency conversion from guided waves to spoof surface plasmon polaritons[J]. Laser & Photonics Reviews, 2014, 8(1): 146-151.

[8] 韩亚娟, 张介秋, 李勇峰, 等. 基于微波表面等离激元的 360° 电扫描多波束天线[J]. 物理学报, 2016, 65(14): 147301.

[9] 王新稳, 李萍, 李延平. 微波技术与天线[M]. 2 版. 北京: 电子工业出版社, 2006: 4-196.

第7章　基于人工表面等离激元强色散区调控的吸波结构

电磁吸波结构在隐身技术[4, 5]、电磁防护[6,7]、无线传输[8]中有着广泛的应用。电磁超材料极大地促进了新型吸波材料和吸波结构研究的发展[9]。SSPP 是在微波波段内由人工电磁介质或结构激发的电磁传输模式，通过超材料可在微波频段激发 TM(transverse magnetic)和 TE(transverse electric)模式的 SSPP[10,11]。随着研究的发展，SSPP 的局域场增强、强色散、慢波特性和亚波长传输特性在多个领域中得到了应用[12-14]。借助于慢波特性产生的局域场增强，结合损耗型介质，超材料所激发的 SSPP 模式可用来实现宽带高效吸波。事实上，在截止频率附近，SSPP 表现出非常强烈的色散特性，产生相位突变[1]、慢波甚至停止波[2]、损耗吸收[3]等效应。借助 SSPP 这些特性，并结合基板材料的介电损耗，可进行宽带吸波材料和吸波结构的设计。本章聚焦 SSPP 强色散区调控，介绍了 SSPP 在吸波材料与吸波结构设计中的应用：一方面通过 SSPP 的波矢渐变分布设计改善界面阻抗匹配、实现宽带吸波、拓展吸波带宽；另一方面利用 SSPP 结构可以增强其他类型吸波材料的吸波性能。例如，将 SSPP 结构加载至电阻膜吸波结构或磁性吸波胶片上，可以拓展低频吸波性能，实现超宽带吸波特性等。

7.1　直线型 SSPP 吸波结构

7.1.1　吸波机理分析

如图 7.1(a)所示，将多条长度从 l_1 逐渐增加至 l_2、线宽为 w、厚度为 t_c 的平行金属线按照周期 s 沿着 z 轴(波矢)方向组合在一起，构成 SSPP 结构单元。与此同时，选用高度为 d_f、厚度为 t_f 的介质板组成方形介质格栅，使得每个方形格栅的边长为 P。最后，在方形介质格栅的每一个单元侧壁印制上述所设计的 SSPP 结构，最终得到了 SSPP 吸波结构。这里，金属线为铜，电导率为 $5.8 \times 10^7 \text{S/m}$；介质板为具有较强介电损耗特性的 FR4 介质基板，相对介电常量为 4.3(1–j0.025)。SSPP 结构单元的结构参数为 P=6.4mm，d_f=3.6mm，t_f=0.8mm，t_c=20.0μm，l_1=0.8mm，l_2=4.0mm，w=0.1mm，s = 0.2mm。

仿真计算 SSPP 结构的反射率和透射率。如图 7.1(b)所示，正三角形标注的曲线为反射率曲线，表明 SSPP 结构对于 40.0GHz 以下的电磁波都没有明显的反射，特别是在低于 7.7GHz 和高于 21.2GHz 的工作频带内，其反射率低于 −10dB。倒三角形标注的曲线为透射率曲线，表明该 SSPP 结构对频率低于 20.0GHz 的电磁波能够实现高效透射，而在 23.2～34.0GHz 频带内的透射率远低于−10dB。基于上述 S 参数仿真结果，计算该 SSPP 结构的吸收率。如图 7.1(c) 所示，多个相邻的吸收峰在 22.6～35.8GHz 频带内相互叠加，实现宽带电磁吸波性能。

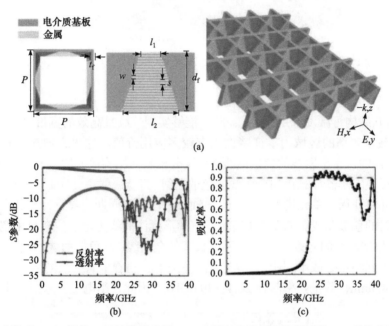

图 7.1　直线型 SSPP 结构：(a)结构示意图；(b)反射率和透射率仿真结果；(c)吸收率仿真结果

关于此 SSPP 结构宽带电磁吸波性能的讨论，可以从能量损耗的角度出发，该结构在 23.0GHz、26.0GHz、29.0GHz 和 32.0GHz 频点处，在方形格栅周期单元任一侧面上的能量损耗分布如图 7.2 所示，不同频点处的能量损耗分布始终集中在金属-介质面上个别金属线附近。随着吸收频点逐渐由 23.0GHz 增加至 32.0GHz，对应的能量损耗分布将逐渐从底层的长金属线移动至上层的短金属线。由此可见，该 SSPP 结构中的每条金属线在入射电磁波的激励下，均可在其对应频点产生强烈的吸波特性，各金属线的吸波频段彼此靠近，合并成为一个宽带吸波带，实现了宽带电磁吸波性能。

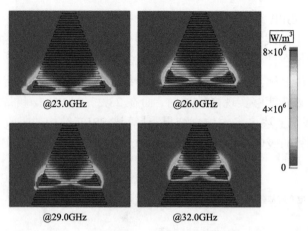

图 7.2　SSPP 结构在 23.0GHz、26.0GHz、29.0GHz 和 32.0GHz 频点处的能量损耗分布

7.1.2　波矢匹配设计

　　SSPP 结构可激发 SSPP 模式，除了能够实现连续且高效的宽带电磁吸波外，在低于截止频率的区域内本征特性仍有较多应用价值。这里，通过计算组成该 SSPP 结构的每条金属线的色散曲线，讨论分析整体结构单元所具有的本征特性。采用本征模求解器计算得到金属线的色散曲线。将金属线单元印制在 FR4 介质基板上，并将此周期单元模型沿 x、y、z 轴方向设置为周期边界，计算此金属线长度变化时的色散曲线。如图 7.3 所示，三角形标注曲线为电磁波在自由空间中的色散曲线(即所谓的光锥线)。对于不同长度的金属线，其色散曲线均偏离光锥线，并且在不同频点处截止。图中的灰色阴影区域内，随着金属线长度从 2.0mm 逐渐增加至 4.0mm，截止频率落在 20.4～40.0GHz。因此，当电磁波入射至由长度渐

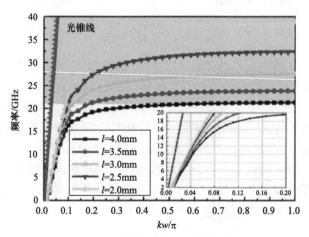

图 7.3　金属线长度变化时的色散曲线

变的多条平行金属线组成的阵列结构中时，由于波矢 k 值在 20.4GHz 以上的相邻频点处接近于无限大，因此形成了明显的慢波效应。无限大波矢 k 值必然带来了强局域化的表面波，从而使其电场获得显著提升，结合介质基板本身具有较强的介电损耗，可获得高效的电磁吸波性能。此外，在图 7.3 中的插图部分，进一步给出了低频段 20.0GHz 以下的色散曲线。可以发现，色散曲线在低频任一频点处，随着金属线长度的逐渐增长，对应 k 值也逐渐增加。因此，对于由长度渐变的多条平行金属线组成的阵列结构，当自由空间的电磁波入射至该结构时，在低于 20.4GHz 的宽频带内能够实现逐渐增大的 k 值，获得了良好的波矢匹配特性。

得益于良好的波矢匹配特性，上述 SSPP 结构能够将自由空间波在宽频带内高效转化成 SSPP 模式，在 SSPP 结构上继续传播。为了观察 SSPP 及其传播特性，分别给出了该 SSPP 结构在 5.0GHz、10.0GHz、15.0GHz、23.0GHz、26.0GHz 和 29.0GHz 频点处的电场分布。如图 7.4 所示，对于低频 5.0GHz、10.0GHz 和 15.0GHz 处，从 yOz 平面内的电场分布可以观察到，自由空间波入射至该 SSPP 结构时，在结构的金属-介质界面产生了明显的场增强效应。高度局域化的电磁场在金属-介质面传播，直到从该 SSPP 结构中再次辐射出去。由此可见，SSPP 结构的波矢匹配设计具有高效的导波传输特性。而对于高频 23.0GHz、26.0GHz 和 29.0GHz 处，从 yOz 平面内的电场分布可以观察到，自由空间波入射至该 SSPP 结构时，并没有明显增强的局域电场在金属-介质面上沿波矢方向进行传播，而是在对应不同长度的金属线周围产生了局域化的电场增强，与上述图 7.2 中的能量损耗分布基本一致。在此截止频率处产生的局域增强的电场，其幅值远大于具有传播特性的 SSPP 电场幅值。因此，该 SSPP 结构在高频段内能够实现宽带且高效的电磁吸波，而在低频段内则借助于波矢匹配特性，实现了高效的导波传输。

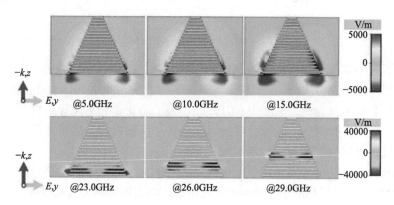

图 7.4　SSPP 结构的电场分布(yOz 面内)

7.1.3　吸波栅格结构

　　根据上述对金属锯齿结构吸波机理的分析，设计可在特定频段实现宽带高效吸波性能的吸波结构。通过在具有介电损耗的基板上刻蚀金属线阵列结构，设计得到了在 15～18GHz 和 35～40GHz 内能够高效吸波的吸波格栅结构。如图 7.5 所示，将多条线宽为 w、厚度为 t 的平行金属线，按照长度从 l 逐渐减小至 0 的顺序，以周期间隔 s 刻蚀在介质基板上，构成了长度渐变的金属锯齿结构。然后将渐变的金属线阵列单元结构以周期栅格的形式进行组合排列，其高度为 h、厚度为 t_f，每个正方形格栅的边长为 P，最终得到了所设计的格栅型金属锯齿吸波结构。其中，金属材料均为铜，厚度为 $t = 17.0\mu m$；介质基板的材料板为 FR4 玻璃纤维增强环氧树脂板，相对介电常量为 4.3(1–j0.025)。周期栅格型阵列结构的参数如下：h=26.0mm，h_1=22.9mm，t_f=0.42mm，P=10.0mm，l=9.4mm，w=0.2mm，s=0.2mm。

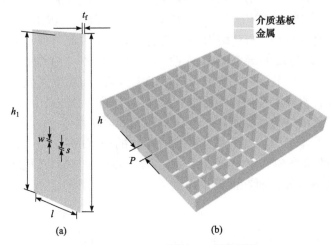

图 7.5　(a)SSPP 结构；(b)栅格结构

　　为了进一步验证栅格型吸波结构的吸收性能，制作如图 7.6(a)所示的原理样件。利用传统电路板 PCB 工艺加工 SSPP 结构，采用商用 FR4 环氧玻璃板作为基板，其上金属膜为铜，厚度为 0.017mm。为了防止金属氧化导致材料的特性发生变化，影响实验测试的效果，对铜表面进行了沉锡处理。然后在其底部加金属反射背板，对栅格型金属锯齿吸波结构的反射率进行测试。

　　如图 7.6(b)所示，在微波暗室中进行测试。远场测试系统由实验平台、矢量网络分析仪(VNA)、一对标准增益的喇叭天线组成。将发射喇叭天线和接收喇叭天线放置在原理样件的一侧，并确保喇叭天线沿样件的法线对称放置。发射喇叭天线放置在距离样件400mm 处，以确保准入射电磁波能够水平入射。对原理样件的测试主要分为两部分：首先将与样件尺寸相同的金属反射背板放置于样件的位置，测得归一化反射率；然后将金属反射背板替换为原理样件，再对样件的反射率进行测试。

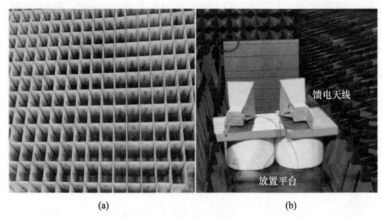

图 7.6　(a)栅格吸波结构的原理样件；(b)测试环境

图 7.7 给出了栅格吸波结构原理样件的反射率测试结果，可以看出：在 15～18GHz 频段内吸收效率可达 99.9%(对应反射率–30dB)，在 35～40GHz 频段内吸收效率可达 99%(对应反射率–20dB)，吸波结构能够在指定频带内实现宽带且高效的电磁吸波。另外，仿真结果表明，所设计吸波结构在 15～18GHz 的反射率小于千分之一，即吸收率达到 99.9%；在 35～40GHz 反射效率小于百分之一，即吸收率达到 99%。由此可以看出，该吸波结构较好地实现了在 15～18GHz 和 35～40GHz 频段内高效吸波效果，并且通过渐变化的金属锯齿结构单元设计，可实现多个频段的高效电磁吸波。

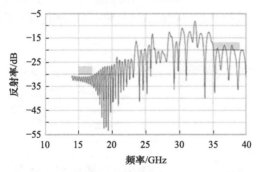

图 7.7　栅格吸波结构原理样件反射率测试结果

7.1.4　吸波点阵结构

基于渐变金属锯齿吸波结构，本节进一步介绍金字塔点阵型吸波结构。如图 7.8 所示，一维 SSPP 阵列结构只能吸收电矢量与金属线平行的 x 极化电磁波；

如果将 SSPP 结构改成正交栅格结构，便可以同时吸收 x 极化与 y 极化两种极化的电磁波。将正交 SSPP 栅格结构等效转化为多层金属贴片-介质层叠结构，由于金属贴片的旋转对称性，该结构可以吸收任意极化的电磁波，最终便得到了宽带极化无关的吸波结构。与金属锯齿栅格结构相比，金属贴片-介质层叠结构是更加紧凑的实体结构，具有更高的结构强度和耐高功率特性。

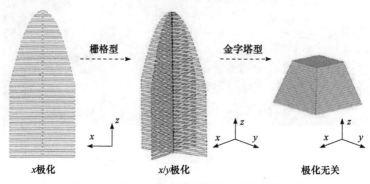

图 7.8　三维金字塔型吸波结构的等效转换过程

为了研究分析金属贴片-介质层叠结构的吸波特性，以便设计宽带高效的吸波结构，仿真计算金属锯齿结构单元与相同尺寸金属贴片-介质层叠结构的色散曲线。在仿真中，y 轴设为电边界($E_t = 0$)，x 轴设为磁边界($H_t = 0$)，z 轴设为自由空间(open add space)，y 极化电磁波由 $-z$ 方向入射。如图 7.9 所示，金属贴片-介质层叠结构由厚度为 0.017mm 的铜与厚度为 0.20mm 的 FR4 介质基板($\varepsilon_r = 4.3$，$\tan\delta = 0.025$)层叠而成，其结构参数如下：$d = 0.50$mm，$P = 0.50$mm，$a = 0.25$mm，$t = 0.20$mm，$h = 4.50$mm，$a' = 9$mm。由仿真结果可以看出，在低频时金属贴片-介质层叠结构的色散曲线是准线性的，且色散较弱，相位常数相比于金属锯齿结构

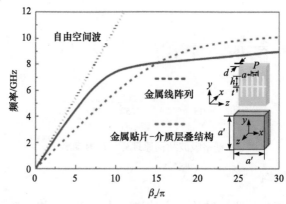

图 7.9　二维 SSPP 结构与金属贴片-介质层叠结构的色散曲线

更接近自由空间波的相位常数；当频率增大到截止频率后，色散急剧增强，相位常数远远大于自由空间波的相位常数。值得注意的是，金属贴片-介质层叠结构在截止频率处，由准线性弱色散区到非线性强色散区的过渡更加剧烈。总之，所设计的金属贴片-介质层叠结构具有和金属锯齿结构类似的色散特性，即具有SSPP的色散特性。

进一步优化金属贴片-介质层叠结构的吸波效果并扩展带宽。对不同尺寸的金属贴片-介质层叠结构的色散曲线和吸收率进行仿真分析，y 轴设为电边界($E_t = 0$)，x 轴设为磁边界($H_t = 0$)，z 轴设为自由空间，y 极化电磁波从$-z$ 方向正入射。如图 7.10(a)中插图所示，金属贴片-介质层叠结构由厚度为 0.017mm 的铜与厚度为 0.5mm 的 FR4 介质基板($\varepsilon_r = 4.3$，$\tan\delta = 0.025$)层叠而成。由仿真结果可以得出，相同尺寸的金属贴片-介质层叠结构只能对特定频点(截止频率)邻近的频段具有吸波效果，这是由于在截止频率处，相位常数急剧增大，损耗也随之达到最大值；相比于金属锯齿结构的吸收峰，金属贴片-介质层叠结构明显具有较宽的吸收峰，可以更好地扩展带宽。除此之外，随着金属贴片-介质层叠结构尺寸增大，其截止频率向低频移动且色散增强，同时吸收峰逐渐向低频移动。

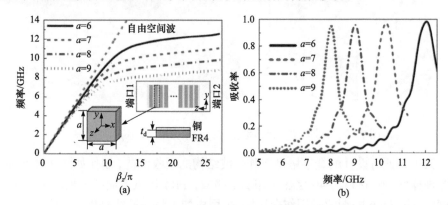

图 7.10　不同尺寸的多层金属贴片-结构：(a)色散曲线；(b)吸收曲线

综上对于金属贴片-介质结构仿真结果的分析，可以得出，相同尺寸的金属贴片-介质结构只能对截止频率邻近的较窄频段具有较好的吸波效果，这是由于其在截止频率处相位常数急剧增大，形成了明显的慢波效应，导致强烈的局部场增强效应，结合介质基板本身具有较强的介电损耗，因此可以获得高效的电磁吸波性能。金属贴片-介质结构中不同尺寸的贴片在入射电磁波的激励下，可在不同频点处产生较强的电磁谐振，通过设计尺寸渐变的金属贴片-介质结构将会提高 SSPP 与自由空间波的波矢匹配效率，便可得到相邻吸收峰叠加产生的宽带吸波效果。当电磁波入射至由尺寸渐变的金属贴片组成的结构时，不同尺寸的金属贴片对应不同截止频率的吸收峰将会叠加，实现宽带高效的吸波效果。因此，合理地设计金属贴片-介质结构的尺寸变化将有利于较好的阻抗匹配，进而实现宽带且高效的电磁吸收性能。

通过对不同尺寸的金属贴片-介质层叠结构的色散特性和吸收率的仿真分析，并基于人工表面等离激元非线性强色散区调控机理，设计了在 10～20GHz 能够实现宽带高效吸波的金字塔型点阵吸波结构。图 7.11(a)为尺寸渐变的金属贴片-介质结构，即为金字塔型点阵吸波结构。将厚度为 t 的金属贴片的边长从 a 逐渐增加至 b，将每层金属贴片印制在40层与其尺寸相同的厚度为 t_d 的介质板上，将每个金字塔型结构单元沿 x 和 y 方向以周期 P 进行排列，最终得到所设计的金字塔型点阵吸波结构。其中，金属材料均为厚度 $t = 0.017$mm 的铜；介质材料为 FR4($\varepsilon_r = 4.3$ ，$\tan\delta = 0.025$)。金字塔型点阵吸波结构单元的结构参数给定如下：$a = 3.1$mm, $b = 8.37$mm, $t_d = 0.5$mm，沿 x 和 y 方向的周期 $P = 10$mm。

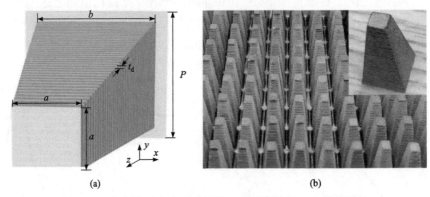

图 7.11　金字塔型点阵吸波结构：(a)结构单元；(b)原理样件

为了验证所设计的金字塔型点阵吸波结构的吸收性能，制作如图 7.11(b)所示的原理样件。原材料为 40 层热压印刷电路板，FR4 环氧玻璃纤维板用作介质层，厚度为 0.017mm 的铜薄膜用作金属层。采用机加工将多层线路板沿着纵向切割成小金字塔结构，再将金字塔结构周期性地黏接在金属反射板上，即可完成原理样件的制作。在微波暗室中对栅格型金属锯齿吸波结构的反射率进行测试。远场测试系统由发射喇叭天线和接收喇叭天线、实验平台、矢量网络分析仪(VNA)组成。将发射喇叭天线和接收喇叭天线放置在所制作的样件的一侧，并保证喇叭天线沿样件的法线对称放置。发射喇叭天线放置在距离样件 400mm 处，以确保准入射电磁波能够水平入射。对原理样件的测试主要分为两部分：首先将与样件尺寸相同的金属反射背板放置于样件的位置，测得归一化反射率；然后将原理样件与金属反射背板替换，再对样件的反射率性进行测试。

图 7.12 给出了 y 极化波由+z 方向正入射条件下的反射率测试结果。由测试结果可以看出，在 10～20GHz 宽带频段内可实现高效吸波，反射率几乎都在

−15dB 以下；在 10~14GHz 频段内，反射率几乎都在−20dB 以下。因此，金字塔型点阵吸波结构能够在设计频带内实现宽带高效的电磁吸波。此外，通过渐变化的结构单元设计，可以实现多个频段的高效电磁吸波性能。除此之外，得益于多层金属贴片-介质的实体结构，点阵型吸波材料还具有一定的结构强度和耐高功率的特性。

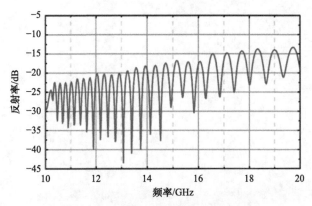

图 7.12　金字塔型点阵吸波结构的反射率

7.2　直线型 SSPP 吸波结构优化方法

借助 SSPP 的亚波长特性产生局域增强电场，结合具有一定介电损耗的基板材料，采用 SSPP 结构可实现宽带高效的电磁吸收，其中 SSPP 结构金属线长度的渐变轮廓对实现其宽带吸收性能起着重要作用。本节介绍了一种基于遗传算法(genetic algorithm，GA)的 SSPP 吸波结构纵向剖面优化方法，以获得宽带高效吸波性能。

7.2.1　优化流程

周期排列的纵向金属线阵列可以与相邻吸收峰组合成连续的吸收峰[15,17]。通过调整金属线长度和数量等参数可以有效提高吸收效率。研究者们提出了多种提升吸波性能的方法，如引入弯曲金属线结构、提高金属线占空比以及加载其他吸波材料等[16-23]。由于水平金属线的长度会影响电磁波的阻抗匹配，因此通过优化水平金属线的纵向轮廓，也可以提高 SSPP 的吸波性能。传统的优化算法包括蚁群算法、蜂群算法和遗传算法等经典的启发式算法，在超材料特别是超表面设计中得到了广泛应用。本节对 SPP 吸波结构单元的金属线高度纵向分布剖面进行了讨论，并基于遗传算法提出了 SSPP 吸波结构的优化方案，其优化流程示意图如图 7.13 所示。给定指定高度的基板后，将水平金属线的长度在纵向上简化为三次函数。然后将多项式的系数矩阵作为待优化的参数。根据不同的曲线函数可以建立相应的结构模型。通过遗传算法，对大量随机样本进行交叉迭代和选择。优化后得到最优系数矩阵，建立最优结构，实现了 SSPP 吸波结构纵向剖面的优化设计。

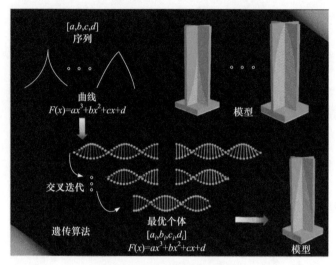

图 7.13　优化流程示意图

7.2.2　优化设计

金属线阵列组合的 SSPP 吸波结构单元如图 7.14 所示，结构参数[12,17,20]如下：垂直基板高度 h=25.0mm，厚度 d_2=1.0mm；水平金属线的周期距离 s=0.4mm，宽度 w=0.2mm；水平基板厚度 d_1=2.0mm，表面刻蚀的金属为铜，电导率为 $5.8×10^7$S/m，厚度 t=0.017mm；吸收单元周期长度 u=10.0mm。长度渐变的水平金属线被弯曲、组装并刻蚀在介质基板上。水平金属线将电磁波从自由空间引入吸收体中，并在金属线之间形成驻波。为了增加电磁波的损耗，采用相对介电常量为 ε_r=4.2、损耗角正切为 0.025 的 FR4 损耗型介质基板。吸收体的底部由一个 FR4 介质基底和金属背板组成。整个吸波结构体由多个吸波单元周期排列组合而成。

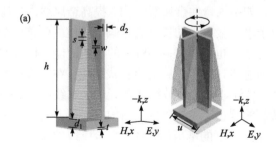

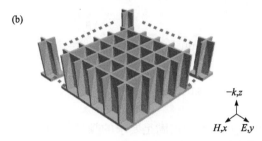

图 7.14　吸波结构示意图：(a)吸波单元设计；(b)吸波结构单元组合

金属线的长度决定了截止频率，金属线的长度越长，与低频电磁波的匹配越好，反之亦然[21]。因此，优化其纵向剖面等同于调节各金属线的长度比重，增强阻抗的渐变匹配，以获得更好的吸波性能。这些长度渐变的金属线外边缘可以看作连续曲线上的一些离散点。由于结构高度对称，只需要设计八分之一的结构即可。这些金属线外边缘在坐标系上的取值范围可表示为 $x \in [0, 5]$，$y \in [0, 25]$。在此范围内，三次函数可以拟合任意逐渐变化的曲线。从而将 SSPP 吸波结构的优化转化为边缘轮廓曲线的优化，取三次函数为

$$f(x) = ax^3 + bx^2 + cx + d \tag{7.1}$$

式中，$[a, b, c, d]$ 为函数 $f(x)$ 的系数矩阵，$f(x)$ 为吸波结构纵剖面曲线。曲线函数 $f(x)$ 及其对应的水平金属线结构如图 7.15 所示。

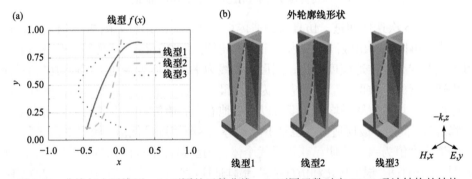

图 7.15　曲线与金属线型：(a)不同的函数曲线；(b)不同函数对应 SSPP 吸波结构的结构

如图 7.15 所示，不同系数的三次函数产生了不同的曲线。曲线被归一化到介质基板的指定区域，水平金属线的外部边缘随着函数线 $f(x)$ 的变化而逐渐变化。然后，根据曲线所描绘的轮廓进行建模。因此，调整系数矩阵 $[a, b, c, d]$ 会影响水平金属线的形状，进而影响吸波效果。因此，优化目标函数可由下式表示：

$$\min F(x) = -\frac{\sum_{i=1}^{n} \Delta F_i}{f_{\max} - f_{\min}}$$

$$\text{s.t.} \begin{cases} x = \{a,b,c,d\} \in [-1,1] \\ f_{\max} > f_{\min} \end{cases}$$

(7.2)

其中，ΔF_i 是频率范围[$f_{\min}$, $f_{\max}$]内满足要求的频带，即在 10.0～30.0GHz 电磁吸收率大于 90%的频点。由(7.2)式可知，吸收带宽越宽，适应度函数值越小。优化过程基于 Matlab-CST 联合仿真，使用 Matlab 优化工具箱作为遗传算法优化器。优化过程及结果如图 7.16 所示。

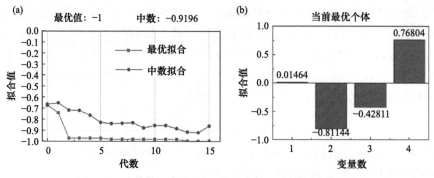

图 7.16　遗传算法优化：(a)优化过程；(b)当前最优个体

经过 15 次迭代演进，仿真得到遗传算法优化后的结果如图 7.16 所示。根据(7.2)式，可以计算出吸波带宽占总带宽的比例。图 7.16(a)为遗传算法优化过程，方形点曲线为最佳适应度变化，圆形点曲线为平均适应度变化。可通过(7.2)式计算出适应度的函数值，最佳适应度为当代最优个体。平均适应度是当代所有个体适应度的平均值。从平均适应度可以直观地看出，遗传算法生成的种群适应度呈下降趋势。同时，最佳适应度也呈下降趋势，逐渐接近最优值。如图 7.16(a)所示，最佳适应度值为-1，表明已获得最优个体，当前最优个体的系数矩阵[a, b, c, d]如图 7.16(b)所示。根据优化和仿真结果，最佳适应度为-1，吸波结构在 10.0～30.0GHz 吸波率可达 90%以上。目前最优个体为[0.01464, -0.81144, -0.42811, 0.76803]，因此最佳曲线函数为 $f(x) = 0.01464 \times x^3 - 0.81144 \times x^2 - 0.42811 \times x + 0.76803$。金属线在上述曲线函数的基础上逐渐变化，获得了更好的吸波性能。

根据最优线型进行建模，如图 7.17(a)所示为最优先线型对应模型。为了验证优化后的吸波结构的性能，在电磁仿真软件中利用时域求解器进行了全波电磁仿真。仿真设置如下：吸波结构单元位于 xOy 平面上，x 极化波从 $-z$ 方向垂直入射。值得注意的是，结构单元在 x 和 y 方向上完全对称。为了模拟无限连续的单元，边界条件如下：x 边界条件设置为电边界 "$E_t = 0$"，y 边界条件设置为磁边界 "$H_t = 0$"。z 边界条件设置为自由空间。从图 7.17(b)的仿真结果可以看出，反射率在 10.0～30.0GHz 时小于−10dB，说明在目标波段电磁波吸收率大于 90%。为了更好地理解其吸波机理，图 7.17(c)和(d)分别描述了优化模型在不同频率下的表面电流和能量损耗的分布。可以看出，不同长度的平行金属线产生不同频率的谐振，能量损耗的分布与表面电流的分布相近。SSPP 将自由空间中的电磁波转化为表面波并形成驻波，电磁波的能量通过损耗型的介质基板被吸收。谐振频率与水平金属线的长度密切相关。因此，通过长度渐变的金属线可以实现多个谐振频点的叠加，进而实现宽带吸收。

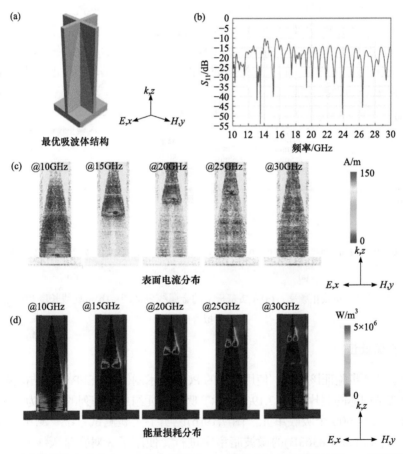

图 7.17　吸波结构的电磁响应：(a)优化的模型；(b)模型反射率的仿真结果；(c)不同频点处表面电流的分布；(d)不同频点处能量损耗的分布

对优化后的吸波结构进行理论分析,探讨产生这一效果的原因。平行的金属线可以等效为偶极子,金属线内部电子在电磁场作用下产生洛伦兹(Lorentz)谐振。线性区域的上边界为金属线的截止频率。随着频率的增加,色散曲线会逐渐偏离光的色散曲线,然后在一定频率处截止。当频率无限接近截止频率时,波矢会产生局域强表面波,而局域强表面波增强了电场,使得高效吸收的频率接近截止频率。采用本征模求解器求解电偶极子模型的色散关系,并将边界设为周期边界。图 7.18(a)显示了第一布里渊区色散曲线对应的不同长度的金属线。为了进一步得到金属线与截止频率的关系,图 7.18(b)所示为金属线长度与截止频率的关系,金属线的长度与截止频率的关系是非线性的。长金属线与低频匹配较好,反之亦然。因此,如果在适当的频率区间内将相应长度的金属线与之匹配,就可以获得宽带匹配效果。当多个电偶极子级联时,水平金属线的梯度结构有利于自由空间中的波与 SSPP 的波矢量匹配,提高耦合效率。如图 7.18 所示,金属线长与截止频率之间的变化是非线性的,故当水平金属线的纵向形状也是非线性时,吸波结构体可以获得更好的吸波性能。

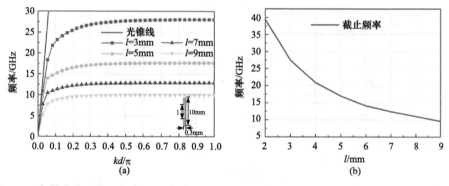

图 7.18　色散曲线和截止频率:(a)介质基板上的金属线色散图;(b)金属线长度和截止频率之间的拟合曲线

7.2.3　实验验证

为了进一步验证该模型,使用传统的 PCB 技术制作了 SSPP 吸波结构模型,所制作吸波结构体的照片如图 7.19(a)所示。吸波单元组成的阵列的尺寸为 300mm × 300mm,包括 900 个吸收单元。图 7.19(b)说明了实验测试系统。测试在基于矢网分析仪(Agilent E8363B)的微波暗室中进行,使用了 3 对宽带天线喇叭,其频带分别为 10～12GHz、12～18GHz 和 18～30GHz。测试结果和仿真效果对比如图 7.19(c)所示。由测试结果可知,所有反射率曲线均小于−10dB。但是,仍存在部分频点的测试结果与仿真略有差异,这是加工的工艺误差和测试环境中的误差所导致的,但实测结果仍然可以说明吸波效果。实验结果表明,该方法在工作频带内有较好的吸收性能，证明了该方法的有效性。

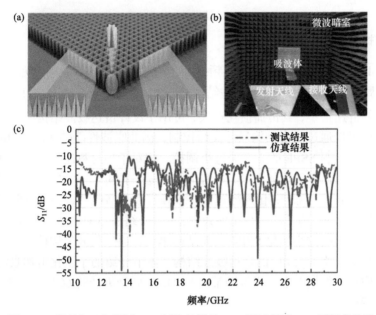

图 7.19　样品加工与测试：(a)制作的样品；(b)测试环境；(c)反射率曲线

本节介绍了一种基于遗传算法的 SSPP 吸波栅格结构优化方法，可在工作频带内获得高效的吸波性能。将水平金属线的轮廓曲线视为三次函数，采用遗传算法对曲线函数进行了优化。经过优化得到了所需的吸波结构，并对该吸波结构体进行仿真、加工和测试。实验测试的镜面反射率在工作频带内均小于 −10dB，验证了所设计的 SSPP 吸波结构的性能，同时证明了该优化设计方法的有效性。通过分析水平金属线的长度和截止频率的关系，得出非线性变化的水平金属线可以更好地与波矢匹配的结论。更重要的是，本节提供了一种结构优化的思路和在规定厚度下提高人工表面等离激元结构吸波性能的方法。

7.3　折线型 SSPP 吸波结构

借助于 SSPP 的吸波特性，刻蚀在介质表面上的直线型 SSPP 结构可应用于宽带雷达吸波结构设计，但是由于吸波频段和 SSPP 结构金属线的尺寸直接相关，吸波频带直接决定了吸波栅格的周期大小($\sim\lambda/2$)，不利于其小型化应用。为了缓解这个问题，本节通过引入折线、斜线结构降低 SSPP 的截止频率，从而降低 SSPP 结构单元周期的电尺度，在此基础上，设计了折线型 SSPP 栅格结构，实现小型化格子的吸波栅格结构。由于方格大小可以调节，一方面提高了 SSPP 结构的占空比，从而提高了吸收率；另一方面该方法也为提升栅格结构力学强度设计提供了思路。

7.3.1 结构设计和色散特性

由 SSPP 色散曲线可知，在截止频率附近，SSPP 波矢逐渐趋向无穷大，群速趋于零，场局域性显著增强。根据慢波结构的传播损耗方程 $(\alpha = (\pi \times f)/(V_g \times Q))$ [24]，强色散区的群速很小，其传播损耗很大，可用于设计雷达吸波结构。而且，SSPP 的色散特性可以通过改变结构尺寸灵活控制，因此吸波性能(包括带宽和效率)可以很容易通过控制 SSPP 的 k 波矢进行调控。相对于超材料通过调控等效介电常量或磁导率来调控吸波性能[25-27]，操控 k 波矢是一种更加灵活的设计思路。基于 SSPP 波矢调控可实现定制化的超宽带、多频带吸波结构[28]，但是其吸波频带受限于栅格结构尺寸。为了向低频拓展频带，本节介绍在不增加结构尺寸的情况下，通过引入另一维度的小型化 SSPP 吸波结构单元，通过其波矢调控实现定制化吸波结构。相对于文献[28]中的雷达吸波结构，本节介绍的小型化雷达吸波结构在不增加结构尺寸的情况下将吸波频带由 8GHz 拓展到更低的 6GHz，具有小型化、高强度等特点。

为了缩小 SSPP 结构的栅格大小，并且向低频拓展吸波性能，设计的折线型 SSPP 结构如图 7.20(a)所示。图 7.20(a)中上图为无限厚度二维折线结构，下图为刻蚀在介质表面有限厚度三维超薄折线结构。通过本征模仿真，得到了不同厚度下折线结构基模的色散曲线，如图 7.20(b)所示，结构参数如下：P=5mm，w=0.15mm，g=0.15mm，h=5mm，h_1=3mm，介质基板为 FR4(介电常量为 4.3，损耗角正切为 0.025)。由图 7.20 可知，SSPP 的波矢远大自由空间波的波矢，产生场局域效应，具有亚波长特性。相对于无限厚度折线结构，有限厚度三维结构的色散更强，截止频率更低。随着介质厚度的增加，色散更强，截止频率更低。除了介质厚度外，折线型 SSPP 结构的色散曲线可同时进行横向高度和纵向长度的调节，图 7.20(c)给出了不同高度和长度下折线结构的色散曲线，介质厚度为 0.8mm。可以看出：当高度 h 固定时，折线结构的色散随着纵向长度 h_1 的增加而增强(蓝色曲线和绿色曲线)，截止频率亦随之降低；当纵向长度 h_1 固定时，折线结构的色散随着高度 h 的增加而增强，截止频率亦随之降低。因此，为了降低折线结构的尺寸，可以在不增加 h 的情况下，尽可能大地增加 h_1，降低 SSPP 的截止频率。

根据耦合模式理论，折线型 SSPP 结构的上下表面存在强烈耦合，导致了基模分裂成两种模式：奇模和偶模。图 7.20(c)中的实线为奇模，虚线为偶模。偶模比奇模的截止频率低，色散更强。图 7.20(d)分别给出了 4.83GHz 下奇模在 xOy 面上的 z 方向电场分布和 4.24GHz 下偶模在 xOy 面上的 z 方向电场分布，其中偶

模的电场沿 x 轴方向对称，奇模电场沿 x 轴方向反对称。同时可以看出，无论是奇模还是偶模，SSPP 的波长 λ_{SSPP} 远小于自由空间波的波长，电磁场主要局域在金属结构上下两端。

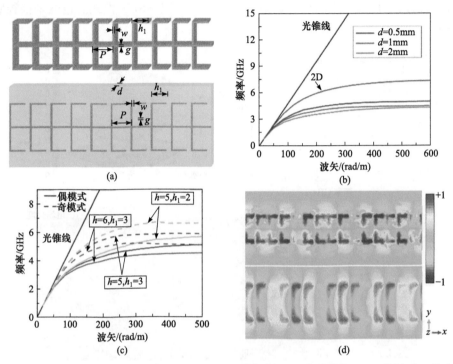

图7.20　折线型 SSPP 结构：(a)结构示意图；(b)不同厚度下的色散曲线；(c)不同高度、长度下的色散曲线；(d)奇偶模的电场分布图(h=6mm, h_1=3mm)

根据 SSPP 模式的色散曲线和场分布可知，在截止频率附近，k 波矢远大于自由空间波矢，场局域性显著增强，具有强烈的电磁波吸收特性。为了验证折线型 SSPP 结构的吸收性能，通过仿真给出了由六个小折线结构单元组成的大单元的吸收率（$A=1-\left|S_{11}\right|^2-\left|S_{21}\right|^2$），如图 7.21(a)所示，介质基板为 0.8mm 的 FR4。图中插图给出了仿真透射率和反射率，可以看出折线型 SSPP 结构具有明显的截止频率，大约在 5.1GHz 左右，与仿真色散曲线奇模的截止频率基本一致。由于奇模的 k 波矢更接近于自由空间波矢，因此更容易激发奇模。截止频率处的吸收率是最强的，在低于截止频率的通带部分，随着频率的增加，色散变强，损耗增加，吸波幅度也逐渐增强，同时也存在一些波动，这主要是折线型 SSPP 结构与自由空间的波矢不匹配和法布里-珀罗谐振导致的[29]。为了观察折线型 SSPP 结构的吸波机理，图 7.21(c)给出了图 7.21(a)标注频率处的 E_z 电场分布。在 SSPP 的通带区域（Ⅰ，Ⅱ，Ⅲ，Ⅳ），随着频率增加，场局域性逐渐增强，传播波长远小于自由

空间波长且逐渐减小，电磁场分布对应 SSPP 奇模；在 SSPP 的禁带区域(V)电磁波几乎不能进入到折线型 SSPP 结构，基本被反射。图 7.21(b)给出了不同高度和长度下的吸收率，可以看出，随着高度/长度的增加，吸收谱逐渐向低频移动。因此，借助于折线结构的尺寸调节，可以通过调控 SSPP 模式的色散来操控吸收频谱。

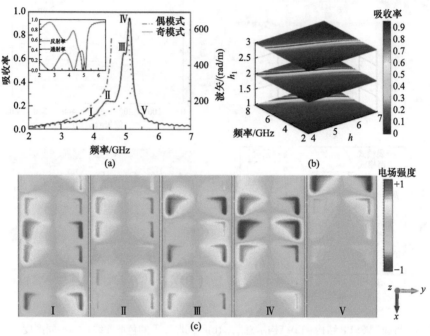

图 7.21　折线型 SSPP 结构的吸波性能：(a)　吸收率与色散曲线的对比图；(b)不同高度、长度下的吸收率；(c)不同频点的 E_z 电场分布

7.3.2　宽带吸波结构

　　虽然折线型 SSPP 吸波结构的吸波频率可由结构尺寸调控，但是其吸波带宽窄，不利于宽带应用。由群速关系可知，随着频率接近截止频率，SSPP 波的群速逐渐趋于零，电磁场高度局域在某一区域，也就是说，电磁场主要是在该区域被损耗、吸收。因此，通过合理地组合具有不同截止频率的 SSPP 慢波结构，可以设计出宽带、多带的雷达吸波结构。

　　图 7.22(a)给出了折线长度线性变化的折线型 SSPP 结构,结构参数如图所示，介质基板为 0.8mm 的 FR4，z 方向和 y 方向的周期均为 14mm。假设 y 极化波从 $-x$ 方向正入射到该结构上，仿真计算出该结构的吸收率、透射率和反射率，如图 7.22(b)所示。可以看出，通过不同尺寸折线型 SSPP 结构的线性组合，实现了 6～10GHz 的宽带吸波。图 7.22(c)给出了 5GHz、6GHz、8GHz、10GHz、11.5GHz

下的 E_z 电场分布。在 5GHz，对于每个小 SSPP 折线单元，频率远小于其截止频率，所以电磁波高效透射，吸收很少；对于 6GHz、8GHz、10GHz，电磁场主要局域在其中某个小单元附近，随着频率的增加，局域的位置由低到高；在 11.5GHz，对于每个 SSPP 小单元，频率均高于其截止频率，电磁波高效反射，吸收很少。与基于经典锯齿结构的 SSPP 吸波结构相比，折线结构的切向最大值为 12.2mm，小于文献[28]中的锯齿高度最大值(12.6mm)，而其吸收频带由 8GHz 拓展到更低的 6GHz，增加其纵向长度值，吸收频带还可以更低。

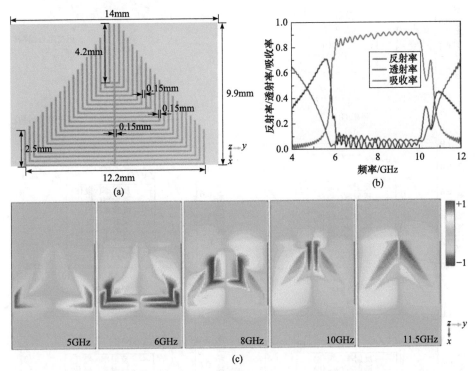

图 7.22　折线型 SSPP 结构吸波性能：(a)结构示意图；(b)吸收率、透射率和反射率；(c)E_z 电场分布

假设 y 极化电磁波沿着 $\pm x$ 方向入射，仿真透射率、反射率和吸收率如图 7.23(a)所示。因为 SSPP 结构的色散特性由每一个小单元的结构尺寸决定，最上边单元的截止频率最高，最下边单元的截止频率最低。当电磁波频率大于最上边单元截止频率时，电磁波不能耦合为 SSPP，基本被反射掉；当电磁波频率小于最下面单元截止频率时，电磁波耦合为 SSPP，基本透射过去。将图 7.22(a)的结构进行正交组合，如图 7.23(b)所示，组合结构对于两种极化波的响应是不同的，其中上图以同向正交组合，下图以反相正交组合。仿真不同极化波下、不同入射

方向下的透射率/反射率/吸收率如图 7.23(c)～(f)所示，其响应是各向异性的：
①对于同向正交组合结构，y 极化波沿+x 方向被吸收，而沿–x 方向被反射，z
极化波沿+x 被吸收，沿–x 方向被反射；②对于反向正交组合结构，y 极化波
沿+x 方向被吸收，而沿–x 方向被反射，z 极化波沿+x 方向被反射，沿–x 方向
被吸收。

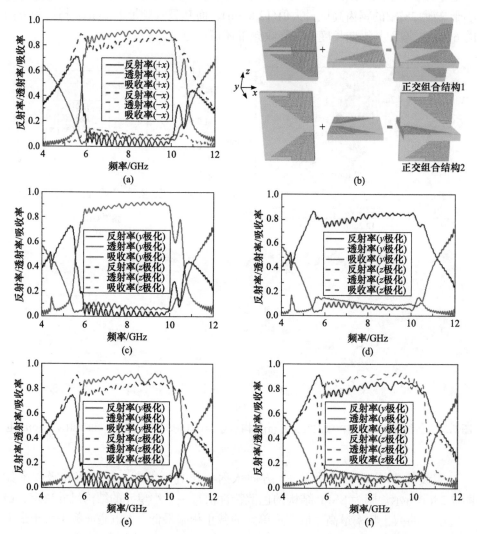

图 7.23　二维栅格结构的吸波性能：(a)电磁波沿+x 和–x 方向入射的透射率、反射率和吸收率；
(b)同向和反向正交组合结构；(c)同向组合结构对不同极化波的电磁响应(+x 方向)；(d)同向组
合结构对不同极化波的电磁响应(–x 方向)；(e)反向组合结构对不同极化波的电磁响应(+x 方向)；
(f)反向组合结构对不同极化波的电磁响应(–x 方向)

虽然折线型 SSPP 结构的吸波频带由折线结构的小单元截止频率决定，但其吸收频带内还有很多起伏，这是小结构单元波矢之间的不匹配导致的。通过合理优化设计非线性组合，可降低吸收频带内的起伏。图 7.24(a)给出了不同斜率的非线性 SSPP 组合结构，最下面折线结构纵向高度为 3.7mm，与图 7.22(a)不同的是，最上面折线的纵向高度为 4.3mm，其他结构参数与图 7.22(a)一样。组合结构的外部轮廓线可表示为二次方程，$f(x) = aa \cdot x^2 + bb \cdot x \, (x_1 < x < x_2)$，其中 $bb = [(y_2 - y_1) - aa \cdot (x - x_1)^2] / x_1$，$(x_1, y_1)$ 和 (x_2, y_2) 分别为轮廓线的起点和终点。图 7.24(b)给出了不同参数 aa 下的吸收率。对于线性组合(aa=0)，在吸收频带的高频部分，起伏较强；对于凹型轮廓线，随着 aa 的增加，吸收频带内的起伏减弱，单元间的匹配增强；随着 aa 的增加，截止频率较低的 SSPP 小单元增加，高频频带的吸收性能显著增加，而低频带的吸收性能影响不大。因此，通过合理的组合设计，可以有效地解决吸波频带内起伏，使得整个频带内的吸波效率达到基本一致。

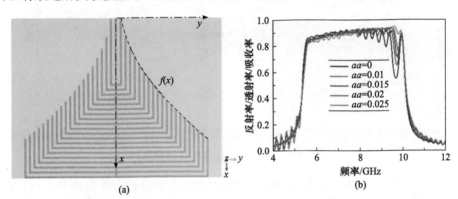

图 7.24　折线长度非线性变化的 SSPP 结构：(a)结构示意图；(b)不同凹凸度下的吸收率

对于慢波结构 ($\alpha = (\pi \times f) / (V_g \times Q)$)[22]，传播损耗不仅与群速有关，还与品质因数有关。对于折线型 SSPP 结构，其 Q 值与介质基板的介电损耗息息相关，因此通过增加介质基板的介电损耗，可以提高 SSPP 组合结构的吸波效率。在截止频率处，SSPP 的群速趋近于零，其传播损耗受介电损耗影响较小；而在接近截止频率的频带，SSPP 的群速较小，其吸收性能受介电损耗的影响较大。为了验证上述结论，图 7.25(a)给出了不同基板损耗角正切下的吸收率，结构与图 7.22(a)结构一样。可以看出，吸波频带内的波峰几乎不受影响，而波谷的吸收能力随着基板损耗角正切的增加而增强。图中波峰对应于各个小单元的截止频率，刚好 20 个单元对应 20 个小单元的截止频率。为了更明显地看出波峰对应于每个单元的截止频率，图 7.25(b)给出了每四个波峰点的 E_z 电场分布，可以看出其场强最大的地方间距为 0.9mm，刚好对应三个单元周期，换句话说，其波峰的吸收确实是由每个 SSPP 小单元截止频率的强色散引起的。

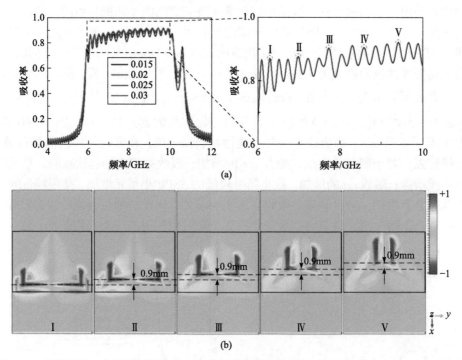

图 7.25　吸收性能与介电损耗的关系：(a)不同基板损耗角正切下的吸收率；(b)每四个波峰频
率处的 E_z 电场分布(图(a)标注的频点)

　　从上述分析可知，只依靠 SSPP 组合折线结构的平均吸收率并不高(大约 80%)，剩余的电磁波通过折线结构透射出去了，因此在 SSPP 组合折线结构后方加载金属反射背板，通过反射造成的至少双程传播损耗，增大吸收率。加载金属背板的折线型 SSPP 吸波结构如图 7.26(a)所示，组合结构与图 7.24(a)一样，右侧为金属背板，结构参数如下：q=14mm，s=0mm、0.5mm、1.0mm。图 7.26(b)给出了没有金属背板和加载金属背板的折线型 SSPP 结构的吸收率。相对于没有金属背板的结构，加载金属背板结构的平均吸收率在 95%以上(s=1mm)。但是吸收频带内的低频部分受到了组合结构与金属背板的间距影响。当间距足够大时(s=1)，吸波性能几乎不受间距的影响；而当间距较小时，低频部分受间距显著影响，高频部分几乎不受影响，这是由于高频部分的吸收主要由结构的上半部分来决定，几乎不受金属背板的影响，而低频部分的吸收由结构的下半部分决定，金属背板离得较近，电磁波没有足够的空间来损耗能量，相当于金属背板与组合结构的下半部分产生耦合。图 7.26(c)给出了不同间距下 7GHz 的 E_z 电场分布，可以看出，对于没有金属背板的结构，电磁场的集中程度中等；加载金属背板较小间距的结构，电磁场集中程度最弱，而加载金属背板较大间距的结构，电磁场集中程度最强。图 7.26(d)给出了不同间距下 10GHz 的 E_z 电场分布，可以看出高频区域的电磁场集中程度几乎不受影响。

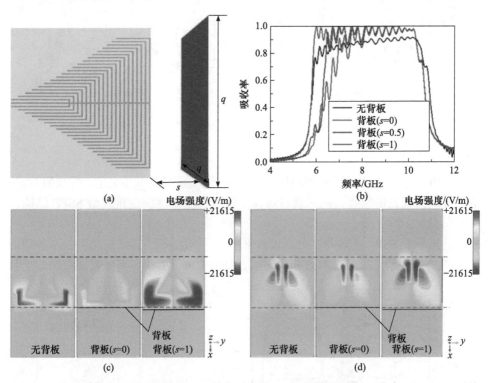

图 7.26　加载金属背板的吸波结构：(a)结构示意图；(b)不同间距下的吸收率；(c)7GHz 下的
E_z 电场分布；(d)10GHz 下的 E_z 电场分布

SSPP 结构的吸收能力不仅与锯齿长度变化方式、锯齿周期数量有关，还与方格的大小有着直接的关系。图 7.27(a)和(b)分别给出了 $s=3\text{mm}$ 和 $s=1\text{mm}$ 时不同方格大小情况下的吸收率。可以看出，随着方格尺寸变大，吸收率逐渐降低，这是由于随着方格尺寸的增加，具备吸波能力的 SSPP 结构占空比也在降低，造成整体上吸波能力减弱；而且，高频吸收率降低得比低频快，这是由于对于高频电磁波来说，其所对应的小单元尺寸更小，占空比下降比例更快一些。对比图 7.27(a)和(b)，当 SSPP 结构与金属背板距离较小时，低频部分吸收能力受方格大小的影响较大，这是由于距离较近时，锯齿结构与金属表面的耦合较大，因此受方格大小的影响也较大。

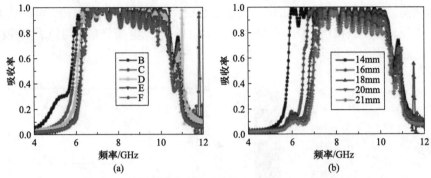

图 7.27　不同方格大小的吸收率：(a)s=3mm；(b)s=1mm

7.3.3　双带吸波结构

SSPP 吸波频带由组合结构中各个折线的截止频率上下界决定，折线型 SSPP 结构可以实现宽带吸收，同时通过阶梯型级联长度不连续的折线型 SSPP 结构，也可以实现多带吸波。

首先基于 SSPP 色散特性分别设计低/高频吸波结构，其结构与吸收率分别如图 7.28(a)和(b)所示，结构参数如图所示。由图中可以看出，高频吸波结构的吸收

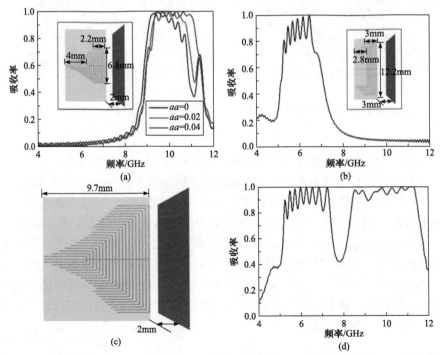

图 7.28　双频带折线型 SSPP 吸波结构：(a)低频吸波结构；(b)高频吸波结构；(c)阶梯型吸波结构；(d)阶梯型吸波结构的吸收率

性能受轮廓线凹凸度影响较大，而低频吸波结构的吸收性能受轮廓线较小，吸收频带分别为 5.2～6.5GHz 和 9.2～11.2GHz。通过组合形成如图 7.28(c)的阶梯型 SSPP 折线吸波结构，经过优化后的结构参数如图所示。图 7.28(d)给出了阶梯型 SSPP 吸波结构的仿真吸收率，吸收频带为 5.2～7.5GHz 和 8.5～11.2GHz，由于结构间的耦合，两个吸收频带都比单个吸波结构的频带宽。

当改变两个组合结构之间的间距时(沿 x 方向)，改变了结构之间的波矢不匹配性，对吸收频带宽度和吸收率都有影响，如图 7.29 所示为不同间距下的吸收率。可以看出，当两个组合结构之间的间距增加时，其波矢间的不匹配显著增加，导致低频区域的吸收显著减弱，而高频处不受影响，同时两个吸收频带之间的吸收率降低，增加了两段吸收频带的隔离。

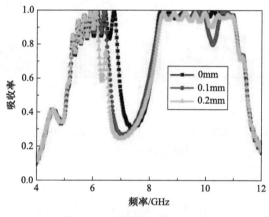

图 7.29　不同间距下的吸收率

7.3.4　实验验证

为了进一步验证双频带吸波结构的吸波性能，加工了两个原理样件：样件 A 和样件 B，分别如图 7.30(a)和(b)所示，样品尺寸为 196mm×196mm，包括 14×14 个单元。图 7.30(a)和(b)分别为组合型宽带和双带吸波栅格结构，由各自插图中的板条组合而成，采用覆铜厚度为 17um、介质厚度为 0.8mm 的 FR4(介电常量为 4.3，损耗角正切为 0.025)覆铜板刻蚀金属 SSPP 结构。图 7.30(c)给出了测试原理示意图，样件分为三部分：上层为原理样件 A/B，下层为金属背板，中间层为泡沫板，用于固定样件与金属背板的间距，两个喇叭对称放于样件正上方，喇叭法线形成一定夹角(一般不大于 15°)。测试结果如图 7.30(c)和(d)所示，实验结果基本和仿真结果吻合，由于该结构具有 C4 对称性，对于 x 极化和 y 极化入射波测试结果基本相同。可以看出测试的吸收率要高于仿真的吸收率，主要原因可能是制作的 FR4 介质基板的损耗较大，导致吸收增强，同时吸收频带有一定程度地向高频移动，可能是介质基板的介电常量偏小所致。

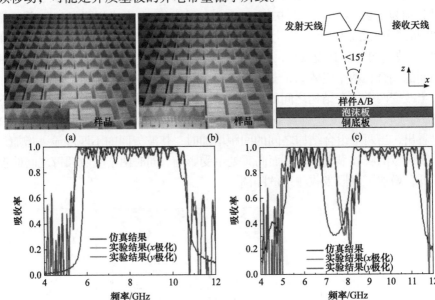

图 7.30　实验测试：(a)组合型宽带吸波结构原理样件；(b)双带吸波结构原理样件；(c)测试原理示意图；(d)宽带吸波结构测试结果；(e)双带吸波结构测试结果

7.3.5　低频吸波性能拓展

上述原理样件只将吸波频带拓展到 6GHz 波段，而根据折线型 SSPP 结构的色散特性，在不改变方格尺寸大小的基础上，继续增加纵向长度 h_1 的大小，可以将吸收频带拓展到更低的频段，这里将最低频率降低一半至 3GHz，方格大小更小(约为 0.14λ)。图 7.31(a)和(b)分别给出了将吸收频带拓展到低频的折线型吸波

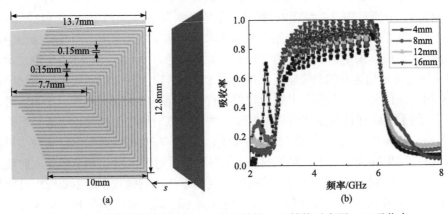

图 7.31　向更低频段拓展的 SSPP 吸波结构：(a)结构示意图；(b)吸收率

结构和吸收率。可以看出，相对于高频吸波来说，不仅要增加纵向的长度还要增加结构与金属背板之间的距离，以保证有足够的空间用于低频吸收。

7.4 斜线型 SSPP 吸波结构

本节介绍斜线型 SSPP 吸波结构，通过将金属线倾斜降低吸波栅格的横向尺寸，随着倾斜角的增大，其电尺寸增大，例如，当倾斜角为 60° 时，其电尺寸基本为四分之一波长(~λ/4)。通过仿真分析和实验测试验证了两种斜线型 SSPP 吸波结构，其方格尺寸约为四分之一波长。引入倾斜角降低栅格大小，为设计高性能小型化吸波结构提供了一种有效的设计方法，可用于小型化平板透镜、天线罩等的设计。

7.4.1 结构设计和色散特性

图 7.32(a) 为斜线型 SSPP 结构示意图，结构参数如下：P=5.0mm, a=0.15mm, w=0.2mm, h=6.0mm，金属结构刻蚀在厚度为 0.8mm 的 FR4 上(介电常量为 4.3，损耗角正切为 0.025)。仿真不同倾斜角下的色散曲线，如图 7.32(b) 所示。可以看出，随着倾斜角的增加，色散曲线逐渐趋近于自由空间的色散，同时其截止频率基本上没有改变，而其横向(垂直于传播方向)的高度缩减到原来的 $\cos\theta$ 倍。随着倾斜角从 0° 增加到 60°(步长为 15°)，15°、30°、45°、60° 下的截止频率几乎没有改变，而相对 0° 来说，截止频率向低频只移了一点。基于模式展开理论，SSPP 主要由传输波与锯齿间的腔体模式耦合形成，尽管倾斜角逐渐增加，但是其腔体的深度基本没变，腔体的谐振频率没有改变，造成了斜线结构的截止频率也没有发生变化。随着倾斜角的增加，折线结构的色散逐渐减弱，意味着电磁波耦合为 SSPP 的束缚越来越弱，场增强特性下降。图 7.32(c) 给出了倾斜角为 30° 时 5.84GHz 和 6.18GHz 下的 E_z 电场分布(xOy 面：z=0.2mm)。可以看出，电场主要集中在金属结构的上下表面，与 SSPP 电场基本一致。通过增加倾斜角，SSPP 结构横向尺寸显著下降，其截止频率几乎没有改变，倾斜角为改变 SSPP 色散特性提供了一种重要方法。同时，周期 P 也对 SSPP 结构的色散特性产生影响，图 7.32(d) 给出了不同周期下的色散曲线。可以看出，随着周期 P 的增加，截止频率向低频移动。根据等效介质理论，等离子频率由 $\omega_p = 2\pi c_0^2 / [a^2 \ln(a/r)]$ 表示，当结构周期增加时，自由电子的占空比下降，导致了等离子体频率的下降，引起截止频率向低频移动 ($\omega_{sp} = \omega_p / \sqrt{2}$)。

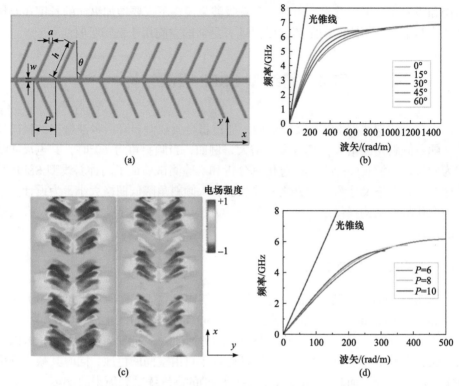

图 7.32　斜线型 SSPP 结构：(a)结构示意图；(b)不同倾斜角下的色散曲线；(c)5.84GHz 和
6.18GHz 下的 E_z 电场分布；(d)不同周期下的色散曲线

对于周期性慢波结构来说，当群速趋近于零时，损耗最高，导致在该频率点处出现高效吸波。如图 7.33(a)给出由 20 个斜线单元组成的斜线型 SSPP 结构，结构参数为 P=0.3mm，a=0.15mm，w=0.2mm，h=6.0mm，沿 z 和 y 方向的周期均为 $q = 2h\cos\theta + 1.5$，纵向长度为 $l = mP + h\sin\theta (m=20)$。当 y 极化波沿 x 方向垂直照射到该结构上时，仿真其在 6～12GHz 下的吸收谱（$A = 1 - |S_{11}|^2 - |S_{21}|^2$），如图 7.33(b)所示。根据慢波结构的传输损耗方程（$\alpha = (\pi \times f)/(V_g \times Q)$），当群速趋近于零时，损耗趋于最大化。从图中可以看出，不同倾斜角下的吸波峰与其截止频率基本一致，随着角度的变化，吸波峰基本不变。同时，随着倾斜角的增加，吸波性能逐渐下降，尤其是倾斜角为 60°时，SSPP 吸波结构的吸收性能急剧下降，大约为 70%左右。这是由于随着倾斜角的增加，结构的色散逐渐减弱，群速色散变弱，其传输损耗逐渐减小。因此，为了尽可能减小吸波结构的尺寸大小，倾斜角必须足够大，同时为了保证一定的吸波效率，倾斜角又不能太大。这里选用 50°倾斜角，可以达到足够的吸波效率，同时 SSPP 吸波结构栅格的大小可以减小到原来的 0.64。

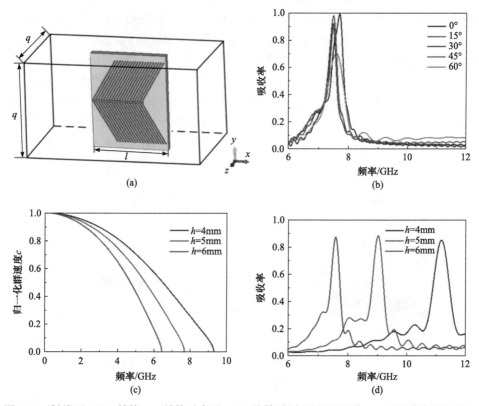

图 7.33　斜线型 SSPP 结构：(a)结构示意图；(b)不同倾斜角下的吸收谱；(c)不同高度下的归一化群速关系；(d)不同高度下的吸波谱

图 7.33(c)给出了 SSPP 结构的归一化群速曲线仿真结果，结构参数为 $P=5.0mm$，$a=0.15mm$，$w=0.2mm$，$\theta=30°$，$h=4.0mm$、$5.0mm$、$6.0mm$，金属结构刻蚀在 0.8mm 厚的 FR4 介质基板上(介电常量为 4.3，损耗角正切为 0.025)。可以看出随着频率逐渐接近于截止频率，其归一化群速迅速接近于零。同时，随着锯齿高度的增加，该结构的截止频率逐渐减小。同时计算了图 7.32(a)所示结构的吸波谱，如图 7.33(d)所示，可以看出，吸波峰比图 7.33(c)中的截止频率高，这是由于周期的减小，导致等离子频率升高，引起截止频率降低。

7.4.2　宽带吸波结构

由相同长度斜线构成的 SSPP 结构的吸波峰位置由其截止频率决定，而其色散特性(包括色散强度和截止频率)可通过斜线长度来控制，因此通过结构参数调控单元结构的色散特点，可拓展 SSPP 结构的带宽。图 7.34(a)给出了由 20 个不同长度斜线组合的 SSPP 吸波结构图，每个小单元的结构参数如下：$P=0.3mm$，$a=0.15mm$，

w=0.15mm，高度 h 由 3.3mm 到 5.8mm 线性变化，结构的尺寸为 9mm×9mm。仿真 y 极化波下沿 $-x$ 正入射到该结构的吸波谱，y 和 z 方向的周期均为 9mm。图 7.34(b) 给出了加载/不加载金属背板下的吸波谱仿真结果，可以看出，通过不同长度斜线型 SSPP 结构的线性组合，可实现 8～13GHz 的宽带吸波，吸波频带内的上下边频分别由长度最小和最大的斜线决定。同时可以看出，当在 SSPP 结构后面加上金属反射背板时(金属背板与结构的距离为 1mm)，吸波频带宽度基本不变，吸波效率显著增强，这是金属背板对电磁波的反射导致电磁波两次经过组合结构，双程吸收导致吸波能力增强。

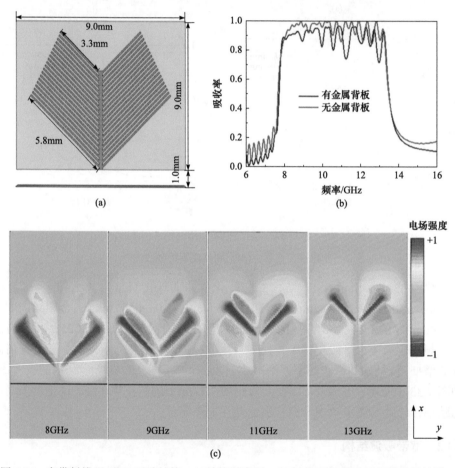

图 7.34　宽带斜线型 SSPP 吸波结构：(a)结构示意图；(b)加载/不加载金属背板的吸波谱；(c)8GHz、9GHz、11GHz、13GHz 下的 E_z 电场分布

为了更加清晰地揭示斜线型 SSPP 结构的吸波机理，图 7.34(c) 给出了不同频点下的 xOy 面上 E_z 电场分布(xOy 面：z=0.2mm)。可以看出，随着频率的增加，

电场的局域位置逐渐向+x方向移动，即向h小的小单元移动，对应每个小单元的截止频率。虽然加载金属反射背板的组合结构吸波效率有所提升，但是组合结构与金属背板的间距对吸波频带的低频有着一定的影响。图7.35(a)给出了不同间距下组合结构的吸波谱，可以看出，随着间距的增加，低频区域的吸波逐渐提升，当间距大于一定值后(1mm)，吸波效率不再提升。为了分析金属背板与组合结构的耦合机理，图7.35(b)给出了不同间距下组合结构在8GHz下的E_z电场分布。由图7.35(b)可以看出，当间距较小时，电场被压缩到较小的区域，后面几个小斜线结构单元的电磁环境发生变化。图7.35(c)和(d)分别给出了间距为0mm和1.5mm下的8GHz的电流分布。由图中可以看出，金属背板与组合结构的间距较小，在金属背板上存在着表面电流，而锯齿结构的电流不再是分布在最左侧单元的小单元上，而是向右侧有所移动，其吸波主要由稍短一点的斜线结构决定，而斜线结构的截止频率较低，导致了吸波频带的下界向高频移动。因此，为了提高组合吸波结构的性能，组合结构与金属背板的间距不应小于一定值，减小金属背板与结构之间的耦合。

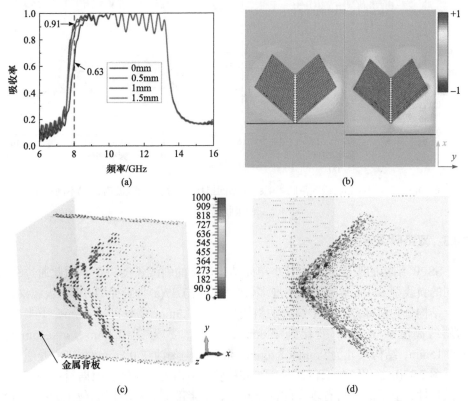

图 7.35 SSPP 结构与金属背板的间距影响：(a)不同间距下的吸波谱；(b)不同间距下 8GHz 的电场分布；(c)间距为 0mm 时 8GHz 下的电流分布；(d)间距为 1.5mm 时 8GHz 下的电流分布

除了金属背板与 SSPP 结构的间距，介质基板的介电损耗与小单元结构的周期数也是影响吸波性能的重要因素。图 7.36(a)给出了不同损耗角正切情况下的吸波谱，可以看出，随着介质损耗的增加，吸收率逐渐增加，吸收频带没有变化。根据周期性慢波结构的传输损耗方程可知$(\alpha = (\pi \times f) / ((\mathrm{d}w/\mathrm{d}\beta) \times Q))$，SSPP 结构的吸收与群速、品质因数有关。对于频带内的吸波峰，其吸收率几乎不太受损耗的影响，对于这些频点来说，其吸收主要由小单元结构的截止频率决定，在其截止频率处，其群速逐渐趋近于零，介质损耗对其影响可以忽略；对于吸波频带内的波谷，其频带位于两个相邻单元截止频率的中间，群速为较小值，当介质基板损耗增加时，其品质因数也逐渐增加，其吸波频带的波谷逐渐提升，各吸波峰互连形成一个宽带吸波频段。图 7.36(b)给出了不同斜线数量下的吸收谱，可以看出，当单元个数较少时，吸波频带的波动较大，这是由于相邻单元之间的截止频率差别变大，波谷更加明显，而且高频区域的吸波频带内的波动起伏较大，这主要是由于斜线数量小引起相邻吸收峰的频率间隔拉大造成的。

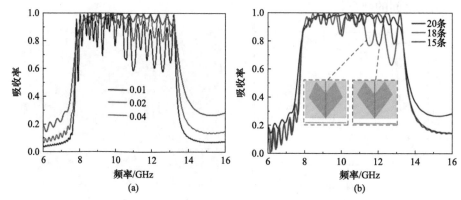

图 7.36　介质基板损耗和斜线数量的影响：(a)不同损耗角正切下的吸波谱；(b)不同斜线数量下的吸收谱

7.4.3　双带吸波结构

SSPP 结构的吸波频带由其小单元结构尺寸的斜线长度决定，因此通过组合不同的斜线型 SSPP 结构可以实现多带吸波，图 7.37(a)为阶梯型 SSPP 吸波结构，整个结构分为两部分，上半部分的斜线高度从 3.3mm 变化到 3.7mm，下半部分的斜线高度从 4.8mm 变化到 5.8mm，其他参数为 P=0.3mm，a=0.15mm，w=0.15mm，结构尺寸为 9mm × 8.5mm，金属结构刻蚀在 0.8mm 的 FR4 介质基板上。图 7.37(b)给出了仿真的阶梯型 SSPP 吸波结构的吸收谱。根据斜线型结构的色散特性，上半部分具有较高的截止频率，下半部分具有较低的截止频率，分别对应于高频和低频吸波带。图 7.37(c)给出了低频吸波带中 8GHz、9GHz 下的 E_z

电场分布，可以看出，低频吸波带的电磁波高效通过斜线型组合结构的上半部分，由于弱色散，吸收比较少，最后电场主要局域在斜线型组合结构的下半部分，随着频率的增加，位置向上移动。图 7.37(d)给出了高频吸波带中 12.5GHz、13.5GHz 下的 E_z 电场分布，可以看出低频吸波带的电场主要局域在斜线型组合结构的上半部分，随着频率的增加，位置向上移动。

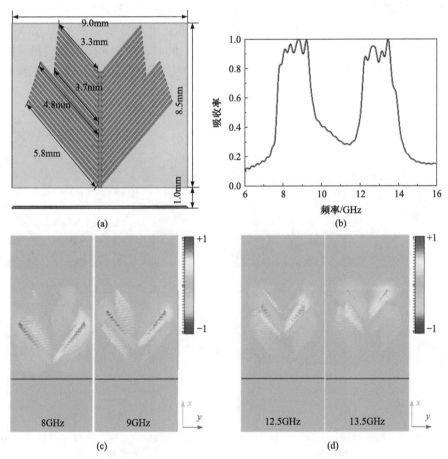

图 7.37　双带斜线型 SSPP 吸波结构：(a)结构示意图；(b)仿真的吸波谱；(c)8GHz、9GHz 下的 E_z 电场分布；(d)12.5GHz、13.5GHz 下的 E_z 电场分布

7.4.4　实验验证

为了验证吸波结构的双带吸波性能，制作了图 7.38(a)和(b)所示的连续型宽带吸波结构和阶梯型双带吸波结构的原理样件。图中插图分别为其单个长条形介质基板的正视图，长度为 225mm(含有 25 个小单元)，图 7.38(a)和(b)中的宽度分别为 9mm 和 8.5mm，金属结构刻蚀在 FR4 介质基板上(厚度为 0.8mm，介电常量为 4.3，

损耗角正切为 0.001)，每隔 9mm 刻蚀尺寸宽度为 1mm 的凹槽(样件 A 的长度为 4.5mm，样件 B 的长度为 4.25mm)，25 个长条形介质基板通过凹槽进行正交交叉形成方格结构，尺寸大小为 225mm×225mm(含有 625 个 9mm×9mm 的方格单元)。

在微波暗室测试两种结构在不同极化波下的吸收率($A=1-|S_{11}|^2-|S_{21}|^2$)，测试结果如图 7.38(c)和(d)所示。可以看出，由于该结构的 C4 对称性，该结构在 x 极化波和 y 极化波的吸收率相同。对比仿真结果，可以看出，吸波频带向高频有所移动，这是由于用于制备原理样件的 FR4 介质基板的介电常数小于 4.3，造成截止频率升高，从而使得整个吸收频带向高频移动；同时，由于介质基板的损耗要大于 0.025，因此测试结果的吸波频带内的吸收率要高于仿真结构，同时带外的损耗也要高于仿真结果。

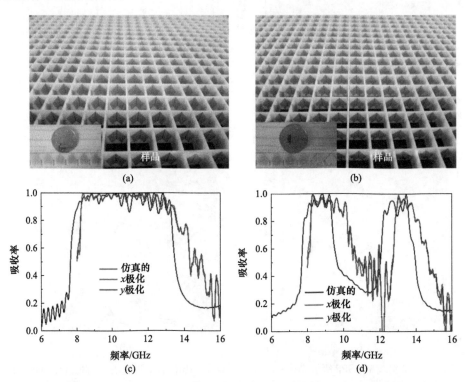

图 7.38　原理样件及测试结果：(a)连续型宽带吸波结构的原理样件 A；(b)阶梯型双带吸波结构的原理样件 B；(c)原理样件 A 的测试结果；(d)原理样件 B 的测试结果

7.4.5　低频吸波性能拓展

为了将吸收频带向更低的频域扩展，可以继续增加斜线的倾斜角，可以在不改变方格大小的情况下，继续拓展吸收频带，同时由于随着倾斜角的增加，SSPP 的损耗逐渐降低，因此需要改变结构尺寸，小单元的结构尺寸为 $P=0.8$mm，

a=0.4mm，其他参数不变，以便有足够的纵向长度吸收电磁波，这里选用 73°作为倾斜角，将吸收频带拓展到 4GHz，方格的电尺寸更小(约为 0.133λ)。图 7.39(a)和(b)分别给出了拓展到低频区域斜线型 SSPP 吸波结构和吸收率。可以看出，随着斜线结构与金属背板之间的距离的增加，低频区域吸收逐渐增强，高频区域的吸收改变较少。相对于折线型吸波结构来说，由于锯齿结构倾斜导致与金属背板具有一定的空间，因此金属背板与结构之间距离的影响并没有折线型 SSPP 结构大。

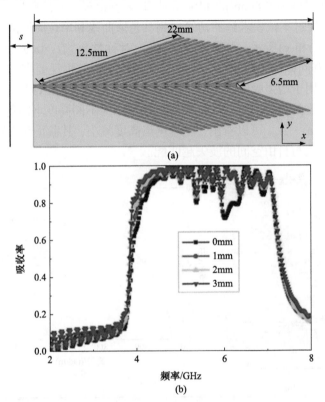

图 7.39　拓展到低频区域的斜线型 SSPP 吸波结构：(a)结构示意图；(b)吸收率

7.5　交错型 SSPP 吸波结构

对于 SSPP 结构来说，由于中间脊线上下结构激发的 SSPP 模式相互耦合，导致了 SSPP 基模分裂成偶模和奇模。由文献[30]中可知，对于交错型锯齿结构来说，奇模与偶模的色散曲线在第一布里渊区重合。通过对交错型锯齿结构的色散曲线和波矢虚部分析，发现交错型锯齿结构具有比对称性锯齿结构更大的波矢虚部，导致损耗增强。分析其吸收峰处的电场分布可知，对称型锯齿结构的电场主要局域在金属结构的上表面，而交错型锯齿结构的电磁场更多地进入到损耗介质基板，使得其损耗得到增强。本节基于交错型锯齿结构设计了增强型的 SSPP 吸波结构，在不改变方格大小、锯齿高度的前提下，显著增强了吸收频带内的吸波能力。

7.5.1 结构设计和色散特性

图 7.40(a)给出了交错型锯齿结构示意图，结构参数为 P=0.4mm，a=0.2mm，w=0.2mm，s=0mm、0.2mm(对称型：s=0mm；交错型：s=0.2mm)，h=10mm，金属结构刻蚀在厚度为 0.8mm 的 FR4 介质基板上(相对介电常量为 4.3，损耗角正切为 0.001)。通过本征模求解器仿真得到其色散曲线和单位周期的传播损耗，分别如图 7.40(b)和(c)所示。由图可以看出，对称性锯齿(s=0mm)与交错型锯齿(s=0.2mm)具有同样的色散特性，而交错型锯齿结构的损耗要高于对称型锯齿结构的损耗，可用于增强吸波。类似于对称型锯齿结构，交错型锯齿结构的色散曲线也会随着高度的变化而改变，如图 7.40(d)所示为不同高度下的色散曲线，其他参数与图 7.40(a)一致。可以看出，随着锯齿高度减小，其截止频率逐渐向高频移动，色散变弱，与自由空间的波矢越匹配。

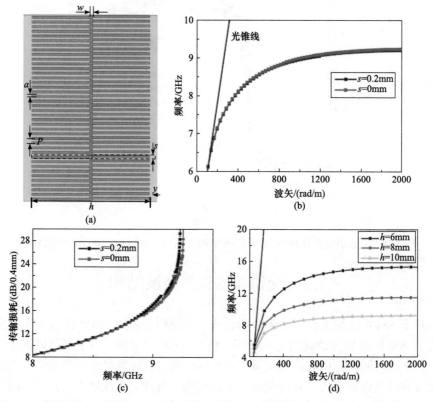

图 7.40　交错型 SSPP 结构：(a)交错型锯齿结构；(b)色散曲线对比；(c)传播损耗对比；(d)不同高度下的色散曲线

　　由图 7.40(b)可以看出，随着工作频率接近截止频率，传输损耗也趋于最大化，可用于增强 SSPP 吸波特性。为了验证交错型锯齿结构的吸收能力，设计了由 30 个对称性锯齿结构和交错型锯齿结构组成的结构单元，结构单元沿 x 和 z 方向的周期均为 14mm，结构参数如图 7.14(a)所示。图 7.41(b)和图(c)分别给出了不同高度下对称型和交错型锯齿结构的吸收率（$A(w) = 1 - |S_{11}(w)|^2 - |S_{21}(w)|^2$）。可以看出，无论是对称型锯齿还是交错型锯齿，其吸收峰均随着锯齿高度的增加而向低频移动，与其截止频率基本一致。对比图 7.41(b)和(c)，可以看出交错型锯齿结构的吸收率明显高于对称型锯齿结构的吸收率，与色散关系的分析结构基本一致。

　　图 7.41(d)和(e)分别给出了 7.72GHz 对称型 SSPP 结构的吸收峰电场在 xOz 面的分布和 7.6GHz 交错型 SSPP 结构的吸收峰电场在 xOz 面的分布(h=12.5mm)，可以看出，对称型锯齿结构的电场主要集中在金属表面的上方，而交错型锯齿结构的电场在锯齿上方和下方都有分布，有更多的电场进入到介质基板，导致吸收增强。

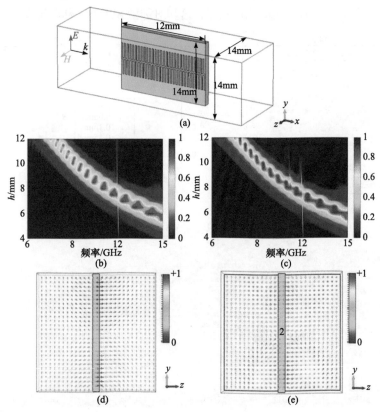

图 7.41　交错型和对称型 SSPP 结构对比：(a)等长交错型锯齿结构；(b)对称型锯齿结构的吸收率；(c)交错型锯齿结构的吸收率；(d)7.72GHz 对称型 SSPP 结构 xOz 面的电场分布(h=12.5mm)；(e)7.6GHz 交错型 SSPP 结构 xOz 面的电场分布(h=12.5mm)

7.5.2　增强型宽带吸波结构

　　交错型锯齿结构具有增强的吸收能力，借助于锯齿高度 h 的调节，可以调控锯齿结构的色散特性，从而调控其吸波带宽。为了验证其宽带增强吸波能力，设计了高度 h 线性变化的交错型吸波结构，通过小单元吸收峰合并可以实现增强型的宽带吸波结构。为了作对比，这里设计了同文献[28]中同样尺寸的结构单元，如图 7.42(a) 所示。图 7.42(b) 给出了仿真的对称性锯齿结构与交错型锯齿结构的吸收率，可以看出，交错型锯齿结构的吸收率明显增强，这里计算 8～14GHz 的平均透射率与反射率之和($10\log(\mathrm{avg}(|S_{11}|^2+|S_{21}|^2))$)，最终交错型锯齿的带内吸收能要比对称性锯齿结构的带内吸收性能提高 3.48dB(对称型：−8.58dB；交错型：−12.06dB)。图 7.42(c) 给出了不同频率处的 E_z 电场分布，可以看出，不同频率的电磁场局域在组合结构的不同位置，随着频率的增加，电磁场的局域位置从低到高，表明不同频率的电磁场局域位置对应于该区域 SSPP 模式的截止频率，同时其电场左右是不对称的，具有一定的相位延迟，这和对称型 SSPP 结构的电场是不同的。

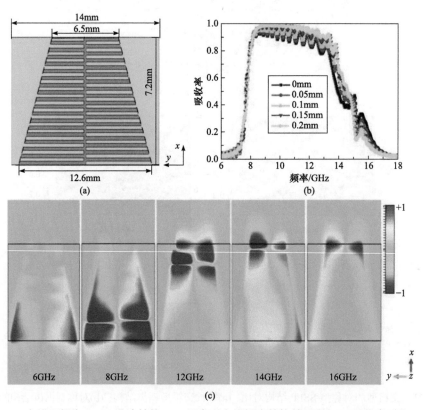

图 7.42　交错型锯齿 SSPP 吸波结构：(a)组合型交错锯齿结构单元图；(b)吸收率对比；(c)E_z 电场分布

利用 SSPP 在截止频率处的强吸收特性，通过结构尺寸调控色散特性，实现了 8～14GHz 宽带吸波性能，这种宽带吸波主要是利用 SSPP 的单程传播。在结构后面加金属背板，使得电磁波可以经过两次结构吸波，可以提高其吸收能力，仿真吸收率如图 7.43 所示。可以看出，交错型锯齿结构的吸收率明显增强，计算 8～14GHz 的平均反射率($10\log(\mathrm{avg}(\left|S_{11}\right|^2))$)，交错型锯齿的带内吸收能要比对称性锯齿结构的带内吸收性能提高 4.56dB(对称型：−9.80dB；交错型：−14.36dB)。

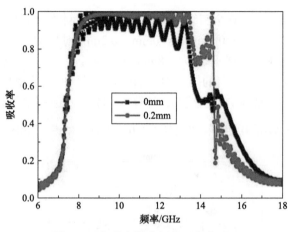

图 7.43　加载金属背板的吸收率对比

7.5.3　实验验证

为了验证上述设计方案的吸波性能，制作了如图 7.44(a)所示的原理样件。由 26 个尺寸为 196mm×7.2mm 的介质基板正交组合而成，结构总体尺寸为 196mm ×196mm，其中每个介质基板由 14 个单元组成，如图中插图所示。由于结构的 C4 对称性，该吸波结构是极化无关的。图 7.44(b)所示为在微波暗室测试原理样

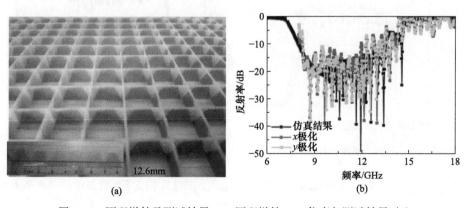

图 7.44　原理样件及测试结果：(a)原理样件；(b)仿真与测试结果对比

件的吸收率。从图中可以看出，测试结果与仿真结果基本一致。相对于仿真结果，吸收谱向高频有所移动，这是由于制作的 FR4 介质基板的介电常量要略小于仿真值，导致截止频率向高频移动；同时，计算 8～14GHz 的平均反射率为–16.77dB，相对于仿真结果，吸收性能有所增强，这是由于制作的 FR4 介质基板的损耗要略大于仿真值。

7.5.4　低频吸波性能拓展

图 7.45(a)给出了由 20 个斜线结构组成的交错型斜线 SSPP 吸波结构示意图，结构参数为 P=0.4mm，a=0.2mm，s=0mm、0.2mm(对称型：s=0mm；交错型：s=0.4mm)，金属结构刻蚀在厚度为 0.8mm 的 FR4 上。假定 y 极化波沿+x 方向正入射到该结构，沿 y 和 z 方向的周期为 9mm，仿真得到的吸收率如图 7.45(b)所示。可以看出，整体的吸收率会有所提高，计算 6～11GHz 的平均反射率和透射率之和 $(10\log(\text{avg}(|S_{11}|^2+|S_{21}|^2)))$，吸收率提高了 0.63dB(对称型：–4.77dB；交错型：5.40dB)。

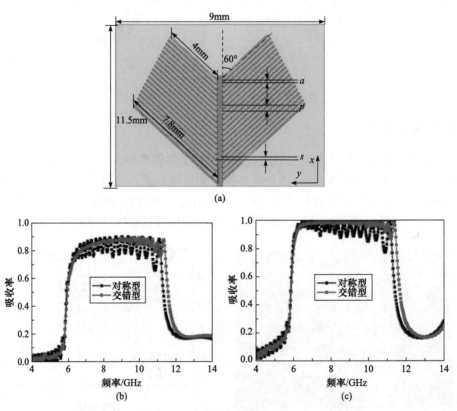

图 7.45　交错型斜线 SSPP 吸波结构：(a)结构示意图；(b)吸收率(无金属背板)；(c)吸收率(有金属背板)

为了提高整体的吸收率，在锯齿结构背面加入金属背板，其他参数不变，仿真得到的吸收率如图 7.45(c)所示。可以看出，整体的吸收率会有所提高，计算 6～11GHz 的平均反射率 $(10\log(\text{avg}(|S_{21}|^2)))$，吸收率提高了 4.35dB(对称型：−12.07dB；交错型：−16.42dB)。该斜线型锯齿结构的横向纬度的电尺寸仅为 0.18λ。

7.6　水平折线 SSPP 吸波结构

7.3～7.6 节主要讨论在纵向弯折或者倾斜金属线时对 SSPP 结构吸波性能的影响。事实上，当沿着金属线在横向面内发生 90°弯折时(即在平行于金属反射背板的平面内对金属线进行弯折，这里简称为水平折线)，水平折线所激发的两相邻吸收峰在频谱上的间距发生了明显的缩减。基于此，将多条长度渐变的水平折线纵向组合在一起构成水平折线 SSPP 吸波结构，可有效拓展其宽带电磁吸波性能。

7.6.1　宽带吸波原理分析

沿电场方向周期排布的金属线结构是一种常见的吸波结构。随着金属线长度的变化，吸波结构能够在相应的不同频点处产生高效的电磁吸波。如图 7.46(a)所示的吸波结构周期单元，在长度为 a_1，高度为 d，厚度为 t_1 的直立介质板的侧面，从下而上印制着五根长度均为 l_1，宽度为 w，厚度为 t_c 并以一定周期 s 排布的平行金属线。底层为矩形金属背板，其长度为 a_1，宽度为 b_1。此时，当我们尝试将此金属线单元沿着中轴线位置在水平面内(xOy)弯折 90°，可以获得如图 7.46(a)所示的水平折线吸波结构。这里，高度为 d，厚度为 t_2 的介质基板弯折 90°后，构成了两块正交的且边长均为 a_2 的弯折介质板，站立在边长为 a_2 的方形金属背板上。在介质背板内侧，从下而上印制着五根长度均为 l_2，宽度为 w，厚度为 t_c 并以一定周期 s 排布的水平折线。对于所设计的两种吸波结构，所用金属材料均为铜，其电导率为 $5.8×10^7$S/m；介质板均为具有较强介电损耗特性的 FR4 介质基板，其相对介电常量为 4.3(1−j0.025)。这里，给定金属线吸波结构的周期单元结构参数如下：a_1=20.0mm，b_1=10.0mm，d=10.0mm，t_1=0.8mm，t_c=20.0μm，l_1=12.0mm，s=0.1mm，w=0.2mm。而水平折线吸波结构的周期单元结构参数如下：a_2=10.0mm，d=10.0mm，t_2=0.4mm，t_c=20.0μm，l_2=12.0mm，s=0.1mm，w=0.2mm。

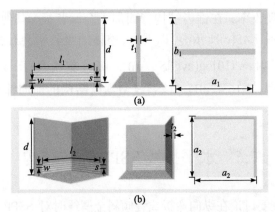

图 7.46　(a)直线型 SSPP 吸波结构；(b)水平折线 SSPP 吸波结构

对于上述两种吸波结构，分别讨论两种结构单元的本征色散特性。图 7.47(a)
为金属线结构在宽频带 0～26.0GHz 内的色散曲线。对于金属线长度 l_1 从 12.0mm
增长至 18.0mm，金属线结构在上述宽频带内能够始终获得两条色散曲线，并分
别在黄色阴影区域和蓝色阴影区域获得截止频率。同样地，对于金属线长度 l_2 从
12.0mm 增长至 18.0mm，水平折线结构在上述宽频带内也同样收获了两条色散曲
线。其中，色散曲线在低频处获得的截止频率与上述金属线结构比较接近，而另
一条色散曲线在高频处获得的截止频率则明显低于前者。表 7.1 详细地给出了金
属线结构和水平折线结构的两条色散曲线对应的截止频率。对比可得，在不同金
属线长度下，金属线结构的第一和第二截止频率比值始终为 1：3，而水平折线结
构的第一和第二截止频率比值近似为 1：2。

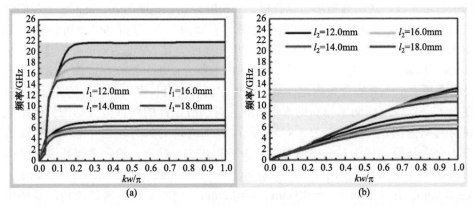

图 7.47　(a)金属线结构随着金属线长度 l_1 变化时的色散曲线；(b)水平折线结构随着金属线长
度 l_2 变化时的色散曲线

表 7.1　金属线结构和水平折线结构色散曲线的截止频率

模型 1	第一截止频率/GHz	第二截止频率/GHz	模型 2	第一截止频率/GHz	第二截止频率/GHz
l_1=12.0mm	7.4	21.8	l_2=12.0mm	8.1	13.1
l_1=14.0mm	6.4	18.9	l_2=14.0mm	7.2	12.5
l_1=16.0mm	5.6	16.7	l_2=16.0mm	6.4	11.6
l_1=18.0mm	5.0	14.9	l_2=18.0mm	5.7	10.7

　　基于上述两种吸波结构单元色散特性的讨论，分别仿真计算了基于金属线结构和水平折线吸波结构在 0～26.0GHz 的吸收率曲线。图 7.48(a)为金属线吸波结构随着金属线长度 l_1 从 12.0mm 增加至 18.0mm 时的吸收率仿真结果。随着金属线长度的增加，该吸波结构的两个吸收峰均逐渐向低频移动。图 7.48(b)为水平折线吸波结构随着金属线长度 l_2 从 12.0mm 增加至 18.0mm 时的吸收率仿真结果，随着金属线长度的增加，该吸波结构的两个吸收峰也逐渐向低频移动，并且两吸收峰之间的距离明显缩短了。这里，表 7.2 给出了关于两种吸波结构随金属线长度(l_1 和 l_2)变化时第一和第二吸收峰频率。对比可得，两种吸波结构所获得的第一吸收峰的频率较为接近，而弯折金属线后得到的水平折线吸波结构的第二吸收峰的频率则明显降低。对于金属线吸波结构，其第一和第二吸收峰频率的比值均为 $1:3$，与上述关于金属线结构色散曲线的截止频率分布一致。对于水平折线吸波结构，其第一和第二吸收峰的比值接近 $1:2$，与上述关于水平折线结构色散曲线的截止频率也基本一致。因此，基于上述色散曲线和仿真结果的讨论可得，通过在水平面弯折金属线可有效地缩减该折线结构吸波结构的两相邻吸收峰在频谱上的间距。

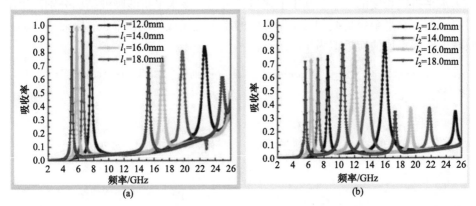

图 7.48　(a)金属线吸波结构随着金属线长度 l_1 变化时的吸收率仿真结果；(b)水平折线吸波结构随着金属线长度 l_2 变化时的吸收率仿真结果

表 7.2　金属线吸波结构和水平折线吸波结构的吸收峰频率

模型 1	第一吸收峰频率/GHz	第二吸收峰频率/GHz	模型 2	第一吸收峰频率/GHz	第二吸收峰频率/GHz
l_1=12.0mm	7.7	22.7	l_2=12.0mm	8.5	15.9
l_1=14.0mm	6.6	19.7	l_2=14.0mm	7.3	13.8
l_1=16.0mm	5.8	17.3	l_2=16.0mm	6.3	12.0
l_1=18.0mm	5.1	15.3	l_2=18.0mm	5.6	10.5

　　为了定性地分析水平折线吸波结构的吸波原理，考察上述两种吸波结构的表面电流分布和能量损耗分布。图 7.49(a)为吸波结构随金属线长度 l_1 从 18.0mm 减少至 12.0mm 时在各自吸收峰频点处的表面电流分布。在第一吸收峰频点处，可以观察到金属线表面产生了明显增强且方向一致的表面电流。增强的表面电流区域的长度与金属线长度基本一致。而在第二吸收峰频点处，可以观察到金属线表面产生了三段明显增强且方向相反的表面电流。每段增强的表面电流区域的长度近似为金属线长度的 1/3。由于谐振产生的吸收峰的频点与谐振的尺寸呈反比关系，可以得到该金属线吸波结构产生的基次和一次谐振对应的吸收峰的工作频点比值为 1：3。与此同时，图 7.49(b)分别给出了水平折线吸波结构随金属线长度 l_2 从 18.0mm 减少至 12.0mm 时在各自吸收峰频点处的表面电流分布。在第一吸收峰频点处，可以观察到水平折线表面产生了明显增强且方向一致的表面电流。增强的表面电流区域的长度与水平折线长度基本一致。而在第二吸收峰频点处，可以观察到水平折线沿 x 和 y 轴两段金属线表面产生了方向相反的表面电流，且沿电场(y 轴)方向上的表面电流明显增强。同时，增强的表面电流区域的长度近似为水平折线长度的一半。基于上述讨论可得，该水平折线吸波结构分别产生了对应于整个水平金属折线和沿 x 轴方向的半个金属线的基次谐振，因而相应的吸收峰工作频点比值应近似为 1：2。

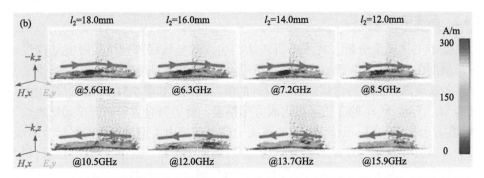

图 7.49　(a)金属线吸波结构随着金属线长度 l_1 变化时在相应的吸收峰频点处的表面电流分布；
(b)水平折线吸波结构随着金属线长度 l_2 变化时在相应的吸收峰频点处的表面电流分布

　　此外，图 7.50 还给出了上述两种吸波结构随金属长度变化时在各自吸收峰频点处的能量损耗分布。通过对比可以发现，能量损耗明显增强的区域与上述表面电流增强的区域基本一致，进一步证实了上述解释。因此，通过在水平面内弯折金属结构单元，可有效地改变金属线周期结构的色散特性，从而灵活地缩减折线结构吸波结构两相邻吸收峰在频谱上的间距。

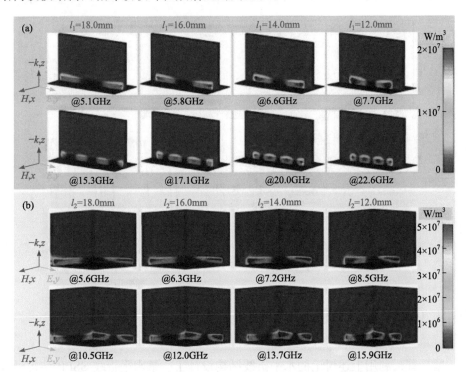

图 7.50　(a)金属线吸波结构随着金属线长度 l_1 变化时在相应的吸收峰频点处的能量损耗分布；
(b)水平折线吸波结构随着金属线长度 l_2 变化时在相应的吸收峰频点处的能量损耗分布

7.6.2　超宽带吸波结构

基于上述理论分析，将水平折线结构引入到金属线阵列结构吸波结构设计中，借助于 SSPP 色散调控，获得宽带吸波性能的进一步拓展。首先，讨论了基于多条长度渐变的平行金属线阵列设计的吸波结构。如图 7.51(a)所示，选用由高度为 d_1，厚度为 t_1 的介质基板组成方形格栅，使得每个方形格栅单元的边长为 P_1。在方形格栅的每一面侧壁上，自下而上印制长度由 l_1 缩减至 0 的平行金属线。其中，金属线的宽度为 w，厚度为 t_c，并以周期 s 排布。这里，所用金属材料为铜，其电导率为 $5.8×10^7$S/m；介质板为具有较强介电损耗特性的 FR4 介质基板，其相对介电常量为 $4.3(1-j0.025)$。给定周期单元的结构参数如下：$P_1=8.0$mm，$d_1=10.0$mm，$t_1=0.8$mm，$w=0.1$mm，$t_c=20.0$μm，$s=0.2$mm，$l_1=7.0$mm，仿真该吸波结构的吸收率曲线。如图 7.51(b)中蓝色带倒三角形标注所示，该金属线阵列结构吸波结构能够在 $12.6\sim30.0$GHz 频带内实现吸收率高于 90% 的宽带电磁吸波。同时，随着底层金属线长度 l_1 从 7.0mm 增大至 13.0mm(方形格栅的边长 P_1 也随之增大，$P_1-l_1=1.0$mm)，该金属线阵列结构吸收率大于 90% 的频带将逐渐向低频拓展，而高频段内的吸收效率则显著降低。

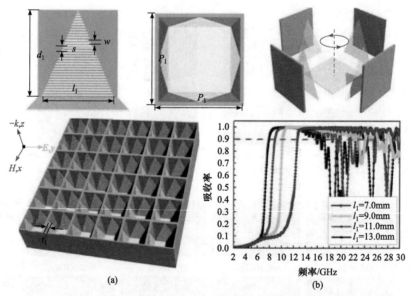

图 7.51　(a)金属线阵列结构吸波结构的结构示意图；(b)金属线阵列结构吸波结构随底边金属线长度 l_1 变化时的吸收率仿真结果

紧接着，利用上述讨论的水平折线结构设计了一款水平折线 SSPP 结构吸波结构，如图 7.52(a)所示。选用由高度为 d_2，厚度为 t_2 的介质基板组成方形格栅，使得每个方形格栅单元的边长为 P_2。在方形格栅单元内的相邻正交面上，自下而

上印制长度由 l_2 缩减至 0 的平行金属线。其中，金属线的宽度为 w，厚度为 t_c，并以周期 s 排布。该吸波结构中，所用金属材料为铜，其电导率为 $5.8×10^7$S/m；介质板为具有较强介电损耗特性的 FR4 介质基板，其相对介电常量为 4.3(1–j0.025)。给定周期单元的结构参数如下：P_2=8.0mm，d_2=10.0mm，t_2=0.8mm，w=0.1mm，t_c=20.0μm，s=0.2mm，l_2=15.0mm。通过对比两种吸波结构的结构参数可得，在相同周期尺寸的方形格栅内，水平折线 SSPP 结构底边金属线的长度可以是原来金属线阵列结构底边金属线长度的两倍，因而所实现的吸波频带将进一步向低频拓展。利用 CST Microwave Studio 2013 仿真得到该吸波结构的吸收率曲线。如图 7.52(b)中蓝色带倒三角形标注所示，除了中间 19.4GHz 频点附近处的吸收率有所降低外，该水平折线 SSPP 结构吸波结构能够在 7.7～27.8GHz 频带内实现吸收率高于 90% 的宽带电磁吸波。同时，随着底层水平折线长度 l_2 从 15.0mm 增大至 21.0mm(方形格栅的边长 P_2 也随之增大，P_2–l_2=1.0mm)，该水平折线 SSPP 结构吸波结构具有的吸收率大于 90% 的频带进一步向低频拓展，而高频带内的宽带电磁吸波效性能却没有显著降低。由此可见，借助折线结构有效缩减相邻两吸收峰间距的特性，基于水平折线阵列设计的吸波结构能够有效地合并低频吸波带和高频吸波带，从而获得宽带电磁吸波性能的进一步拓展。

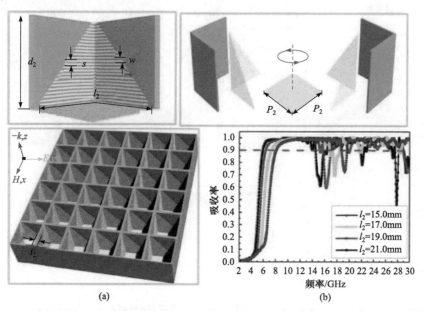

图 7.52　(a)水平折线 SSPP 结构吸波结构的结构示意图；(b)水平折线 SSPP 结构吸波结构随底边金属线长度 l_2 变化时的吸收率仿真结果

　　然而，由于水平折线阵列单元占空比降低的影响，上述所设计的水平折线 SSPP 结构吸波结构较难实现宽工作频带内连续且高效的电磁吸波，因而其结构需要被进一步优化设计。基于此,我们设计了如图 7.53 所示的组合阵列吸波结构。选用由高度为 d,厚度为 t_f 的介质基板组成方形格栅单元,使得每个方形格栅的边长为 P。在方形格栅单元内每两个相邻且正交的面上,自下而上印制了长度由 l_2 逐渐缩减至 l_1 的水平折线阵列。同时,在介质基板的剩余空白面内,外向侧正交轴印制了长度由 l_4 逐渐缩减至 l_3 的垂直线阵列。这里,金属线的宽度均为 w,厚度均为 t_c,并以周期 s 排布。该吸波结构中,所用金属材料为铜,其电导率为 5.8×10^7S/m;介质板为具有较强介电损耗特性的 FR4 介质基板,其相对介电常量为 $4.3(1-j0.025)$。仿真优化得到的周期单元的结构参数如下:P=10.0mm,d=10.0mm,t_f=0.8mm,l_1=1.0mm,l_2=17.5mm,l_3=0.6mm,l_4=10.0mm,w=0.1mm,s=0.2mm。图 7.54 中黑色带方形标注曲线为该吸波结构对垂直入射电磁波的吸收率仿真结果,表明该吸波结构能够在 5.3~29.0GHz 频带内实现吸收率高于 90% 的宽带电磁吸波。相比之前设计的金属线阵列结构吸波结构,基于组合阵列结构设计的吸波结构能够在不影响其高频带内连续且高效的电磁吸波性能的同时,有效地使吸波频带进一步向低频拓展。

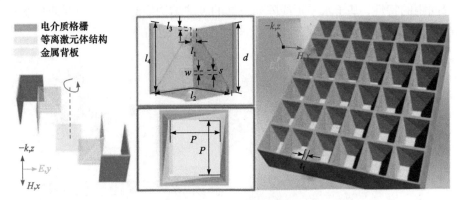

图 7.53 吸波结构示意图

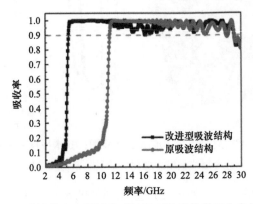

图 7.54 吸波结构和金属线阵列结构吸波结构的吸收率仿真结果

基于上述设计,我们监视了该吸波结构在吸波频点 5.3GHz、11.0GHz、17.0GHz 和 25.0GHz 处的表面电流分布和能量损耗分布,分别如图 7.55(a)和(b) 所示。综合分析可得,对于 5.3~11.0GHz 频带内入射的电磁波,该吸波结构在不同长度的水平折线表面产生了基次谐振,从而获得相邻吸收峰叠加构成的宽带且高效的电磁吸波。对于 11.0~17.0GHz 频段内入射的电磁波,该吸波结构的水平折线阵列中高处水平折线表面产生的基次谐振和低处水平折线表面产生的一次谐振,以及垂直线阵列产生的基次谐振共同作用,通过在相邻频点处叠加多个谐振产生的吸收峰,最终获得了宽带且高效的电磁吸波。进一步地,对于频率高于 17.0GHz 的入射电磁波,该吸波结构能够同时在两种阵列中不同长度的水平折线和垂直线表面分别产生基次或高次谐振。这些谐振在相邻频点处产生的电磁吸收峰叠加,从而获得了 17.0~29.0GHz 频带内连续且高效的电磁吸波。

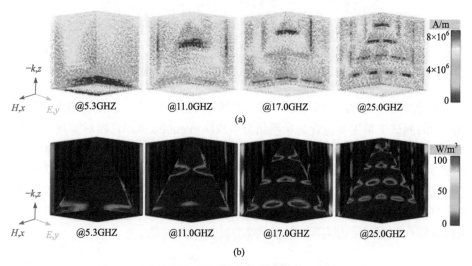

图 7.55　吸波结构的表面电流分布(a)和能量损耗分布(b)

7.6.3　实验验证

为了实验验证水平折线 SSPP 结构吸波结构具有的宽带吸波性能拓展,我们制备了上述组合阵列吸波结构实验样品。如图 7.56 所示,整个样品的尺寸为 140mm × 140mm,包含了 14×14 个周期结构单元。在上述实验制备过程中,首先利用高精度数控设备将 FR4 介质板切割成长条状介质板并带有周期性的缝隙。借助于缝隙,可将长条 FR4 介质板以方形格栅的形式组合在一起,并借助环氧树脂胶粘连得到完整的方形介质格栅。紧接着,利用 PCB 工艺将由铜构成的水平折线阵列和垂直线阵列印制在 FR4 薄膜上(厚度为 0.1mm),得到所设计组合金属阵列结构单元的平面形式。将印制好组合金属阵列结构单元的薄膜沿对称轴弯折

90°以后，借助于环氧树脂胶以相同的排布方向粘连在每个方形格栅两相邻正交面上，并将粘好的金属结构的样品再次固定至金属背板上，得到最终的吸波结构实验样品。

图 7.56　吸波结构实验样品

实验测试该吸波结构实验样品的宽带电磁吸波性能需要在微波暗室中进行，所用到的测试工具主要包含矢量网络分析仪(Agilent E8363B)，四对宽频带喇叭天线(工作频段分别是 4.0～8.0GHz、8.0～12.0GHz、12.0～18.0GHz，18.0～30.0GHz)和拱形架。最终，测试所得的该吸波结构实验样品的吸收率曲线如图 7.57 中的蓝色带三角形标注曲线所示。同时，我们给出了该吸波结构的仿真结果，如图中黑色带方形标注曲线所示。测试与仿真数据基本一致，有效地证实了所设计的吸波结构能够在更宽频带内实现连续且高效的电磁吸波性能。

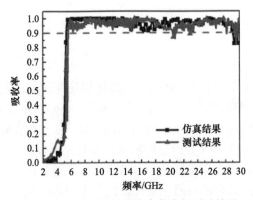

图 7.57　吸波结构的吸收率仿真与测试结果

7.7　垂直折线 SSPP 吸波结构

当沿着电场方向排布的金属线结构在垂直面内发生 90°弯折时(即在垂直于金属反射背板的方向上对金属线进行弯折，这里简称为垂直折线)，色散曲线和仿真结果表明该垂直折线吸波结构所激发的两相邻吸收峰在频谱上的间距产生了明显的缩减。基于此，将多条长度渐变的垂直折线沿对角线方向组合在一起构成垂直折线吸波结构，可获得宽带电磁吸波性能的进一步拓展。

7.7.1　宽带吸波原理分析

上述基于水平折线 SSPP 结构设计的吸波结构，其水平金属折线的实际制备过程相对烦琐，不利于大规模加工制备。因此，我们尝试将周期排布的金属线结构单元在垂直面内进行弯折，进一步探索其色散特性的改变。图 7.58 分别给出了基于金属线设计的吸波结构和基于垂直折线设计的吸波结构的单元结构示意图。图 7.58(a)中的金属线吸波结构，在长度为 a_1，高度为 d，厚度为 t_f 的直立介质板的侧面，从下而上印制着五根长度均为 l_1，宽度为 w，厚度为 t_c，并以一定周期 s 排布的平行金属线。底层为矩形金属背板，其长度为 a_1，宽度为 b_1。与此同时，图 7.58(b)中的垂直折线吸波结构，通过将平行的长金属线沿每条金属线中心位置在垂直面内(yOz)发生 90°弯折，使得弯折后的一半长度的金属线沿垂直 z 轴(波矢)方向，另一半长度的金属线沿水平 y 轴(电场)方向。在长度为 a_2，高度为 d，厚度为 t_f 的直立介质板的侧面，印制着五根长度均为 l_2，宽度为 w，厚度为 t_c，并以一定周期 s 排布的平行垂直折线。底层为方形金属背板，其边长为 a_2。对于所设计的两种吸波结构，所用金属材料均为铜，其电导率为 $5.8×10^7$S/m；介质板均为具有较强介电损耗特性的 FR4 介质基板，其相对介电常量为 4.3(1–j0.025)。这里，给定金属线吸波结构的周期单元结构参数如下：a_1=20.0mm，b_1=10.0mm，d=10.0mm，t_1=0.8mm，t_c=20.0μm，l_1=12.0mm，s=0.1mm，w=0.2mm；而垂直折线吸波结构的周期单元结构参数如下：a_2=10.0mm，d=10.0mm，t_2=0.4mm，t_c=20.0μm，l_2=12.0mm，s=0.1mm，w=0.2mm。

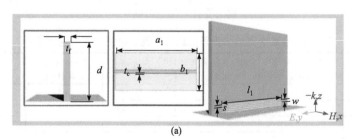

(a)

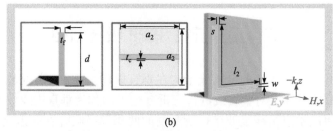

(b)

图 7.58　(a)金属线吸波结构的单元结构示意图；(b)垂直折线吸波结构的单元结构示意图

借助于色散曲线进行分析，分别讨论了上述金属线结构单元和垂直线结构单元的本征色散特性。图 7.59(a)为金属线结构在宽频带 0～30.0GHz 内的色散曲线。对于金属线长度 l_1 从 12.0mm 增长至 18.0mm，金属线结构在上述宽频带内能够始终获得两条色散曲线，并分别在灰色阴影区域和黄色阴影区域获得截止频率。同样地，如图 7.59(b)所示，对于金属线长度 l_2 从 12.0mm 增长至 18.0mm，垂直折线结构在上述宽频带内也同样收获了两条色散曲线。其中，色散曲线在低频处获得的截止频率与上述金属线结构较为接近，而另一条色散曲线在高频处获得的截止频率则明显低于前者。表 7.3 详细地给出了金属线结构和垂直折线结构色散曲线对应的截止频率。对比可得，随着金属线长度的改变，金属线结构的第一和第二截止频率比值均为 1：3，而垂直折线结构的第一和第二截止频率比值近似为 1：2。

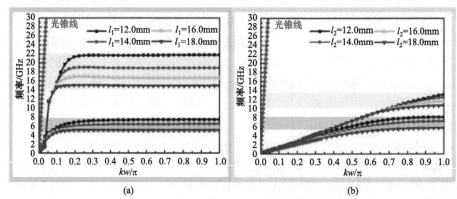

(a)　　　　　　　　　　　　　　　　　(b)

图 7.59　(a)金属线结构随着金属线长度 l_1 变化时的色散曲线；(b)垂直折线结构随着金属线长度 l_2 变化时的色散曲线

表 7.3　金属线结构和垂直折线结构色散曲线对应的截止频率

模型 1	第一截止频率/GHz	第二截止频率/GHz	模型 2	第一截止频率/GHz	第二截止频率/GHz
l_1=12.0mm	7.4	21.8	l_2=12.0mm	8.1	13.11
l_1=14.0mm	6.4	18.9	l_2=14.0mm	7.2	12.5
l_1=16.0mm	5.6	16.7	l_2=16.0mm	6.4	11.6
l_1=18.0mm	5.0	14.9	l_2=18.0mm	5.7	10.7

基于上述两种吸波结构色散特性讨论，分别仿真计算金属线结构和垂直折线吸波结构在 0～30.0GHz 的吸收率曲线。图 7.60(a)为金属线吸波结构随着金属线长度 l_1 从 12.0mm 增加至 18.0mm 时的吸收率仿真结果。随着金属线长度的增加，该吸波结构的两个吸收峰均逐渐向低频移动。图 7.60(b)为垂直折线吸波结构随着金属线长度 l_2 从 12.0mm 增加至 18.0mm 时的吸收率仿真结果。随着金属线长度的增加，该吸波结构的两个吸收峰也逐渐向低频移动，并且两吸收峰之间的距离明显缩短了。为了给出更清晰的对比，我们在表 7.4 中给出了关于两种吸波结构随金属线长度变化时，对应的第一和第二吸收峰的频率。对比可得，两种吸波结构所获得的第一吸收峰的频率较为接近。当金属线单元在垂直面内弯折 90°时，垂直折线吸波结构的第二吸收峰的频率明显降低。从表中数据可得，对于金属线吸波结构，其第一和第二吸收峰频率的比值为 1∶3，与上述关于金属线结构色散曲线的截止频率分布一致。对于垂直折线吸波结构，其第一和第二吸收峰的频率比值接近于 1∶2，与上述水平折线结构色散曲线的截止频率也基本一致。因此，基于上述色散曲线讨论可得，通过将长金属线在垂直面内沿中心位置弯折 90°后，同样可以实现两相邻吸收峰间距在频谱上的灵活缩减。

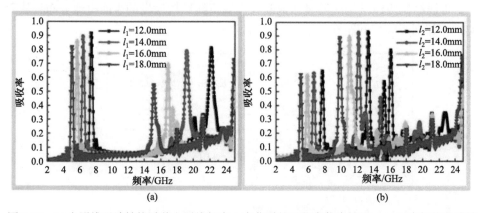

图 7.60　(a)金属线吸波结构随着金属线长度 l_1 变化时的吸收率仿真结果；(b)垂直折线吸波结构随着金属线长度 l_2 变化时的吸收率仿真结果

表 7.4　金属线吸波结构和垂直折线吸波结构的吸收峰频率

模型 1	第一吸收峰频率/GHz	第二吸收峰频率/GHz	模型 2	第一吸收峰频率/GHz	第二吸收峰频率/GHz
l_1=12.0mm	7.4	22.2	l_2=12.0mm	7.7	13.3
l_1=14.0mm	6.4	19.2	l_2=14.0mm	6.7	12.2
l_1=16.0mm	5.6	16.9	l_2=16.0mm	5.8	11.0
l_1=18.0mm	5.0	15.1	l_2=18.0mm	5.0	9.8

　　为了定性地分析该垂直折线吸波结构的吸波原理,我们监视了该吸波结构的表面电流分布和能量损耗分布。如图 7.61(a)所示,随着垂直折线吸波结构的金属线长度从 12.0mm 增加至 18.0mm,在第一吸收峰频点处,可以观察到垂直折线表面产生了明显增强且方向一致的表面电流,并且增强的表面电流区域的长度与垂直折线长度基本一致。而在第二吸收峰频点处,可以观察到垂直折线沿 x 和 y 轴两段金属线表面产生了方向相反的表面电流,且沿电场(y 轴)方向上的表面电流具有明显的增强。同时,增强的表面电流区域的长度近似为垂直折线长度的一半。与此同时,增强的表面电流必然带来局域电场的显著提高,结合介质基板本身具有的较高的介电损耗,该垂直折线吸波结构可以在上述表面电流显著增强的区域内产生明显增强的能量损耗。图 7.61(b)给出了该吸波结构随着金属线长度从 12.0mm 增加至 18.0mm,在其对应吸收峰频点处的能量损耗分布。通过观察可得,该能量损耗分布与上述表面电流分布基本一致。由于谐振产生的吸收峰的频点与谐振的尺寸呈反比关系,可以得到该垂直折线吸波结构分别产生了对应于整个垂直金属折线和半个沿 x 轴方向的金属线的基次谐振,相应的吸收峰工作频点比值应近似 1:2。相比之前关于金属线吸波结构的表面电流分布和能量损耗分布的讨论,折线结构吸波结构能够灵活地改变金属折线结构激发的表面电流分布,从而实现相邻两吸收峰间距在频谱上的灵活缩减。

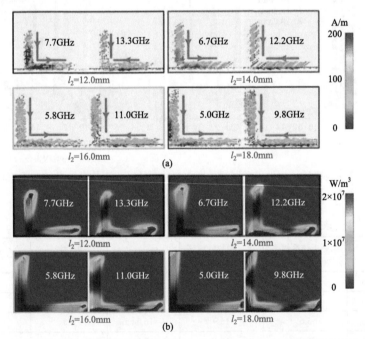

图 7.61　(a)垂直折线吸波结构随着金属线长度 l_2 变化时在相应的吸收峰频点处的表面电流分布;(b)能量损耗分布

7.7.2 超宽带吸波结构

基于上述理论分析,将垂直折线结构引入到金属折线阵列吸波结构的设计中,借助于 SSPP 的色散调控,获得宽带电磁吸波性能的进一步拓展。如图 7.62(a) 给出了所设计的垂直折线吸波结构结构示意图,将长度为 P_y,高度为 d,厚度为 t_f 的介质基板直立于长度为 P_y,宽度为 P_x 的矩形金属背板上。将长度从 l_2 缩减至 l_1 的垂直金属线阵列沿着对角线方向印制在介质基板两侧,且保证两侧的垂直金属线阵列的方向一致。其中,垂直金属线的宽度为 w,厚度为 t_c,并以周期 s 排布。该吸波结构中,所用金属材料为铜,其电导率为 $5.8×10^7$S/m;介质板为具有较强介电损耗特性的 FR4 介质基板,其相对介电常量为 4.3(1–j0.025)。给定周期单元的结构参数如下:P_x=10.0mm,P_y=10.0mm,d=10.0mm,t_f=0.8mm,t_c=20.0μm,l_1=4.0mm,l_2=19.6mm,s=0.1mm,w=0.2mm,借助于 CST Microwave Studio 2013 仿真得到了该垂直折线吸波结构的吸收率,如图 7.62(b)所示。由于所设计垂直折线阵列结构在 yOz 面内分布,使得该吸波结构具有极化相关的吸波性能。对于垂直入射的 TE 波(电场沿 y 轴方向),图中黑色带方形标注曲线表明该吸波结构能够在 4.8~24.4GHz 频带内实现吸收率高于 90% 的宽带电磁吸波。而对于垂直入射的 TM 波(电场沿 x 轴方向),图中红色带圆形标注曲线表明该吸波结构在宽频带内无明显吸波效果。

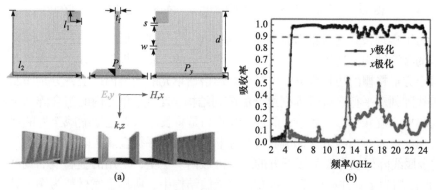

图 7.62 (a)垂直折线吸波结构示意图;(b)垂直入射 TE 波和 TM 波的吸收率仿真结果

为了分析该垂直折线吸波结构的吸波原理,分别监视该吸波结构在吸波频点 6.0GHz、10.0GHz、14.0GHz 和 18.0GHz 处的表面电流分布和能量损耗分布,如图 7.63(a)和(b)所示。综合分析可得,对于 4.8~10.0GHz 频带内入射的电磁波,该吸波结构在不同长度的垂直折线表面产生了基次谐振,通过叠加相邻频点处谐振产生的吸收峰,最终获得了该频段内连续且高效的电磁吸波性能。对于 10.0~18GHz 频段内入射的电磁波,垂直折线阵列中高处的短折线表面产生的基次谐振和低处的长折线沿水平方向的金属线表面产生的基次谐振共同作用,通过叠加相邻频点处多种谐振产生的吸收峰，同样实现了宽带且高效的电磁吸波性能。进一步地，对于频率高于18.0GHz的入射电磁波，该吸波结构能够同时在对应不同长度的整个垂直折线和沿 y 轴方向半折线表面产生基次或高次谐振。通过叠加多谐振在相邻频点处产生的吸收峰，获得了该垂直折线吸波结构在18.0～24.4GHz频带内连续且高效的电磁吸波性能。

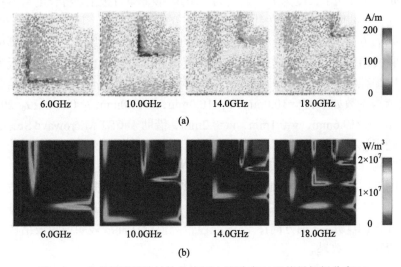

图7.63　垂直折线吸波结构的表面电流分布(a)和能量损耗分布(b)

为了实现极化无关的吸波性能，基于垂直折线阵列结构，设计了如图7.64所示的吸波结构。选用由高度为 d，厚度为 t_f 的介质基板组成方形格栅单元，使得每个方形格栅的边长为 P。在每个方形格栅单元的四个内壁上，分别印制了垂直折线阵列和平行金属线阵列组合的阵列结构，且每个单元内的组合阵列结构沿着对称中心旋转分布。其中，垂直折线阵列是将长度从 l_2 逐渐缩减至 l_1 的多条垂直金属线沿着对角线方向印制在介质基板上方，而平行金属线阵列则是将长度为 l_3 的金属线阵列填充在基板下方的剩余区域内。这里，所用的金属线的宽度均为 w，厚度均为 t_c，并以周期 s 排布。该吸波结构中，所用金属材料为铜，其电导率为 $5.8×10^7$S/m；介质板为具有较强介电损耗特性的FR4介质基板，其相对介电常量为 4.3(1–j0.025)。仿真优化得到周期单元的结构参数如下：P=9.3mm，d=10.0mm，t_f=0.8mm，l_1=3.3mm，l_2=17.3mm，l_3=8.3mm，w=0.1mm，s=0.2mm。图7.65给出了该吸波结构对于垂直入射的TE极化波和TM极化波的吸收率仿真结果，表明该吸波结构能够在 5.0～31.6GHz 频带内实现吸收率高于90%且具有极化无关特性的宽带电磁吸波。

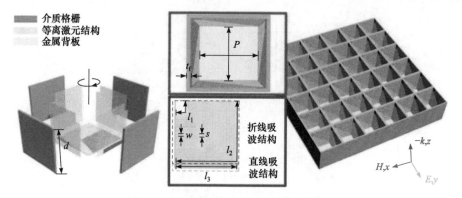

图 7.64　吸波结构示意图

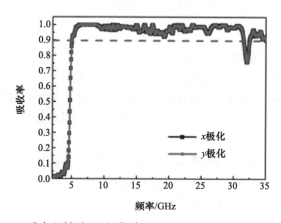

图 7.65　垂直入射时 TE 极化波和 TM 极化波的吸收率仿真结果

7.7.3　实验验证

为了实验验证该组合阵列吸波结构的宽带电磁吸波性能，制备了该吸波结构实验样品。如图 7.66 所示，整个样品尺寸为 232.5mm×232.5mm，包含了 25×25 个周期单元。相比之前的水平折线阵列吸波结构，这里基于垂直折线阵列设计的吸波结构在制备过程上得到了明显简化。借助于 PCB 工艺，将垂直折线阵列和水平折线阵列组合的结构单元以一定周期印制在 FR4 介质基板上，再利用高精度数控设备将印有金属结构的 FR4 介质基板切割成长条状介质基板并带有周期性的缝隙。借助于缝隙，可将带长条介质板以方形格栅的形式组合在一起。利用环氧树脂胶，将带有金属结构的方形格栅粘连在一起，并固定在方形金属背板上，最终得到了所设计的吸波结构实验样品。

图 7.66　吸波结构样品

　　该实验样品的宽带电磁吸波性能测试需要在微波暗室中进行，所用到的测试工具主要包含矢量网络分析仪(Agilent E8363B)，五对宽频带喇叭天线(工作频段分别是 4.0～8.0GHz、8.0～12.0GHz、12.0～18.0GHz，18.0～30.0GHz 和 30.0～40.0GHz)和拱形架。测试所得的该吸波结构实验样品的吸波性能如图 7.67 中蓝色带三角形标注曲线所示。对比测试与仿真结果，在 0～30.0GHz 频带内的数据基本一致，而高频部分的误差主要来自于实验样品制备和测试过程中存在的误差，可以忽略。因此，实验测试结果有效地证明了基于垂直阵列结构设计的吸波结构可进一步拓展其宽带电磁吸波性能。

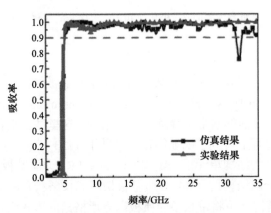

图 7.67　吸收率仿真与测试结果

7.8　组合垂直折线 SSPP 吸波结构

　　上面讨论的折线阵列结构吸波结构，通过叠加相邻频点处的吸收峰，可获得更宽频带内连续且高效的电磁吸波。进一步研究表明，该折线阵列吸波结构周期单元中折线数量对于其宽带电磁吸波的平均吸收效率有着重要的影响。随着折线阵列吸波结构高度的降低，周期单元中的折线数量相应减少，在其工作频带内获得的平均吸波效率也必然降低。针对上述问题，通过将多个不同尺寸的折线阵列组合在同一平面上，借助于 SSPP 的色散调控，进一步提升该折线阵列组合结构吸波结构在其工作频带内的平均吸波效率。

7.8.1　宽带吸波原理分析

上述基于折线阵列结构设计的吸波结构，可对两相邻吸收峰在频谱上的间距实现灵活的缩减。基于此，利用长度渐变的金属折线阵列构成的周期单元，通过叠加在相邻频点处由多种谐振产生的电磁吸波，可实现更宽频带内连续且高效的吸波性能。然而，随着折线阵列吸波结构高度的降低，其周期单元中折线数量也相应减少，其宽带电磁吸波的平均吸收效率也会相应地减少。这里，我们选取垂直折线吸波结构作为样例，讨论高度减小对其工作频带内的平均吸收效率的影响。

图 7.68(a)给出了该垂直折线吸波结构的结构示意图，选用由高度为 d，厚度为 t_f 的介质基板组成方形格栅，使得每个方形格栅单元的边长为 P。在每个方形格栅单元的四个内壁上，以中心旋转对称的方式分别印着垂直折线阵列。其中，垂直折线阵列是由长度从 l_2 缩减至 l_1 的多条垂直金属折线沿着对角线方向组合结构的。该吸波结构中，所用金属材料为铜，其电导率为 $5.8×10^7 S/m$；介质板为具有较强介电损耗特性的 FR4 介质基板，其相对介电常量为 4.3(1–j0.025)。需要强调的是，实际样品采用的是 PCB 制备工艺，所能获得的精度最高的金属线宽度为 w=0.1mm，厚度为 t_c=20.0μm，排布周期为 s=0.2mm。当总厚度为 d=10.0mm时，通过仿真优化，给定该吸波结构周期单元结构参数如下：P=9.2mm，l_1=2.1mm，l_2=18.1mm，t_f=0.8mm，且单个阵列中将包含 41 根垂直金属折线。对于垂直入射的电磁波，该吸波结构的吸收率仿真结果如图 7.68(b)中黑色带方形标注曲线所示，可实现在工作频带 5.9～35.0GHz 内平均吸收效率为 97.1%的宽带电磁吸波。然而，当总厚度为 d=5.0mm 时，通过仿真优化，给定该吸波结构周期单元结构参数如下：P=6.0mm，l_1=0.3mm，l_2=9.9mm，t_f=0.8mm，且单个阵列中将包含 25 根垂直金属折线。相应地，该吸波结构的吸收率仿真结果如图 7.68(b)中红色带圆形标注曲线所示，可实现在工作频带 10.0～35.0GHz 内平均吸收效率为 92.4%的宽带电磁吸波，且难以保证工作频带内吸收率始终高于 90%的连续且高效的电磁吸波性能。因此，对于折线阵列吸波结构，随着高度的降低，其周期单元的折线数量相应减少，较难保证宽工作频带内连续且高效的电磁吸波性能。

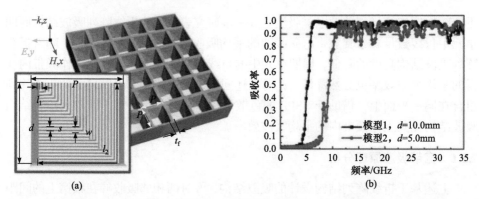

图 7.68 (a)垂直折线 SSPP 结构示意图；(b)高度分别为 d=10.0mm 和 d=5.0mm 的两款垂直折线吸波结构的吸收率仿真结果

为了解释上述现象，仍从垂直折线吸波结构着手，探究其原理。如图 7.69(a) 所示，在长度为 P，高度为 d，厚度为 t_f 的直立介质板的侧面，沿着基板对角线方向印制着三根长度均为 l，宽度为 w，厚度为 t_c，并以一定周期 s 排布的垂直金属折线。这里，所用金属材料均为铜，介质板均为具有较强介电损耗特性的 FR4 介质基板。给定该折线结构吸波结构周期单元的结构参数如下：P=5.0mm，d=5.0mm，t_f=0.4mm，t_c=20.0μm，l=9.0mm，s=0.2mm，w=0.1mm，仿真计算该垂直折线吸波结构的吸波性能。如图 7.69(b)所示，仿真结果表明该吸波结构对于垂直入射的电磁波能够实现 10.2GHz 和 19.5GHz 两频点处高效的电磁吸波。

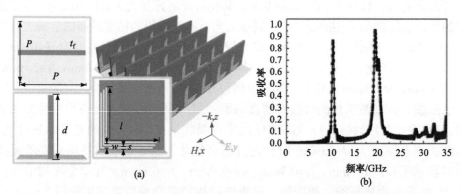

图 7.69 (a)垂直折线 SSPP 结构示意图；(b)该吸波结构的吸收率仿真结果

上述关于金属线或折线结构吸波结构的讨论，都是采用多条金属折线组合设计的周期单元。因此，我们进一步讨论周期单元中金属线的数量对于其吸波性能的影响。对于由不同数量(Num=1，Num=2, Num=3 和 Num=4)的垂直金属折线构成的吸波结构，分别讨论了金属线长度 l 变化时的吸收率仿真结果。仿真结果如

图 7.70 所示，对于垂直入射的电磁波，随着周期单元中垂直金属线数量由 1 根增加至 4 根，所获得的两个吸收峰的频点始终位于 10.2GHz 和 19.5GHz。随着金属线长度从 7.0mm 增加至 9.0mm，所获得的两吸收峰频点均逐渐向低频移动，且工作频点始终保持一致。然而，当周期单元包含 1 根垂直金属线时，其吸波结构在低频处吸收的峰值效率接近 41.0%，而在高频处吸收的峰值效率接近 76.0%。随着垂直金属线数量的逐渐增加，其低频和高频处吸收的峰值效率均逐渐增加。当周期单元包含 4 根垂直金属线时，其吸波结构在低频处吸收的峰值效率接近 99.0%，而在高频处吸收的峰值效率接近 93.0%。由此可见，对于该垂直折线吸波结构，周期单元中金属折线数量的增加有助于提升谐振频点处的吸收效率。事实上，从更底层的角度来讲，由于垂直折线结构在截止频率处的电磁谐振产生了明显的慢波效应，通过局域增强的电场和介质的高介电损耗相互作用，可在截止频率处获得高效的电磁吸波。然而，仍有部分电磁波能量可以穿过该垂直折线结构。当经过的长度一致或近似的垂直折线数量越多时，越容易在谐振频点处积累更多电磁损耗，从而获得高效的电磁吸波。

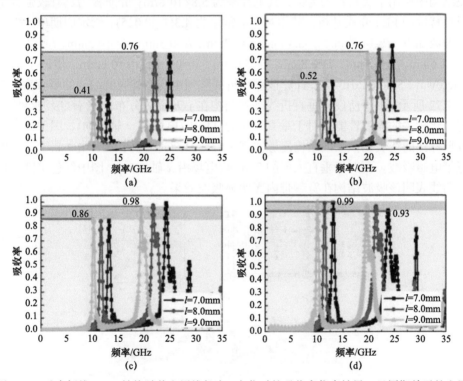

图 7.70　垂直折线 SSPP 结构随着金属线长度 l 变化时的吸收率仿真结果，且周期单元的金属折线数量分别为：(a)Num=1；(b)Num=2；(c)Num=3；(d)Num=4

7.8.2　超宽带吸波结构

　　为了突破高度对于该垂直折线吸波结构的连续且高效的宽带电磁吸波性能的限制，将两种不同尺寸的垂直折线阵列单元组合在同一个二维周期阵列中，设计实现一款垂直折线阵列组合结构吸波结构。如图 7.71(a)所示的周期结构单元中，在边长为 P 的方形金属背板单元上，分别沿 y 轴方向直立了两块长度为 P，高度为 d，厚度为 t_f 的介质基板。其中一块基板距离相邻两块介质基板的距离分别为 a 和 b。同时，每块介质基板单元被划分成了长度分别为 a 和 b 的两块区域。其中，在长度为 a 的基板区域两侧，沿对角线方向印制了多条长度从 l_1 逐渐增加至 l_2 的垂直金属线阵列；而在长度为 b 的基板区域两侧，沿对角线方向印制了多条长度从 l_3 逐渐增加至 l_4 的垂直金属线阵列。所印制的金属线的宽度为 w，厚度为 t_c，并以周期 s 排布。如图 7.71(b)所示，对于整个垂直折线阵列组合结构吸波结构，在每块基板两侧印制的两种不同尺寸的垂直折线阵列均沿着相同方向排布，而相邻两块基板两侧印制的垂直折线阵列均沿着相反方向排布。这里，该吸波结构中所用金属材料均为铜，其电导率为 $5.8×10^7$S/m；介质板为具有较强介电损耗特性的 FR4 介质基板，其相对介电常量为 4.3(1–j0.025)。给定周期单元的结构参数如下：P=14.0mm，a=6.3mm，b=7.7mm，l_1=0.5mm，l_2=10.2mm，l_3=1.9mm，l_4=11.6mm，f=0.5mm，t_f=0.8mm，d=5.0mm，w=0.1mm，s=0.2mm，借助于 CST Microwave Studio 2013 仿真计算该垂直折线阵列组合结构吸波结构的吸收率。如图 7.72 所示，由于所设计垂直折线阵列结构在 yOz 面内分布，使得该吸波结构具有极化相关的吸波性能。对于垂直入射的 TE 波(电场沿 y 轴方向)，图中黑色带方形标注曲线表明该吸波结构能够实现 10.7～31.9GHz 频带内吸收率高于 90%的宽带电磁吸波。而对于垂直入射的 TM 波(电场沿 x 轴方向)，图中红色带圆形标注曲线表明该吸波结构在宽频带内无明显吸波效果。

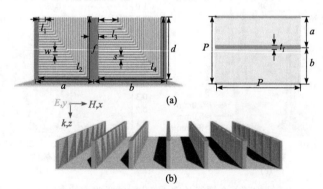

图 7.71　垂直折线 SSPP 结构：(a)周期单元的侧视图和俯视图；(b)三维视图

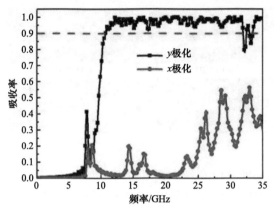

图 7.72　垂直折线 SSPP 结构对于垂直入射的 TE 波和 TM 波的吸收率仿真结果

　　进一步，为了讨论分析该垂直折线阵列组合结构的吸波原理，分别监视该吸波结构在吸波频点 10.7GHz、15.0GHz、20.0GHz 和 31.9GHz 处的表面电流分布和能量损耗分布，如图 7.73(a)和(b)所示。综合对比分析可得，对于 10.7~15.0GHz 的入射电磁波，该吸波结构的周期单元内两个长度较为接近的垂直折线表面同时产生了明显的谐振，通过叠加相邻频点处谐振产生的吸收峰，可获得该频段内连续且高效的电磁吸波性能。对于 15.0~20.0GHz 的入射电磁波，该吸波结构的周期单元内两个长度较为接近的垂直折线表面分别产生对应于整个金属线长度的基次谐振和对应于半个长度的基次谐振，通过叠加相邻频点处这两种谐振产生的吸收峰，可获得该频段内连续且高效的电磁吸波。对于高于 20.0~31.9GHz 的入射电磁波，周期单元内两个长度较为接近的垂直折线表面分别产生对应于整个和半个金属线长度的基次或高次谐振，通过在相邻频点处叠加多种谐振产生的吸收峰，同样实现了该工作频带内连续且高效的电磁吸波。基于上述讨论可得，所设计的垂直折线阵列组合结构，能够同时在两组垂直折线阵列中长度较为接近的垂直金属折线上产生对应工作频点处的电磁谐振，从而在相应工作频段内叠加更多谐振产生的电磁吸波，进一步提升该吸波结构在工作频带内的平均吸收效率。

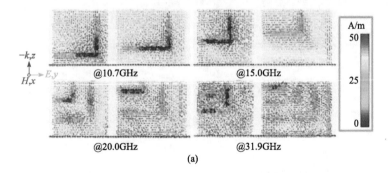

(a)

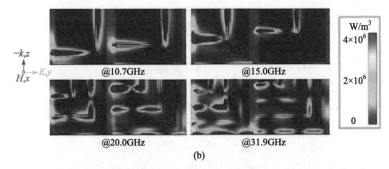

图 7.73　(a)垂直折线 SSPP 结构在吸波频点 10.7GHz、15.0GHz、20.0GHz 和 31.9GHz 处的表面电流分布(yOz 面内)；(b)能量损耗分布(yOz 面内)

　　基于上述讨论，为了使所设计的吸波结构具有极化无关的吸波性能，进一步改进上述设计方案，得到了如图 7.74 所示的改进型垂直折线 SSPP 结构。使用高度为 d，厚度为 t_f 的介质板以间距 a 和 b 分别沿 x 轴和 y 轴方向交替排布，得到了一款组合结构介质格栅。如图 7.74(a)所示的周期单元中，在边长为 P 的方形金属背板上，组合结构介质格栅的周期单元包含一个边长为 a 的方形格栅单元、一个边长为 b 的方形格栅单元，以及两个短边为 a、长边为 b 的矩形格栅单元。在四个介质格栅的内壁，沿中心旋转对称的方式，分别印制两种不同尺寸的垂直折线阵列。在长度为 a 的基板上，沿对角线方向印制了多条长度从 l_1 逐渐增加至 l_2 的垂直金属折线；而在长度为 b 的基板上，沿对角线方向印制了多条长度从 l_3 逐渐增加至 l_4 的垂直金属折线。所印制的金属线的宽度为 w，厚度为 t_c，并以周期 s 排布。这里，构成该吸波结构的金属材料为铜，其电导率为 $5.8 \times 10^7 \mathrm{S/m}$；介质板为具有较强介电损耗特性的 FR4 介质基板，其相对介电常量为 $4.3(1-\mathrm{j}0.025)$。经过仿真优化后，得到的周期单元的结构参数如下：$P=14.0\mathrm{mm}$，$a=6.3\mathrm{mm}$，$b=7.7\mathrm{mm}$，$t_f=0.8\mathrm{mm}$，$d=5.0\mathrm{mm}$，$f=0.5\mathrm{mm}$，$w=0.1\mathrm{mm}$，$s=0.2\mathrm{mm}$，$t_c=20.0\mu\mathrm{m}$，$l_1=0.5\mathrm{mm}$，$l_2=10.2\mathrm{mm}$，$l_3=1.9\mathrm{mm}$，$l_4=11.6\mathrm{mm}$。

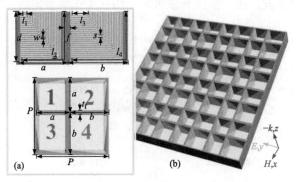

图 7.74　改进型垂直折线 SSPP 结构：(a)周期单元的截面图和俯视图；(b)三维视图

图 7.75 给出了关于该吸波结构对于垂直入射的 TE 波和 TM 波的吸收率仿真结果，表明该吸波结构能够在 9.0～35.0GHz 频带内实现吸收率高于 90%且具有极化无关特性的宽带电磁吸波。并且，所设计的吸波结构在工作频带 9.0～35.0GHz 内的平均吸收率为 97.6%，相比原来的垂直折线吸波结构在工作频带 10.0～35.0GHz 内的平均吸收率提升了 5.2%。此外，在表 7.5 中，我们还给出了所设计的吸波结构与其他多层结构吸波结构的电磁吸波性能的对比。从表中数据可以发现，在厚度较为接近的情况下，基于垂直折线阵列组合结构设计的吸波结构具有更大的相对带宽值，能够在更宽频带内实现连续且高效的电磁吸波。

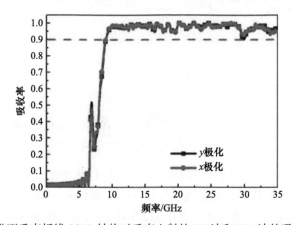

图 7.75 改进型垂直折线 SSPP 结构对垂直入射的 TE 波和 TM 波的吸收率仿真结果

表 7.5 吸波结构与多层结构吸波结构的电磁吸波性能对比

参考文献	工作频带/GHz	厚度/mm	相对带宽/%
本设计	9.0～35.0	5.0	118.2
[31]	7.8～14.7	5.0	61.3
[32]	10.0～30.0	4.6	100.0
[33]	7.0～18.0	4.4	88.0
[28]	7.6～14.2	7.0	60.6

7.8.3 实验验证

为了验证所设计吸波结构的宽带连续高效吸波性能，利用 PCB 工艺加工了该改进型垂直折线 SSPP 结构实验样品。如图 7.76 所示，样品尺寸为 280.0mm×280.0mm，包含了 400 个大尺寸方形格栅单元，400 个小尺寸方形格栅单元和 800 个矩形格栅单元。在实验制备过程中，首先将两种不同尺寸的垂直折线阵列组合以一定周期印制在 FR4 介质基板上，再利用高精度数控设备将印有金属阵列结构的 FR4 介质基板切割成长条状介质板并带有周期性的缝隙。借助于缝隙，可将印有金属阵列结构的长条介质板以上述组合结构格栅形式拼装在一起。借助于环氧树脂胶将拼装好的组合结构格栅粘连在一起并最后固定在金属背板上，得到最终的改进型垂直折线 SSPP 结构实验样品。

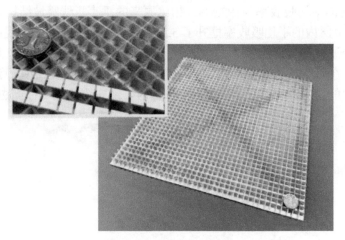

图 7.76　改进型垂直折线 SSPP 结构实验样品

　　测试改进型垂直折线 SSPP 结构实验样品的电磁吸波性能需要在微波暗室中进行，整个测试系统主要由矢量网络分析仪(Agilent E8363B)，五对宽频带喇叭天线(工作频段分别是 4.0～8.0GHz、8.0～12.0GHz、12.0～18.0GHz，18.0～30.0GHz 和 30.0～40.0GHz)和拱形架三部分组成。最终，测试得到的该实验样品的吸收率如图 7.77 中蓝色带三角形标注曲线所示。同时在图中给出了该吸波结构的吸收率仿真结果。对比测试与仿真结果，除了高频 30.0～35.0GHz 内存在较小的误差外，两组数据基本一致，有效地证实了组合结构设计方案能够进一步提升该垂直折线吸波结构在其宽工作频带内的平均吸收效率。

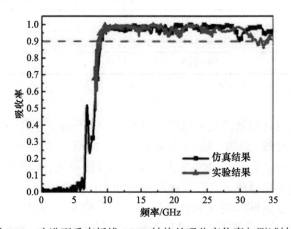

图 7.77　改进型垂直折线 SSPP 结构的吸收率仿真与测试结果

7.9　三维折线 SSPP 吸波结构

　　基于上述水平折线 SSPP 结构和垂直折线 SSPP 结构的讨论, 借助于 SSPP 色散调控, 通过叠加宽频带内相邻频点处的吸收峰, 有效地拓展了连续且高效的宽带电磁吸波性能。将金属折线向三维空间拓展得到三维金属折线, 并将长度渐变的三维金属折线沿波矢方向组合构成吸波结构的周期单元, 这样可获得吸波带宽的进一步拓展。借助多个不同尺寸的三维折线阵列单元在二维平面内的组合优化, 可进一步提升其吸收效率, 可得到超宽频带内连续且高效的电磁吸波性能。

7.9.1　宽带吸波原理分析

　　将水平折线结构和垂直折线结构有机结合, 设计得到一款三维折线结构, 并讨论分析了基于该三维折线结构设计的吸波结构的色散特性和吸波性能。图 7.78 给出了所设计的三维折线 SSPP 结构示意图。选用由高度为 d, 厚度为 t_3 的介质基板组成方形格栅, 使得每个方形格栅单元的边长为 P_3。在方形格栅单元内每两个相邻且正交的面上, 印制着三条平行排布的三维结构金属折线。该三维结构金属折线可分为等长度的四部分, 中间两部分在 xOy 平面内分别沿 x 轴和 y 轴方向放置, 而两边的部分则分别在 xOz 和 yOz 平面内同时沿 z 轴方向放置。该三维折线阵列最底层的金属线长度为 l_3, 每条金属线的宽度为 w, 厚度为 t_c, 并以周期 s 排布。该吸波结构中, 所用金属材料为铜, 其电导率为 $5.8×10^7\mathrm{S/m}$；介质板为具有较强介电损耗特性的 FR4 介质基板, 其相对介电常量为 $4.3(1-\mathrm{j}0.025)$。

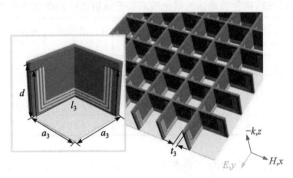

图 7.78　三维折线 SSPP 结构

　　给定周期单元的结构参数如下：a_3=5.0mm, d=5.0mm, t_3=0.8mm, t_c=20.0μm, l_3=12.0mm, s=0.1mm, w=0.2mm, 仿真得到该三维折线结构吸波结构的色散特性和吸收率仿真结果。图 7.79(a)为该三维折线结构在宽频带 0～40.0GHz 内的色散曲线。随着金属线长度 l_3 从 12.0mm 增加至 18.0mm，该三维折线结构能够始终获得三条色散曲线。这三条曲线随着频率值的逐渐增大，逐渐偏离光线(光在真空中的色散曲线)并分别在灰色阴影区域、黄色阴影区域和蓝色阴影区域内获得截止频率。图 7.79(b)为该三维折线结构吸波结构的吸收率仿真结果。对于垂直入射的电磁波，该吸波结构在 0~40.0GHz 频带内能够始终获得三个明显的吸收峰。随着金属线长度 l_3 从 12.0mm 增加至 18.0mm，该三维折线结构吸波结构所获得的三个吸收峰将均逐渐向低频移动，然而三个吸收峰频率的比值则始终近似为1：2：4。此外，表 7.6 分别给出了该三维折线结构色散曲线的截止频率和基于三维折线设计的吸波结构的吸收峰频率。对比可得，随着三维折线结构中金属线长度的变化，其色散曲线的截止频率和仿真得到的吸收峰频率基本一致，有效地证实了截止频率处的强电磁谐振贡献了该频点处高效的电磁吸波。

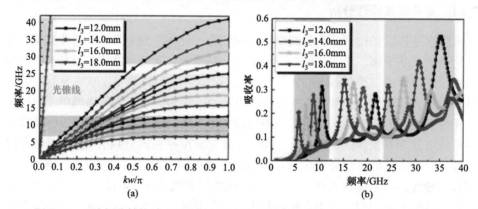

图 7.79　三维折线结构随金属线长度 l_3 变化时的色散曲线(a)和吸收率仿真结果(b)

表 7.6　三维折线结构色散曲线的截止频率和三维折线结构吸波结构的吸收峰频率

	第一截止频率/GHz	第二截止频率/GHz	第三截止频率/GHz	第一吸收峰频率/GHz	第二吸收峰频率/GHz	第三吸收峰频率/GHz
l_3=12.0mm	12.7	25.1	41.2	12.0	24.3	41.0
l_3=14.0mm	10.3	21.4	35.2	9.7	20.9	35.0
l_3=16.0mm	8.3	18.9	31.8	8.0	18.3	31.2
l_3=18.0mm	6.7	15.9	28.2	6.5	15.6	27.8

为了探究三维折线结构的工作机理，分别监视了金属线长度为 l_3=18.0mm 和 l_3=14.0mm 的两种三维折线结构吸波结构在其吸收峰频点处的表面电流分布。如图 7.80 所示，上述两种模型在第一吸收峰频点处，可以观察到三维金属折线表面产生了明显增强且方向一致的表面电流，并且增强的表面电流区域的长度与三维金属折线长度基本一致。在第二吸收峰频点处，可以观察到三维金属折线分别在

xOz 面和 yOz 面的两段垂直金属折线表面产生了方向相反的表面电流，且在 yOz 面内垂直金属折线的表面电流具有明显的增强。同时，增强的表面电流区域的长度近似为三维金属折线长度的一半。在第三吸收峰频点处，可以观察到三维金属折线分别在沿着 x 轴方向、y 轴方向和 z 轴方向的四段金属线表面产生了四段方向始终相反的表面电流，且沿电场(y 轴)方向上的表面电流具有明显的增强。同时，增强的表面电流区域的长度近似为三维金属折线长度的 1/4。由于增强的表面电流必然带来局域电场的显著提高，结合介质基板本身具有的高介电损耗，因此该三维折线结构吸波结构可以在上述表面电流显著增强的区域产生明显的能量损耗，进而获得高效的电磁吸波。

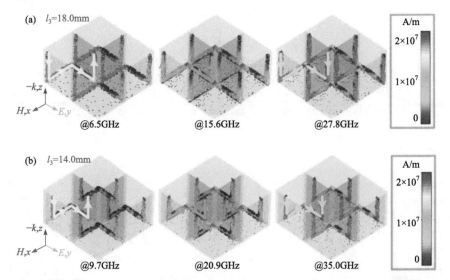

图 7.80　金属线长度 l_3=18.0mm(a)和金属线长度 l_3=14.0mm(b)的三维折线结构吸波结构在吸收峰频点处的表面电流分布

综上可得，由于谐振产生的吸收峰频点与谐振的尺寸呈反比关系，该垂直折线吸波结构分别产生了对应于整个三维金属折线、半个三维金属折线和四分之一个三维金属折线的基次谐振，因而其吸收峰工作频点比值应近似 1∶2∶4。由此可见，采用三维折线结构设计的吸波结构能够灵活地调控所激发的表面电流分布，从而实现对多个吸收峰间距的灵活缩减。

与此同时，相比垂直折线和水平折线吸波结构，该三维折线结构吸波结构的三个吸收峰的吸波效率相对较低。基于此，我们讨论了周期单元中三维金属折线的数量对于该吸波结构吸收效率的影响。对于由不同数量(Num=2，Num=3，Num=4 和 Num=5)的三维金属折线构成的吸波结构周期单元，图 7.81 分别给出了对应的吸波结构随金属线长度 l_3 变化时的吸收率仿真结果。对于周期单元包含 2

根三维金属折线的吸波结构，随着金属线长度从 12.0mm 增加至 18.0mm，该吸波结构在低频处吸收的峰值效率最低为 11.0%，而在高频处吸收的峰值效率最高为 37.0%。随着三维金属折线数量的逐渐增加，其低频和高频处吸收的峰值效率均逐渐增加。当周期单元包含 5 根垂直金属线时，其吸波结构在低频处吸收的峰值效率最低为 55.0%，而在高频处吸收的峰值效率最高为 72.0%。由此可见，对于该三维折线吸波结构，周期单元内三维金属折线数量的增加有助于提升谐振频点处的吸波效率。

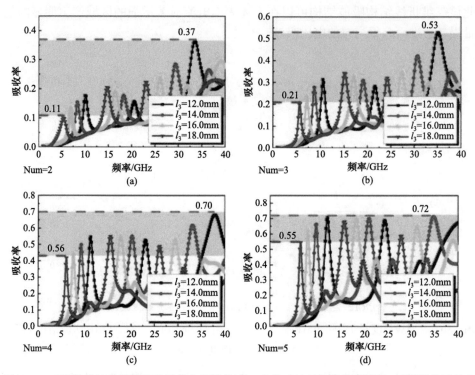

图 7.81　三维折线结构吸波结构随着金属线长度 l_3 变化时的吸收率仿真结果，且周期单元的金属折线数量分别为：(a)Num=2；(b)Num=3；(c)Num=4；(d)Num=5

7.9.2　超宽带吸波结构

将长度渐变的三维金属折线沿波矢方向组合构成三维折线阵列吸波结构，借助于 SSPP 的色散调控，实现更宽频带内相邻频点处多吸收峰的叠加。所设计的三维折线阵列吸波结构如图 7.82(a)和(b)所示，选用由高度为 d，厚度为 t_f 的介质基板组成方形格栅，使得每个方形格栅单元的边长为 P。在方形格栅单元内的相邻正交面上，印制着长度渐变的三维结构金属折线阵列。每条三维金属折线可分为等长度的四部分，中间两部分在 xOy 平面内分别沿 x 轴和 y 轴方向放置，而两

边的部分则分别在 xOz 和 yOz 平面内同时沿 z 轴方向放置。整个阵列中，三维金属线长度从 l_1 逐渐增加至 l_2，且每条金属线的宽度为 w，厚度为 t_c，以周期 s 排布。该吸波结构中，所用金属材料为铜，其电导率为 5.8×10^7S/m；介质板为具有较强介电损耗特性的 FR4 介质基板，其相对介电常量为 4.3(1–j0.025)。

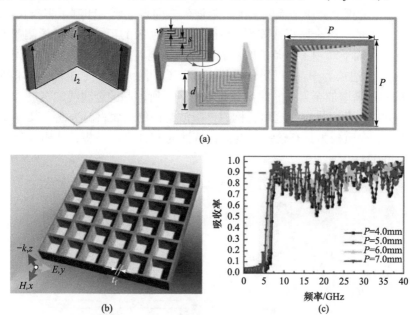

图 7.82　(a)三维折线 SSPP 结构的周期单元结构示意图；(b)三维折线 SSPP 结构的三维视图；
(c)该吸波结构随周期单元尺寸 P 变化时的吸收率仿真结果

给定周期单元的结构参数如下：P=7.0mm，d=5.0mm，t_f=0.8mm，l_1=2.2mm，l_2=21.6mm，t_c=20.0μm，w=0.1mm，s=0.2mm，仿真计算该吸波结构的电磁吸波性能。如图 7.82(c)中蓝色带倒三角形标注曲线所示，对于垂直入射的电磁波，三维折线 SSPP 结构能够在 7.0～40.0GHz 的宽频带内叠加相邻频点处多谐振产生的吸收峰，从而获得该工作频段内的宽带电磁吸波。然而，由于周期阵列中金属线数量的限制，宽工作频带内多吸收峰叠加得到的平均吸收效率相对较低，难以实现宽工作频带内连续且高效的电磁吸波性能。与此同时，通过优化周期单元尺寸 P，发现该三维折线 SSPP 结构的工作带宽并没有发生明显变化，也始终没有实现宽频带内 90%以上的连续且高效的电磁吸波。

针对上述设计在宽工作频带内吸收率较低的问题，利用折线阵列组合结构的设计方案，设计了一款三维折线 SSPP 吸波结构，进一步提升其宽频带内的吸波效率。如图 7.83 所示，使用高度为 d，厚度为 t_f 的介质板以间距 a 和 b 分别沿 x 轴和 y 轴方向交替排布，得到了一款组合结构介质格栅。如图 7.83(a)所示的周期单元中，在边长为 P 的方形金属背板上，组合结构介质格栅的周期单元包含一个边长为 a_1 的方形格栅单元、一个边长为 a_2 的方形格栅单元，以及两个长边为 a_1、短边为 a_2 的矩形格栅单元。在四个介质格栅的内壁，沿中心旋转对称的方式，按照一定周期在两个正交侧壁印制三种不同尺寸的三维金属折线阵列。其中，在两边长均为 a_1 的正交介质基板侧壁上，沿波矢方向自上而下印制了多条长度从 l_1 逐渐增加至 l_2 的三维金属折线阵列；在两边长均为 a_2 的正交介质基板侧壁上，沿波矢方向自上而下印制了多条长度从 l_3 逐渐增加至 l_4 的三维金属折线阵列；在一边长为 a_1、一边长为 a_2 的正交介质基板侧壁上，沿波矢方向自上而下印制了多条长度从 l_5 逐渐增加至 l_6 的三维金属折线阵列。所印制的金属线的宽度为 w，厚度为 t_c，并以周期 s 排布。这里，构成该吸波结构的金属材料为铜，其电导率为 $5.8 \times 10^7 \mathrm{S/m}$；介质板为具有较强介电损耗特性的 FR4 介质基板，其相对介电常量为 $4.3(1-\mathrm{j}0.025)$。

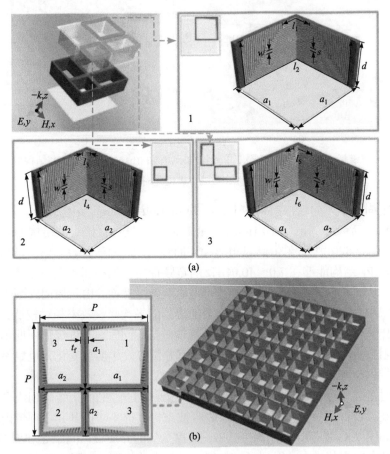

图 7.83 三维折线 SSPP 吸波结构的结构示意图：(a)周期单元的截面图；(b)整体结构的三维视图

经过仿真优化后，得到的周期单元的结构参数如下：P=13.9mm，d=5.0mm，t_f=0.8mm，a_1=7.6mm，a_2=6.3mm，l_1=3.4mm，l_2=22.8mm，l_3=0.8mm，l_4=20.2mm，l_5=5.6mm，l_6=21.5mm，t_c=20.0μm，w=0.1mm，s=0.2mm。图 7.84 给出了该三维折线 SSPP 吸波结构对于垂直入射的 TE 波和 TM 波的吸收率仿真结果，表明该吸波结构能够在 6.7～35.3GHz 频带内实现吸收率高于 90%且具有极化无关特性的宽带电磁吸波。这里，所设计的吸波结构在工作频带内的平均吸收率为 97.2%，相比原来的三维折线 SSPP 结构的平均吸收率提升了 12.8%。此外，在表 7.7 中，我们还给出了所设计的三维折线 SSPP 吸波结构与其他多层结构吸波结构的宽带吸波性能的对比。从表中数据可以发现，在厚度较为接近的情况下，所设计的吸波结构具有更大的相对带宽值，能够在更宽频带内实现连续且高效的电磁吸波。同时，基于吸波频带品质因数(FOM)的讨论可得，吸波结构工作频带越宽，特别是向低频处拓展的带宽电磁吸波性能越宽，其品质因数值越低。从表中数据对比可知，所设计的三维折线 SSPP 吸波结构具有优异的超宽带吸波性能。

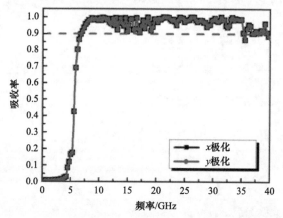

图 7.84　三维折线 SSPP 吸波结构对于垂直入射的 TE 波和 TM 波的吸收率仿真结果

表 7.7　三维折线 SSPP 吸波结构与多层结构吸波结构的宽带吸波性能对比

参考文献	工作频带/GHz	相对带宽/%	厚度/mm	FOM/%
本设计	6.7～35.3	136.2	5.0	13.8
[32]	10.0～30.0	100	4.55	22.8
[31]	7.8～14.7	61.3	5.0	27.7
[33]	7.0～18.0	88	4.36	16.6
[28]	7.6～14.2	60.6	7.0	38.2

7.9.3 实验验证

为了实验验证所设计的三维折线 SSPP 吸波结构在宽频带内连续且高效的电磁吸波性能，我们制备了该吸波结构试验样品。如图 7.85 所示，整个样品尺寸为 194.6mm×194.6mm，包含 196 个大尺寸方形格栅单元，196 个小尺寸方形格栅单元和 392 个矩形格栅单元。在实验制备过程中，利用高精度数控设备将 FR4 介质基板切割成长条状介质板并带有周期性的缝隙。借助于缝隙，可将带长条介质板以上述所设计的组合结构格栅形式拼装在一起。紧接着，利用 PCB 工艺将所设计的三种不同尺寸的三维折线阵列以二维平面的方式印制在 FR4 薄膜上(厚度为 0.1mm)。将印制好的三维折线阵列单元沿轴线弯折 90°以后，借助于环氧树脂胶以相同的排布方向粘连在每个方形格栅两相邻正交面内，得到了最终的三维折线 SSPP 吸波结构实验样品。

图 7.85　三维折线 SSPP 吸波结构实验样品

测试所制备的实验样品的宽带电磁吸波性能需要在微波暗室中进行，所用到的测试工具主要包含矢量网络分析仪(Agilent E8363B)，五对宽频带喇叭天线(工作频段分别是 4.0～8.0GHz、8.0～12.0GHz、12.0～18.0GHz，18.0～30.0GHz 和 30.0～40.0GHz)和拱形架。最终，测试所得的该吸波结构实验样品的吸收率曲线如图 7.86 中的蓝色带三角形标注曲线所示。同时，我们给出了该吸波结构的仿真结果，如图中黑色带方形标注曲线所示。测试结果与仿真结果基本一致，有效地证实了该三维折线 SSPP 吸波结构能够在更宽频带实现高效吸波性能。

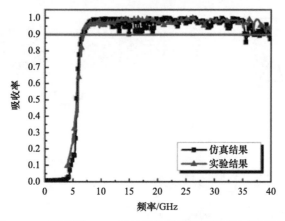

图 7.86　三维折线 SSPP 吸波结构的吸收率仿真与测试结果

7.10　SSPP 结构与超材料复合的吸波材料

基于 SSPP 结构，不仅在高频段内具有宽带电磁吸波性能，同时在低频段内还具有高效的波矢匹配特性。因此，可将 SSPP 结构(也称为等离激元结构，plasmonic structure, PS)用作吸波蒙皮，加载至电阻型频率选择表面超材料(简称为电阻型超材料)上。借助该 SSPP 结构的波矢匹配特性，进一步提升复合吸波材料的低频吸波性能，从而在更宽频带内实现连续高效的电磁吸波。

7.10.1　吸波结构设计

如图 7.87(a)所示，复合吸波超材料主要是由上层的 SSPP 结构和下层的电阻型频率选择表面超材料组成。上层的 SSPP 结构的承载介质是由高度为 d_f，厚度为 t_f 的介质板组成的方形格栅，且每个方形格栅周期单元的边长为 P。在每个方形格栅单元的侧壁，需要印制长度从 l_1 逐渐增加至 l_2，线宽为 w，厚度为 t_c 的金属线阵列。下层的电阻型频率选择表面主要由方环结构的电阻型频率选择表面、泡沫基板和金属背板三部分组成。其中，电阻型频率选择表面中每个方环结构电阻片的外方形的边长为 a_1，内方形的边长为 a_2，方阻值为 R，以同样的周期 P 排布在厚度为 t_p 的 PET(polyethylene terephthalate)介质薄膜上。将电阻型频率选择表面、厚度为 d_r 的泡沫基板和金属背板粘在一起，构成了所需要的电阻型超材料。最后，将 SSPP 结构与电阻型超材料按照每个方形周期单元对称中心重合的方式粘在一起，最终得到了图 7.87(b)所示的复合吸波材料。该复合吸波材料中，金属材料均为铜，电导率为 $5.8×10^7$S/m；介质板为具有较强介电损耗特性的 FR4 介质基板，相对介电常量为 4.3(1−j0.025)；泡沫基板选用聚甲基丙烯酰亚胺(PMI)泡沫，相对介电常量为 1.05(1−j0.001)；而 PET 介质薄膜的相对介电常量为 2.8(1−j0.03)。

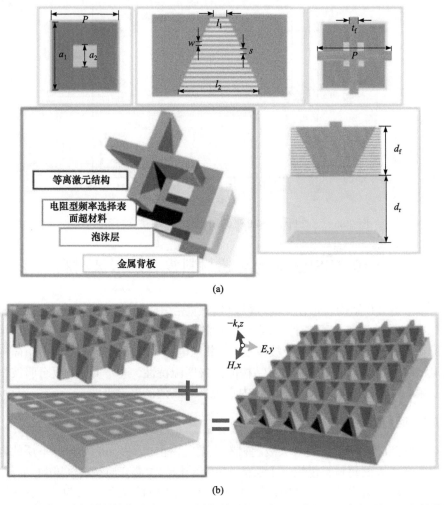

图 7.87　复合吸波超材料结构示意图：(a)周期单元的组成图、俯视图和侧视图；(b)整体结构
的三维视图

对所设计的复合吸波材料的宽带电磁吸波性能进行参数优化和数值仿真。给定该周期单元的结构参数如下：P=6.4mm，d_r=3.6mm，d_f=4.4mm，t_f=0.8mm，t_c=20.0μm，t_p=0.1mm，l_1=0.8mm，l_2=4.0mm，a_1=6.0mm，a_2=2.0mm，R=105Ω/sq，w=0.1mm，s=0.2mm，仿真得到了该复合吸波材料对于垂直入射电磁波的吸收率曲线。如图 7.88 所示，绿色带三角形标注曲线为吸收率仿真结果，表明所设计的复合吸波材料能够在 4.1～35.0GHz 的频带内实现吸收率高于 90% 的宽带电磁吸波。与此同时，我们还分别仿真计算了该复合吸波材料中 SSPP 结构和电阻型超材料的吸收率曲线，分别如图 7.88 中的黑色带方形标注曲线和红色带圆形标注曲

线所示。其中，SSPP 结构吸波性能的仿真结果是在加载金属背板后仿真得到的。
对比仿真结果可得，金属阵列结构加载金属背板后的吸收率曲线与上述复合吸波
材料在高频 22.6～35.0GHz 频带内吸收率曲线基本一致，说明该复合吸波材料在
高频段内的宽带吸波性能主要源自于上层的金属阵列结构。同时，仿真结果显示
电阻型超材料只在 8.1GHz 频点处获得了明显的吸收峰，而上述复合吸波材料能
够同时在 5.1GHz 和 16.7GHz 频点处实现两吸收峰叠加构成的宽带电磁吸波，间
接地说明了该金属阵列结构在低频处具有的波矢匹配特性可用于提升底层吸波
超材料在更宽频带内连续且高效的电磁吸波性能。此外，我们进一步计算了所设
计的复合吸波材料对于不同角度斜入射下的 TE 波和 TM 波的吸收率。如
图 7.89(a)所示，对于斜入射的 TE 波，随着入射角度的逐渐增大，该复合吸波材
料在 4.1～35.0GHz 频带内的吸收率将逐渐减小。当入射角度低于 50°时，该复合
吸波材料能实现在其宽工作频带内吸收率高于 85%的高效电磁吸波。同时，如图
7.89(b)所示，对于斜入射的 TM 波，随着入射角度的逐渐增大，该复合吸波材料
的吸波频带将逐渐向高频移动，这与电阻型超材料对斜入射电磁波的吸波性能基
本一致。而在高频 22.6～35.0GHz 频带内，随着入射角度的逐渐增大，该复合吸
波材料能够始终保持较为稳定的吸波性能。

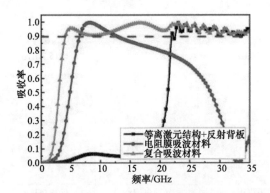

图 7.88 复合吸波材料、SSPP 结构和电阻型超材料的吸收率

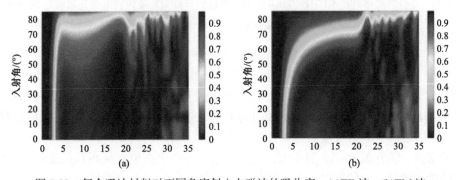

图 7.89 复合吸波材料对不同角度斜入电磁波的吸收率：(a)TE 波；(b)TM 波

7.10.2　仿真分析

为了进一步分析讨论该复合吸波材料的工作原理，分别监视了该复合吸波材料在 5.1GHz、9.0GHz、16.7GHz 频点处 xOy 面内和在 26.0GHz、29.0GHz、32.0GHz 频点处 yOz 面内的电场分布。如图 7.90 所示，关于该复合吸波材料在 5.1GHz、9.0GHz、16.7GHz 频点处的电场分布，可以观察到在 SSPP 结构与电阻型超材料的交界面处具有明显的电场增强，并且增强的电场主要沿着 y 轴方向集中在 SSPP 结构下方。根据上述讨论，由于 SSPP 结构能够激发高效的 SSPP，从而获得低频段内理想的波矢匹配特性。当入射电磁波从自由空间进入金属阵列结构时，将转化成强局域表面波在金属-介质面内传播至底层的电阻型频率选择表面中。因此，沿着 y 轴方向的两种吸波结构的分界面处，必然会产生明显增强的电场。此时，明显增强的电场与具有较强欧姆损耗的电阻型频率选择表面共同作用，获得了较高的能量损耗用以实现电磁吸波。

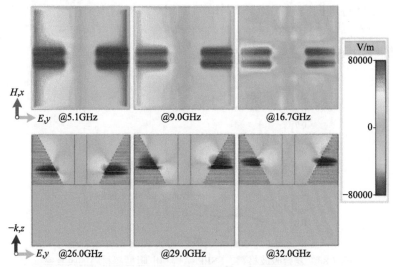

图 7.90　复合吸波材料在 5.1GHz、9.0GHz、16.7GHz 频点处 xOy 面内的电场分布和在 26.0GHz、29.0GHz、32.0GHz 频点处 yOz 面内的电场分布

图 7.91 给出了关于该复合吸波材料在上述频点处的能量损耗分布，与上述电场分布完全一致。因此，我们可以认为低频部分的宽带吸波主要依赖于经过波矢匹配优化后的电阻型超材料。相比之下，关于该复合吸波材料在 26.0GHz、29.0GHz、32.0GHz 频点处 yOz 面内的电场分布，我们可以观察到入射电磁波将在 SSPP 结构中不同长度的金属线单元周围产生明显的共振，从而获得了电场的显著增强。随着吸波频率的增大，增强的电场将产生在位置越高且长度越短的金属线单元周围。与此同时，明显增强的电场与具有较强介电损耗的介质基板共同

作用，在不同高度处的金属-介质表面产生能量损耗，从而实现宽带且高效电磁
吸波。因此，通过改善该复合吸波材料在低频段波矢匹配特性，可增强其宽带吸
波性能。结合 SSPP 结构在高频部分具有的宽带且高效的电磁吸波，可实现宽带
电磁吸波性能的有效拓展。

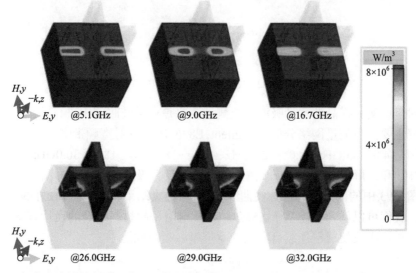

图 7.91　复合吸波材料在 5.1GHz、9.0GHz、16.7GHz、26.0GHz、29.0GHz 和 32.0GHz 频点处
的能量损耗分布

7.10.3　实验验证

为了实验验证上述基于 SSPP 结构与电阻型超材料的复合设计方案所具有的
宽带且高效的电磁吸波性能，制备了复合吸波材料实验样品。如图 7.92 所示，样
品尺寸为 256mm×256mm，包含了 40×40 个复合吸波材料周期结构单元。上层的
SSPP 结构主要借助于 PCB 工艺制备得到。将带有 SSPP 结构的电路板利用高精
度数控设备切割成长条状介质板并带有周期性的缝隙。借助于缝隙，可将带有
SSPP 结构的长条状介质板以方形格栅的形式组合在一起，借助于环氧树脂胶进
一步粘连得到所设计的 SSPP 结构。下层的电阻型超材料主要是将电阻型频率选
择表面、PMI 泡沫基板和金属背板利用环氧树脂胶粘连得到。其中，表层的电阻
型频率选择表面则是利用导电碳浆借助于丝网印刷技术制备得到。最后，将制备
好的 SSPP 结构和电阻型超材料按照结构单元对称中心重合的方式借助于环氧树
脂胶粘连在一起，得到了所设计的复合吸波材料实验样品。

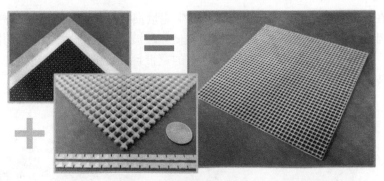

图 7.92　复合吸波材料实验样品

　　对于该实验样品的宽带吸波性能测试主要是在微波暗室中进行的，其主要测试系统主要是由矢量网络分析仪(Agilent E8363B)，五对宽频带喇叭天线(工作频段分别是 4.0～8.0GHz、8.0～12.0GHz、12.0～18.0GHz、18.0～30.0GHz 和 30.0～40.0GHz)和拱形架三部分组成。测试所得的该复合吸波材料实验样品的吸收率曲线如图 7.93 中的黑色带圆形标注曲线所示，与仿真结果相比，具有较好的一致性。因此，我们可以认为上述基于 SSPP 结构和电阻型超材料组合的设计方案，能够有效地拓展吸波超材料连续且高效的宽带电磁吸波性能。

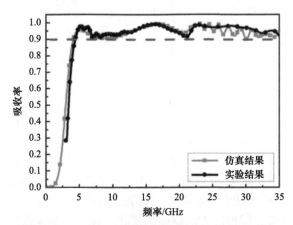

图 7.93　复合吸波材料的吸收率仿真与测试结果

7.11　SSPP 结构与磁性材料复合的吸波材料

　　通过将 SSPP 结构加载到电阻型超材料上，能够有效地将低频段内和高频段内的宽带吸波进行组合优化，从而在更宽频带内获得连续且高效的电磁吸波。同样，将所设计的 SSPP 结构加载至传统磁性吸波胶片上，进一步探究该 SSPP 结构对于磁性吸波胶片在宽频带内吸收效率的提升。

7.11.1 吸波结构设计

在橡胶介质基体中通过掺杂羰基铁粉，可获得较大的磁损耗角的正切值。利用磁性材料的磁滞损耗特性实现对入射电磁波的高效衰减，是传统吸波材料领域中一种有效实现宽带电磁吸波的设计方案。这里，首先对磁性吸波胶片在微波频段内的电磁吸波性能进行讨论分析。图 7.94(a)为所制备的磁性吸波胶片测试所得的等效介电常量，其中蓝色带方形标注曲线为等效介电常量的实部，黄色带菱形标注曲线为等效介电常量的虚部。图 7.94(b)为所制备的磁性吸波胶片测试所得的等效磁导率，其中绿色带方形标注曲线为等效磁导率的实部，橙色带菱形标注曲线为等效磁导率的虚部。

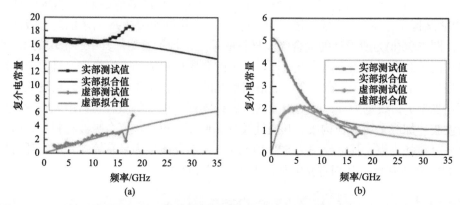

图 7.94　(a)磁性吸波胶片等效介电常量的测试结果及其相应的拟合曲线；(b)磁性吸波胶片等效磁导率的测试结果及其相应的拟合曲线

根据测试所得的数据作进一步拟合，得到该磁性吸波胶片理论模型中的电磁参数。同时，基于磁性吸波胶片的理论模型，在磁性吸波胶片背面加载金属背板，如图 7.95(a)所示，仿真计算该磁性吸波胶片在不同厚度 d_j 情况下的吸波性能。仿真结果如图 7.95(b)所示，随着磁性胶片厚度 d_j 从 0.5mm 增加到 2.0mm，磁性吸波胶片的吸收峰将逐渐向低频移动。然而，当吸收峰逐渐向低频拓展时，其高频部分的宽带电磁吸波效率却很难维持在 90%以上。由此可见，上述磁性吸波胶片受限于材料本身固有的频散特性，较难提供灵活的设计方案，获得宽带且高效电磁吸波性能。

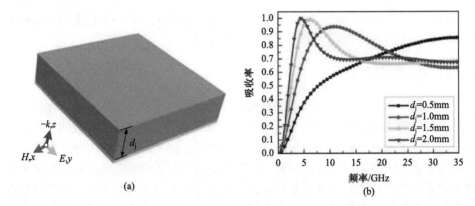

图 7.95　(a)磁性吸波胶片加载金属背板的结构示意图；(b)该吸波材料随磁性吸波胶片厚度变化时的吸收率仿真结果

　　为了进一步提升传统吸波胶片在宽频带内的吸波效率，将上述所设计的 SSPP 结构用作蒙皮，加载到磁性吸波胶片上，获得如图 7.96 所示的复合吸波材料。图 7.96(a)为所设计的复合吸波材料的单元结构示意图。其中，上层的 SSPP 结构的承载介质是由高度为 d_f，厚度为 t_f 的介质板组成的方形格栅，且每个方形格栅单元的边长为 P。在每个方形格栅单元的侧壁，需要印制由多条长度从 l_1 逐渐增加至 l_2，线宽为 w，厚度为 t_c 的金属线阵列。下层的吸波材料由完整的磁性吸波胶片加载金属背板构成，其磁性胶片的厚度为 d_j。该复合吸波材料中，所用金属材料均为铜，其电导率为 $5.8×10^7$S/m；所用介质板为具有较强介电损耗特性的 FR4 介质基板，其相对介电常量为 4.3(1–j0.025)。

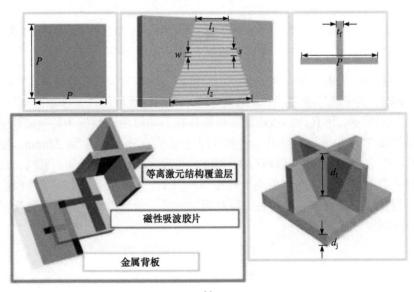

等离激元结构覆盖层

磁性吸波胶片

金属背板

(a)

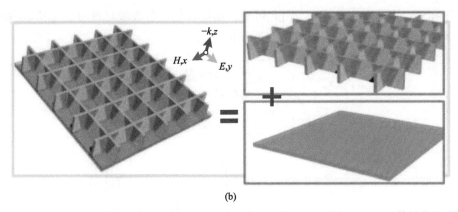

(b)

图7.96　复合吸波材料示意图：(a)周期单元的组成图、俯视图和侧视图；(b)整体结构的三维视图

对于所设计的复合吸波材料的宽带电磁吸波性能，需要借助电磁仿真软件 CST Microwave Studio 2013 进行参数优化和数值仿真。给定该周期单元的结构参数如下：P=8.8mm，d_j=1.0mm，d_f=4.4mm，t_f=0.8mm，t_c=20.0μm，l_1=2.0mm，l_2=5.9mm，w=0.1mm，s=0.2mm，仿真得到了该复合吸波材料对于垂直入射电磁波的吸收率曲线。如图 7.97 所示，蓝色带三角形标注曲线为吸收率仿真结果，表明所设计的复合吸波材料能够在 4.7～31.2GHz 的频带内实现吸收率高于 90% 的宽带电磁吸波。与此同时，我们还分别仿真计算了该复合吸波材料中的 SSPP 结构和磁性吸波胶片的吸收率曲线，分别如图 7.97 中的黑色带方形标注曲线和红色带圆形标注曲线所示。为了保证吸波结构的一致性，关于 SSPP 结构和磁性吸波胶片吸波性能的仿真都是加载金属背板后得到的。对比仿真结果可得，金属阵列结构加载金属背板后的吸收率曲线与上述复合吸波材料在高频 18.0～26.5GHz 频带内吸收率曲线基本一致，说明该复合吸波材料在高频段内的宽带吸波性能主要源自于上层的金属阵列结构。相比之下，磁性吸波胶片只在 10.8GHz 频点处获得了明显的吸收峰，而所设计的复合吸波材料能够同时在 6.0GHz 和 13.3GHz 频点处实现两吸收峰叠加构成的宽带电磁吸波。基于上述讨论，可以发现该金属阵列结构在低频处具有的波矢匹配特性可用于进一步提升磁性吸波胶片在更宽频带内连续且高效的电磁吸波性能。此外，我们进一步计算了所设计的复合吸波材料对于不同角度斜入射下的 TE 波和 TM 波的吸收率。如图 7.98(a)所示，对于斜入射的 TE 波，随着入射角度的逐渐增大，该复合吸波材料在 4.7～31.2GHz 频带内的吸收率将逐渐减小。当入射角度低于 50°时，该复合吸波材料能够实现在其宽工作频带内吸收率高于 85% 的高效电磁吸波。对于斜入射的 TM 波，随着入射角度的逐渐增大，该复合吸波材料在 4.7～31.2GHz 频带内的吸收率也将逐渐减小。当入射角度低于 75°时，该复合吸波材料能够实现在其宽工作频带内吸收率

高于 85% 的高效电磁吸波。由此可见，所设计的复合吸波材料对于宽角域内的斜入射电磁波具有宽带且高效的电磁吸波性能。

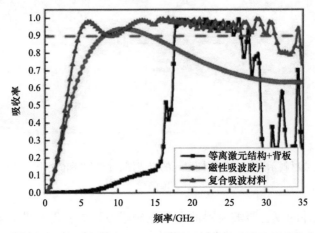

图 7.97　复合吸波材料及 SSPP 结构、磁性吸波胶片的吸收率

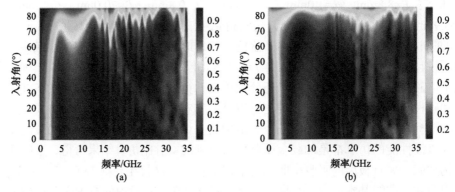

图 7.98　复合吸波材料对不同角度斜入电磁波的吸收率：(a)TE 波；(b)TM 波

7.11.2　仿真分析

为了分析所设计的复合吸波材料的工作机理，分别监视了该复合吸波材料在 6.0GHz、9.0GHz、13.3GHz 频点处 xOy 面内和在 20.0GHz、25.0GHz、30.0GHz 频点处 yOz 面内的电场分布以及能量损耗分布。如图 7.99 所示，关于该复合吸波材料在 6.0GHz、9.0GHz、13.3GHz 频点处的电场分布，可以观察到在 SSPP 结构与磁性吸波胶片的交界面处具有明显的电场增强，并且增强的电场主要沿着 y 轴方向集中在 SSPP 结构下方。根据上述关于 SSPP 结构的讨论，由于该结构能够激发出高效的 SSPP，从而获得在低频段内理想的波矢匹配特性。当电磁波从自由空间入射至金属阵列结构时，将转化成强局域表面波在金属-介质面内传播至

底层的磁性吸波胶片中。因此，沿着 y 轴方向的两种吸波结构的分界面处，必然会产生明显增强的电场。与此同时，明显增强的电场必然带来磁场的同步增强，作用于磁性胶片并获得强磁致损耗，从而获得低频段内电磁吸波效率的进一步提升。

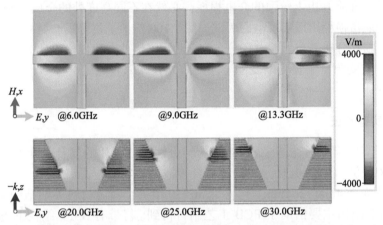

图 7.99　复合吸波材料在 6.0GHz、9.0GHz、13.3GHz 频点处 xOy 面内的电场分布和在 20.0GHz、25.0GHz、30.0GHz 频点处 yOz 面内的电场分布

图 7.100 给出了复合吸波材料在上述相应频点处的能量损耗分布。通过观察可以发现，几乎所有的能量损耗都集中在磁性胶片内部，并且其分布也沿着 y 轴方向集中在 SSPP 结构正下方。因此，我们可以认为低频部分的宽带电磁吸波主要源自于经过波矢匹配优化后的磁性吸波胶片。相比之下，关于该复合吸波材料

图 7.100　复合吸波材料在 6.0GHz、9.0GHz、13.3GHz、20.0GHz、25.0GHz 和 30.0GHz 频点处的能量损耗分布

在 20.0GHz、25.0GHz、30.0GHz 频点处 yOz 面内的电场分布，可以观察到入射电磁波将在不同长度的金属线附近产生明显的共振从而获得了电场的显著增强。随着吸波频率增大，具有电场增强效应的金属线长度变短。与此同时，明显增强的电场结合介质基板上较强的介电损耗，必然在不同高度处的金属-介质表面产生较高的能量损耗用以实现电磁吸波。图 7.100 给出了复合吸波材料在相应频点处的能量损耗分布，与上述电场分布完全一致。因此，我们可以认为高频部分的宽带吸波主要源自于长度渐变的金属线阵列在相邻频点处共振产生的吸收峰叠加形成的。

7.11.3　实验验证

为了实验验证上述基于 SSPP 结构与磁性吸波胶片的复合设计方案对于其宽带电磁吸波效率的提升，制备了复合吸波材料实验样品。如图 7.101 所示，样品尺寸为 264mm×264mm，包含了 30×30 个复合吸波材料周期结构单元。上层的 SSPP 结构主要借助于 PCB 工艺制备得到。将带有 SSPP 结构的电路板利用高精度数控设备切割成长条状介质板并带有周期性的缝隙。借助于缝隙，可将带有 SSPP 结构的长条状介质板以方形格栅的形式组合在一起，借助于环氧树脂胶进一步粘连得到所设计的 SSPP 结构。下层的磁性吸波胶片通过在橡胶基体中掺杂羰基铁粉制备得到。最后，利用环氧树脂胶将上述制备好的 SSPP 结构、磁性吸波胶片和金属背板粘在一起，得到了所设计的复合吸波材料实验样品。

图 7.101　复合吸波材料实验样品

实验测试该复合吸波材料实验样品的宽带电磁吸波性能需要在微波暗室中进行，所用到的测试工具主要包含矢量网络分析仪(Agilent E8363B)，五对宽频带喇叭天线(工作频段分别是 4.0～8.0GHz、8.0～12.0GHz、12.0～18.0GHz，18.0～30.0GHz 和 30.0～40.0GHz)和拱形架。最终，测试所得的该复合吸波材料实验样品的吸收率曲线如图 7.102 中的黑色带圆形标注曲线所示。同时，图 7.102 给出了该复合吸波超材料的吸收率仿真结果，对比发现其测试与仿真结果基本一致，其在高频部分的差异主要源于磁性吸波胶片测试参数中的误差。因此，我们可以认为加载 SSPP 结构的复合吸波材料，有利于进一步提升传统磁性吸波胶片在更宽频带内的吸波效率。

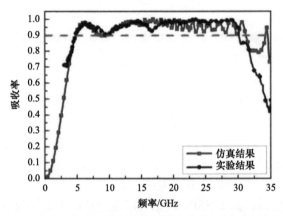

图 7.102　复合吸波材料的吸收率仿真与测试结果

7.12　碳纤维 SSPP 吸波结构

碳纤维是一种含碳量在 90%以上的特种纤维，是目前先进复合材料加工的重要原料，常与树脂、金属、陶瓷等基体复合，制成具备特殊性能的复合材料。近年来，碳纤维常被用来设计结构-功能一体化材料。与金属材料相比，碳纤维复合材料密度更小、比强度更大，因此在促进零部件的轻量化设计上意义重大；此外，碳纤维欧姆损耗大、耐高温、导电、导热等性能也可直接用于功能器件的设计。碳纤维复合材料综合性能优异，在航空航天、汽车高铁、建筑桥梁等军用、民用领域应用广泛。本节采用碳纤维代替金属结构，通过单向碳纤维线阵列激发产生 SSPP，并采用梯度的阵列结构实现宽带吸波的效果。基于此，将碳纤维阵列与工程中常用的波纹夹心结构相结合，设计了具备电磁波吸收性能的复合波纹夹心结构。该结构无论是在电磁波正入射还是斜入射的情况下，都具备很好的吸波效果。此外，与 304 不锈钢波纹夹心结构相比，在相同的芯体密度下，该复合波纹夹心结构具备更高的压缩强度。该设计方案不仅使结构件具备了电磁波吸收性能，同时也促进了结构件的轻量化设计。

7.12.1　设计原理

传统的吸波超材料包含金属结构电磁谐振单元和能量损耗源两个基本条件。

通过金属谐振单元激发并传导电流，在介质损耗的作用下，能量将会被消耗掉，从而实现电磁波的吸收。在非磁性材料中，电磁波能量的吸收与材料的损耗和激发的电场强度有关，可表示为[34]

$$P_{abs} = \frac{1}{2}(\omega\varepsilon'' + \sigma)|E|^2 \tag{7.3}$$

式中，ω 为角频率，ε'' 为材料介电常量虚部，σ 为材料的电导率，E 为电场强度。因此，通过增大材料的损耗、增强激发电场的强度，可提高电磁波能量的吸收效率。

2016 年，庞永强等提出了 k 波矢空间色散工程的概念[28]，对于某一频率的电磁波，波矢 k 的值越大时，空间上的场分布也就越集中，从而在亚波长尺度内产生局域场增强效应，若在结构中引入一定的损耗，就能实现吸波效果。若在连续的频率范围内对波矢 k 进行调控，即可实现宽带吸波效果。从色散关系方程 $k^2 = \omega^2\varepsilon\mu$ 中可以看出，单纯地改变介电常量 ε 或者磁导率 μ 很难在宽带范围内对波矢 k 进行调控。然而，基于 SSPP 理论可以很轻易地实现空间色散特性调控。他们采用梯度的金属鱼骨结构，通过渐变的鱼骨线长度实现对波矢 k 的连续调控，在连续频率范围内激发局域强电场，从而产生宽带吸波的效果。根据(7.3)式可知，庞永强等的研究是利用 SSPP 的局域场增强效应，增大了电场强度 E，从而提高电磁波的吸收效率。从另一个角度来看，碳纤维与金属材料(例如：铜)都是良导体，都是通过传导自由电子实现导电的，在导电机制上两者类似。但是，碳纤维的电导率为 $10^4 \sim 10^5$S/m[28, 35, 36]，远小于铜的电导率 5.8×10^7S/m，其欧姆损耗要比铜的大很多。因此，可以设想若采用碳纤维线代替 SSPP 结构中的金属结构，在实现局域场增强效应的同时，也增大了结构内部的损耗，同样可以实现很好的吸波性能。

常用碳纤维线是由一定数量的单向碳纤维丝复合而成的。因此，需要考虑碳纤维线电导率的各向异性。在树脂基碳纤维复合材料中，若定义碳纤维线平行方向的电导率为 σ_p，垂直方向的电导率为 σ_v，则依据复合材料均质模型，其电导率存在如下关系[37]：

$$\sigma_p \leqslant V_f\sigma_f + (1 - V_f)\sigma_m \tag{7.4}$$

$$\frac{1}{\sigma_v} \leqslant \frac{V_f}{\sigma_f} + \frac{1 - V_f}{\sigma_m} \tag{7.5}$$

式中，σ_f 为碳纤维丝的电导率，为 $10^4 \sim 10^5$S/m[35]；V_f 为复合材料中碳纤维的体积分数；σ_m 为环氧基体的电导率，为 $10^{-17} \sim 10^{-10}$S/m[38]。

由于 $\sigma_f \gg \sigma_m$，碳纤维线平行方向的电导率 σ_p 的范围可以很容易地估算出来。

对于垂直方向的电导率，通常也满足 $\sigma_v \gg \sigma_m$，可引入参数 α 将垂直方向的电导率 σ_v 表示为

$$\sigma_v = \alpha \sigma_f \tag{7.6}$$

式中，参数 α 表示复合材料内部碳纤维丝的接触情况。当碳纤维的体积分数 V_f 越大时，相邻碳纤维丝之间的接触越紧密，垂直方向电导率 σ_v 越大，α 的取值范围为 0～1。

此外，碳纤维线的电导率还受热处理温度和频率的影响。1997 年，Bilikov 等研究了聚丙烯腈(PAN)基碳纤维在微波频段(9.6～16.4GHz)的电导率[35]。当碳纤维热处理温度在 1400～2600℃时，可得碳纤维的交流电导率 σ_{AC} 和直流电导率 σ_{DC} 的比值参数 β 为

$$\beta = \sigma_{AC}/\sigma_{DC} \tag{7.7}$$

研究表明，β 的取值范围为 0.75~1.75。本工作中使用的碳纤维线的参数值为 $V_f \approx 0.6$，$\alpha \approx 0.0025$，$\beta = 1$，电导率参数为 $\sigma_p \approx 3.5 \times 10^4 \text{S/m}$，$\sigma_v \approx 89 \text{ S/m}$[28]。

首先研究等长度碳纤维阵列的吸波性能，建立结构单元模型如图 7.103(a)所示。该结构包含纵置的 FR4 基板、等长度的碳纤维阵列和金属背板。FR4 基板的宽度为 a、高度为 h、厚度为 t，每根碳纤维线的长度为 l、宽度为 w，相邻碳纤维线的间隔为 s，碳纤维线的数量为 n，金属背板 y 方向的周期为 P。考虑后期碳纤维阵列的加工，本工作碳纤维线的尺度定义在毫米级，设结构参数为 a=20mm，h=23mm，t=1mm，P=10mm，w=1mm，s=0.5mm，n=15；FR4 基板的介电常量为 4.3，损耗为 0.025；背板为铜背板，电导率为 $5.8 \times 10^7 \text{ S/m}$。采用 CST 频域求解器进行仿真计算，电场沿 y 方向极化，x 和 y 方向设置边界条件为 Unit cell，z 方向为 Open add space。通过对碳纤维线长度 l 进行扫参，可计算出不同长度碳纤维阵列的吸收率图谱，如图 7.103(b)所示。可以看出，对于一个特定的 l 值，都会形成多个吸收窄带，例如：当 l=5mm 时，90%以上吸收率的频带为 12.58～13.31GHz、14.98～15.25GHz；当 l=8mm 时，90%以上吸收率的频带为 8.27～8.73GHz、9.45～9.61GHz，12.24～12.47GHz。并且随着 l 的增大，吸收窄带逐渐向低频移动，在吸收率图谱上，吸收峰值区域随着 l 的变化是连续分布的。对于金属鱼骨状的 SSPP 吸波超材料，吸收频带主要取决于金属线的长度。类似地，对于碳纤维阵列结构，吸波频带由碳纤维线的长度 l 确定。因此，可以设想若采用梯度的碳纤维阵列，同样能实现宽带吸波效果。

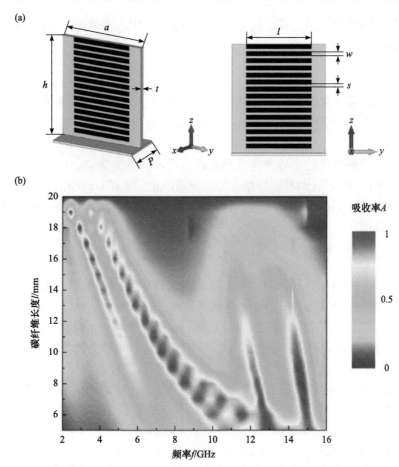

图 7.103　等长度碳纤维阵列的吸波性能：(a)结构单元模型；(b)不同长度碳纤维阵列的吸收率
图谱

　　基于上述分析，建立了梯度碳纤维阵列的结构单元模型，如图 7.104(a)所示。
图中，第 i 根碳纤维线的长度定义为

$$l_i=l_1+(i-1)\Delta l, \quad i=1, 2, 3, \cdots, n \tag{7.8}$$

具体设计中 l_1=5mm，Δl=1mm，n=15。此时，梯度阵列中碳纤维的长度变化
范围为 5～19mm。其余结构参数与图 7.103(a)中等长度碳纤维结构单元的参数
值相同。通过仿真可计算出吸收率曲线，如图 7.104(b)所示。可以看出，该梯
度碳纤维阵列可实现 4.3～16.2GHz 频带内 90%以上的吸收效率。与梯度的金
属鱼骨结构不同，碳纤维阵列的吸收频带与图 7.103(b)中不同 l 值覆盖的吸收
频带并不严格对应，但是同样能够产生宽带吸波的效果。为了对比碳纤维阵列
与金属结构的吸波性能，图 7.104(b)给出了相同尺寸下金属线阵列的吸收率曲

线。可以明显看出，在该尺度下(毫米级)，碳纤维结构的吸波性能要明显优于金属结构。

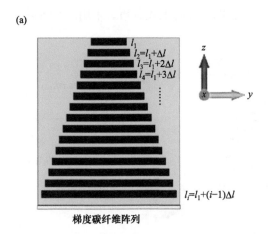

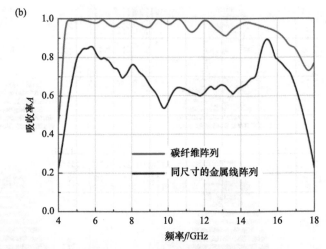

图 7.104　梯度碳纤维阵列的吸波性能：(a)梯度碳纤维阵列结构单元模型；(b)梯度碳纤维阵列和相同尺寸金属线阵列的吸收率曲线

为了进一步分析吸波机理，图 7.105 给出了 6GHz、8GHz、10GHz 和 12GHz 频点处的电场及能量损耗密度分布情况。截面 1 与 FR4 基板垂直，并与碳纤维阵列相交，监测了电场分布情况(左图)；截面 2 是碳纤维线与 FR4 板的分界面，监测了能量损耗分布情况(右图)。从电场分布来看，不同频点处的电场被约束在碳纤维阵列附近，并在纵向上呈“跳跃”状分布。可见电磁波沿着碳纤维和 FR4 基板的界面传播，并形成了局域的强电场。随着频率的增加，电场的聚集位置逐渐向上面的短边碳纤维线移动，这与 7.3 节中研究得出的结论相同。此外，从能量损耗分布情况来看，不同频点处的能量损耗区域与电场聚集位置是对应的，并且随着频率增大，损耗区域也随着电场向上移动，进一步证明了电磁波的吸收是由激发的局域强电场引起的。综合上述分析，采用碳纤维阵列代替金属结构实现 SSPP 效应的方法是可行的。

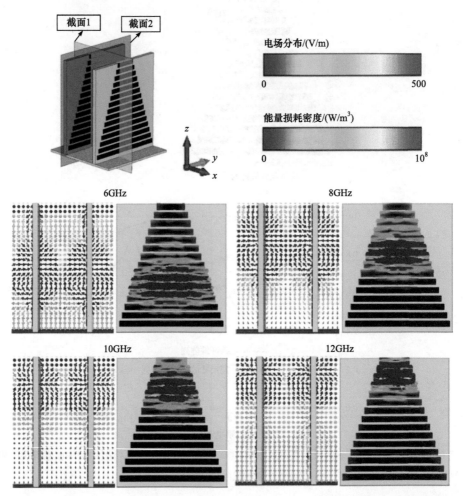

图 7.105　不同频点处(6GHz、8GHz、10GHz、12GHz)的电场(左图)及能量损耗密度(右图)分布

7.12.2　结构设计及仿真

基于碳纤维阵列良好的吸波性能，设计了一种加载梯度碳纤维阵列的波纹夹心结构，图 7.106 为周期结构和结构单元示意图。该结构由 FR4 面板、金属背板和复合波纹芯体组成。复合波纹芯体包含两层波纹，上波纹为 FR4 材料，下波纹为光敏树脂材料，梯度碳纤维阵列加载在两层波纹中间。图 7.106(b)为

结构单元在 xOz 平面的视图，定义波纹的倾角为 α，斜坡的长度为 m，波纹内凹处的平台宽度为 d，上波纹的厚度为 t_1，下波纹的厚度为 t_2，结构单元 x 和 y 方向的周期分别为 P_x、P_y，碳纤维的尺寸与 7.12.1 节中的梯度碳纤维阵列尺寸相同。

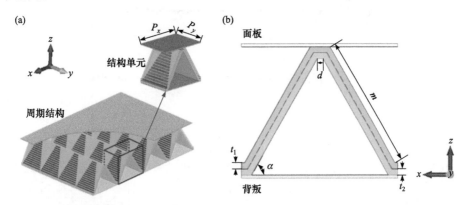

图 7.106 加载梯度碳纤维阵列的波纹夹心结构：(a)周期结构和结构单元示意图；(b)结构单元 xOz 视图及尺寸参数

在计算夹心结构的吸波性能之前，首先采用波导法测量了光敏树脂的介电常量，实验设置如图 7.107(a)所示。光敏树脂是常用的三维(3D)打印原料，通过 3D 打印加工了不同尺寸的测试样件，分别与 S 频段至 Ku 频段的波导口尺寸相对应。通过测量 S 参数，并进行参数反演，可计算出光敏树脂的介电常量实部 ε' 和虚部 ε''。图 7.107(b)为 3～15GHz 频段内的介电常量的测量结果，通过拟合曲线可求得实部和虚部的均值线。可以看出，光敏树脂的介电常量较小，在仿真中可依据均值线设置材料参数。

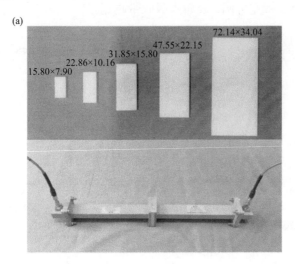

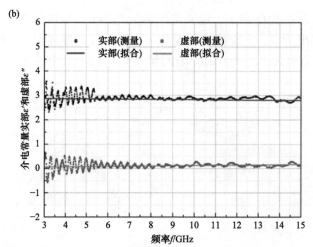

图 7.107　光敏树脂的介电常量测量：(a)实验设置；(b)介电常量实部 ε'、虚部 ε'' 测量结果和拟合结果

在复合波纹夹心结构中，定义内凹平台的宽度 d=1mm、波纹厚度 $t_1=t_2$=1mm。由于碳纤维电导率的各向异性，入射电磁波的电场极化方向应与单向碳纤维方向相同，即 y 极化波。计算并分析了波纹倾角 α、碳纤维阵列中线间距 s、梯度碳纤维阵列顶边 l_1 和底边 l_n 对吸波性能的影响。

波纹倾角 α 是波纹结构的重要参数，可通过倾角的调节实现结构性能的可调。图 7.108(a)为垂直入射情况下，不同波纹倾角 α(50°、55°、60°、65°、70°)对应的吸收率曲线。当 α=70°时，吸波效果最好，在 3.39～12.69GHz 频带内的吸收率达 85%以上。随着 α 的减小，吸收带的左截止频率始终保持在 3.4GHz 附近，而右截止频率逐渐向低频移动，导致吸波带宽逐渐变窄。结果表明，通过改变波纹倾角可实现吸波带宽可调，α 越大吸收带越宽。

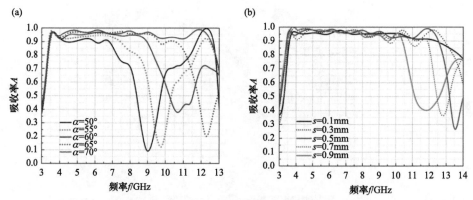

图 7.108　结构参数对吸波性能的影响：(a)波纹倾角 α 对吸波性能的影响；(b)碳纤维线间距 s 对吸波性能的影响

碳纤维阵列的线间距 s 是影响吸波性能的另一个参数。图 7.108(b)为垂直入射情况下，不同线间距 s(0.1mm、0.3mm、0.5mm、0.7mm、0.9mm)对应的吸收率曲线。可以看出，随着 s 的增大，吸收带的左截止频率变化不大，而右截止频率逐渐向低频移动，导致吸收带宽变窄。当 s=0.1mm 时，吸波效果最好，吸收率在 85%以上的频带为 3.54～13.20GHz。在实际加工过程中，碳纤维线的间距越小，加工精度越高，难度越大。因此，在本工作中选取 s=0.5mm，此时的吸波频带为 3.39～12.69GHz。

7.12.1 节的研究已经证明碳纤维阵列的吸波性能主要取决于碳纤维线的长度。同样，加载碳纤维阵列的波纹夹心结构也是如此。图 7.109 研究了线长度对结构吸波性能的影响。图 7.109(a)为底边碳纤维线长度 l_n=19mm，顶边碳纤维长度 l_1 为 5～9mm 时的吸收率曲线，随着 l_1 的增大，吸收频带的左截止频率保持不变，而右截止频率逐渐向低频移动，吸收带宽逐渐变窄；图 7.109(b)为 l_1=5mm，l_n 为 11～19mm 时的吸收率曲线，随着 l_n 的增大，吸收频带的右截止频率变化较小，而左截止频率逐渐向低频移动，吸收带宽逐渐变宽。结果表明，通过改变碳纤维的梯度分布情况，同样可以定制夹心结构的吸波频带。

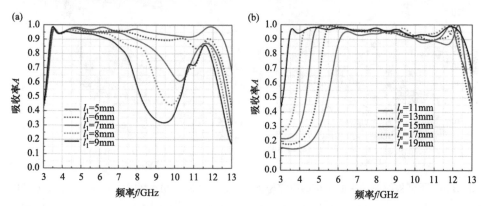

图 7.109　碳纤维长度对吸波性能的影响：(a)碳纤维顶线长 l_1 对吸波性能的影响；(b)碳纤维底线长 l_n 对吸波性能的影响

此外，还研究了斜入射情况下的吸波性能，图 7.110 为不同波纹倾角夹心结构的吸收率图谱。对于波纹倾角 α =55°的夹心结构(图 7.110(a))，垂直入射情况下的吸收频带为 3.37～7.80GHz；随着电磁波入射角的增大，吸波频带逐渐向高频覆盖，吸波带宽逐渐增大，例如，当 θ=30°时，吸波频带为 3.38～12.05GHz；入射角在 38°～60°范围内时，连续的吸收宽带分解为两个吸收带，例如，当 θ=50°时，吸波频带为 3.39～4.15GHz 和 5.72～12.32GHz；而当入射角大于 60°时，吸波效果逐渐变差，最终只能实现窄带吸收。同样，对于 α =60° 和 65°的结构(图 7.110(b)和(c))，随着入射角增大，吸收频带也会向高频拓展，使得斜入射情况下的吸收带更宽，并且该在入射角 70°以内都有一定的吸波效果。对于 α =70° 的夹心结构(图 7.110(d))，入射角在 53°以内，该结构始终保持连续的宽带吸波效果。表 7.8 汇总了不同斜入射角下波纹夹心结构的吸波频带。结果表明，加载梯度碳纤维阵列的夹心结构在斜入射情况下对电磁波的吸收效果更好。

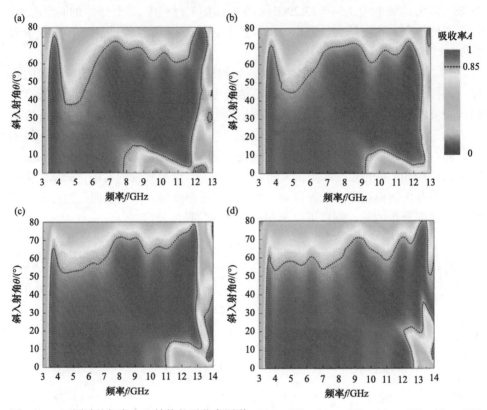

图 7.110　不同波纹倾角夹心结构的吸收率图谱：(a) α=55°；(b) α=60°；(c) α=65°；(d) α=70°

表 7.8　不同斜入射角情况下，吸收率 85%以上的频带 B_{abs}　(单位：GHz)

入射角	波纹倾角			
	$\alpha = 55°$	$\alpha = 60°$	$\alpha = 65°$	$\alpha = 70°$
$\theta = 10°$	3.38~7.92	3.40~9.25 10.86~12.59	3.43~11.00	3.38~12.53
$\theta = 20°$	3.38~11.80	3.41~12.43	3.43~13.03	3.38~12.04
$\theta = 30°$	3.38~12.05	3.41~12.36	3.45~12.85	3.40~13.24
$\theta = 40°$	3.38~4.33 5.27~12.26	3.42~12.44	3.46~12.93	3.41~14.00
$\theta = 50°$	3.39~4.15 5.72~12.32	3.45~4.27 5.63~12.46	3.49~12.92	3.46~14.00

7.12.3　样品加工及测试

为了测试和验证结构的性能，加工了该复合波纹夹心结构的实验样件。如图 7.111(a)所示，首先采用"模具成型法"加工了 FR4 波纹结构，具体操作步骤如下：

(1) 采用精密机械加工(计算机数字化控制精密机械加工(computerized numerical control，CNC)机加工)方法，制作了铝合金波纹模具，它由底座和盖板组成，可通过螺栓将其紧密连接起来；

(2) 将多层玻璃纤维布铺在一起，合理控制玻璃纤维布的层数，确保最终加工出的波纹厚度 t_1=1mm；

(3) 将环氧树脂胶与固化剂按 10：3 的比例混合并搅拌均匀，随后涂抹在铺好的多层玻璃纤维布上，使其充分浸润；

(4) 在铝合金模具内表面涂抹脱模剂后，将浸润的多层玻璃纤维布放入模具内，并拧紧紧固螺栓；

(5) 将模具放入烘箱内，在 70℃温度下固化约 2h；

(6) 取出模具并脱模，按照尺寸要求切割 FR4 波纹。

复合波纹芯体的上波纹材料为光敏树脂材料，采用 3D 打印加工上波纹，并在波纹面上预留碳纤维阵列的定位凹槽。如图 7.111(b)所示，所采用的 3D 打印设备最高精度为 0.05mm，单件最大打印尺寸为 600mm×600mm×500mm。图 7.111(b)中给出了不同结构参数的光敏树脂波纹成品。随后，将不同长度的碳纤维线嵌入预留的定位凹槽中，形成了梯度的碳纤维阵列，局部细节放大如图 7.111(c)所示。最后，将 FR4 面板、FR4 波纹、加载碳纤维阵列的光敏树脂波纹以及金属背板通过环氧树脂胶进行复合。依据测试样件标准，分别制作了电磁性能和机械性能测试样件，如图 7.112 所示。由于样件加工难度较大，电磁性能测试仅选取结构参数 α =60°的样件进行验证，如图 7.112(a)所示，样件尺寸为 300mm×316mm。图 7.112(b)为机械性能测试样件，加工了四组不同结构参数的样件(α =55°、60°、65°、70°)，每组加工了 3 个相同的样件，每个样件包含 2×3 个结构单元。

(a)　　　　　　　　　　　　　(b)

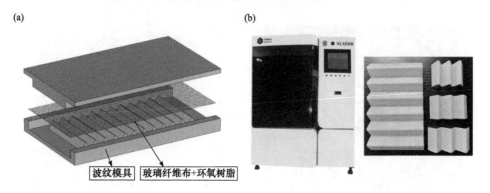

波纹模具　　玻璃纤维布+环氧树脂

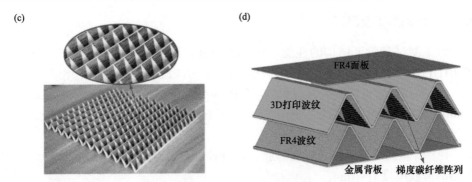

图 7.111　样品加工方法：(a)FR4 波纹加工；(b)光敏树脂波纹加工；(c)梯度碳纤维阵列定位；
(d)复合波纹夹心结构组装

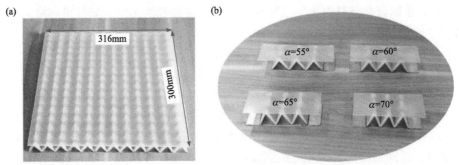

图 7.112　实验测试样件：(a)电磁性能测试样件；(b)机械性能测试样件

　　电磁性能测试在微波暗室中进行，实验设置如图 7.113(a)所示。测试样件垂直放置在泡沫转台上，保持样件中心高度与天线中心高度一致，采用宽带天线喇叭测试了 3~13GHz 频带内的反射率参数，计算并绘制了吸收率曲线。图 7.113(b)~(d)分别给出了垂直入射、入射角为 10° 和入射角为 30° 时的仿真及测试结果。可以看出，实验测试的吸收率曲线与仿真结果吻合较好。通过实验，进一步验证了该复合波纹夹心结构在垂直入射和斜入射情况下均具备很好的电磁波吸收性能。

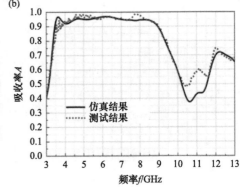

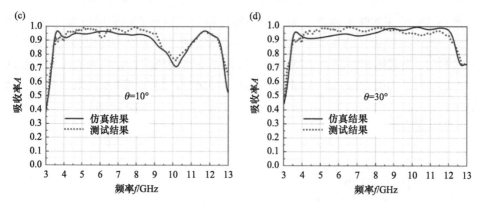

图 7.113　电磁性能测试：(a)实验设置；(b)垂直入射情况下的吸收率曲线；(c)10°入射角下的
吸收率曲线；(d)30°入射角下的吸收率曲线

波纹夹心结构是工程中应用最为广泛的夹层结构之一，其优点在于质量轻、比强度大、抗弯能力强等，常用的波纹材料以金属材料、复合材料居多，其中复合材料在结构的轻量化设计上效果更为显著。为了研究本工作中设计的复合波纹夹心结构的机械性能，首先根据图 7.106 建立的结构单元模型，计算出复合波纹芯体的相对密度 $\bar{\rho}$ 为

$$\bar{\rho} = \frac{2m(1-\cos\alpha)/p_x + 1}{m\sin(\alpha)/(t_1+t_2) + 1} \tag{7.9}$$

式中，$p_x = 2[(t_1+t_2)\tan(\alpha/2)+d+m\cos\alpha]$。因此，复合波纹芯体的密度可表示为

$$\rho = \bar{\rho}\rho_c + (1-\bar{\rho})\rho_f \tag{7.10}$$

其中，ρ_c 为复合波纹芯体材料的密度，通过测量多个复合波纹的重量，可计算出 ρ_c 的值；ρ_f 为波纹芯体填充材料的密度，$\rho_f = 0$。依据上面两式，可计算出不同结构参数复合波纹芯体的密度。

通过材料万能试验机测试了不同结构参数样件的压缩性能，实验设置如图 7.114(a)所示。实验在室温状态下进行，压缩速率保持在 0.1mm/min，并通过摄像机记录了结构的压缩形变过程。通过采集压力和位移数据，可计算出不同波纹倾角的夹心结构的应力-应变曲线。通过计算 3 个相同样品的压缩曲线平均值，可得到平均应力-应变曲线，如图 7.114(b)所示。可以看出，不同结构的应力-应变曲线都呈现出先增长、后回落的变化趋势。在压缩初始阶段，应力随应变的增大呈线性增长的趋势，并且 α 的值越大，初始阶段的曲线越陡峭。因此，该复合波纹夹心结构的弹性模量随波纹倾角 α 的增大而增大。

在弹性形变阶段后，随着应变的继续增大，应力将会增大到峰值应力处，之后呈现出下降趋势，该峰值应力即为复合波纹夹心结构的压缩强度。不同波纹倾角的夹心结构的峰值应力标记在图 7.114(b)中。结果表明，α 的值越大，复合波

纹夹心结构的压缩强度越高。为了与金属材质的波纹夹心结构进行对比，表 7.9
列出了闫雷雷等研究的 304 不锈钢波纹夹心结构的芯体密度与压缩强度数据[39]。
可以看出，当芯体密度同为 0.25g/cm³ 时，304 不锈钢波纹夹心结构的压缩强度仅
为 1.10MPa，而复合波纹的压缩强度可达 3.45MPa，约为 304 不锈钢的 3 倍。结
果表明，与金属材料相比，该复合材料波纹夹心结构可在较小的芯体密度下实现
更高的压缩强度。

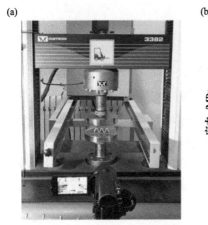
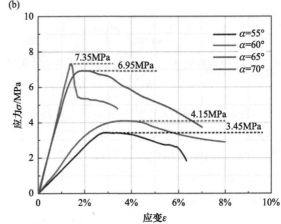

图 7.114　机械性能测试：(a)实验设置；(b)不同波纹倾角夹心结构的应力-应变曲线

表 7.9　复合波纹夹心结构与 304 不锈钢夹心结构压缩强度对比

结构参数	复合波纹夹心结构		304 不锈钢波纹夹心结构[39,40]	
	芯体密度 /(g/cm³)	压缩强度 /MPa	芯体密度 /(g/cm³)	压缩强度 /MPa
α =55°	0.25	3.45	0.19	1.10
α =60°	0.27	4.15	0.25	1.10
α =65°	0.29	6.95	0.51	5.94
α =70°	0.33	7.35	0.86	13.40

　　为进一步分析复合波纹夹心结构压缩形变机理，图 7.115 分别给出了波纹倾
角 α =55° 和 65° 的结构压缩形变图。在弹性阶段，结构的形变较小，压缩形变主
要以复合波纹的弹性弯曲为主；而当压缩应力到达峰值后，应力将会减小，这意
味着波纹夹心的内部结构遭到破坏，图 7.115(a)-②和(b)-②分别为峰值应力点后
的形变图，可以看出，压缩应力的减小是由光敏树脂波纹和 FR4 波纹的界面破坏
引起的；图 7.115(a)-③和(b)-③为 ε =6%的形变图，可见随着压缩应力的不断增大，
界面破坏不断扩展，结构的承载能力逐渐变弱，因此在峰值点后应力随应变的增

大持续减小。结果表明，复合波纹夹心结构的强度受波纹界面状况影响较大，改善上下波纹的界面连接状况，对提升结构强度至关重要。

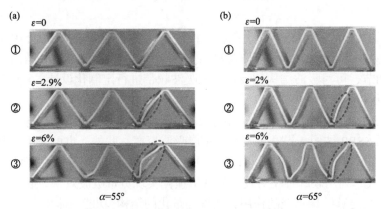

图 7.115　复合波纹夹心结构压缩形变图：(a) α=55°；(b) α=65°

　　本节提出采用碳纤维线代替金属结构实现 SSPP 结构，通过碳纤维线阵列，既能产生局域的强电场效应，同时也增大了结构内部的损耗，从而实现很好的电磁波吸收效果。基于这一机理，将梯度碳纤维阵列与波纹夹心结构相结合，设计了一种结构-功能一体化的复合波纹夹心结构。通过仿真和实验的方法，研究了波纹芯体的倾角 α、碳纤维线间距 s、碳纤维线长度 l_1 和 l_n 等结构参数对吸波性能的影响，不同结构参数的吸波性能汇总见表 7.10，可见通过改变结构参数，可实现吸波带宽可调；此外，还研究了斜入射情况下的吸波特性，该加载梯度碳纤维阵列的波纹夹心结构在正入射和斜入射情况下均具有较好的吸波效果，并且随着入射角的增大，其吸波带宽更宽。在机械性能方面，通过压缩实验测试了不同波纹倾角的夹心结构的压缩性能。结果表明，随着波纹倾角的增大，其压缩强度越高，并且与 304 不锈钢波纹夹心结构相比，该复合波纹夹心结构在较低的芯体密度下，具有更高的压缩强度。

表 7.10　不同结构参数情况下，吸收率 85% 以上的频带 B_{abs}

波纹倾角 α /(°)	吸波带宽 B_{abs}/GHz	顶线长度 l_1/mm	吸波带宽 B_{abs}/GHz	底线长度 l_n/mm	吸波带宽 B_{abs}/GHz	线间距 s/mm	吸波带宽 B_{abs}/GHz
50	3.40~7.05	5	3.39~12.69	11	5.97~12.52	0.1	3.54~13.20
55	3.37~7.80	6	3.37~10.96	13	5.21~12.34	0.3	3.48~13.15
60	3.41~9.15	7	3.35~8.63	15	4.61~12.26	0.5	3.38~12.68
65	3.42~11.94	8	3.32~7.92	17	4.05~12.68	0.7	3.34~11.07
70	3.39~12.69	9	3.30~7.01	19	3.39~12.69	0.9	3.27~10.51

7.13　本　章　小　结

本章主要介绍了 SSPP 强色散区调控在宽带吸波材料与结构设计中的应用。SSPP 结构在其截止频率附近具有很强的色散损耗特性，通过 SSPP 结构设计和结构参数调节，可对吸波结构的吸收率和吸波频带进行定制化设计。直线型 SSPP 结构的吸收频率受限于结构单元的网格大小(～λ/2)，为降低网格尺寸，提高吸波结构单元的占空比，分别引入了折线型、斜线型、水平弯折、垂直弯折、三维弯折等变形 SSPP 结构，提升吸收率，拓展吸波带宽。此外，也可采用导电性相对较差的碳纤维取代金属线构建各种 SSPP 结构，在微波频段激发高传输损耗的 SSPP 模式，利用碳纤维相对较高的欧姆损耗实现宽带吸波效果，起到既能够宽带吸波，又能够结构承载的作用，实现轻量化的结构-功能一体化设计。

参 考 文 献

[1] Zhang K, Yuan Y Y, Zhang D W, et al. Phase-engineered metalenses to generate converging and non-diffractive vortex beam carrying orbital angular momentum in microwave region[J]. Optics Express, 2018, 26(2): 1351-1360.

[2] Berini P. Figures of merit for surface plasmon waveguides[J]. Optics Express, 2006, 14(16): 13030-13042.

[3] Hooper I R, Tremain B, Dockrey J A, et al. Massively sub-wavelength guiding of electromagnetic waves [J]. Scientific Reports, 2014, 4: 7495.

[4] Iwaszczuk K, Strikwerda A C, Fan K, et al. Flexible metamaterial absorbers for stealth applications at terahertz frequencies[J]. Optics Express, 2012, 20(1): 635-643.

[5] Yang Y , Leng L Y , Wang N , et al. Electromagnetic field attractor made of gradient index metamaterials[J]. J Opt Soc Am A Opt Image, Vis, 2012, 29(4): 473-475.

[6] Fan C, Tian Y, Ren P, et al. Realization of THz dualband absorber with periodic cross-shaped graphene metamaterials[J]. Chinese Physics B, 2019, 28(7): 076105.

[7] Albano M , Micheli D , Gradoni G , et al. Electromagnetic shielding of thermal protection system for hypersonic vehicles[J]. Acta Astronautica, 2013, 87: 30-39.

[8] Wang B, Teo K H, Nishino T, et al. Experiments on wireless power transfer with metamaterials[J]. Applied Physics Letters, 2011, 98(25): 254101-1-254101-3.

[9] Zhang S, Genov D A, Wang Y, et al. Plasmon-induced transparency in metamaterials[J]. Physical Review Letters, 2008, 101(4): 218-222.

[10] Lockyear M J , Hibbins A P , Sambles J R . Microwave surface-plasmon-like modes on thin metamaterials[J]. Physical Review Letters, 2009, 102(7): 073901.

[11] Liu N , Liu H , Zhu S , et al. Stereometamaterials[J]. Nature Photonics, 2008, 3(3): 157-162.

[12] Shen Y, Zhang J, Meng Y, et al. Merging absorption bands of plasmonic structures via

dispersion engineering[J]. Applied Physics Letters, 2018, 112(25): 254103.

[13] Li S J, Cao X Y, Xu H X, et al. Ultra-wideband RCS reduction of metasurface antenna based on spoof surface plasmon polariton and transmission[J]. Radioengineering, 2018, 27(2): 386-393.

[14] Meng Y, Ma H, Wang J, et al. Broadband spoof surface plasmon polaritons coupler based on dispersion engineering of metamaterials [J]. Applied Physics Letters, 2017, 110(20): 4074.

[15] Cui Y, Fung K H, Xu J, et al. Ultrabroadband light absorption by a sawtooth anisotropic metamaterial slab[J]. Nano Letters, 2012, 12(3): 1443-1447.

[16] Fu J H, Wu Q, Zhang S Q, et al. Design of multi-layers absorbers for low frequency applications[C]. 2010 Asia-Pacific International Symposium on Electromagnetic Compatibility, IEEE, 2010: 1660-1663.

[17] Shen Y, Zhang J, Wang J, et al. Multistage dispersion engineering in a three-dimensional plasmonic structure for outstanding broadband absorption[J]. Optical Materials Express, 2019, 9(3): 1539.

[18] Wu C, Neuner B, Shvets G, et al. Large-area, wide-angle, spectrally selective plasmonic absorber[J]. Physical Review B: Condensed Matter, 2011, 84(7): 173-177.

[19] Cheng Y Z, Gong R Z, Nie Y, et al. A wideband metamaterial absorber based on a magnetic resonator loaded with lumped resistors[J]. Chinese Physics B, 2012, 21(12): 127801.

[20] Shen Y, Zhang J, Wang W, et al. Overcoming the pixel-density limit in plasmonic absorbing structure for broadband absorption enhancement[J]. IEEE Antennas and Wireless Propagation Letters, 2019, 18(4): 674-678.

[21] Yu N , Genevet P , Kats M A , et al. Light propagation with phase discontinuities: generalized laws of reflection and refraction[J]. Science, 2011, 334(6054): 333-337.

[22] Gao L H, Cheng Q, Yang J, et al. Broadband diffusion of terahertz waves by multi-bit coding metasurfaces[J]. Light: Science & Applications, 2015, 4(9): e324.

[23] Chen K, Feng Y, Yang Z, et al. Geometric phase coded metasurface: from polarization dependent directive electromagnetic wave scattering to diffusion-like scattering[J]. Scientific Reports, 2016, 6: 35968.

[24] Rao P R R, Datta S K. Estimation of conductivity losses in a helix slow-wave structure using eigen-mode solutions[C]. Vacuum Electronics Conference, IVEC 2008, IEEE International. IEEE, 2008: 99-100.

[25] Landy N I, Sajuyigbe S, Mock J J, et al. Perfect metamaterial absorber[J]. Physical Review Letters, 2008, 100(20): 207402.

[26] Shen X, Cui T J, Zhao J, et al. Polarization-independent wide-angle triple-band metamaterial absorber[J]. Optics Express, 2011, 19(10): 9401-9407.

[27] Ye D, Wang Z, Xu K, et al. Ultrawideband dispersion control of a metamaterial surface for perfectly-matched-layer-like absorption[J]. Physical Review Letters, 2013, 111(18): 187402.

[28] Pang Y, Wang J, Ma H, et al. Spatial k-dispersion engineering of spoof surface plasmon polaritons for customized absorption[J]. Scientific Reports, 2016, 6: 29429.

[29] Bozhevolnyi S I, Søndergaard T. General properties of slow-plasmon resonant nanostructures: nano-antennas and resonators[J]. Optics Express, 2007, 15(17): 10869-10877.

[30] Woolf D, Kats M A, Capasso F. Spoof surface plasmon waveguide forces[J]. Optics Letters, 2014, 39(3): 517-520.

[31] Ding F , Cui Y , Ge X , et al. Ultra-broadband microwave metamaterial absorber[J]. Applied Physics Letters, 2012, 100(10): 103506.

[32] Sun J, Liu L, Dong G, et al. An extremely broad band metamaterial absorber based on destructive interference[J]. Optics Express, 2011, 19(22): 21155-21162.

[33] Long C, Yin S, Wang W, et al. Broadening the absorption bandwidth of metamaterial absorbers by transverse magnetic harmonics of 210 mode[J]. Scientific Reports, 2016, 6: 21431.

[34] Pozar D M. 微波工程[M]. 4 版. 谭云华, 周乐柱, 吴德明, 等译. 北京: 电子工业出版社, 2019.

[35] Bibikov S B, Dejev M M, Zhuravleva T S. AC and microwave conductivity of PAN-based carbon fibers [J]. Synthetic Metals, 1997, 86: 2361-2362.

[36] Morgan P. Carbon Fibers and Their Composites [M]. London: CRC Press, Taylor & Francis, 2005.

[37] Ponomarenko A T, Shevchenko V G, Letyagin S V, et al. Anisotropy of conductivity in carbon fiber-reinforced plastics with continuous fibers[C]. Smart Structures and Materials 1995: Smart Structures and Integrated Systems, SPIE, 1995, 2443: 831-840.

[38] Bauccio M. ASM engineering materials reference book[J]. Materials Park, ASM International, 1994, 79-81: 86-90.

[39] Yan L L, Yu B, Han B, et al. Compressive strength and energy absorption of sandwich panels with aluminum foam-filled corrugated cores[J]. Composites Science and Technology, 2013, 86: 142-148.

[40] Yan L L, Han B, Yu B, et al. Three-point bending of sandwich beams with aluminum foam-filled corrugated cores[J]. Materials & Design, 2014, 60: 510-519.

第 8 章　基于人工表面等离激元强-弱色散区综合调控的频率选择结构

前面介绍了人工表面等离激元(SSPP)的弱色散区调控(第 3～6 章)和强色散区调控(第 7 章)的若干典型应用,本章将介绍 SSPP 强-弱色散区综合调控的典型应用,即具有高频吸波机理的频率选择结构(frequency selective structure,FSSt)。频率选择结构是频率选择表面(frequency selective surface,FSS)技术的延伸和发展,可应用于电磁兼容、电磁防护、隐身和通信等领域。本章介绍了基于 SSPP 的频率选择结构设计理论与方法、利用 SSPP 的强色散特性,结合频率选择表面、超表面等,实现带内高效透射、带外散射对消/吸波、过渡带陡截止等特性,为高性能隐身天线罩设计提供设计理论和方法支撑。

8.1　低通高阻频率选择结构

传统的 FSS 隐身天线罩由于要保证带内电磁波高效透过,其厚度一般比较薄,所以天线罩的过渡带比较平缓,阻带特性也不是非常明显。如果增加介质厚度去改善过渡带和阻带特性,则会导致通带内的插入损耗增大,降低透射率。针对上述问题,本节介绍了基于 SSPP 模式的陡截止低通高吸频率选择结构设计。首先对锯齿结构上电磁波的耦合模式进行了理论分析,证明了该耦合模式为SSPP 模式;在此基础上,通过沿纵向传播方向的波矢 k_{SPP} 的空间分布设计优化提升透射率,得到了渐变型的金属线阵列结构——鱼骨结构。最后,加工了金属鱼骨 SSPP 结构样件并进行了实验验证。

8.1.1　原理分析

首先,在 TE 波(电场方向平行于金属线)垂直入射下,对金属线阵列上 SSPP 的色散曲线和电场分布图进行仿真,如图 8.1 所示。仿真使用本征模求解器,x、y、z 方向的边界条件均设为周期边界。在图 8.1(a)中,锯齿 SSPP 结构沿 x、y 方向的周期都是 a,沿 z 方向的周期是 h,金属线阵列两侧的介质基板是厚度为 0.3mm 的 F4B 介质基板(介电常量 ε_r=2.65,损耗角正切值 $\tan\delta$=0.001)。沿 x 方向的金属线宽度为 w,沿 z 方向的金属线宽度为 w_1,金属线间的间距为 c。经过优化后的参数值分别为 a=13.4mm,w=0.25mm,w_1=0.2mm,c=0.25mm。在色散曲线图中,黑色实线代表自由空间波，绿色虚线代表偶模(even mode)，蓝色虚线代表奇模(odd mode)。从频率与传播常数的关系可得，F4B 介质基板中电磁波的波矢总会与锯齿 SSPP 结构中电磁波的波矢在某一个特定频率处相等。说明在特定频率处，实现了波矢匹配，介质中的电磁波被金属线阵列耦合成为 SSPP 模式进行传输。锯齿 SSPP 结构中电磁波的色散曲线在自由空间波之下，且在相同频率下的传播常数更大。这说明金属线阵列结构上 SSPP 为慢波模式。因此，沿着结构表面传播的 TE 极化波可以被认为是在微波频段的 SSPP，并且能在亚波长范围内被局域和增强。色散曲线包含的两个部分分别对应 SSPP 的偶模式和奇模式，并且两个模式下的渐进频率非常接近。另外，SSPP 传播模式将会在高于渐进频率的特定频率处截止。这个截止频率和金属线长度 l 有关系，随着金属线长度 l 的增加，SSPP 的截止频率逐渐向低频偏移。图 8.1(b)分别给出了在 5.7GHz 和 7.5GHz 这两个频点处金属线阵列结构的 SSPP 模式电场分布图。从图中可以看出，SSPP 的电场被高效局域在金属线阵列两侧。和自由空间波相比，金属线阵列结构上 SSPP 的波长被极大地缩减了。

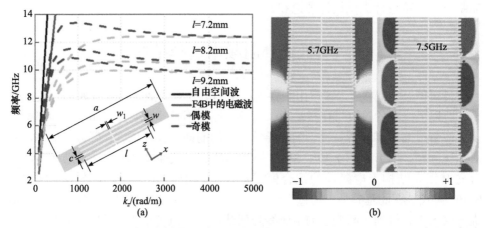

图 8.1　(a)锯齿 SSPP 结构的色散曲线(当金属线长度 l=7.2mm、8.2mm 和 9.2mm 时)；(b)锯齿 SSPP 结构上的电场分布

从上述色散关系的分析可知，锯齿 SSPP 结构仅能实现窄带 SSPP 耦合。为了拓宽 SSPP 耦合带宽，SSPP 结构两端分界面上 SSPP 的传播常数在较宽的频带内应该小于纯介质中电磁波的传播常数，这样能够保证进入到介质上的电磁波可以被耦合成 SSPP 模式进行传输。为了提高耦合效率，应该采用两边短中间长的渐变型金属线阵列构建 SSPP 结构，这样可以实现波矢匹配。基于这种思路，设计了渐变型的鱼骨结构，其示意图如图 8.2 所示。该结构由金属线阵列和厚度为 0.3mm 的 F4B 介质基板组成，其中单面结构上沿 x 或 y 方向的金属线共 39 根，沿 z 方向的金属线为 1 根。金属鱼骨结构沿 x 和 y 方向的周期是 a，高度是 h，沿

x 方向的金属线宽和金属线间的间距分别是 w 和 c，沿 z 方向的金属线宽是 w_1。上述参数值分别为 a=13.4mm，h=19.85mm，w=0.25mm，c=0.25mm，w_1=0.2mm。沿 x 方向的金属线长度为 $l(x)$，$l(x)$ 是一个二次函数。除了沿 x 方向的金属线长度参数外，金属鱼骨结构中的参数与图 8.1 中锯齿 SSPP 结构中的参数相同。

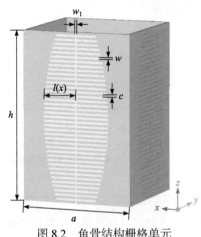

图 8.2　鱼骨结构栅格单元

8.1.2　仿真分析

为了分析鱼骨结构上 SSPP 的耦合过程，首先确定金属鱼骨结构上沿 x 方向的每根金属线的长度，其长度 $l(x)$ 的取值如表 8.1 所示。

表 8.1　金属鱼骨结构的 39 根金属线长度 l　　　　　　　（单位：mm）

$l(1)$	$l(2)$	$l(3)$	$l(4)$	$l(5)$	$l(6)$	$l(7)$	$l(8)$	$l(9)$	$l(10)$
5.03	5.34	5.64	5.91	6.18	6.42	6.66	6.87	7.0	7.25
$l(11)$	$l(12)$	$l(13)$	$l(14)$	$l(15)$	$l(16)$	$l(17)$	$l(18)$	$l(19)$	$l(20)$
7.42	7.57	7.70	7.82	7.92	8.01	8.08	8.13	8.17	8.19
$l(21)$	$l(22)$	$l(23)$	$l(24)$	$l(25)$	$l(26)$	$l(27)$	$l(28)$	$l(29)$	$l(30)$
8.17	8.13	8.08	8.01	7.92	7.82	7.70	7.57	7.42	7.25
$l(31)$	$l(32)$	$l(33)$	$l(34)$	$l(35)$	$l(36)$	$l(37)$	$l(38)$	$l(39)$	
7.07	6.87	6.66	6.42	6.18	5.91	5.64	5.34	5.03	

利用本征模求解器对不同线长的锯齿 SSPP 结构上的色散特性进行仿真，x、y、z 方向的边界条件均设为周期边界。在电磁波垂直入射下，得到了不同线长值所对应的波矢值，并用这些值来模拟金属鱼骨结构上 SSPP 沿传播方向的波矢变化。当频率 f=7GHz 时，模拟的金属鱼骨结构上 SSPP 沿 z 方向的波矢变化曲线如图 8.3 所示。从模拟的波矢变化曲线可以看出，电磁波进入 F4B 介质基板后，其波矢大于自由空间波的波矢。而金属鱼骨结构两端的金属线由于长度较短，所

对应的波矢值小于介质中的波矢值。随着金属线长度的增加，其位置所对应的波矢值也开始增大，直到金属线位置附近的波矢值与介质中的波矢值相等时，介质中的电磁波开始被耦合成 SSPP 模式进行传播。然后电磁波被束缚在结构表面并沿着结构表面传播，在中间位置处，其波矢值达到最大。最后，电磁波在结构另一端重新耦合到介质中，随后进入自由空间。

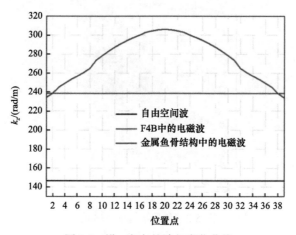

图 8.3　沿 z 方向的波矢变化曲线

　　为了研究金属鱼骨结构的透波性能，在 TE 极化波垂直入射下，分别仿真了锯齿 SSPP 结构和鱼骨 SPP 结构这两种结构的透射系数幅值，如图 8.4 所示。其中金属鱼骨结构的横向最长金属线长度等于锯齿 SSPP 结构中横向金属线长度。从透射系数幅值可得，渐变型的金属鱼骨结构在通带内的透射性能优于锯齿 SSPP 结构。频率低于 11.5GHz 时，金属鱼骨结构的透射系数幅值均高于 0.97；在 12.5～15.8GHz 的频率范围内，金属鱼骨结构的透射系数幅值均低于 0.1。

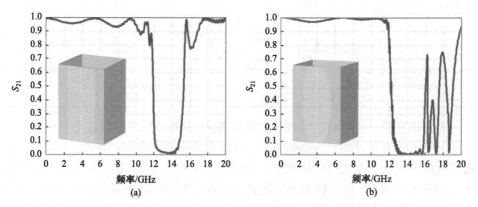

图 8.4　在 TE 极化波垂直入射下，两种 SSPP 结构的透射系数幅值：(a)锯齿 SSPP 结构；
(b)鱼骨 SPP 结构

同时，仿真了在 TE 极化波垂直入射下，金属鱼骨结构的反射率和吸收率，如图 8.5 所示。在通带内，反射率均低于-10dB，吸收可忽略不计；在阻带内，反射率在-2.5dB 附近，吸收在 12.0～14.0GHz 的频率范围内达到最大，然后逐渐减小。说明在金属鱼骨结构的截止频率之后，部分电磁波被反射，部分电磁波被吸收。

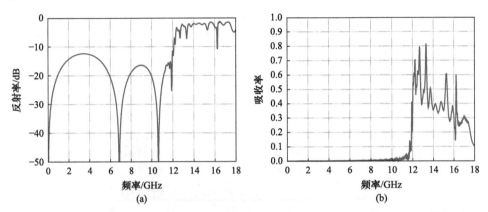

图 8.5　TE 极化波垂直入射时，金属鱼骨结构的仿真结果：(a)反射率；(b)吸收率

图 8.6 给出了在 TE 极化波垂直入射下，电场沿 x 分量的电场布图。当频率 f=8.0GHz 时，电磁波可以从自由空间耦合到金属鱼骨结构表面并沿着表面传输，再从另一端重新耦合到自由空间中，实现高效透射。当频率 f=15.0GHz 时，电磁波不能从另一端界面透射到自由空间中。部分电磁波在介质基板中被损耗掉，部分电磁波被金属鱼骨结构反射到自由空间中。

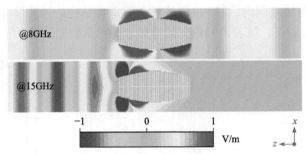

图 8.6　在 TE 极化波垂直入射下，金属鱼骨结构在 f=8.0GHz 和 15.0GHz 处电场 x 分量

研究周期变化对金属鱼骨结构透射性能的影响。在 TE 极化电磁波垂直入射下，分别仿真了周期 a 取不同值时(a=12mm，a=13mm 和 a=14mm)的透射系数幅值，如图 8.7 所示。从仿真结果可以看出，随着金属鱼骨结构周期 a 的增大，2.0～4.0GHz 频率范围内的透射系数幅值逐渐上升。但总体来说，对金属鱼骨结构上

SSPP 截止频率以下的透射系数幅值影响不大。同时，周期 a 的增大也会使高于截止频率处的阻带特性变差、阻带带宽变窄。由于高频电磁波的波长较短，当入射波的波长接近或小于单元周期尺寸时，入射电磁波会从结构中间孔隙透过而不沿着金属鱼骨结构表面以 SSPP 模式传播，因此在 16.0～18.0GHz 频率范围内的透射系数幅值有所提升。随着周期 a 的增大，阻带特性逐渐变差。

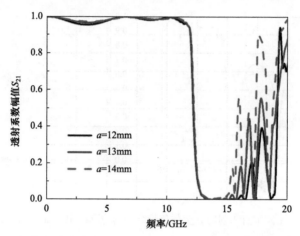

图 8.7　在 TE 极化电磁波垂直入射下，不同周期的金属鱼骨结构的透射系数幅值

为了进一步研究极化方式和入射角度变化对金属鱼骨结构透波性能的影响，在 TE 和 TM 极化波以不同角度($\theta=10°$、$20°$、$30°$)入射下，仿真了金属鱼骨结构的透射系数幅值，如图 8.8 所示。在 TE 极化波斜入射下，随着入射角度的增加，金属鱼骨结构在通带内的透射系数幅值逐渐降低，其阻带特性也逐渐变差。但总的来说，在小角域范围内，TE 极化波对金属鱼骨结构的透波性能影响不大。在 TM 极化波斜入射下，随着入射角度的增加，透射系数幅值在 0～5.5GHz 的频率

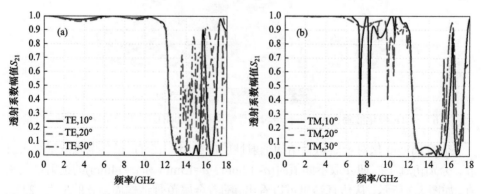

图 8.8　TE 和 TM 极化波以不同角度($\theta=10°$、$20°$、$30°$)入射时，金属鱼骨结构的透射系数幅值

范围内基本不变，但在 7～12GHz 的频率范围内下降明显且波动较大。金属鱼骨结构的阻带特性在 TM 极化波以小角度入射时变化较小。从上述结果可得，金属鱼骨结构对极化方式和入射角度的变化都比较敏感。

8.1.3 实验验证

采用印刷电路板工艺，加工的鱼骨结构的样件尺寸为 268mm×268mm×19.85mm，样件照片如图 8.9(a)所示。利用自由空间法在微波暗室环境下对样品进行测试，测试时，将样品垂直置于转台上，两个标准增益喇叭天线分别固定于转台的两个悬臂上，一个作为发射天线，另一个作为接收天线。测试的金属鱼骨结构阵列样件透射率如图 8.9(b)所示，低于截止频率 f=12GHz 时，该结构的透射率基本都高于–0.5dB，具有较好的透射性能；高于截止频率时，该结构的透射率在 13～18GHz 频率范围内均低于–10dB，在 13.6～16GHz 频率范围内甚至均低于–20dB，说明该结构在阻带内对电磁波的传输具有较好的抑制作用。

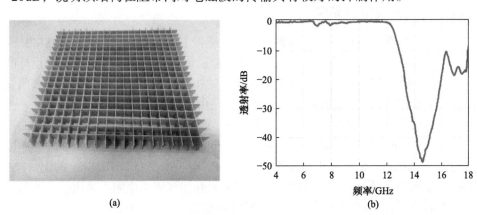

图 8.9 (a)金属鱼骨结构样件照片；(b)垂直入射情况下，金属鱼骨结构阵列样件的透射率测试结果

本节通过设计人工表面等离激元波矢 k_{SPP} 的空间分布，实现了具有带内高透、带外高抑制、过渡带陡截止特性的金属鱼骨结构。当入射电磁波频率大于金属鱼骨结构的截止频率时，它可以被高效耦合到结构表面，并沿着结构表面传播，实现了通带内的高效透射；当入射电磁波频率小于金属鱼骨结构的截止频率时，大部分入射电磁波被金属鱼骨结构反射，实现了阻带内的高效抑制。同时，还分别对不同极化角度和入射角度下金属鱼骨结构的透射和反射幅值进行了仿真。从仿真结果可得，基于 SSPP 模式的金属鱼骨结构对极化角度和入射角度比较敏感。最后，加工并测试了金属鱼骨结构样件，验证了该设计方法的正确性，为下一步设计——基于 SSPP 模式的频率选择结构奠定基础。

8.2 多通带频率选择结构

多通带频率选择结构在现代通信和现代军事应用中有着重要的作用。在现代通信领域，多通带频率选择结构可以充当抛物面天线的副反射面，实现天线的多频复用功能。在现代军事应用方面，多通带频率选择结构适用于跳频雷达探测技术，提高飞行器或舰船的隐身性能。在 8.1 节低通高阻鱼骨结构的基础上，本节将介绍基于 SSPP 模式的多通带频率选择结构设计方法：通过在金属鱼骨结构中引入传统的频率选择表面(FSS)，实现带内电磁波的高效传输和带外电磁波的高效抑制。FSS 的引入是为了调制金属鱼骨结构阵列的通带特性。通过仿真完成了该设计的原理验证，并分别设计实现了双通带和三通带频率选择结构。

8.2.1 双通带频率选择结构

本节通过在金属鱼骨结构阵列上引入双通带 FSS，实现了一种基于 SSPP 模式的双通带频率选择结构。通过仿真验证了金属鱼骨结构阵列与 FSS 复合设计的可行性，分析了 FSS 的引入对原有金属鱼骨结构阵列通带特性的影响。本节所设计的基于 SSPP 模式的双通带频率选择结构是由上下两层完全相同的 FSS 和一个金属鱼骨结构阵列组成的夹芯结构，如图 8.10 所示。结构单元沿 x 和 y 方向的周期为 $P=13.4$mm，沿 z 方向的高度为 $h=20.45$mm，金属鱼骨结构和 FSS 的介质厚度均为 $t=0.3$mm。金属采用厚度为 0.017mm、电导率为 $5.8×10^7$S/m 的铜。FSS 的一面仅刻蚀金属单元，另一面刻蚀金属单元并加载集总电阻。采用的介质基板均为 F4B 介质基板(介电常量 $\varepsilon_r = 2.65$，损耗正切角值 $\tan\delta = 0.001$。

图 8.11 详细介绍了双通带频率选择结构中的 FSS 和金属鱼骨结构。在图 8.11(a)中，FSS 单元周期为 $P=13.4$mm，最内侧的金属线长和线宽分别为 $a=5.2$mm 和 $w=0.3$mm，中间位置的金属线长和线宽分别为 $a_1=12.2$mm 和 $w_1=0.8$mm，最外侧的金属线宽为 $w_2=0.1$mm。在图 8.11(b)中，十字金属单元的线长和线宽分别为 $a_3=10.5$mm 和 $w_3=0.5$mm。十字单元中间断开处的间距为 $s=0.7$mm，集总电阻的阻值为 100Ω。如图 8.11(c)所示，单侧金属鱼骨结构上的金属线阵列是由 39 根沿 x 方向阵列排布的金属线和一根沿 z 方向的金属线组成。单侧金属鱼骨结构沿 x 方向的周期为 $P=13.4$mm，沿 z 方向的结构高度为 $h_1=19.85$mm，沿 x 方向的金属线宽为 $w_4=0.25$mm，金属线间的间距为 $s_1=0.25$mm，沿 z 方向的金属线宽为 $w_5=0.2$mm。

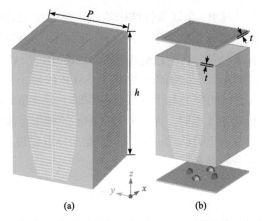

图 8.10　(a)双通带频率选择结构示意图；(b)双通带频率选择结构分解图

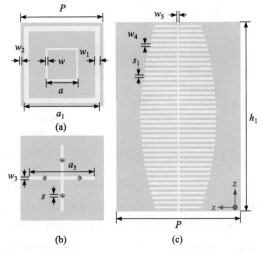

图 8.11　(a)FSS 正视图；(b)FSS 后视图；(c)单侧金属鱼骨结构示意图

在设计基于 SSPP 的双通带频率选择结构时，第一步是设计具有高透高抑制特性的金属鱼骨结构。由于电磁波在 SSPP 中的传播常数 k_{SPP} 远大于在自由空间中的传播常数，所以入射到金属鱼骨结构中的电磁波能够被 SSPP 耦合并沿着结构表面传输，然后从另一端分界面重新耦合到自由空间中。为了实现电磁波在自由空间和金属线阵列结构之间的高效转换，金属鱼骨结构两端 SSPP 的传播常数应该尽可能接近自由空间的传播常数，而结构中间位置附近 SSPP 的传播常数要远大于自由空间的传播常数。通过调节金属线阵列中横向最长金属线的长度可以改变金属鱼骨结构上 SSPP 的截止频率。然后通过优化周期、高度、金属线间距等参数来提高金属鱼骨结构上 SSPP 的耦合效率，从而提升通带内的透射率。优化后的金属鱼骨结构的示意图及其在 x 极化波垂直入射下的仿真 S 参数如图 8.12

所示。从图8.12(b)可以看出，金属鱼骨结构的截止频率在12GHz；在0～11.7GHz的频率范围内，金属鱼骨结构的透射率均高于−0.5dB，反射率均低于−10dB；在12.3～16GHz的频率范围内，它的透射率均低于−10dB，反射率在−2.5dB附近。说明当入射电磁波的频率低于金属鱼骨结构上SSPP的截止频率时，电磁波可以高效透过；当入射电磁波的频率高于其截止频率时，金属鱼骨结构能通过反射和吸收的方式高效抑制电磁波透射。在16～18GHz的频率范围内，由于入射电磁波的波长接近或小于金属鱼骨结构的周期，因此部分电磁波从结构空隙中透过，导致了该频段内透射率的提升。

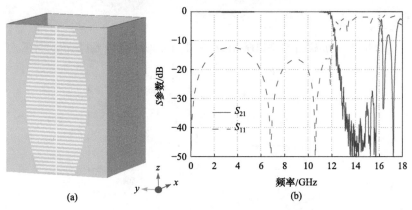

图8.12 (a)金属鱼骨结构示意图；(b)在x极化波垂直入射下，金属鱼骨结构的S参数仿真结果

第二步是设计FSS，它的作用是调制金属鱼骨结构阵列的通带特性。为了实现双通带的频率选择结构，所以设计了双通带的FSS并加载到金属鱼骨结构阵列上。由于金属网栅具有低反高通的特性，孔径单元具有带通特性，因此金属网栅加上两个孔径单元能够形成双通带的特性。组合后的FSS透射率如图8.13(a)所示，在x极化波垂直入射下，FSS在频率f=4GHz和12GHz附近分别产生了一个通带。为了研究加载两层FSS后，它们之间的距离对FSS原有通带特性的影响，故先将两层FSS水平放置，其间隔与金属鱼骨结构的高度h_1一样，中间介质为空气，如图8.13(b)所示。同样在x极化波垂直入射下，双层FSS在频率f=6.7GHz和f=15.3GHz处分别产生了一个透射峰，说明双层FSS间的间距对其通带特性有影响。当间距h_1等于半波长或者四分之一波长时，电磁波在不同介质传播时在其交界面处引起的反射会减小、透射会增强，从而提高了电磁波在该频点的透射效果，图8.13(b)中产生的两个透射峰就是上述原因造成的。为了抑制多余的透射峰，在原FSS上加载了十字形结构和集总电阻，新FSS的示意图及其仿真透射率如图8.13(c)所示。对比图8.13(b)和(c)的透射率可得，加载十字单元与集总电阻后，频率f=6.7GHz和15.3GHz附近的透射率明显降低，能够较好地抑制带外电磁波的透射。

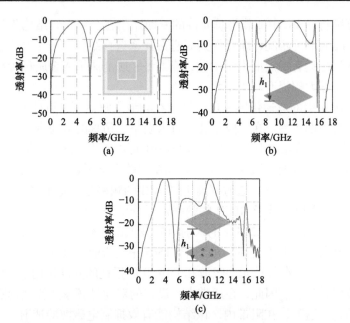

图 8.13　在 x 极化波垂直入射下的 FSS 透射率：(a)单层 FSS；(b)双层 FSS；(c)加载十字形结构和集总电阻后双层 FSS

　　为了说明大小方形孔径单元对应的通带位置，分别仿真了金属网栅和大方形孔径单元以及金属网栅和小方形孔径单元组成的 FSS，仿真结构和结果如图 8.14 所示。FSS#1 代表金属网栅和大方形孔径单元组成的 FSS，FSS#2 代表金属网栅和小方形孔径单元组成的 FSS。从仿真结果可得，大方形孔径单元对应的通带中心频点在 4GHz 附近，小方形孔径单元对应的通带中心频点在 10.5GHz 附近。

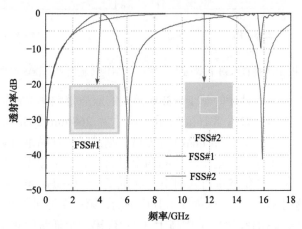

图 8.14　在 x 极化波垂直入射下，FSS#1 和 FSS#2 的透射率仿真结果

　　最后分别将 FSS 中加载集总元件的一面贴附在金属鱼骨结构阵列的顶部和底部,使其两端阻抗匹配,即可得到双通带频率选择结构。竖立着的金属鱼骨结构组成的阵列已具有一定的力学承载,若再将轻质泡沫填入金属鱼骨结构阵列的空隙中,则能够大幅提升其力学承载性能。

　　对图 8.10(a)中的双通带频率选择结构在频域求解器下进行计算,结构的周期边界条件设为周期边界。在 x 极化波垂直入射下,仿真的双通带频率选择结构的 S 参数和吸收率如图 8.15 所示。从图 8.15(a)中可以看出,该仿真结果中共有两个通带。在第一个通带处,透射率高于−0.5dB 的频率范围是 3.0～4.1GHz,带宽为 1.1GHz;在第二个通带处,透射率高于−0.5dB 的频率范围是 10.5～10.9GHz,带宽为 400MHz。透射率低于−10dB 的频率范围分别是 0～2.2GHz、4.7～9.2GHz、12.1～18GHz。频率低于 2.2GHz 的入射电磁波大部分被 FSS 上的金属网栅反射。由于 FSS 中还加载了集总元件,所以图 8.15(b)中的吸收率在 7.7～9.4GHz 的频率范围内达到了 70%。在集总元件吸波和 F4B 介质损耗的共同作用下,高频的入射电磁波也被部分吸收。因此,在通带内,设计的双通带频率选择结构能够保证入射电磁波的高效透射;在阻带内,该结构能有效抑制电磁波的透射。

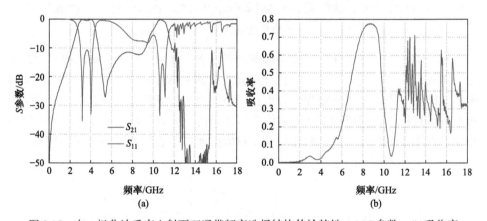

图 8.15　在 x 极化波垂直入射下双通带频率选择结构传输特性: (a)S 参数; (b)吸收率

　　为了进一步验证所设计的基于 SSPP 模式的双通带频率选择结构,利用印刷电路板工艺加工样品,如图 8.16(a)所示,尺寸为 268mm×268mm×20.45mm。利用自由空间法在暗室环境下对样品进行测试,测试时将样品垂直置于转台上,两个标准增益喇叭天线分别固定于转台的两个悬臂上,一个作为发射天线,另一个作为接收天线。在 x 极化波垂直入射下,测试了 2～18GHz 频率范围内的双通带频率选择结构透射率,测试结构如图 8.16(b)所示。第一个通带的频率范围是 3.5～4.1GHz,带宽为 600MHz,透射率均高于−0.5dB;第二个通带的频率范围是 11.1～11.5GHz,带宽为 400MHz,透射率均在−1dB 左右。透射率低于−10dB 的频率范围是 4.7～7.4GHz、12.4～18GHz。测试结果与仿真结果稍有偏差，但总体趋势是一致的，验证这种基于 SSPP 模式的双通带频率选择结构设计方法的可行性。

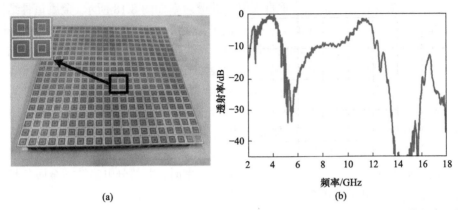

(a) (b)

图 8.16　(a)双通带频率选择结构样品图；(b)在 x 极化波垂直入射下，测试的双通带频率选择
结构透射率

8.2.2　三通带频率选择结构

在介绍了基于 SSPP 模式的双通带频率选择结构的设计方法后，本节设计实现了基于 SSPP 模式的三通带频率选择结构。通过优化金属鱼骨结构上 k_{SPP} 的空间分布和设计新的 FSS 单元，实现了整体结构高度的缩减和通带数量的增加。

图 8.17 给出三通带频率选择结构的三维视图，它是由一层金属鱼骨结构阵列和上下两层相同的 FSS 组成的夹芯结构。FSS 上刻蚀金属单元的一面朝向外侧，介质面朝向内侧。结构的周期 a=13mm，高度 h=16.4mm，FSS 的厚度 t=0.2mm。介质基板采用了低损耗的 F4B 介质基板，它的相对介电常量为 ε_r=2.65，损耗角正切值为 $\tan\delta$=0.001。

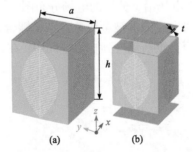

(a) (b)

图 8.17　(a)三通带频率选择结构图；(b)三通带频率选择结构分解图

为了实现基于 SSPP 的三通带的频率选择结构，首先要设计具有高透高抑制特性的金属鱼骨结构，然后设计 FSS 来调制金属鱼骨结构阵列的通带特性，最后

进行组合优化得到三通带频率选择结构。由于 8.2.1 节中双通带频率选择结构的高度较高，可通过优化 k_{SPP} 空间分布来降低结构高度。经过优化后，金属鱼骨结构的三维视图及其在 x 极化波垂直入射下的透射率如图 8.18 所示。金属鱼骨结构沿 x 和 y 方向的周期 a=13.0mm，沿 z 方向的高度 h=16.0mm，介质厚度 t=0.3mm，金属线宽 w=0.2mm，金属线间的间距 c=0.2mm。沿 x 和 y 方向的金属线长度的一半为 $l(x)$，其函数是一个抛物线函数。与 8.2.1 节中的金属鱼骨结构相比，本节设计的金属鱼骨结构在高度上降低了 4mm，金属线间距从原来的 0.25mm 变为了 0.2mm。金属鱼骨结构的透射率在频率 f=11.3GHz 以下都高于–0.5dB，在 12.1～16GHz 的频率范围内都低于–10dB；其反射率在频率 f=11.7GHz 以下都小于–10dB，在 13～16GHz 的频率范围内反射率逐渐从–2.5dB 上升至–1.5dB。说明当入射电磁波的频率高于金属鱼骨结构的截止频率时，大部分电磁波被金属鱼骨结构反射，小部分电磁波被金属鱼骨结构吸收。

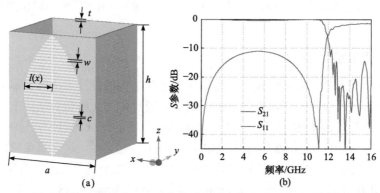

图 8.18　(a)金属鱼骨结构示意图；(b)在 x 极化波垂直入射下，金属鱼骨结构的透射率和反射率

　　为了进一步说明金属鱼骨结构上电磁波的传播特性，仿真了在 x 极化波垂直入射下，金属鱼骨结构上电场沿 x 分量的电场分布图，仿真结果如图 8.19 所示。在频率 f=10GHz 处，入射电磁能够被金属鱼骨结构耦合并沿着结构表面传播，最后从结构另一端的分界面上重新耦合到自由空间中；在频率 f=15GHz 处，入射电

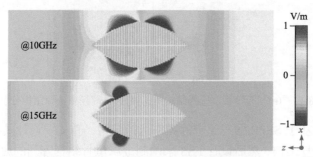

图 8.19　在 x 极化波垂直入射下，金属鱼骨结构在 f=10GHz 和 15GHz 处电场 x 分量

磁能够被金属鱼骨结构耦合，但却没有进入自由空间中，说明金属鱼骨结构能够高效抑制高频电磁波的透射。

确定了金属鱼骨结构后，开始对 FSS 单元进行设计，FSS 结构如图 8.20(a) 所示。FSS 单元由耶路撒冷十字环和金属网栅组成。FSS 的周期为 a，十字金属线和加载金属线的长度分别为 a_1 和 a_2，耶路撒冷十字环和金属网栅的线度分别是 w_1 和 w_2。经过优化后，FSS 单元的参数值分别是 $a=13$mm，$a_1=11.4$mm，$a_2=10.6$mm，$w_1=0.4$mm，$w_2=0.2$mm。在 x 极化波垂直入射下，单层 FSS 单元的 S 参数仿真结果如图 8.20(b)所示。图中两个通带的中心频点分别为 2.6GHz 和 9.7GHz。由于刻蚀了金属网栅，0～1.5GHz 频率范围内的电磁波基本被全部反射。为了研究两层 FSS 间的间距对透波性能的影响，将它们以间距 h_1 水平放置(图 8.21(a))，仿真了它们在 x 极化波垂直入射下的透射率，如图 8.21(b)所示。从仿真结果可以看出，在频率 7.2GHz 附近产生了新的通带。由于当间距 h_1 等于半波长或者四分之一波长时，电磁波在不同介质传播时在其交界面处引起的反射会减小、透射会增强，从而提高了电磁波在该频点的透射效果。因此，在频率 7.2GHz 附近的透射率有所提升。

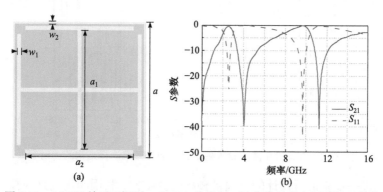

图 8.20 (a)FSS 单元正视图；(b)FSS 单元在 x 极化波垂直入射下的 S 参数

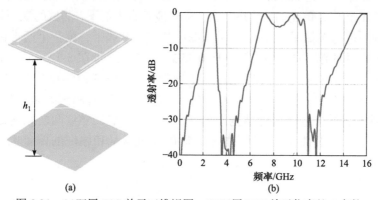

图 8.21 (a)双层 FSS 单元三维视图；(b)双层 FSS 单元仿真的 S 参数

最后分别将 FSS 中的介质面贴附在金属鱼骨结构阵列的顶部和底部,刻蚀金属单元的一面朝向外侧,使其两端阻抗匹配。将 FSS 和金属鱼骨结构阵列组合后,再优化整体结构,即可得到三通带频率选择结构。

对三通带频率选择结构的透射率进行了仿真,沿 x 和 y 方向的边界条件为周期边界,沿 z 方向的边界条件为开放边界,在 x 极化波垂直入射下的仿真结果如图 8.22 所示。在 2.42~2.90GHz、5.77~5.85GHz 和 9.48~9.85GHz 的频率范围内,结构的透射率均高于–0.5dB。透射率低于–10dB 的频率范围分别是:3.12~5.46GHz、6.65~7.89GHz、10.32~15.2GHz。对比图 8.21(b)和图 8.22 可以看出,因为厚度而产生的通带,其位置在复合后向低频偏移。这是由于两者中间的介质不同,前者是空气介质,后者是 F4B 介质。电磁波在密度更大的介质中传播时,波长会变短,从而导致满足透射增强条件的频点向低频偏移。

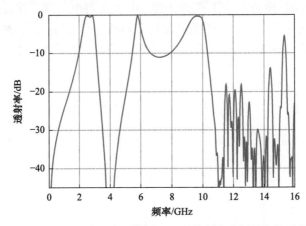

图 8.22　在 x 极化波垂直入射下,三通带频率选择结构的透射率

为了进一步验证所设计的三通带频率选择结构,利用印刷电路板技术加工了该结构,样品尺寸为 260mm×260mm×16.4mm。样品照片如图 8.23(a)所示,其中的插图是 4 个 FSS 单元的放大图。在 x 极化波垂直入射下,测试的三通带的频率选择结构的透射率如图 8.23(b)所示。图中共有三个通带,第一个通带在 2.52~3.08GHz 的频率范围内,透射率大于–0.5dB;第二个通带在 5.72~5.80GHz 的频率范围内,透射率高于–0.8dB;第三个通带在 9.70~9.94GHz 的频率范围内,透射率高于–0.8dB。通过对比仿真和测试的透射率可得,测试的结果比仿真差,主要是因为贴附在金属鱼骨结构上的 FSS 不够平整,导致两层结构之间产生了间隙影响了透射性能。同时,加工介质的介电常量和厚度的偏差也影响了结构的性能。

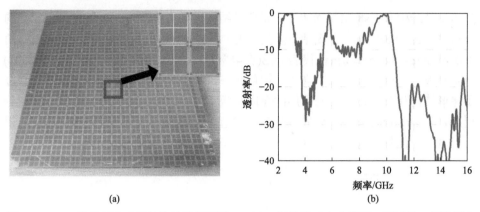

(a)   (b)

图 8.23   (a)三通带频率选择结构的样品照片；(b)在 x 极化波垂直入射下，测试的三通带频率选择结构透射率

本节引入 FSS 来调制金属鱼骨结构阵列的通带特性，从而组成新的频率选择结构，分别设计实现了基于 SSPP 模式的双通带和三通带频率选择结构。双通带频率选择结构的通带频率范围分别是：3.0~4.1GHz 和 10.5~10.9GHz；三通带频率选择结构的通带频率范围分别是：2.42~2.90GHz、5.77~5.85GHz、9.48~9.85GHz。在工作频带外，它们都能高效抑制电磁波的透射。在频率选择结构空隙中填入轻质泡沫后，其力学性能会有显著提升，可以实现结构功能一体化设计。用该方法设计的频率选择结构由于厚度较厚不适合用在机载雷达罩等部位，但可应用于舰船的电磁窗和桅杆。

8.3   吸透一体化频率选择结构

传统 FSS 天线罩的隐身本质上属于外形隐身。依靠天线罩的几何外形，将带外敌方探测信号反射到非威胁方向，从而提高隐身性能。然而，对于大型飞机和舰船来说，天线罩、机翼前缘和舰船电磁窗等部位的目标特性非常明显，仅仅依靠外形设计不足以实现良好隐身性能，被敌方雷达探测到的概率依然很大。因此，需要对带外电磁波做进一步的处理。本节介绍了基于 SSPP 模式的吸透一体化频率选择结构设计、制备和实验验证。首先介绍了该结构的设计原理，在此基础上，通过设计各部分结构并组合优化，实现了两端吸、中间透的吸透一体化频率选择结构。最后，加工了结构样件并进行了实验验证。

8.3.1   结构设计与工作原理

吸透一体化频率选择结构的三维视图如图 8.24 所示，它是由金属梯形结构、金属鱼骨结构和 FSS 组合而成。金属鱼骨结构嵌入在金属梯形结构内，FSS 上的金属单元在 FSS 底部。在图中，蓝色代表 FR4 介质基板(介电常量ε_r=4.3，损耗角正切值 tanδ=0.025)，浅黄色代表 F4B(介电常量ε_r=2.65，损耗角正切值 tanδ=0.001)介质基板，灰色代表金属。吸透一体化频率选择结构的周期是 a，高度是 h。金属梯形结构和金属鱼骨结构采用的介质基板是 FR4 基板，它们的介质基板厚度分别是 d 和 $2d$；FSS 采用的介质基板是 F4B 基板，基板厚度是 d。经过优化设计得到吸透一体化频率选择结构的参数值分别是 a=26.0mm，h=34.4mm，d=0.3mm。

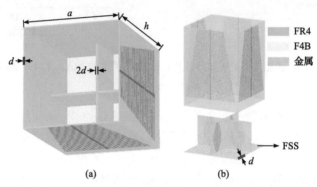

图 8.24　(a)吸透一体化频率选择结构的三维视图；(b)吸透一体化频率选择结构的分解图

在非磁性介质材料中，电磁波能量的吸收主要是通过损耗实现，在介质损耗不变的情况下，电场越强吸收越多。能量的吸收满足以下公式：

$$P_{\text{abs}} = \frac{1}{2}(\omega\varepsilon'' + \sigma)\left|E^2\right|$$

其中，ω 表示角频率，ε'' 表示介电常量的虚部，σ 表示电导率，E 表示总的电场强度。随着损耗 ε''、σ 或者场强 E 的增大，吸收也会增加。由于 SSPP 具局域场增强特性，通过设计金属线阵列结构上波矢 k_{SPP} 的空间分布，可以提高电磁波束缚区域的场强。在相同传播距离内，以 SSPP 形式传播的电磁波比仅在纯介质中传播的电磁波损耗的能量更多。所以，基于 SSPP 模式的金属线阵列结构可以实现高效吸收。高效的透射传输可以通过高效的 SSPP 耦合得到。为了实现吸透一体化的频率选择结构，可以分别设计不同的吸波结构来吸收低频和高频电磁波，再设计 FSS 来调制通带特性。吸透一体化频率选择结构的设计原理如图 8.25 所示，其中假设入射波的频率是 f。在金属梯形结构中，最长和最短金属线的截止频率分别是 f_1 和 f_2。在线极化波垂直入射下，当 $f>f_2$ 且波长大于金属梯形结构的周期时，入射电磁波大部分被最短的金属线反射；当 $f_1<f<f_2$ 时，由于 SSPP 的场增强效应和 FR4 介质基板的高损耗特性，大部分电磁波被吸收；当 $f<f_1$ 或者波长小于金属梯形结构的周期时，电磁波分别从结构表面或者结构间隙中通过。

在金属鱼骨结构中，最长和最短金属线的截止频率分别是 f_a 和 f_b。在线极化波垂直入射下，当频率 $f > f_b$ 且波长大于金属梯形结构的周期时，入射电磁波大部分被最短的金属线反射；当 $f_a < f < f_b$ 时，由于 SSPP 的场增强效应和 FR4 介质基板的高损耗特性，大部分电磁波被吸收；当频率 $f < f_a$ 或者波长小于金属梯形结构的周期时，电磁波分别从结构表面或者结构间隙中通过。在单层 FSS 中，当 $f_2 < f < f_a$ 时，电磁波可以通过 FSS；当频率 $f < f_2$ 或者 $f > f_a$ 时，大部分电磁波会被 FSS 反射。因此，通过这样的设计方法可以得到两个吸收带($f_1 < f < f_2$ 和 $f_a < f < f_b$)和一个通带($f_2 < f < f_a$)。

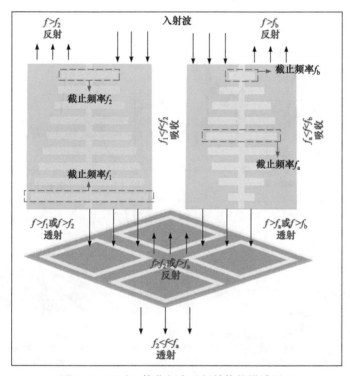

图 8.25 吸透一体化频率选择结构的设计原理

8.3.2 仿真与实验验证

对于上面设计的吸透一体化频率选择结构，仿真其在电磁波垂直入射下的透射率、反射率和吸收率，结果如图 8.26(a)所示。从 8.7GHz 到 9.2GHz，透射率高于-0.8dB；而在带外，透射率基本都低于-10dB。反射率小于-10dB 的频率范围分别是：4.2～6.4GHz，8.7～9.2GH，11.7～16.3GHz。吸收率通过公式 $A = 1 - |S_{11}|^2 - |S_{21}|^2$ 计算得到，其中 A 表示吸收率，S_{11} 表示反射系数，S_{21} 表示透射系数。在 4.6～6.2GHz 和 11.9～15.8GHz 频率范围内，该结构的吸收率高达 90%。为了进一步验

证所设计的吸透一体化频率选择结构，利用印刷电路板技术，以 260mm×260mm×34.3mm 的尺寸加工了频率选择结构样品。在暗室条件下，采用自由空间法对样品的透射率和镜面反射率进行了测试，并利用上述吸收率公式计算得到了实际的吸收率。图 8.26(b)给出了样品照片和测试结果，测试的频率范围是从 4～18GHz。在 8.7～9.2GHz 频率范围内，测试的透射率高于-0.8dB；而在带外，测试的透射率均低于-10dB。在 4.3～7.3GHz，8.7～9.4GHz 和 11.9～18GHz 三个频率范围内，测试的镜面反射率都低于-10dB。通过计算得到的实际吸收率在 4.6～7GHz 和 12.7～16.9GHz 频率范围内超过了 90%。

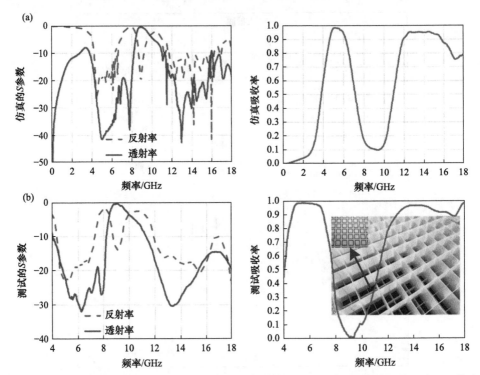

图 8.26　在电磁波垂直入射下，吸透一体化频率选择结构的透射率、反射率和吸收率：(a)仿真结果；(b)测试结果

从图 8.26(a)中的仿真结果可以看出，吸透一体化频率选择结构有两个吸收带和一个通带。为了详细说明这些频带产生的原因，分别仿真了其中的金属梯形结构、金属鱼骨结构和 FSS，它们的结构视图和仿真结果如图 8.27 所示。图 8.27(a)中的梯形 SSPP 结构是由线性变化的等间距的金属线构成。金属梯形结构的周期和高度分别是 26mm 和 34mm，沿 z 方向的金属线高度是 30mm，沿 y 方向和 z 方向的金属线宽度分别 0.2mm 和 0.6mm，沿 y 方向的最短和最长金属线的长度分

别是 12.9mm 和 23.85mm。在 4.7～6.2GHz 的频率范围内，仿真吸收率高达 90%。同时，金属梯形结构在 12～18GHz 也有一定的吸收效果。透射率高于-0.8dB 的频率范围分别是 0～2.4GHz 和 9.5～11.5GHz。

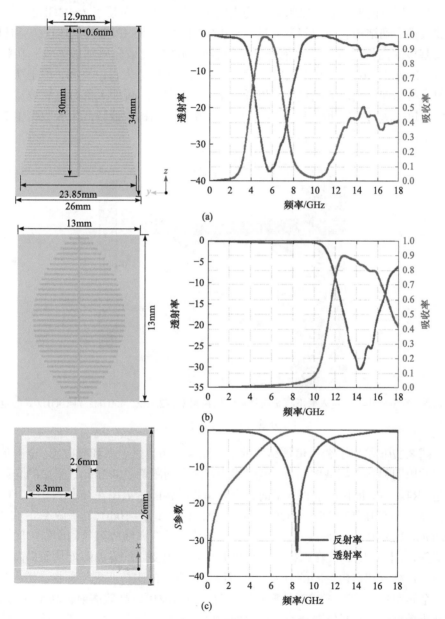

图 8.27　三种不同结构的示意图和传输性能仿真结果：(a)金属梯形结构；(b)金属鱼骨结构；(c)FSS

　　为了进一步分析金属梯形结构，仿真了其在 y 极化波垂直入射下的电场分量沿 y 方向的分布图，如图 8.28 所示。在频率 f=2GHz 处，入射波被耦合到结构表面并沿着表面传播，最后从结构另一端分界面处重新进入自由空间，说明在 SSPP 截止频率以下的电磁波可以沿着结构表面传播并透射；在频率 f=4.4GHz 处，电磁波被耦合到结构表面但却没有进入自由空间，主要是 SSPP 的场增强效应和 FR4 介质基板的高损耗特性导致耦合到结构表面的电磁波被介质基板吸收；在频率 f=10GHz 处，从电场图看出电磁波没有沿着结构表面进入自由空间，但是从仿真透射率可知在该频点的电磁波可以透过金属梯形结构，说明大部分电磁波从其间隙中通过。从以上分析可得，吸透一体化频率选择结构在低频产生吸收带主要是由其中的金属梯形结构引起。

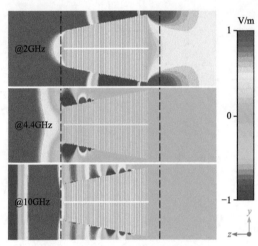

图 8.28　在 y 极化波垂直入射下，金属梯形结构在频率 f=2GHz，4.4GHz 和 10GHz 处的电场
分量沿 y 方向的分布图

　　图 8.27(b)给出了金属鱼骨结构的示意图及其仿真透射率和吸收率。金属鱼骨结构的周期和高度都是 13mm，金属线的宽度和间距都是 0.2mm，采用的介质基板是 FR4。当 y 极化波垂直入射时，金属鱼骨结构的透射率在频率 f=10.2GHz 以下都高于-0.5dB，在 12.1～17GHz 的频率范围内都低于-10dB，其吸收率在 12.1～15.2GHz 范围内超过 80%。由于金属鱼骨结构上的金属线阵列是两端短中间长的渐变阵列，因此电磁波在结构表面传播时可以实现良好的波矢匹配从而提高耦合效率，在结构和自由空间的分界面上可以实现良好的阻抗匹配从而提高透射率。低于金属鱼骨结构上 SSPP 的截止频率时，电磁波可以高效透射；高于其 SSPP 的截止频率时，大部分耦合到结构表面的电磁波在结构上半部分就会被金属线反射，同时由于 SSPP 的场增强效应和 FR4 介质基板的高损耗特性，耦合到结构表面的大部分电磁波会被介质基板吸收。为了验证电磁波在金属鱼骨结构上的传播

特性,图 8.29 给出了金属鱼骨结构在 y 极化波垂直入射下电场分量沿 y 方向的分布图。在频率 f=7GHz 时,入射电磁波耦合到结构表面并沿着表面传播,最后从结构另一端的分界面进入自由空间;在频率 f=11GHz 时,入射电磁波可以耦合到结构表面,但却不能从结构另一端的分界面重新进入到自由空间。

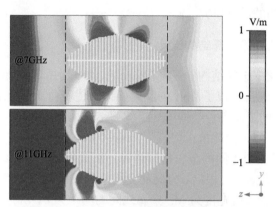

图 8.29　在 y 极化波垂直入射下,金属鱼骨结构在频率 f=7GHz 和 11GHz 处的电场分量沿 y 方向的分布图

最后,图 8.27(c)给出了由金属贴片和金属网栅组成的 FSS 的示意图及其仿真结果。设计 FSS 是为了调制金属梯形结构和金属鱼骨结构组合后的通带特性,将其放在底部是为了不影响电磁波的入射。其中,金属网栅可以反射低频电磁波,金属贴片可以反射低频和高频电磁波,两者中间产生的孔径可以让特定频段的电磁波透过。图中 FSS 的周期是 26mm,方形金属贴片和金属网栅的宽度分别是 8.3mm 和 2.6mm。将 FSS 加载到金属梯形结构和金属鱼骨结构时,介质面朝上,刻蚀金属单元的一面朝下,这样可以避免 FSS 上的金属单元与金属鱼骨结构上的沿 z 方向的金属线直接接触。在 7.7~9.4GHz 的频率范围内,FSS 的透射率大于-0.5dB。

本节介绍了基于 SSPP 的吸透一体化频率选择结构的设计方法。由于金属线阵列结构能够实现高效的 SSPP 耦合,因此利用 SSPP 的场增强效应和 FR4 介质基板的高损耗特性来吸收耦合到结构表面的电磁波。该频率选择结构的两个吸收带分别 C 和 Ku 波段,吸收率超过 90%;其通带在 X 波段,透射率超过-0.8dB。通过仿真和实验结果表明,这种设计方法可实现性强。基于 SSPP 模式的吸透一体化结构可用于舰船电磁窗和桅杆等的隐身设计中。

8.4　散透一体化频率选择结构

雷达散射截面(radar cross section,RCS)是表征装备隐身性能好坏的重要指标。由于在实现舰船隐身的过程中还需要保证雷达天线系统的正常工作,所以不能使用传统的吸波材料，否则吸波材料会吸收自身激发的电磁信号。基于棋盘结构的 RCS 缩减方法通常需要添加金属背板来保证高幅值的反射相位，这类结构只能实现电磁波的散射偏折却不能实现透波，因此它们也不适用于 FSS 天线罩的隐身设计。针对 FSS 天线罩隐身这一问题，本节介绍了基于 SSPP 模式的散透一体化频率选择结构的设计研究。

8.4.1 散透一体化频率选择结构设计

散透一体化频率选择结构的三维视图如图 8.30 所示。图中的金属鱼骨结构以 0101/1010 编码序列排列成了 1bit 的反射型编码超表面，每个编码对象("0"或"1")由一个 3×3 的金属鱼骨结构阵列组成。结构采用了 F4B 介质基板，它的相对介电常量为 ε_r=2.65，损耗角正切值为 tanδ=0.001。超表面的编码单元("0"单元和"1"单元)是两个不同的金属鱼骨结构，如图 8.31 所示。结构中的金属线阵列是由 20 根沿 y 方向和一根沿 z 方向的金属线组成的。结构沿 x 和 y 方向的周期为 a，高度为 h，金属线宽度为 w，金属线间的间距为 c，介质基板厚度为 t，沿 y 方向的金属线长度为 $l(n)=-p×n^2+8(n=0, 1, 2, 3, \cdots, 19)$，$n$ 表示沿 z 方向上的每根金属线的位置。经过优化后，金属鱼骨结构单元的参数值分别是 a=10mm，h=10mm，w=0.25mm，c=0.25mm，t=0.3mm。"0"单元的参数 p=0.0162，"1"单元的参数 p=0.0176。

图 8.30 散透一体化频率选择结构的三维视图

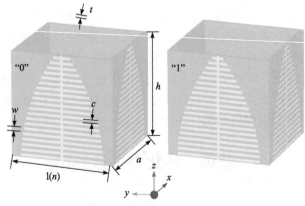

图 8.31 两种金属鱼骨结构单元的三维视图("0"单元和"1"单元)

8.4.2　原理分析

编码梯度相位梯度超表面(coding phase gradient metasurface, CPGM)是一个由 $N×N$ 个编码对象组成的阵列,每个编码对象又是一个由 $M×M$ 个单元组成的阵列。当电磁波垂直入射时,它的远场计算公式可以表示为

$$F(\theta,\varphi) = f_{m,n}(\theta,\varphi)S_a(\theta,\varphi) \tag{8.1}$$

这里的 θ 和 φ 分别表示反射波的俯仰角和方位角,$f_{m,n}(\theta,\varphi)$ 表示元因子,$S_a(\theta,\varphi)$ 表示阵因子。同时,阵因子 $S_a(\theta,\varphi)$ 还可以用如下公式表示:

$$S_a(\theta,\varphi) = \sum_{m=1}^{N}\sum_{n=1}^{N}\exp\left\{ j[\varphi_{m,n} + k_0 D_x(m-1/2)(\sin\theta\cos\varphi) \right.$$
$$\left. + k_0 D_y(n-1/2)(\sin\theta\sin\varphi)] \right\} \tag{8.2}$$

在这里,k_0 表示波矢,$\varphi_{m,n}$ 表示每个编码对象的反射相位,D_x 和 D_y 分别表示编码对象在 x 方向和 y 方向上的尺寸。

首先对锯齿 SSPP 结构上 SSPP 的色散关系进行了分析。对该结构的色散曲线和电场分布图进行仿真,沿 x、y 和 z 方向的边界条件均设置为周期边界,在 TE 极化波垂直入射下的仿真结果如图 8.32 所示。锯齿 SSPP 结构是由 F4B 介质基板和锯齿 SSPP 结构组成,该结构在 x 和 y 方向上的周期为 a,在 z 方向上的周期为 h,金属线间的间距为 c,金属线宽度为 w,沿 x 方向的金属线长度为 l。介质基板采用的是厚度为 0.3mm 的 F4B 介质基板。经过优化后,锯齿 SSPP 结构上的参数值分别是:a=10mm,c=0.25mm,h=10mm,w=0.25mm。从图 8.32(a)可得,在相同频率下,SSPP 的传播常数大于光线。SSPP 同时存在奇模和偶模,蓝色虚线表示奇模,红色实线表示偶模,两者的色散曲线非常接近。图 8.32(b)中给出的两个电场分布图分别对应 SSPP 的奇模和偶模。

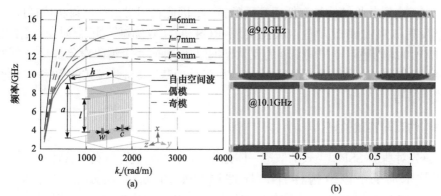

图 8.32　(a)当沿 y 方向的金属线长度 l=6mm、7mm 和 8mm 时,在 TE 极化波垂直入射下,锯齿 SSPP 结构上 SSPP 的色散曲线,内置:锯齿 SSPP 结构的示意图;(b)在 TE 极化波垂直入射下,锯齿 SSPP 结构上 SSPP 的电场分布图

随着金属线长度的变化，锯齿 SSPP 结构的色散曲线在低频基本相同，但在高频却有着显著差异。由于在低频时 SSPP 的色散曲线相近，金属鱼骨结构阵列反射相位基本不变，而在高频时 SSPP 的色散变化剧烈，金属鱼骨结构阵列能够实现相位梯度的设计。因此，我们通过调制 SSPP 的空间色散设计了两个具有不同反射相位的金属鱼骨结构。采用频域求解器，在 TE 极化波垂直入射下，仿真了两种不同金属鱼骨结构的透射率和反射相位，沿 x 和 y 方向的边界条件是周期边界，沿 z 方向的边界条件是开放边界，仿真结果如图 8.33 所示。在 4～11.2GHz 频率范围内，两种金属鱼骨结构的平均透射率都高于-0.8dB；在 12.5～18GHz 频率范围内，它们的透射率均低于-10dB，大部分电磁波被金属鱼骨结构反射。反射率从 4～11.2GHz 都在-8dB 左右，从 13.5～18GHz 都超过-2dB。在高频，还有部分电磁波被金属鱼骨结构吸收。在图 8.33(b)中，14.5～18GHz 频率范围内，两种金属鱼骨结构的反射相位差的变化范围是 173°～216°。

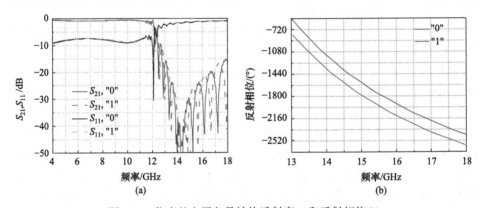

图 8.33　仿真的金属鱼骨结构透射率(a)和反射相位(b)

由于金属鱼骨结构具有低通高反的特性，因此在阻带设计反射相位梯度可以控制反射波束的偏折方向，从而实现 RCS 的高效缩减。将金属鱼骨结构以 0101/1010 编码序列排列成 1bit 的反射型编码超表面,每个编码对象都是一个 3×3 的金属鱼骨结构阵列，则可得到 8.4.2 节所设计的基于 SSPP 模式的散透一体化频率选择结构。

8.4.3　仿真与实验验证

首先对基于 SSPP 模式的散透一体化频率选择结构进行仿真，然后采用印刷电路板技术加工了该结构样件，样件照片如图 8.34 所示，样件尺寸为 240mm×240mm×10mm。最后在暗室环境下，利用自由空间法对该样件进行了测试。

图 8.34　散透一体化频率选择结构的加工样件照片

图 8.35 给出了在 TE 极化波垂直入射下该结构的仿真和测试透射率。在 4～9.1GHz 频率范围内，仿真透射率均大于−0.8dB；在 4～10GHz 频率范围内，测试透射率均大于−0.8dB。说明该结构具有较好的透波特性。

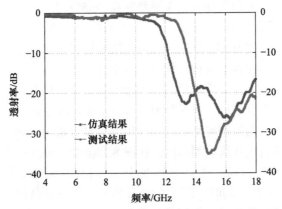

图 8.35　在 TE 极化波垂直入射下散透一体化频率选择结构的仿真和测试透射率

为了研究不同入射角对散透一体化频率选择结构的影响，在 TE 极化波分别以 20°、40°和 60°斜入射下，仿真和测试了频率选择结构的透射率，如图 8.36 所示。随着入射角度的增大，通带内的透射率逐渐下降。在 6～12GHz 的频率范围内，20°、40°和 60°下仿真和测试的平均透射率都分别在−1dB、−1.5dB 和−3dB 附近。说明基于 SSPP 模式的散透一体化频率选择结构对入射角度比较敏感，随着入射角度的增大，通带特性和阻带特性都会变差。由于实际加工采用的 F4B 介质基板的介电常量小于理论值，因此测试得到的通带向高频偏移。

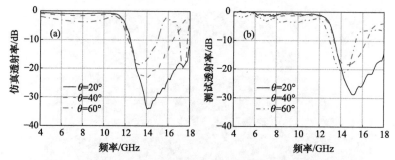

图 8.36　在 TE 极化波以 20°、40°和 60°斜入射下，散透一体化频率选择结构的(a)仿真透射率
和(b)测试透射率

　　然后，对散透一体化频率选择结构在通带内的插入相移进行了研究，设计了中心频率在 7.1GHz 的窄带阵列天线。图 8.37 给出了阵列天线、加载天线罩的阵列天线以及二者远场方向图的仿真结果。阵列天线的尺寸略大于频率选择结构，两者之间的距离为 35mm。通过对比图 8.37(a)和(b)可得，加载天线罩后，阵列天线的波形和主瓣大小基本没有发生改变。在 E 面和 H 面上，加载和不加载天线罩的阵列天线的主瓣方向都在 0°，主瓣角宽在 16.5°左右，副瓣电平在 −13.8dB 左右。在 TE 极化波垂直入射下，图 8.38 给出了加载天线罩前后的阵列天线反射率，它们的中心频率都在 7.1GHz 附近。从仿真结果可以看出，基于 SSPP 模式的散透一体化频率选择结构在通带内的插入相移基本不变。

　　在介绍了散透一体化频率选择结构的通带特性后，接着对其阻带特性进行分析。为了说明阻带内电磁波的异常散射，在 TE 极化波垂直入射下，分别仿真和测试了该频率选择结构的透射率和镜面反射率，如图 8.39 所示。图中蓝色的实线代表仿真值，红色的实线代表测试值。在图 8.39(a)中，从 13.4~18GHz，仿真和测试的透射率都小于 −10dB；在图 8.39(b)中，从 13~18GHz，仿真和测试的镜面反射率也都低于 −10dB。同时，由于 F4B 介质基板是一种低损耗的介质基板，所以大部分阻带内的电磁波被散射到其他方向。

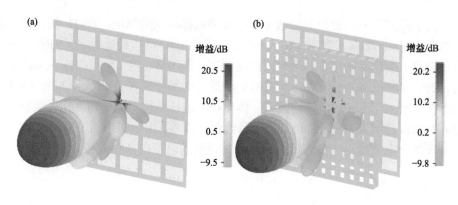

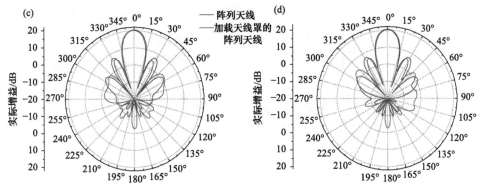

图 8.37　在频率 f=7.1GHz 时的 3D 远场方向图：(a)阵列天线；(b)加载天线罩后的阵列天线。在频率 f=7.1GHz 时，阵列天线和加载天线罩的阵列天线的实际增益图：(c)E 面；(d)H 面

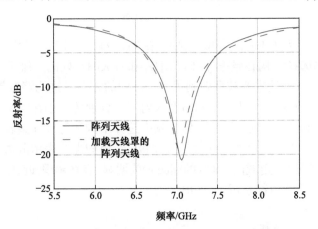

图 8.38　加载天线罩前后，仿真的阵列天线反射率

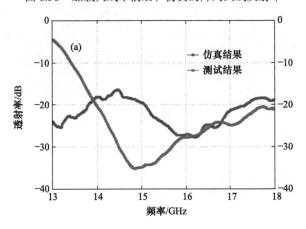

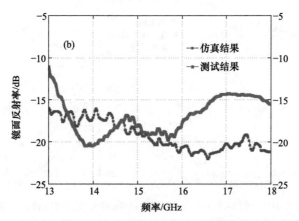

图 8.39　在 TE 极化波垂直入射下，散透一体化频率选择结构的仿真和测试结果：(a)透射率；
(b)镜面反射率

　　为了验证阻带内电磁波的散射效果，在 TE 极化波和 TM 极化波垂直入射下，仿真了该频率选择结构在频率 $f=14.5\text{GHz}$ 和 16GHz 处的三维远场散射图。如图 8.40 所示，电磁波主要被反射到了四个不同的方向，这能够有效缩减 RCS。在 TE 极化波和 TM 极化波以不同角度入射下，分别仿真了在频率 $f=14.5\text{GHz}$ 和 16GHz 处-45°到 45°角域内散透一体化频率选择结构和等尺寸金属板的散射图，如图 8.41 所示。图中蓝色的实线表示金属板，红色的虚线表示散透一体化频率选择结构。在-15°到 15°角域内，RCS 的缩减较为明显。在 $\theta=0°$ 附近，RCS 在 14.5GHz 和 16GHz 处的缩减值都超过了 15dB。

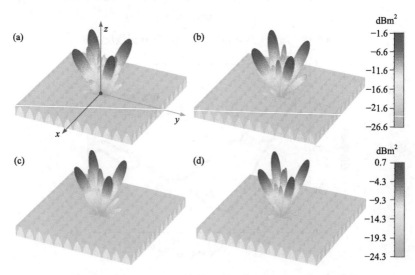

图 8.40　在线极化波垂直入射下，散透一体化频率选择结构的三维远场散射图：(a)14.5GHz，
TE 极化；(b)14.5GHz，TM 极化；(c)16GHz，TE 极化；(d)16GHz，TM 极化

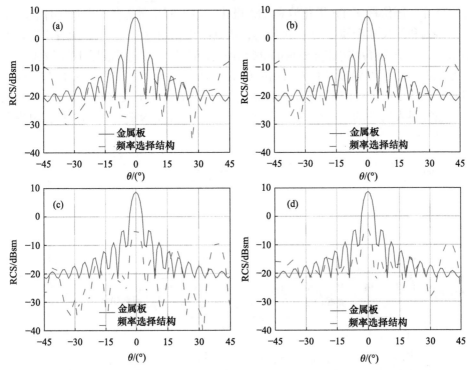

图 8.41 在不同频率和不同极化状态下，散透一体化频率选择结构和等尺寸金属板的散射图：
(a)14.5GHz，TE 极化；(b)14.5GHz，TM 极化；(c)16GHz，TE 极化；(d)16GHz，TM 极化

　　为了验证 RCS 缩减效果，仿真了 TE 极化波入射下散透一体化频率选择结构和等尺寸金属板的单站 RCS。图 8.42 给出了 TE 极化波垂直入射下的单站 RCS。与金属板相比，频率选择结构的 RCS 缩减在 14.4～18GHz 频率范围内超过了 10dB。这说明基于 SSPP 模式的散透一体化频率选择结构在较宽频带内具有 RCS 缩减效果。

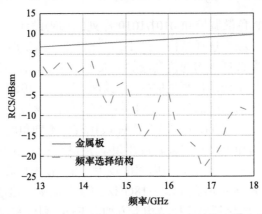

图 8.42 在 TE 极化波垂直入射下，散透一体化频率选择结构和等尺寸金属板的单站 RCS

　　另外，还仿真了 TE 极化波和 TM 极化波以不同角度入射下散透一体化频率选择结构和等尺寸金属板的单站 RCS，仿真结果如图 8.43 所示。随着入射角度的增加，频率选择结构和金属板的 RCS 都逐渐降低。在电磁波以 10°斜入射下，RCS 缩减效果依然明显，其缩减均值在 16～18GHz 频率范围内仍在 10dB 左右。当电磁波以 20°斜入射时，频率选择结构的 RCS 缩减几乎没有效果。这主要是因为电磁波斜入射下的金属板 RCS 已经很低，设计的频率选择结构很难在电磁波斜入射下继续实现大幅度的 RCS 缩减。

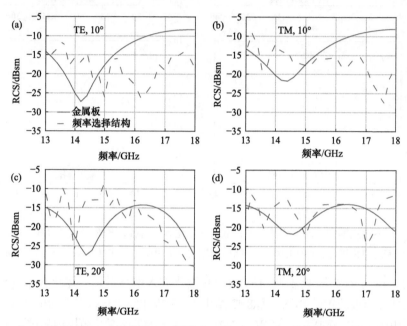

图 8.43　在 TE 极化波和 TM 极化波以不同角度入射下，散透一体化频率选择结构和等尺寸金属板的单站 RCS：(a)TE，10°；(b)TM，10°；(c)TE，20°；(d)TM，20°

　　本节通过 SSPP 色散调控和 0101/1010 序列的编码设计，实现了具有低通高散特性的散透一体化频率选择结构。当 TE 极化波垂直入射时，在 4～9.1GHz 的频率范围内，该频率选择结构的仿真透射率大于-0.8dB；在 13～18GHz 的频率范围内，该频率选择结构的仿真透射率和反射率都低于-10dB。通过对比阵列天线和加载该频率选择结构后的阵列天线的散射图可得，该频率选择结构在通带内的插入相移基本不变。在 TE 极化波和 TM 极化波以不同角度入射下，对比散透一体化频率选择结构和等尺寸的金属板在频率 f=14.5GHz 和 16GHz 处的散射图可得：RCS 缩减在-15°～15°的角域内幅度较大。在 TE 极化波垂直入射下，该频率选择结构的单站 RCS 缩减在 14.4～18GHz 的频率范围内超过了 10dB。如果在基于 SSPP 的散透一体化频率选择结构下方加载 FSS，则可实现通带特性的调制，满足不同应用的需要。

8.5　点阵型吸-透一体化频率选择结构

2009 年，Munk 首次提出了利用频率选择表面的通带进行透波，通带以外的阻带与吸波结构进行复合设计，实现吸波与透波功能一体化应用，能够有效满足隐身天线罩的需求[1]。比萨大学的 Costa 和 Monorchio[2]提出了基于电阻型频率选择表面与底层金属频率选择表面复合设计，实现低频透波-高频吸波特性。与此同时，研究者们借助于加载集总电阻元件的频率选择表面与底层透波型频率选择表面的复合设计，进一步实现了多样化的吸波与透波功能一体化应用(低透-高吸，低吸-高透，带内透波)[3-7]。上述吸-透一体化频率选择结构，其宽带电磁吸波的产生依靠传统吸波材料，难以实现灵活的性能调控。同时，吸波带和透波带的组合在宽工作频段内也难以保证连续的低反射性能，在隐身技术应用中仍存在一定限制。本节将介绍基于人工表面等离激元结构——金字塔状多层吸波结构的频率选择结构设计，通过与底层频率选择表面组合优化，在保证宽频带内连续的低反射特性同时，实现多样化的吸波与透波功能一体化应用。设计过程中，选用不同尺寸的金字塔状多层吸波结构进行组合设计，能够在宽频段内实现连续且高效的电磁吸波。同时，通过优化底层的缝隙型频率选择表面的单元结构，可以灵活地实现吸波带内或带外的高效电磁透波。

8.5.1　设计思路

金字塔状多层结构具有可定制的宽带吸波特性，能够在某一频带内实现连续且高效的电磁吸波。同时，其吸波频带具有较好的陡截止特性，便于缩减吸波带与透射带之间的过渡频带，从而获得宽频带内连续的低反射性能。将金字塔状多层结构以一定周期排布在缝隙型频率选择表面上，使刻蚀的缝隙结构位于相邻的吸波结构单元之间，可实现灵活且高效的吸-透一体化频率选择结构设计方案。

金字塔状多层结构 [8-11]事实上是基于金属-介质-金属三层结构设计的吸波频率选择结构，由于所激发的电磁谐振具有较高的 Q 值(品质因数)，较难实现宽频带的吸波特性。为了有效地拓展吸波频率选择结构的工作带宽，将尺寸渐变的金属-介质组合沿垂直方向进行叠加，构成类似于金字塔状的多层结构吸波频率选择结构周期单元。仿真与实验结果表明，所设计的金字塔状多层结构能够在宽频带范围内叠加多个相邻的吸收峰，获得宽带且高效的电磁吸波性能。

如图 8.44(a)所示，对于该金字塔状多层结构的周期单元，其金属层为铜，厚度为 t_c=20.0μm，电导率为 5.8×10⁷S/m。而介质层为具有较强介电损耗特性的 FR4 介质基板，厚度为 t_f=0.2mm，相对介电常量为 4.3(1–j0.025)。对于图中由 20 层金属-介质组合叠加构成的多层吸波结构单元，其总厚度为 d_1=4.4mm。这里，金字塔状多层结构周期单元为标准的正四棱台结构，其上表面和下表面均为方形结构。下表面方形结构的边长为 a_1=15.0mm，上表面方形结构的边长为 a_2=11.3mm。利用环氧树脂胶，将每个金字塔状多层结构周期单元以一定周期 P=15.0mm 粘在金属背板上，最终可得到所设计的金字塔状多层结构。

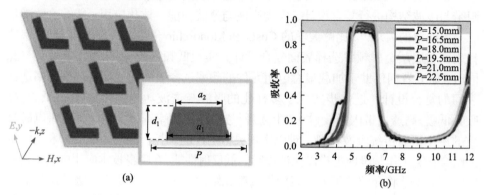

图 8.44　(a)金字塔状多层结构示意图；(b)频率选择结构随周期单元尺寸 P 变化时的吸收率仿真结果

利用电磁仿真软件进行数值计算，并将所建立的周期单元模型沿 x 轴和 y 轴方向设为周期边界，模拟无限大尺寸的周期单元阵列结构。同时，要求入射电磁波沿 $-z$ 轴方向传播至所设计的周期单元。由于所设计的金字塔状多层结构具有极化无关的吸波特性，本章对所设计的频率选择结构关于垂直入射电磁波的仿真计算均考虑 TE 波，即电场沿 y 轴方向，磁场沿 x 轴方向。与此同时，该吸波频率选择结构的吸收率仿真结果可定义为 $A(\omega)=1-R(\omega)-T(\omega)=1-|S_{21}|^2-|S_{11}|^2$，其中 $A(\omega)$、$|S_{11}|^2$ 和 $|S_{21}|^2$ 分别为吸收率、反射率和透射率，而 S_{11} 和 S_{21} 均由上述电磁仿真软件计算得到。这里，由于金属背板的存在，其透射率为零($|S_{21}|^2=0$)。仿真结果如图 8.44(b)所示，该多层结构吸波频率选择结构对于垂直入射的电磁波能够实现在 4.6~6.4GHz 频带内吸收率高于 90% 的宽带电磁吸波。与此同时，随着金属背板周期单元尺寸从 15.0mm 增长至 22.5mm，其连续且高效的宽带吸波性能也未受到显著影响。然而，随着周期单元尺寸的增大，两相邻的金字塔状多层结构周期单元之间的距离得到了明显增大，这更加有利于底层加载的频率选择表面结构的灵活设计。

从上述仿真结果可得，金字塔状多层结构的吸波频段与其下边沿尺寸 a_1 和上边沿尺寸 a_2 密切相关，通过将两种不同尺寸的金字塔状多层结构周期单元在垂直空间内进行组合叠加，可以在两个宽频带内实现连续且高效的电磁吸波。如图 8.45(a)所示，在所设计的双金字塔状多层结构周期单元中，下层的金字塔结构单元的下表面方形结构的边长为 a_1=15.0mm，而上表面方形结构的边长为 a_2=11.3mm。同时，上层的金字塔结构单元的下表面方形结构的边长为 a_3=9.5mm，而上表面方形结构的边长为 a_4=7.5mm。利用环氧树脂胶，将两种不同尺寸的金字塔状多层结构周期单元粘在一起，并以一定周期 P=15.0mm 分布于金属背板上。仿真结果如图 8.45(b)所示，该双金字塔状多层结构对于垂直入射的电磁波能够实现在 4.7～6.2GHz 和 8.0～9.5GHz 频带内吸收率高于 90%的宽带电磁吸波。并且，随着金属背板周期单元尺寸从 15.0mm 增长至 22.5mm，该双金字塔状多层结构在两宽频带内连续且高效的电磁吸波性能并没有受到显著影响。因此，相比传统结构型吸波频率选择结构，基于金字塔多层结构设计的吸波频率选择结构能够更加灵活地实现宽频段内的高效电磁吸波，并且其吸波频带具有明显的陡截止特性。

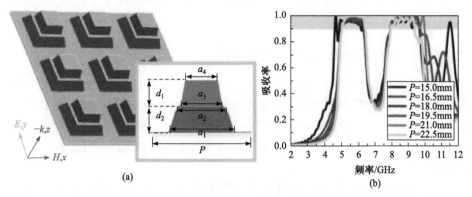

图 8.45　(a)双金字塔状多层结构的结构示意图；(b)频率选择结构随周期单元尺寸 P 变化时的吸收率仿真结果

在吸-透一体化频率选择结构设计中，利用频率选择表面实现高效的电磁透波特性也是该设计必不可少的部分。在上述关于金字塔状多层结构的讨论中，我们发现两相邻单元间距增大对其宽带且高效的电磁吸波性能并未产生显著影响，而增大的间距却为底层的频率选择表面提供了更多的设计空间。基于此，我们设计了一款缝隙型频率选择表面。如图 8.46(a)所示，在边长为 P 的方形金属贴片单元中沿四条边刻蚀出长度为 l，宽度为 s 的矩形缝隙。将此频率选择表面结构印制在厚度为 t 的介质基板上。这里，金属贴片为铜，厚度为 t_c，电导率为 5.8×10^7S/m。而介质层则选用具有较低损耗特性的 F4B 介质基板，其厚度为 d_3，相对介电常量为 2.65(1–j0.001)。该缝隙型频率选择表面周期单元的结构参数给定如下：P=22.5mm，s=1.8mm，l=15.5mm，t=0.6mm，t_c=20.0μm。仿真结果如图 8.46(b)所示，所设计的缝隙型频率选择表面能够在 8.0GHz 频点处实现效率接近 100%的高效电磁透波。并且随着矩形缝隙长度从 15.5mm 增加到 18.0mm，相应的透射峰也可以从 8.0GHz 逐渐移至低频 7.0GHz 处。

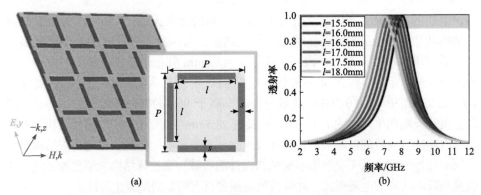

(a)　　　　　　　　　　　(b)

图 8.46　(a)缝隙型频率选择表面的结构示意图；(b)频率选择表面随缝隙长度 l 变化时的透射率仿真结果

8.5.2　带内透射型吸-透一体化频率选择结构

金字塔状多层吸波频率选择结构通过多个单元的组合，可实现对应多个频带内连续且高效的宽带电磁吸波。而缝隙型频率选择表面可通过调节其矩形缝隙的长度，灵活地调节其透波带的工作频点。因此，双金字塔状多层吸波频率选择结构与缝隙型频率选择表面的组合设计，可以实现宽吸波频带内的任一频点处的高效电磁透波。

如图 8.47 所示，将双金字塔状多层吸波结构单元按照一定周期 P 粘在缝隙型频率选择表面上。其中，在双金字塔状多层吸波结构单元中，下层的金字塔结构单元高度为 d_1，下表面方形结构的边长为 a_1，上表面方形结构的边长为 a_2。而上层的金字塔结构单元高度为 d_2，下表面方形结构的边长为 a_3，上表面方形结构

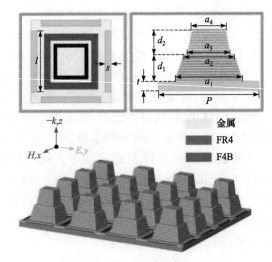

图 8.47　带内透射型吸-透一体化频率选择结构的结构示意图

的边长为 a_4。每个金字塔状多层吸波结构包含 20 层厚度为 t_c 的铜层和 20 层厚度为 t_f 的 FR4 介质基板层。底层的缝隙型频率选择表面周期单元中，在边长为 P 的方形金属贴片中需要沿四条边刻蚀出长度为 l，宽度为 s 的矩形缝隙。将此频率选择表面结构印制在厚度为 t 的介质基板上。这里，金属贴片为铜，其厚度为 t_c，电导率为 $5.8×10^7$S/m。而介质层则选用具有较低损耗特性的 F4B 介质基板，其厚度为 d_3，相对介电常量为 2.65(1–j0.001)。最终，给定该吸-透一体化频率选择结构周期单元的结构参数如下：a_1=15.0mm，a_2=11.3mm，a_3=9.5mm，a_4=7.5mm，d_1=4.4mm，d_2=4.4mm，t_c=20μm，t_f=0.2mm，t=0.6mm，P=22.5mm，l=16.7mm，s=1.8mm。

仿真计算该带内透射型吸-透一体化频率选择结构的反射率、透射率和吸收率曲线，如图 8.48 所示。其中，蓝色带三角形标注曲线为吸收率曲线，表明该吸-透一体化频率选择结构能够分别在 5.0～6.4GHz 和 7.9～9.8GHz 两频带内实现了吸收率高于 80%的宽带电磁吸波。绿色带圆形标注曲线为透射率曲线，表明该吸-透一体化频率选择结构能够在 7.1GHz 频点处实现透射率高于 90%的高效电磁透波。由于吸波频带与透波频带都具有明显的陡截止特性，使得两种工作带在 5.0～9.8GHz 频带内实现紧密互补，从而获得宽工作频带内连续的低反射特性。红色带方形标注曲线为反射率曲线，表明该吸-透一体化频率选择结构在 5.0～9.8GHz 频带内实现了反射率低于 10%的宽带低反射特性。与此同时，我们还仿真计算了该吸-透一体化频率选择结构对于不同角度斜入射 TE 波和 TM 波的吸收率和透射率，如图 8.49 所示。从图中可得，该吸-透一体化频率选择结构对于斜入射角度在 50°以内的 TE 波和 TM 波都具有稳定的吸波与透波功能一体化应用。

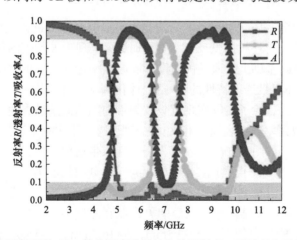

图 8.48　带内透射型吸-透一体化频率选择结构的反射率、透射率和吸收率仿真结果

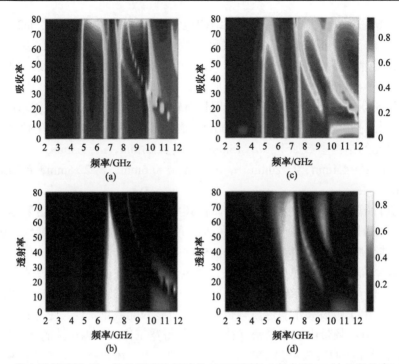

图 8.49　带内透射型吸-透一体化频率选择结构对于不同斜入射角度 TE 波的吸收率(a)和透射率(b)仿真结果；带内透射型吸-透一体化频率选择结构对于不同斜入射角度 TM 波的吸收率(c)和透射率(d)仿真结果

8.5.3　带内-带外双带透射型吸-透一体化频率选择结构

　　基于上述双金字塔状多层吸波结构与底层缝隙型频率选择表面的组合设计，在保证宽工作频段内连续的低反射特性同时，可实现吸波频带内任一频点处的高效电磁透波。在此基础上，通过优化设计底层频率选择表面的缝隙结构，可进一步实现带内-带外双带透射特性的吸-透一体化频率选择结构。

　　基于上述组合，除了能够实现宽吸波频带内的高效透波，通过进一步优化设计底层的缝隙型频率选择表面，还可以使该吸-透一体化频率选择结构获得带内-带外双带透特性。如图 8.50(a)所示，为了实现双带透射特性，在缝隙型频率选择表面的周期单元中，除了要求沿方形单元的四边刻蚀长度为 l_1、宽度为 s_1 的矩形缝隙外，还要求在沿着方形单元的中心位置刻蚀出边长为 l_2、线宽为 s_2 的方环形缝隙。然后，将此金属结构单元以周期 P 印制在厚度为 t 的 F4B 介质基板上。给定周期单元的结构参数如下：P=22.5mm，l_1=16.5mm，l_2=15.0mm，s_1=2.0mm，s_2=0.8mm，t=0.6mm，仿真得到的透射率曲线如图 8.50(b)所示，该频率选择表面能够在 4.3GHz 和 7.4GHz 频点处实现透射率接近 100% 的双带电磁透波。

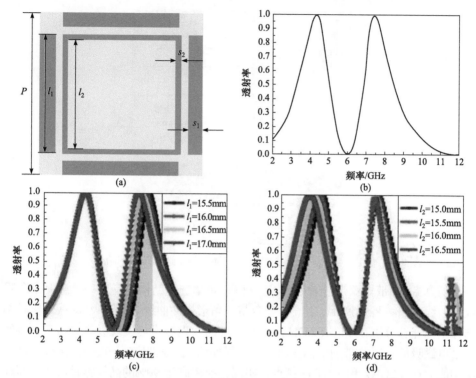

图 8.50　(a)双通带型频率选择表面的结构示意图；(b)该频率选择表面的透射率仿真结果；(c)该频率选择表面随矩形缝隙长度 l_1 变化时的透射率仿真结果；(d)该频率选择表面随方环形边长 l_2 变化时的透射率仿真结果

　　进一步，讨论结构参数对其透波性能的影响。图 8.50(c)和(d)分别给出了该频率选择表面的透射率曲线随矩形缝隙长度 l_1 和方环形缝隙边长 l_2 变化时的透射率曲线仿真结果。当缝隙长度 l_1 从 15.5mm 增加到 17.0mm 时，透射率曲线在 7.4GHz 频点处的透射峰将逐渐由高频向低频移动，而在 4.3GHz 处的透射峰则未发生变化。与此同时，当方环形缝隙边长 l_2 从 15.0mm 增加到 16.5mm 时，透射率曲线在 4.3GHz 频点处的透射峰将逐渐由高频向低频移动，而在 7.4GHz 处的透射峰则未发生变化。基于上述参数讨论，我们可以发现，所设计的缝隙型频率选择表面中的矩形缝隙和方环形缝隙结构能够独立地调节分别位于低频和高频处的透射峰工作频点，以便于灵活调控吸-透一体化频率选择结构中吸波频带与透波频带的紧密互补，获得宽工作频带内连续的低反射性能。如图 8.51 所示，将改进的缝隙型频率选择表面引入到所设计的吸-透一体化频率选择结构的设计中。其中，结构参数和材料属性与上述结构设计完全一致。给定该带内-带外双带透射型吸-透一体化频率选择结构的周期单元结构参数如下：P=22.5mm，l_1=16.5mm，l_2=15.0mm，s_1=2.0mm，s_2=0.8mm，a_1=15.0mm，a_2=11.3mm，a_3=9.5mm，a_4=7.5mm，d=4.4mm，t=0.6mm。

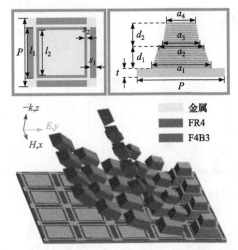

图 8.51　带内-带外双带透射型吸-透一体化频率选择结构的结构示意图

　　仿真带内-带外双带透射型吸-透一体化频率选择结构的反射率、透射率和吸收率曲线，如图 8.52 所示。其中，蓝色带三角形标注曲线表明该吸-透一体化频率选择结构能够分别在 5.0～6.6GHz 和 7.9～9.8GHz 两频带内实现吸收率高于 80% 的宽带电磁吸波。绿色带圆形标注曲线为透射率曲线，表明该吸-透一体化频率选择结构能够在 4.2GHz 和 7.1GHz 频点处实现透射率高于 90% 的高效电磁透波。而红色带方形标注曲线显示该吸-透一体化频率选择结构能够在 3.8～9.8GHz 频带内实现反射率低于 10% 的宽带低反射特性。与此同时，我们进一步仿真计算了所设计的带内-带外双带透射型吸-透一体化频率选择结构对于不同斜入射角度 TE 波和 TM 波的吸收率和透射率，如图 8.53 所示。从图中可得，该吸-透一体化频率选择结构对于斜入射角度在 50° 以内的 TE 波和 TM 波都具有稳定的吸波与透波一体化应用。

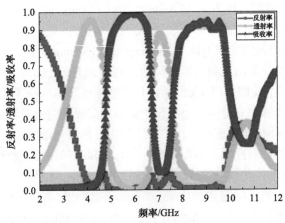

图 8.52　带内-带外双带透射型吸-透一体化频率选择结构的反射率、透射率和吸收率仿真结果

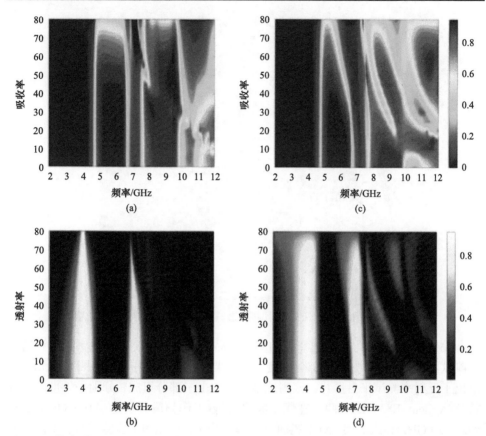

图 8.53　带内–带外双带透射型吸–透一体化频率选择结构对于不同斜入射角度 TE 波的吸收率(a)和透射率(b)仿真结果；带内–带外双带透射型吸–透一体化频率选择结构对于不同斜入射角度 TM 波的吸收率(c)和透射率(d)仿真结果

　　基于上述带内–带外双带透射型吸–透一体化频率选择结构的设计，加工制备实验样品，并实验验证其吸波–透波功能一体化应用。如图 8.54 所示，该带内–带外双带透射型吸–透一体化频率选择结构的样品尺寸为 315mm×315mm，包含 14×14 个周期单元。在样品制备过程中，直接采用与理论模型参数一致的多层电路板，利用高精度数控设备，将多层电路板切割并打磨成所需要的两种不同尺寸的金字塔状结构单元。同时，底层的缝隙型频率选择表面则借助印刷电路板(printed circuit board, PCB)工艺制备得到。最后借助环氧树脂胶，将两种不同尺寸的金字塔状多层结构单元粘在一起，并沿周期单元的对称中心粘在频率选择表面上。

图 8.54　带内-带外双带透射型吸-透一体化频率选择结构实验样品

　　关于吸-透一体化频率选择结构实验样品的测试，主要由反射率测试和透射率测试两部分组成，并且两部分的测试都需要在微波暗室中进行。图 8.55(a)首先给出了反射率测试平台照片，该测试系统主要由三部分组成，分别是矢量网络分析仪(Agilent E8363B)、两对宽频带喇叭天线(工作频段分别是 2.0～8.0GHz 和 8.0～12.0GHz)和拱形架。对于镜面反射率的测试，按照如下步骤进行：①使用同轴线连接好喇叭天线和矢量网络分析仪，按参数要求调试好设备；②在拱形架上固定好收、发喇叭天线位置，使两个喇叭天线正对被测样品并呈 10°夹角放置；③选择与被测样品尺寸相同的金属样件，并测试其反射率结果进行归一化；④用被测实验样品替代金属样件，测试并记录最终的反射率结果。同样地，图 8.55(b)给出了透射率测试平台照片，该测试系统主要由三部分组成，分别是矢量网络分

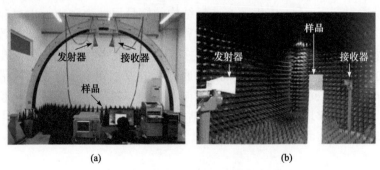

(a)　　　　　　　　　　　　　　　　(b)

图 8.55　(a)反射率测试平台；(b)透射率测试平台

析仪(Agilent E8363B)、两对宽频带喇叭天线和泡沫塔。对于透射率的测试,按照如下步骤进行:①使用同轴线连接好喇叭天线和矢量网络分析仪,按参数要求调试好设备;②固定好收、发喇叭天线的位置,使两个喇叭天线的口径面完全正对,并测试其透射率结果进行归一化;③将被测实验样品借助于泡沫塔固定于收、发喇叭天线之间,测试并记录最终的透射率结果。

实验测试所得的该带内-带外双带透射型吸-透一体化频率选择结构的反射率曲线和透射率曲线分别如图 8.56(a)和(b)所示。其中,图 8.56(a)中红色带正三角形标注曲线为反射率测试结果,黑色带方形标注曲线为反射率仿真结果。图 8.56(b)中绿色带倒三角形标注曲线为透射率测试结果,黑色带方形标注曲线为透射率仿真结果。对比测试与仿真结果,该带内-带外双带透射型吸-透一体化频率选择结构的测试与仿真结果具有较好的一致性,进一步证实了基于金字塔状多层结构和缝隙型频率选择表面的组合可以获得灵活且多样化的吸波与透波功能一体化应用。

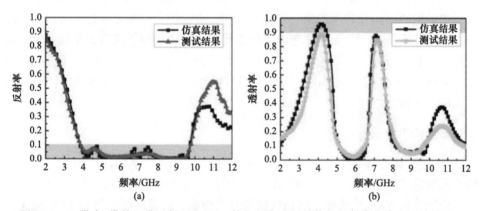

图 8.56　(a)带内-带外双带透射型吸-透一体化频率选择结构的反射率仿真与测试结果;
(b)带内-带外双带透射型吸-透一体化频率选择结构的透射率仿真与测试结果

本节基于频率选择结构实现的吸波与透波功能一体化的应用需求,通过引入金字塔状多层吸波结构,结合底层的缝隙型频率选择表面,设计实现了多种吸-透一体化频率选择结构。首先,讨论了金字塔状多层结构的宽带电磁吸波性能。相比传统结构型吸波频率选择结构,金字塔状多层结构能够灵活地实现一个或多个宽频带范围内连续且高效的电磁吸波。同时,所获得的吸波带具有明显的陡截止特性,可与透射带实现高效的互补,从而获得宽频带内连续的低反射特性。因此,基于双金字塔状多层结构和缝隙型频率选择表面的组合,我们实现了一款带内透射型吸-透一体化频率选择结构,能够在宽工作频带内实现吸波带与透波带的灵活设计。在此基础上,进一步优化底层频率选择表面的缝隙结构,可同时实现一款具有带内-带外双带透射特性的吸-透一体化频率选择结构。此外,该设计方案也可以灵活地推广至太赫兹、红外及光频段，相比之前设计方案具有明显的优势。

8.6　吸-透一体化波纹通道夹心结构

　　吸-透一体化电磁窗材料作为天线罩的重要功能性材料，既能保证工作频带内透波，又能实现工作频带外隐身，是近年来研究的热点之一。在先前的很多研究工作中，人们大多只关注吸-透一体化电磁窗材料的电性能，缺乏从结构性能角度进行的研究。本节基于 SSPP 理论和电磁谐振理论，介绍了一种吸-透一体化复合材料波纹通道夹心结构[12]。该结构由上、下 FR4 面板和波纹通道芯体组成。波纹通道芯体是由 FR4 波纹和金属鱼骨结构复合而成，并采用 PMI 泡沫进行填充。与大多数传统的吸-透一体化电磁窗材料不同，该结构产生的吸收带位于传输带的下方，其原理是通过调控结构的色散特性在低频产生一个吸收带，通过波纹通道的电磁谐振在高频产生一个传输阻带，吸收带和阻带之间即为透射带。此外，压缩实验表明，填充 PMI 泡沫可使结构的强度得到显著提升，并且在较低的密度下，其压缩强度明显优于很多金属拓扑结构。该复合材料波纹通道夹心结构既具备吸-透一体的电磁性能，同时也拥有很好的机械性能，在天线罩体上具有一定的实用价值。

8.6.1　结构设计及仿真

　　吸-透一体化夹心结构由上、下 FR4 面板和复合波纹通道芯体组成，周期结构模型和芯体结构单元如图 8.57(a)所示。其中，上、下面板的厚度为 d (d=0.5mm)，芯体由纵置的 FR4 波纹和金属鱼骨结构复合而成，通道内部可填充 PMI 泡沫以提高整体的功能稳定性、增强结构的力学性能。图 8.57(b)为复合波纹通道芯体的结构单元俯视图和斜视图。在俯视图中，定义 FR4 波纹的斜面长为 l，厚度为 t (t=1mm)，波纹角为 α (α=90°)，圆形倒角的半径为 r (r=1.5mm)，波纹通道的周期为 P_1+P_2，其中 P_1 为相邻波纹的间隔，P_2 为单个波纹的宽度。斜视图为鱼骨型铜金属线结构，金属线的宽度和相邻线的间距分别为 w 和 s (w=s=0.2mm)，鱼骨结构中央的脊线宽度为 $2w$。鱼骨线的排布分为两个部分，上部分为长度从 a 至 l 的梯度金属线阵列 ($a<l$)，下部分为等长度的金属线阵列，上、下部分的高度 h_1 和 h_2 可分别表示为

$$h_1=n_1(w+s), \quad h_2=n_2(w+s), \quad n_1, n_2=1, 2, 3, \cdots \tag{8.3}$$

式中，n_1 和 n_2 分别为上、下部分金属线的数量。本设计中，FR4 材料的相对介电常量为 4.3(1−j0.025)，PMI 泡沫(型号：200-X)密度为 200kg/m³，相对介电常量约

为 1.27，铜金属线的电导率为 $5.8 \times 10^7\,\mathrm{S/m}$。

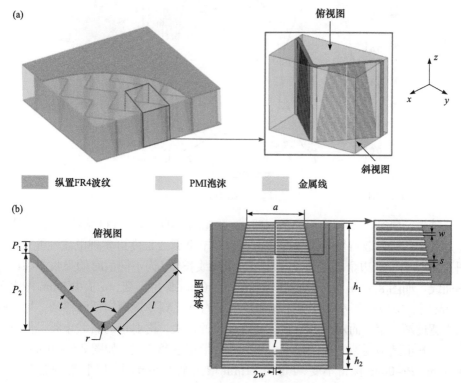

图 8.57　吸-透一体化复合波纹通道夹心结构设计：(a)周期结构模型及芯体结构单元示意图；
(b)结构单元俯视图及斜视图

　　电磁性能优化仿真单元模型如图 8.58 所示。x 和 y 轴方向的边界条件设置为周期性边界条件，z 方向为开放边界条件，电场为 y 方向极化。为了获得最优的结果，对结构参数进行优化。对于吸-透一体化性能，无论是提高吸收率还是增加透射率，其最终目的都是为了减少电磁波的反射率，因此优化目标设置为 3～18GHz 频段内反射率小于−10dB。优化后的结构参数为 $P_1 = 0$mm, $l = 15$mm, $a = 9$mm, $n_1 = 42$, $n_2 = 8$ ($h_1 = 16.8$mm, $h_2 = 3.2$mm)。优化后的吸收率 A、透射率 T 和反射率 R 曲线如图 8.58 所示，其中实线为填充 PMI 泡沫的波纹通道，虚线为无填充的波纹通道。从仿真结果可以看出，泡沫填充结构在 5.74～7.84GHz 频段内吸收率可达 80%以上，同时在 8.96～12.45GHz 频段内的透射率达 80%以上；而对于无填充的结构，由于通道内为空气，其介电常量略小于 PMI 泡沫，此时吸收带和透射带略微向高频移动，但不影响整体的吸-透性能。

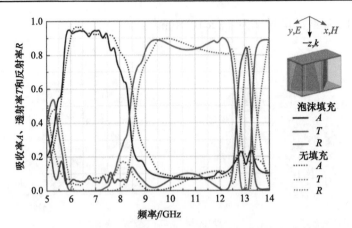

图 8.58　复合波纹通道夹心结构的电磁性能优化仿真结果

首先，研究了不同结构参数对吸-透性能的影响。对于鱼骨结构，金属线长度是影响结构色散特性的重要参数，通过调节金属线长度可实现电磁性能可调。图 8.59 给出了顶边金属线长度 a 和底边金属线长度 l 为不同值时的吸收率和透射率曲线。如图 8.59(a)所示，当 $l=15$mm，$P_1=0$mm 保持不变，a 值由 7mm 增大至 11mm 时，吸收带的左截止频率基本不变，右截止频率逐渐向低频移动，导致吸收带宽逐渐变窄；而对于透射带，随着 a 值的增大，透射带的右截止频率保持不变，左截止频率逐渐向低频移动，导致透射带宽逐渐变宽。如图 8.59(b)所示，当 $a=9$mm，$P_1=0$mm 保持不变，l 值由 11mm 增大至 15mm 时，吸收带的右截止频率基本不变，左截止频率逐渐向低频移动，导致吸收带宽逐渐变宽；而对于透射带，随着 l 值的增大，透射带始终保持不变。综合上述分析可以看出，鱼骨结构中金属线的顶边 a 调控了吸收带的右截止频率，并使临近透射带的左截止频率跟着移动；而底边 l 仅仅调控了吸收带的左截止频率，对透射带没有任何影响。

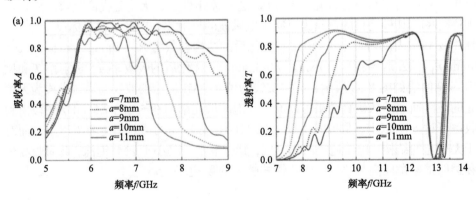

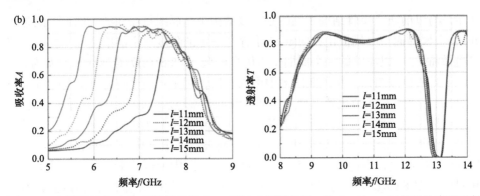

图 8.59　金属线长度对吸-透性能的影响:(a)顶边金属线长度 a 为 7～11mm 时的吸收率和透射率曲线；(b)底边金属线长度 l 为 11～15mm 时的吸收率和透射率曲线

值得注意的是，金属线长度 a 和 l 的变化对透射带的右截止频率几乎不产生影响，在 13GHz 附近始终存在传输阻带。因此，透射带的高频截止与鱼骨结构无关，采用 SSPP 理论无法解释该传输阻带的机理。从透射率曲线可以判断，该阻带可能由电磁谐振引起，并且波纹通道的周期是影响电磁性能的重要因素。图 8.60 给出了不同波纹间距 P_1 的吸收率和透射率曲线，当 a=9mm，l=15mm 保持不变，P_1 由 0mm 增大至 8mm 时，吸收带宽和透射带宽的左截止频率基本保持稳定，这与前面的分析一致；而对于透射带的右截止频率，将会逐渐向低频移动，导致透射带宽逐渐变窄。可以看出，波纹通道间距的增大使得谐振频率逐渐向低频移动。

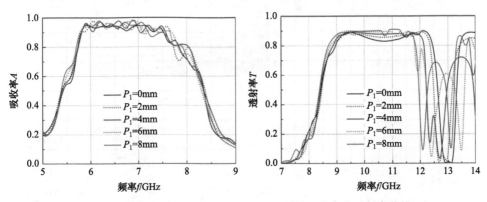

图 8.60　相邻波纹的间隔 P_1 为 0～8mm 时的吸收率和透射率曲线

8.6.2　吸-透机理分析

为进一步研究该复合波纹通道夹心结构的吸-透机理，从结构色散特性和等效电磁参数的角度出发分别研究了吸收带和高频截止阻带产生的机理。吸收带的产生采用了空间色散调控，首先需要考虑等长度金属线的鱼骨结构，如图 8.61(a)

所示。与以前研究鱼骨结构不同的是，该结构中金属线排布在波纹面上，此时的介质-金属界面与电场极化方向(y 方向)存在一定的角度，不能单纯地计算鱼骨结构色散特性,应以波纹的一个周期作为仿真模型。图 8.61(a)为金属线长度 l_0 为 $9\sim$ 15mm 时的色散图谱。从色散图谱中可以看出，对于每一个特定的 l_0，随着频率 f 的增大，波矢 k_z 的值也随之增大，到达渐近频率点后，k_z 的值将不再发生变化，该渐近频率点处将会产生一个吸收峰。图中标记了不同 l_0 的渐近频率点，随着 l_0 的增大渐近频率逐渐向低频移动。对于该复合波纹通道结构,鱼骨线的长度从 $9\sim$ 15mm 梯度渐变，因此吸收带 $5.74\sim7.84$GHz 与图中渐近频率点覆盖的频率范围相对应。图 8.61(b)为鱼骨结构附近的电场分布图，截面 A 垂直于介质-金属界面并与金属线相交，分别监测了 5.74GHz、6.79GH 和 7.84GHz 频点处的电场分布情况。可以看出，在鱼骨结构的作用下产生了场局域增强效应，由于结构内部存在损耗，电磁波能量将会被消耗掉，这就是鱼骨结构的吸波机理。当 $f=5.74$GHz 时，结构底部较长的金属线区域可激发局域强电场，随着频率的增大($f=6.79$GHz、7.84GHz)，强电场区域将逐渐向上面较短的金属线部位移动。因此，采用梯度渐变的鱼骨结构可在连续频带内激发强电场，从而实现宽带吸波的效果。

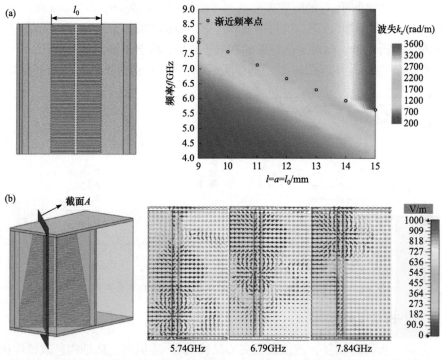

图 8.61　复合波纹通道夹心结构的吸波机理：(a)等长度金属线鱼骨结构的色散特性；
(b)5.74GHz、6.79 GH 和 7.84GHz 时鱼骨结构附近的电场分布

透射带的高频截止是由于波纹通道内部的电磁谐振在 13GHz 附近产生了一个阻带。为了验证这一想法，提取了夹心结构 12～14GHz 频段内的等效介电常量 ε 和等效磁导率 μ，如图 8.62(a)所示。可以看出，在 13GHz 附近介电常量的实部由正数突变为负数，磁导率的实部由负数变为正数，此时产生了两个谐振频点，分别为 12.91GHz 和 13.12GHz。这两个谐振频点的电场和磁场分布如图 8.62(b) 所示。截面 B 为相邻波纹的分界面，显示了电场分布情况；截面 C 垂直于截面 B 并穿过鱼骨结构的脊线，显示了磁场分布情况。在 12.91GHz 处，电场在相邻波纹间形成了一个回路，磁场在每个波纹顶部形成了回路，此时产生了电谐振和磁谐振；而在 13.12GHz 处，电场未形成回路，磁场依然在波纹顶部形成了回路，说明此时产生了电谐振。综上所述，复合波纹通道内部的电磁谐振产生了两个传输零点，从而在13GHz 附近出现了一个传输阻带。低频段的电磁波吸收和高频处的传输截止，使吸收带和传输阻带之间形成了透射带，这便是吸-透一体化性能产生的机理。

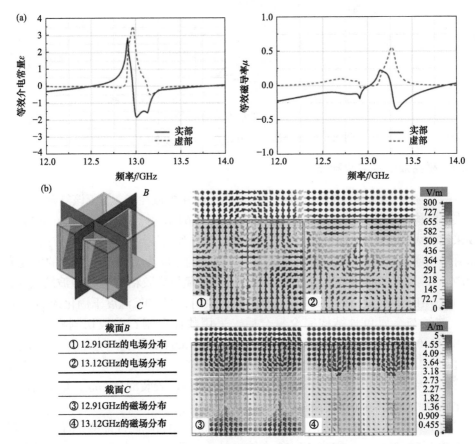

图 8.62 复合材料波纹通道夹心结构的等效电磁参数:(a)等效介电常量 ε 和等效磁导率 μ；(b)12.91GHz 和 13.12GHz 频点处的电磁场分布情况

　　计算该复合波纹通道夹心结构的整体色散曲线，如图 8.63 所示。从曲线的变化趋势中可以看出吸收区、透射区和谐振区的分布。当 $f<5.74\mathrm{GHz}$ 时，随着频率的增大，波矢 k_z 的值逐渐增大；然而在 $5.74\sim7.84\mathrm{GHz}$ 频段内，k_z 的值先是减小，随后又呈现不规则的增长趋势，说明该频段内电磁波能量被损耗掉；随着频率的继续增大，当 $f>8.96\,\mathrm{GH}$ 后，色散曲线逐步呈现平滑的增长趋势，该阶段即为透射区域；随后在 $13\mathrm{GHz}$ 附近色散曲线产生了一个突变，这便是电磁谐振引起的。整体结构的色散曲线进一步验证了吸-透一体化夹心结构的工作机理。

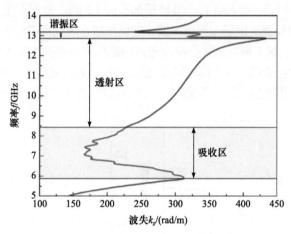

图 8.63　复合波纹通道夹心结构的色散曲线

8.6.3　样品加工及实验验证

　　为了通过实验验证并测试该结构的电磁性能和机械性能，加工该复合波纹通道夹心结构的实验样品，加工步骤和方法如图 8.64 所示。图 8.64(a)中，FR4 波纹采用"模具成型法"加工而成，与加载碳纤维阵列的波纹结构的加工方法相同。鱼骨结构通过覆铜的 FR4 薄板刻蚀而成，薄板的厚度为 0.1mm，覆铜的厚度为 0.036mm。随后将鱼骨结构切割成条状，并用环氧树脂胶粘贴至 FR4 波纹面上，如图 8.64(b)所示。粘接完成后，将样品放入烘箱，在 70℃温度下固化约 2h。待 FR4 波纹与金属鱼骨结构完全复合后，采用数控金刚石砂线切割机(型号：CHSX5640)将复合的波纹板裁成条状结构，如图 8.64(c)所示；填充的 PMI 泡沫通过 CNC 机加工，制作成波纹条状，使其能够填充到波纹通道中。最后，将复合波纹、PMI 泡沫以及上、下 FR4 面板通过环氧树脂胶装配在一起，并在烘箱中固化成型，如图 8.64(d)所示。

　　加工完成的实验样件如图 8.65 所示。图 8.65(a)为电磁性能测试样件，其尺寸为 361mm×356mm，包含 14×28 个结构单元；图 8.65(b)为 PMI 泡沫力学性能测试样件，截面尺寸为 30mm×30mm，高度为 40mm；图 8.65(c)和(d)分别为填充

PMI 泡沫的夹心结构和无填充的夹心结构，用于测定该结构的机械性能，其尺寸为 39mm×77mm×21mm，包含 3×3 个结构单元。

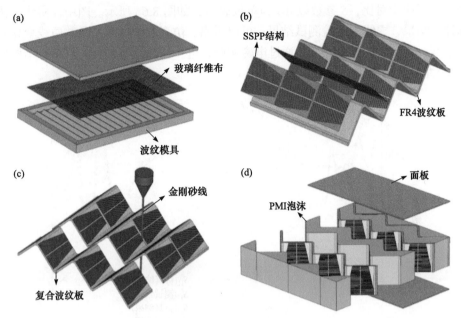

图 8.64　复合波纹通道夹心结构样品加工：(a)FR4 波纹加工；(b)鱼骨结构与 FR4 波纹复合；(c)复合波纹切割；(d)夹心结构装配

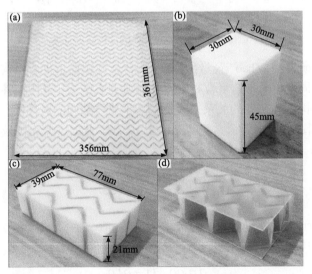

图 8.65　复合波纹通道夹心结构实验样件：(a)电磁性能测试样件；(b)PMI 泡沫；(c)泡沫填充的夹心结构；(d)无填充的夹心结构

采用自由空间法，在微波暗室中测试了该复合波纹通道夹心结构的电磁性能。采用宽带天线喇叭测试了 5～14GHz 频段内的反射率 S_{11} 和透射率 S_{21} 参数曲线。为了便于对比，S 参数以 dB 为单位表示，如图 8.66 所示。图中，实线为仿真计算结果，虚线为实验测试结果。可以看出，仿真及测试的 S 参数曲线变化趋势基本一致，两者吻合较好。通过电磁实验，进一步验证了复合波纹夹心结构的吸-透性能。

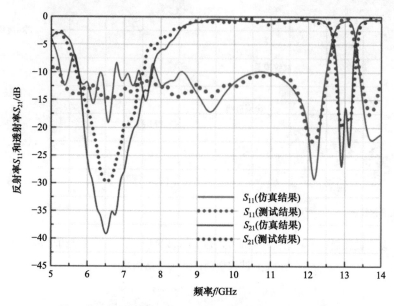

图 8.66　电磁性能测试：实验测试及仿真的 S 参数曲线

在先前的研究中，Zhao 等已经建立了钛合金波纹通道夹心结构的力学性能理论模型[13, 14]。同样，对于该复合材料波纹通道夹心结构，其压缩性能可采用压缩强度与夹心结构芯体密度的关系来表征。基于波纹结构的对称性，可简化单元结构的模型，如图 8.67(a)所示，芯的尺寸为 $m \times n$。此时，复合波纹芯体的相对密度 $\bar{\rho}$ 可表示为

$$\bar{\rho} = \frac{\pi\left(t^2 + 2rt\right) + 4lt}{4mn} \tag{8.4}$$

式中，$m = (2r+t)\sin(\alpha/2) + l\cos(\alpha/2)$，$n = 2(r+t) + l\sin(\alpha/2) - (2r+t)\cos(\alpha/2)$。那么，该夹心结构的芯体密度可表示为

$$\rho = \bar{\rho}\rho_c + \left(1 - \bar{\rho}\right)\rho_f \tag{8.5}$$

式中，ρ_c 为复合波纹基体材料的密度，通过测量多个波纹板的平均值得到 $\rho_c = 1.42 \text{ g/cm}^3$；$\rho_f$ 为填充的 PMI 泡沫的密度，$\rho_f = 0.2 \text{ g/cm}^3$。因此，可计算出填

充 PMI 泡沫和无填充的复合波纹夹心结构芯体的密度分别为 $0.32g/cm^3$ 和 $0.15g/cm^3$。

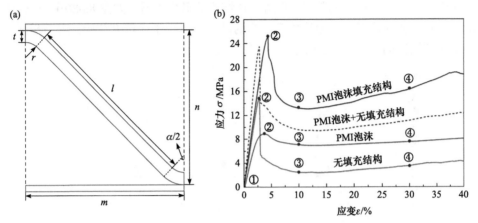

图 8.67　机械性能测试：(a)单元结构简化模型；(b)不同结构的应力-应变曲线

该工作中采用 PMI 泡沫填充的目的是增强结构的稳定性和强度。为了研究泡沫填充对结构机械性能的影响，压缩实验通过材料万能试验机(型号：INSTRON 3382)进行。分别测试了 PMI 泡沫、无填充的复合波纹夹心结构和 PMI 泡沫填充的夹心结构的压缩性能。实验过程中，压缩速率始终保持为 0.5mm/min，并通过摄像机记录了整个压缩形变过程。每组测试了 3 个相同样件，通过取平均值得到了不同样件的应力-应变曲线，如图 8.67(b)所示。样件压缩过程中的形变如图 8.68 所示。

对于 PMI 泡沫，随着应变的增大，应力首先呈现线性增长趋势；当 $\varepsilon=3.7\%$ 时，应力达到峰值点(8.85MPa)；当 $\varepsilon>3.7\%$ 时，随着应变的继续增大，应力略微下降，随后基本保持稳定，产生了一个很长的屈服平台，PMI 泡沫的压缩形变过程如图 8.68(a)①～④所示。可以看出，PMI 泡沫在大应变情况下，始终保持较高的应力，具备优异的能量吸收特性。因此，选用 PMI 泡沫作为填充材料，压缩情况下具有很好的缓冲作用。

对于无填充的夹心结构，当 $\varepsilon<2.8\%$ 时，应力随应变增大呈线性增长趋势；当 $\varepsilon=2.8\%$ 时，应力达到峰值点(15.04MPa)；在峰值应力点处，结构内部的复合波纹芯体遭到破坏，如图 8.68(b)②所示，结构的断裂使应力发生突变，呈现剧烈下降趋势；由于波纹内部玻璃纤维的支撑，应力最终还是保持稳定，此时结构沿着波纹顶角附近被破坏，如图 8.68(b)③～④所示。

对于 PMI 泡沫填充的夹心结构，其应力随应变的变化趋势与无填充的结构基本相同。但不同的是，泡沫填充夹心结构的峰值应力点(25.21MPa)明显高于无填充结构。图 8.67(b)中的虚线是将 PMI 泡沫和无填充夹心结构的应力-应变曲线简单相加得到的曲线。可以看出，填充泡沫使得结构的强度得到显著提升，其压缩强度(25.21MPa)要高于 PMI 泡沫和无填充结构的强度之和(8.85MPa+15.04MPa)，填充产生了"1+1 > 2"的效果。此外，从结构的形变来看，如图 8.68(b)①~④所示，相同应变的情况下，泡沫填充结构的破坏明显小于无填充结构，进一步证明了填充使结构的稳定性得到增强。

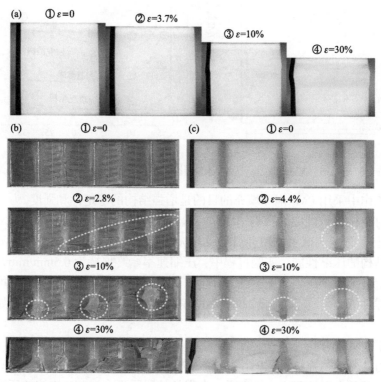

图 8.68　压缩形变过程图：(a)PMI 泡沫；(b)无填充夹心结构；(c)泡沫填充夹心结构

图 8.69 中列出了复合波纹通道夹心结构和其他金属结构的压缩强度随密度的分布情况[15-20]。通过与金属结构进行对比可以发现，泡沫填充夹心结构在密度小于 304 不锈钢蜂窝(ρ=0.41 g/cm³)的情况下，压缩强度约为它的 2.5 倍；同样，对于无填充夹心结构，其压缩强度约为钛合金金字塔点阵(ρ=0.18 g/cm³)的 2 倍，约为 304 不锈钢金字塔点阵(ρ=0.21 g/cm³)的 2.5 倍。数据表明，该复合材料波纹通道夹心结构的强度明显优于很多金属拓扑结构。

本节中将金属鱼骨结构与 FR4 波纹复合，设计了一种复合材料波纹通道夹心结构。基于 SSPP 理论，通过对鱼骨结构的色散特性进行调控，在 5.74~7.84GHz 频带内实现了吸波效果；基于电磁谐振理论，通过复合波纹通道的谐振，在 13GHz 附近形成一个传输阻带，从而实现了 8.96~12.45GHz 频带内的透波效果。分别研究了参数 a、l 和 P_1 对夹心结构吸/透性能的影响，通过改变参数值可实现吸收带和透射带的可调，不同参数值对应的吸收带和透射带汇总在表 8.2 中。此外，还通过压缩实验测量了该夹心结构的机械性能。结果表明，填充 PMI 泡沫可显著提升结构强度，减少压缩形变带来的破坏，增强了整体结构的稳定性。无填充的夹心结构在 0.15 g/cm³ 的芯体密度下，压缩强度可达 15.04MPa；泡沫填充夹心结构在 0.32 g/cm³ 的芯体密度下，压缩强度可达 25.21MPa。两种结构的强度均明显优于许多金属拓扑结构。优异的机械性能及电磁性能，使吸-透一体化复合材料波纹通道夹心结构在天线罩领域具有一定的应用前景。

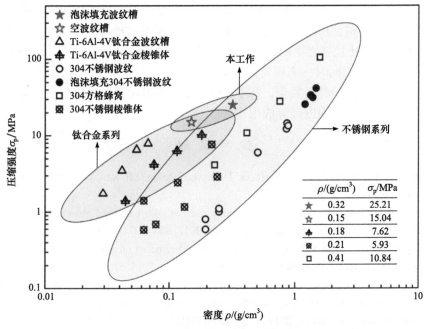

图 8.69　复合波纹通道夹心结构的压缩强度对比图

表 8.2　结构参数 a、l 和 P_1 不同值(mm)对应的吸收带和透射带

参数 a	吸收带/透射带	参数 l	吸收带/透射带	参数 P_1	吸收带/透射带
7	5.71~8.53GHz/ 11.28~12.45GHz	11	7.51~7.86GHz/ 9.09~12.47GHz	0	5.74~7.84GHz/ 8.96~12.45GHz
8	5.74~8.03GHz/ 9.66~12.45GHz	12	7.01~7.82GHz/ 8.92~12.49GHz	2	5.70~7.72GHz/ 8.86~12.35GHz
9	5.74~7.84GHz/ 8.96~12.45GHz	13	6.53~7.74GHz/ 9.03~12.35GHz	4	5.74~7.98GHz/ 8.86~12.14GHz
10	5.72~7.50GHz/ 8.48~12.45GHz	14	6.14~7.78GHz/ 8.90~12.49GHz	6	5.70~7.82GHz/ 8.78~11.82GHz
11	5.70~6.83GHz/ 7.87~12.45GHz	15	5.74~7.84GHz/ 8.96~12.45GHz	8	5.73~7.90GHz/ 8.71~11.82GHz

8.7 本章小结

本章围绕基于 SSPP 频率选择结构设计，采用理论分析、仿真设计、实验验证等方法，对其设计原理、设计方法及其在隐身天线罩设计中的应用进行了简要介绍。由于 SSPP 的强色散特性，在截止频率附近，局部场强急剧增大，导致对电磁波的强烈吸收，所以，SSPP 结构自身就是一种低通高吸的功能结构。将传统 FSS 与典型金属鱼骨 SSPP 结构结合，可实现多通带频率选择结构和吸透一体化的频率选择结构，在高频段将吸波机理引入到频率选择结构设计中。此外，利用 SSPP 在其截止频率之下的传输特性，对其传输相位进行编码，可对透射电磁波进行波束调控的同时，实现对高频电磁波的高效吸收。更为重要的是，SSPP 结构可以与传统结构材料复合，基于 SSPP 模式的多功能夹芯结构兼具电磁波吸收、透射、质量轻、强度高等应用优势。

参 考 文 献

[1] Munk B A. Frequency Selective Surfaces: Theory and Design[M]. New York: Wiley-Interscience Publication, 2000.

[2] Costa F, Monorchio A. A frequency selective radome with wideband absorbing properties[J]. IEEE Transactions on Antennas and Propagation, 2012, 60(6): 2740-2747.

[3] Shang Y, Shen Z, Xiao S. Frequency-selective rasorber based on square-loop and cross-dipole arrays[J]. IEEE Transactions on Antennas and Propagation, 2014, 62(11): 5581-5589.

[4] Lin C, Shen C, Chiu C, et al. Design and modeling of a compact partially transmissible resistor-free absorptive frequency selective surface for Wi-Fi applications[J]. IEEE Transactions on Antennas and Propagation, 2019, 67(2): 1306-1311.

[5] Sun Z, Zhao J, Zhu B, et al. Selective wave-transmitting electromagnetic absorber through composite metasurface[J]. AIP Advances, 2017, 7(11): 115017.

[6] Chen Q, Yang S, Bai J, et al. Design of absorptive/transmissive frequency-selective surface based on parallel resonance[J]. IEEE Transactions on Antennas and Propagation, 2017, 65(9): 4897-4902.

[7] Qiang C, Di S, Min G, et al. Frequency-selective rasorber with interabsorption band transparent window and interdigital resonator[J]. IEEE Transactions on Antennas and Propagation, 2018, 66(8): 4105-4114.

[8] Cui Y, Fung K H, Xu J, et al. Ultra-broadband light absorption by a sawtooth anisotropic metamaterial slab[J]. Nano Letters, 2012, 12(3): 1443-1447.

[9] Ding F, Cui Y, Ge X, et al. Ultra-broadband microwave metamaterial absorber[J]. Applied Physics Letters, 2012, 100(10): 103506.

[10] He S, Chen T. Broadband THz absorbers with graphene-based anisotropic metamaterial films[J]. IEEE Transactions on Terahertz Science and Technology, 2013, 3(6): 757-763.

[11] Zhu J, Ma Z, Sun W, et al. Ultra-broadband terahertz metamaterial absorber[J]. Applied Physics Letters, 2014, 105(2): 021102.

[12] Jiang W, Ma H, Yan L L, et al. A microwave absorption/transmission integrated sandwich structure based on composite corrugation channel: design, fabrication and experiment [J]. Composite Structures, 2019, 229: 111425.

[13] Zhao Z Y, Li L, Wang X, et al. Strength optimization of ultralight corrugated-channel-core sandwich panels[J]. Science China Technological Sciences, 2019, 62(8): 1467-1477.

[14] Zhao Z, Han B, Wang X, et al. Out-of-plane compression of Ti-6Al-4V sandwich panels with corrugated channel cores[J]. Materials & Design, 2018, 137: 463-472.

[15] Yan L L, Han B, Yu B, et al. Three-point bending of sandwich beams with aluminum foam-filled corrugated cores [J]. Materials and Design, 2014, 60: 510-519.

[16] Yan L L, Yu B, Han B, et al. Compressive strength and energy absorption of sandwich panels with aluminum foam-filled corrugated cores [J]. Composites Science and Technology, 2013, 86: 142-148.

[17] Queheillalt D T, Wadley H N G. Titanium alloy lattice truss structures [J]. Materials and Design, 2009, 30(6): 1966-1975.

[18] Cote F, Deshpande V S, Fleck N A. The out-of-plane compressive behavior of metallic honeycombs [J]. Materials Science and Engineering A, 2004, 380: 272-280.

[19] Zok F W, Waltner S A, Wei Z, et al. A protocol for characterizing the structural performance of metallic sandwich panels: application to pyramidal truss cores [J]. International Journal of Solids and Structures, 2004, 41: 6249-6271.

[20] Zhang Q C, Han Y J, Chen C Q, et al. Ultralight X-type lattice sandwich structure (I): concept, fabrication and experimental characterization [J]. Science in China Series E: Technological Sciences, 2009, 52(8): 2147-2154.

第9章 基于人工表面等离激元强色散区调控的时域波形调制结构

色散普遍存在于电磁介质中，包括自然材料、人工电介质[1]、电磁超材料[2-4]、左右手复合传输线[5-7]等，强色散会导致损耗增大、信号畸变等问题，所以电磁介质的色散一般被看作不利因素，在很多情况下都是尽量减小或消除强色散。事实上，对色散特性进行人工调控并合理利用，可使其在电磁信号处理中发挥积极作用，类似于模拟信号处理过程。通过慢波传输线的群延迟色散设计，可对输入电磁信号在时域上进行实时处理，消除信号畸变、增大信噪比等，在实时模拟信号处理中具有重要应用[8-12]。目前大部分研究基本都是对导行波进行波形调制，鲜有对自由空间波的波形调制进行的研究。本章借助于人工表面等离激元(SSPP)的色散可调控性，针对自由空间波的波形调制，通过强色散与低损耗之间的这种设计，设计了多种基于 SSPP 的时域波形调制器。

9.1 强色散介质的时域波形调制特性

9.1.1 群速色散介质

根据材料的电磁参数对频率的变化关系可知，对于非色散或弱色散介质，例如真空、玻璃等，在微波波段其介电常量或磁导率基本不随频率发生变化。假设信号穿过该介质后，信号的各个频率分量以同一速率传播，在出射(反射或者透射)方向，这些单色波最终会合成与入射信号相同的包络信号，信号波形未发生畸变。对于强色散介质，不同频率分量的单色波具有不同的相速度，在传播过程中具有不同频率分量的单色波在经过该介质后，具有不同的延迟时间，这些单色波最终合成与原来包络不同的信号，信号波形发生畸变[13-15]。其中，信号包络的传播速度为群速。图 9.1 给出了信号在色散介质的传播过程示意图。

任意波形的电磁波均可由单色波叠加而成，设介质中电磁波的波数与角频率之间的关系(色散关系)为

$$k = k(\omega) \tag{9.1}$$

根据信号波形与频谱之间的傅里叶关系，波形可写成个频率分量傅里叶反变换形式

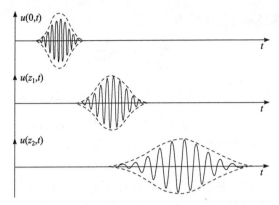

图 9.1　信号在色散介质的传播过程示意图

$$u(z,t) = \frac{1}{\sqrt{2\pi}} \int_{-\infty}^{+\infty} A(\omega) \mathrm{e}^{\mathrm{j}(\omega t - kz)} \mathrm{d}\omega \tag{9.2}$$

其中，$A(\omega)$ 表示角频率为 ω 单色波的振幅，可以对信号在 $z=0$ 处进行傅里叶变换

$$A(\omega) = \frac{1}{\sqrt{2\pi}} \int_{-\infty}^{+\infty} u(0,t) \mathrm{e}^{-\mathrm{j}\omega t} \mathrm{d}t \tag{9.3}$$

当然，频率 ω 也可以看作相移系数的函数

$$\omega = \omega(k) \tag{9.4}$$

继而，信号波形可变成对 k 的反傅里叶积分形式

$$u(z,t) = \frac{1}{\sqrt{2\pi}} \int_{-\infty}^{+\infty} A(k) \mathrm{e}^{\mathrm{j}(\omega t - kz)} \mathrm{d}k \tag{9.5}$$

其中，$A(k)$ 为 $t=0$ 时的傅里叶变换，

$$A(k) = \frac{1}{\sqrt{2\pi}} \int_{-\infty}^{+\infty} u(z,0) \mathrm{e}^{-\mathrm{j}kz} \mathrm{d}z \tag{9.6}$$

将 $\omega(k)$ 在一个窄带内（$\Delta k \ll k_0$）在 k_0 点处进行泰勒级数展开

$$\omega = \omega(k_0) + \frac{\mathrm{d}\omega}{\mathrm{d}k}\Big|_{k_0}(k - k_0) + \frac{1}{2!}\frac{\mathrm{d}^2\omega}{\mathrm{d}k^2}\Big|_{k_0}(k - k_0)^2 + \cdots \tag{9.7}$$

由于 $\Delta k \ll k_0$，将前两项代入 (9.5) 式可以得到

$$u(z,t) = \left\{ \frac{1}{\sqrt{2\pi}} \int_{-\infty}^{+\infty} A(k) \mathrm{e}^{\mathrm{j}(k-k_0)\left[z - \frac{\mathrm{d}\omega}{\mathrm{d}k}\big|_0 t \right]} \right\} \mathrm{e}^{\omega_0 t - k_0 z} \mathrm{d}k \tag{9.8}$$

其中，$\mathrm{e}^{\omega_0 t - k_0 z}$ 为其相位因子，信号包络为

$$U(z,t) = \left\{ \frac{1}{\sqrt{2\pi}} \int_{-\infty}^{+\infty} A(k) \mathrm{e}^{\mathrm{j}(k-k_0)\left[z - \frac{\mathrm{d}\omega}{\mathrm{d}k}\big|_{k_0} t \right]} \right\} \tag{9.9}$$

包络线沿着时空维持不变的条件为

$$z - \frac{\mathrm{d}\omega}{\mathrm{d}k}\Big|_{k_0} t = 常数 \tag{9.10}$$

而群速度可表示为 $v_g = \dfrac{\mathrm{d}\omega}{\mathrm{d}k}$，反映了信号波形的包络变化。图 9.1 给出了信号在正常色散介质中的传播过程，随着信号在色散介质的传播（$u(0,t) \to u(z_1,t) \to u(z_2,t)$)，信号波形逐渐被拓宽甚至变形，但是当信号色散比较严重时，(9.7) 式只取前两项已经不合适，单纯用群速来表示信号波形的变化已经没有意义，因此，计算群速色散对信号波形的变化只有色散不是太强的情况下可以表示信号包络的变化。

一般在实际应用中力求避免介质具有强色散特性，以防信号经过介质后发生不可预测的变化，导致信号处理机接收到信号却无法被识别出来，但是对于不知道这种介质色散特点的敌方来说，其返回的信号波形经过色散变化后，接收机不能识别出目标信号，降低了己方被发现的概率，同时，对于知道这种介质色散特点的己方，通过后台的数字信号处理或者反色散介质结构，还原出原始信号，具有一定的隐秘通信的作用，因此利用好介质色散，对雷达隐身、通信对抗等也有十分重要的意义。

9.1.2　群速色散对时域波形的调制

群延迟色散能够对一定带宽的信号波形进行调制，例如拓展、压缩及分离。当通过不同类型的群延迟色散介质时，信号波形畸变是不同的，这里我们对三种类型群速色散的波形进行分析，如图 9.2 所示。第一种是正线性的群速色散介质，如图 9.2(a) 所示。入射信号频谱随时间由低到高，当它通过一个具有正线性的群速色散介质时，出射信号的低频部分延迟较小，高频部分延迟较大，使得整个信号波形进行了拓展。第二种是负线性的群速色散介质，如图 9.2(b) 所示。入射信号波形与第一种相同，出射信号的低频部分延迟较大，高频部分延迟较小，使得整个信号波形进行了压缩，对于极端形式来说，甚至会发生颠倒。第三种是阶梯型的群速色散介质，如图 9.2(c) 所示。入射信号由高频信号和低频信号叠加而成，

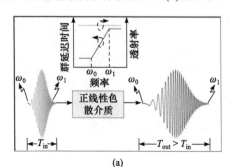

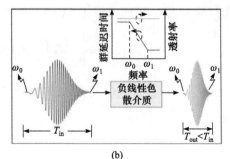

(a)　　　　　　　　　　　　　　　　　　(b)

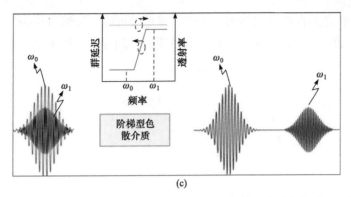

图 9.2　(a)正线性群速色散的波形变化图；(b)负线性群速色散的波形变化图；(c)阶梯型群速色散的波形变化图

如果高频段与低频段的群色散差别足够大，两种信号在出射端就会在时间上分离开。当然，还有其他类型的群速色散，这里不再一一赘述。这些群速色散可以通过不同种类 SSPP 色散结构的灵活调控来实现。

9.1.3　色散与吸收的关系

受限于因果性，对于天然材料或者非增益材料，强色散必然伴随着强损耗。电磁波与物质中微粒的相互作用的结果表现为介质的色散与吸收。当介质中分子的自由电子在电磁波的驱动下作简谐振动时，得到其极化率 χ_e 为[17]

$$\chi_e = \frac{Ne^2}{\varepsilon_0 m} \sum_i f_i \frac{1}{\omega_i^2 - \omega^2 + \mathrm{j}\omega\gamma_i} \tag{9.11}$$

其中，N 为单位体积内的分子数，f_i 为固有频率为 ω_i、阻尼系数为 γ_i 的电子个数，e 和 m 为电子的电量与质量。

复极化率可表示为

$$\chi_e = \chi'(\omega) + \mathrm{j}\chi''(\omega) \tag{9.12}$$

其中，$\chi'(\omega)$ 表示介质的色散，$\chi''(\omega)$ 虚部表示介质的吸收。如图 9.3 所示为 $\chi'(\omega)$ 和 $\chi''(\omega)$ 的归一化频率响应曲线。可以看出，当频率远小于或者远大于谐振频率时，其介质色散比较弱，损耗也比较弱；随着频率越接近谐振频率，其介质色散逐渐变强，损耗也逐渐增强，尤其是在其谐振频率处，损耗趋于最大。

SSPP 是在微波频段激发的类 SPP 模式，沿着材料或结构界面传播，能量局域在材料或结构表面附近，具有局域场增强效应和深亚波长传播特性。同时，在其色散曲线远离自由空间色散曲线的区域，具有极强的群速色散(group velocity dispersion, GVD)，从而可在延迟时间上对波形进行调控。对于 SSPP 色散关系，当频率接近其截止频率附近时，其色散随之增强，同时损耗也增强了。尽管如此，得益于 SSPP 色散曲线的灵活可调控性，强色散可以通过纵向 SSPP 结构的组合积累而成，换句话说，就是在强色散和低损耗之间寻找一种平衡。

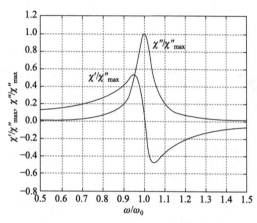

图 9.3　$\chi'(\omega)$ 和 $\chi''(\omega)$ 的归一化频率响应曲线

9.2　基于电诱导人工表面等离激元的波形调制结构

9.2.1　色散特性

在光频段,表面等离激元是在具有相反介电常量的金属/介质界面激发并传播的一种亚波长表面波模式，这种表面波模式是由其纵向电场分量驱动激发的，通常是 TM 极化的，即其磁场矢量始终平行于界面，所以是一种电诱导的表面等离激元(electric surface plasmon polariton, ESPP)模式。在微波频段，金属结构通常被看作完美电导体(perfect electrical conductor，PEC，介电常量负无穷大)，电磁场的趋肤深度近似为零，无法激发表面等离激元模式，但是通过将光滑金属表面进行结构化设计和处理，可以改变界面的等效介电常量，使得在微波频段也可以激发类似于光频段表面等离激元的模式，这种通过结构化金属界面激发的模式被称为人工表面等离激元(spoof surface plasmon polariton, SSPP)。为了在微波频段等更低频段激发 SSPP 模式，最为简单直接的思路是稀释金属的电子密度，降低等离子体频率，从而在低频段实现可用的负介电常量。细金属线超材料就是采用的这一思路将等离子体频段降低至了微波频段。对于金属表面，也可以采用同样的思路，降低表面的等离子体频率，增大电磁波在表面的趋肤深度，使电磁波可以深入到界面深处，从而能够将电磁场紧紧约束在界面附近，高效激发 SSPP 模式。这种 SSPP 模式也是 TM 极化的，被称为电诱导人工表面等离激元(electric spoof surface plasmon polariton, ESSPP)。

例如，在微波频段采用锯齿结构即可以激发 ESSPP，如图 9.4(a)所示，其中，P 为周期，h 为锯齿的深度，a 为锯齿宽度，t 为厚度(无穷大)。根据电磁边界条件和模式展开理论，当锯齿结构周期远小于波长时($P \ll \lambda$)，对于 TM 波，纵向传播的波矢为

$$k_z = k_0 \sqrt{1 + \frac{a^2}{P^2}\tan^2(k_0 h)} \tag{9.13}$$

其中，$k_0 = \omega / c_0$ 为自由空间波矢。

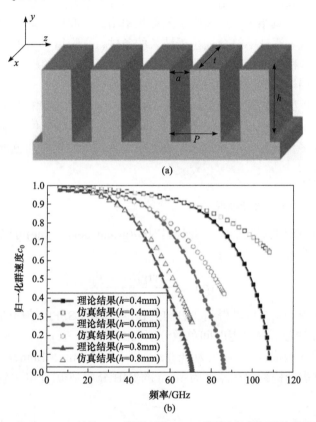

图 9.4　典型 ESSPP 结构：(a)锯齿结构；(b)不同锯齿高度下的群速色散

可以看出，当 $k_0 h$ 趋于 π/2 时，k_z 趋于 +∞，也就是说，SSPP 具有截止频率 $\omega_{\text{cut-off}} = \pi c /(2h)$。由于 SSPP 的波数远大于自由空间的波数，沿垂直方向的波数为纯虚数，SSPP 的电磁场无法辐射，从而高度局域在金属结构-空气界面。根据群速公式($v_{\text{g}} = \mathrm{d}\omega/\mathrm{d}k$)，可以得到 SSPP 的群速为

$$v_{g} = \cfrac{c_0}{\sqrt{1 + \cfrac{a^2}{P^2}\tan^2(k_0 h)} + \cfrac{k_0 h \cfrac{a^2}{P^2}\sin(k_0 h)\sec^2(k_0 h)}{\sqrt{\cos^2(k_0 h) + \cfrac{a^2}{P^2}\sin^2(k_0 h)}}} \qquad (9.14)$$

　　为了验证公式(9.14)，对比本征模求解器仿真结果与计算结果，如图 9.4(b)所示，锯齿结构的参数分别为 P=0.5mm，a=0.25mm，h=0.4mm，0.6mm，0.8mm。可以看出，在低频段，理论结果与实验结果吻合得很好，但是当频率增加时，理论结果逐渐偏离仿真结果，这是由于随着频率增大，波长变短，锯齿结构周期的电尺度越来越大，逐渐不符合远小于波长的条件，高阶衍射无法避免。随着锯齿深度的增加，这种偏差越来越明显。尽管如此，群速变化的趋势还是和理论值吻合，尤其是当周期越来越小的时候，吻合度更好。

　　根据 SSPP 群速的理论结果和仿真结果，已经证明 SSPP 的强群速色散区发生在距截止频率较近的低频段。通过对 SSPP 强色散区域的色散调控，可以在窄带范围内设计多种特定的群速色散，进行定制化的群延迟时间色散调控。

9.2.2　耦合效率

1. 等高锯齿结构的传输特性和色散特性

　　对于具有一定带宽的信号，群延迟时间(group delay time)可以通过透射系数 $S_{21}(\omega)$ 的相位得到

$$\tau(\omega) = -\frac{d\{\arg[S_{21}(\omega)]\}}{d\omega} \qquad (9.15a)$$

　　利用公式(9.15a)，可以得到在纵向上长度有限的 SSPP 结构的色散特性，其结构和仿真 S 参数、群延迟时间色散分别如图 9.5(a)～(c)所示。SSPP 结构由 60 个金属锯齿单元构成，结构参数为 P=0.5mm，a=0.25mm，d=1mm，h=4mm、4.5mm、5mm，金属锯齿结构刻蚀在厚度为 1mm 的 F4B 介质基板(介电常量为 2.65，损耗

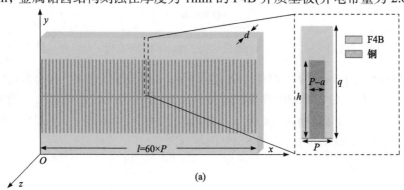

(a)

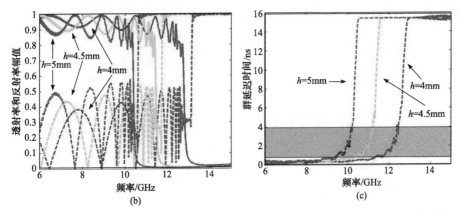

图 9.5　等高锯齿结构色散特性：(a)锯齿结构；(b)反射率和透射率；(c)群延迟时间特性

角正切为 0.001)上。由于 SSPP 与自由空间的波矢不匹配，以及法布里-珀罗腔体效应等，等高锯齿结构在其通带(低于截止频率)内的透射率并不高，并且随着频率的增加而降低，尤其是当频率接近 SSPP 截止频率时，透射率迅速下降，波动更明显。同时，群延迟时间也出现了很多抖动，不够平滑，如图 9.5(c)中的阴影区域所示。

2. 渐变高度锯齿结构的传输特性和色散特性

为了消除通带内透射率和群延迟时间的波动，在 SSPP 结构末端引入了渐变高度锯齿结构进行波数的平滑过渡设计。当锯齿深度降低为零时，其波数逐渐接近自由空间的波数(截止频率趋于无穷大)，与自由空间匹配度最高，也就是说，在 SSPP 结构的末端锯齿高度尽可能小。相反，中间段的锯齿高度决定了 SSPP 的截止频率，从而决定了群延迟色散设计的频段，并且锯齿深度变化要缓慢，以便降低相邻单元结构的波矢不匹配，优化结构如图 9.6(a)所示。图中，锯齿深度由 0 逐渐增大至 5.5mm，结构沿 x 方向具有 60 个锯齿，其他结构参数与图 9.5(a)一致。仿真 S 参数和群延迟色散如图 9.6(b)所示，可以看出，优化后渐变高度锯齿 SSPP 结构透射率得到了提升，群延迟色散曲线也变得平滑。图 9.6(b)中的插图给出 9.80~9.85GHz内的传输系数和群延迟局部放大图，可以看出透射系数幅值均大于 0.9，群延迟时间由 1ns 增加到 6ns。由上可知，通过平滑过渡结构的色散设计不仅提高了透射率，而且设计频带内的群延迟曲线变得平滑，保持了其强色散特性。

由于引入了平滑过渡设计，SSPP 结构两端的渐变高度锯齿结构很好地匹配自由空间的波矢，相邻锯齿间的色散曲线也十分接近。基于小反射理论[13]，可以忽略相邻锯齿间的反射，对于透射波来说，其群延迟时间可以由 SSPP 的色散曲线得到

$$\tau(\omega) = \frac{\mathrm{d}}{\mathrm{d}\omega}\left[\int_0^l k_{\mathrm{SPP}}(h)\mathrm{d}x\right] \tag{9.15b}$$

其中，$k_{SPP}(h)$为锯齿高度为 h 时的波数，l 为结构的纵向长度。

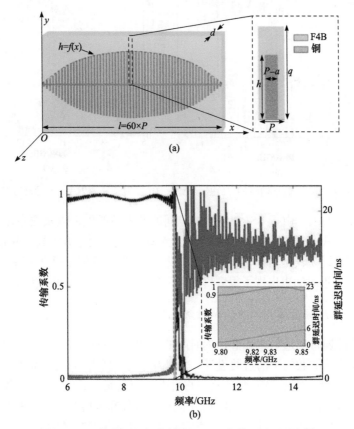

图 9.6 　(a)优化后的锯齿结构；(b)S 参数和群延迟色散

如果沿着 x 方向的锯齿周期足够小，则公式(9.15b)可以用来估计群延迟时间，而且由于 SSPP 的非线性色散，群延迟色散在接近截止频率附近特别明显。假如在该结构的后端加入反射金属板，畸变信号经过了两次信号调制，可以得到更强的群延迟色散。

9.2.3　波形调制结构

经过空间色散设计的渐变高度锯齿 SSPP 结构，其透射信号或反射信号的波形会得到实时高效的调制，导致信号畸变。更重要的是，这种调制可以通过结构参数优化进行定制化调控，可用于设计信号波形调制器。当信号通过这种信号波形调制器后，透射信号或者反射信号的波形依据色散介质的群速色散产生特定变化。一方面，这种变化造成了发射信号与接收信号的不匹配，降低了回波信号的截获概率；另一方面，这种畸变可以通过反向的群速色散进行补偿，而这种补偿是敌方所不知道的，降低了信号被拦截的可能性，同时保护了己方正常接收。因此，通过 SSPP 色散调控设计的群延迟色散，可以实现定制化的信号波形调制，在通信对抗、隐身技术等领域具有重要的应用前景。

为了验证这种波形调制器的效率，通过如图 9.7(a)所示的数字信号处理过程计算透射信号和反射信号的相关性，以衡量信号畸变的程度。图 9.7(a)中，数字下变频和低通滤波器用于抑制带外信号，匹配滤波器参数为 $h(t) = s(-t)$，其中 $s(t)$ 为原始信号。输入和输出波形的波形如图 9.7(b)所示，从图中可以看出，相对于入射信号，经过 SSPP 色散结构的透射信号的确在时间上进行了拓展。图 9.7(c) 为原始信号和透射信号经过如图 9.7(a)所示的信号处理过程的匹配结果，可以看出透射信号相对于输入信号的匹配输出降低了 6.5dB。

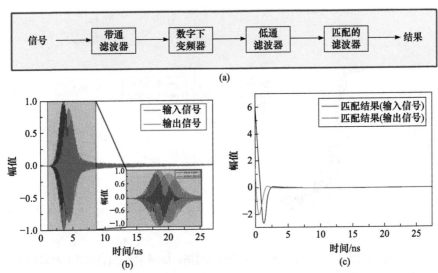

图 9.7　(a)数字信号处理流程；(b)输入和输出波形；(c)匹配输出结果

9.2.4　结构参数对调制带宽、效率的影响

1. 渐变轮廓线对调制带宽和效率的影响

由(9.14)式可知，随着锯齿高度的增加，群速色散(群速的陡峭度 $\mathrm{d}^2/\mathrm{d}w^2$)变强，SSPP 结构(如图 9.6(a)所示)的群延迟色散是由其 60 个锯齿共同决定的(纵向长度为 30mm)，当增大高度最高的锯齿数量时，SSPP 结构的色散将增强，可以拓展波形调制的带宽。为此，设计如图 9.8(a)所示的 SSPP 结构，锯齿高度渐变轮廓线的表达式为 $f(x) = ax^2 + bx + c$ (图中虚线表示)，其中 $a = \dfrac{y_2 - y_1 - b(x_2^2 - x_1^2)}{x_2 - x_1}$，$(x_1, y_1)$ 和 (x_2, y_2) 为轮廓线的起点和终点。表 9.1 给出了不同轮廓线的结构参数，

其中轮廓线 3 的高锯齿个数最多，其次是轮廓线 2，最少的是轮廓线 1。图 9.8(b)
和(c)分别给出了三种轮廓线下的透射率和群延迟时间。由图中可以看出，随着高
锯齿结构的增加，群延迟色散越强，但是由于波矢匹配变差，透射率有稍微下降，
但在低于 9.58GHz 时基本上保持在 90%以上，同时其工作频带得到了拓展。

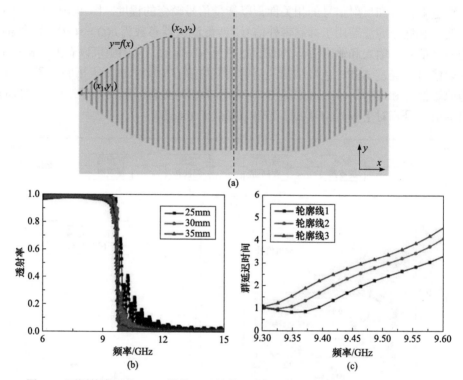

图 9.8　不同轮廓下的 SSPP 结构：(a)结构示意图；(b)透射率；(c)群延迟时间曲线

表 9.1　不同轮廓线的结构参数表

结构参数	轮廓线 1	轮廓线 2	轮廓线 3
b	0.8	0.9	1
(x_1,y_1)	(0,0)	(0,0)	(0,0)
(x_2,y_2)	(5.5,13)	(5.5,10.5)	(5.5,9)

2. 间隙 a 对群延迟色散的影响

图 9.9(a)和(b)分别给出了仿真的不同间隙 a 下的透射率和群延迟色散曲线，
其他结构参数如下：P=0.5mm，d=1mm，采用如图 9.6(a)的椭圆结构轮廓线。可
以看出，随着间隙 a 的增加，人工表面等离激元的截止频率向低频移动。这是因为，
当 a 增加的时候，金属锯齿占整个单元周期的比例减小，结构的等离子体频率降低，

使得截止频率向低频移动，同时由于 a 的增加，群延迟色散的带宽稍有增加。

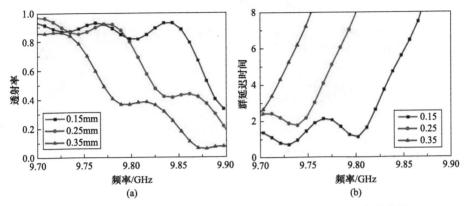

图 9.9　不同间隙 a 下的 SSPP 结构：(a)透射率；(b)群延迟色散曲线

3. 锯齿高度对群延迟时间的影响

采用如图 9.8(a)的锯齿轮廓线，轮廓线系数 b=0.6，图 9.10(b)给出了 50 个锯齿(l=25mm)、60 个锯齿(30mm)、70 个锯齿(35mm)下的仿真透射率和群延迟色散曲线。可以看出，随着锯齿高度的增加，通带内的透射率增强，同时能够抑制阻带内的透射，而且群延迟色散也随着长度的增加而增加。

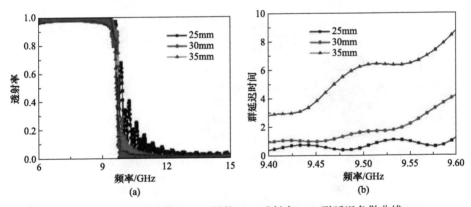

图 9.10　不同长度下 SSPP 结构：(a)透射率；(b)群延迟色散曲线

9.2.5　实验验证

为了进一步验证波形调制器的性能，制备 320mm × 320mm 的原理样件(40 × 20 个单元)，如图 9.11(a)所示。金属锯齿结构刻蚀在 F4B 介质基板(ε_r=2.65，$\tan\delta$=0.001)上，用泡沫板(ε_r≈1.05~1.08，厚度为 7mm)夹在相邻 SSPP 结构之间，用于固定保持间距。图 9.11(b)为测试环境，测试样件固定在中心位置，喇叭天线固定在轴壁上并保持 180°，分别位于测试样件的前后两侧，采用工作频带为 8～12GHz 的 X 波段喇叭发射和接收电磁波。

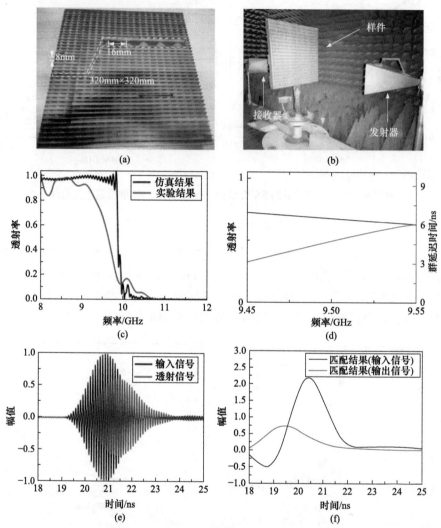

图 9.11　基于电诱导 SSPP 的波形调制器：(a)原理样件；(b)测试环境；(c)仿真与实验结果透射率对比；(d)9.45～9.55GHz 的群延迟时间；(e)输入信号与透射信号波形图；(f)匹配结果

　　实验在微波暗室中进行，仿真与测试的透射率结果如图 9.11(c)所示。由于泡沫板的影响(泡沫板宽度有所偏差，且介电常量与空气有偏差)和损耗介质基板等缘故，测试透射率曲线相比仿真结果有一定的下降。实际中，透射信号幅值受每个锯齿的截止频率影响较大，锯齿间间距不一致性也会对透射率造成不利影响。尽管如此，强群速色散出现在 9.45～9.55GHz (透射率幅值在 0.62～

0.72)，其中群延迟时间由 3ns 线性增加到 6ns，如图 9.11(d)所示。值得注意的是，实际测试频段低于仿真频段，这主要是由介质基板和泡沫的介电常量偏差造成的。从矢量网络分析仪可获取入射信号和透射信号的波形，如图 9.11(e)所示。匹配结果如图 9.11(f)所示，可以看出透射信号相对于输入信号匹配度下降了 5.0dB。

9.3　基于磁诱导人工表面等离激元的波形调制结构

磁表面等离激元(magentic surface plasmon polariton)是在具有正负磁导率两介质界面上激发的一种表面模式，其电矢量始终平行于界面。根据等效电路理论，磁谐振环可以实现负磁导率，因此在空气/磁谐振器界面可以激发出磁诱导人工表面等离激元(magentic spoof surface plasmon polariton，MSSPP)。而相对于同样大小的电偶极子，磁偶极子的辐射损耗较小[15]，采用磁表面等离激元的功能器件具有损耗小、效率高的特点。借助于磁表面等离激元的强色散特性，本节设计了基于磁表面等离激元色散调控的高效实时波形调制器。

9.3.1　色散特性

根据 MSSPP 的色散方程($k_x = w / \left(c\sqrt{\mu_2(\mu_2 - \varepsilon_2)/(\mu_2^2 - 1)} \right)$)[18]，只有当界面两侧的介质满足特定条件时($\mu_2(\mu_2 - \varepsilon_2)/(\mu_2^2 - 1) \geqslant 1$)，才能激发 MSSPP。因此，为了激发 MSSPP，利用级联 SRR 实现所需的负磁导率，如图 9.12(a)所示。结构参数为 P=0.8mm，a=0.2mm，w=0.2mm，s=0.2mm，h=6mm、8mm、10mm，金属结构厚度 t=0.017mm，介质基板采用厚度为 1mm 的 F4B 介质板(相对介电常量为 2.65，损耗角正切为 0.001)。

入射波为线极化波，沿 x 方向传播，电场沿 y 方向，通过本征模仿真得到不同高度下的色散曲线，如图 9.12(b)所示。可以看出，随着级联 SRR 高度的增加，截止频率降低，色散程度增强，并且波矢远大于自由空间的波矢，具有强烈的场增强效应和亚波长特性。为了观察 MSSPP 的亚波长传播特性，图 9.12(c)给出了 f=8.29GHz 的磁场分量 H_y 分布。可以看出，MSSPP 的传播波长 λ_{SPP} 远小于自由空间波长，同时磁场局域在介质与磁谐振器界面。此外，MSSPP 的色散特性还可以通过级联 SRR 间距 g 的大小来调节，图 9.12(d)给出了不同间距大小下的级联 SRR 的色散曲线，级联 SRR 的谐振频率随着间距 g 的增加而升高($f_{cut\text{-}off} = 1/\sqrt{L_{eff}C_{eff}}$)，造成截止频率以下的散射相对变弱。在接近截止频率附近的区域，波矢变化特性引起群速的强色散($d\omega/dk$)。

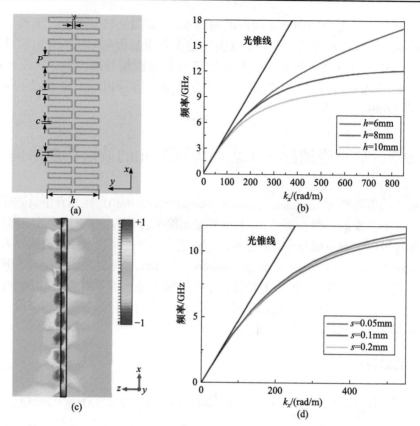

图 9.12 MSSPP 结构及其色散特性：(a)MSSPP 结构；(b)不同高度下的色散图；(c)f=8.29GHz 下的磁场分量 H_y 的分布；(d)不同间距 g 下的色散图

9.3.2 群延迟时间与 MSSPP 波矢的关系

为了定量分析 MSSPP 结构的群延迟时间与传播常数之间的关系，引入标准 Airy 公式[13]，如下：

$$r = \frac{r_{12} + r_{23}\mathrm{e}^{2\mathrm{j}\theta}}{1 + r_{12}r_{23}\mathrm{e}^{2\mathrm{j}\theta}} \tag{9.16a}$$

$$t = \frac{t_{12} + t_{23}\mathrm{e}^{2\mathrm{j}\theta}}{1 + r_{12}r_{23}\mathrm{e}^{2\mathrm{j}\theta}} \tag{9.16b}$$

其中，r_{ij}，t_{ij} 分别为由介质 i 到介质 j 的反射率和透射率，θ 为传播相位。

MSSPP 结构的传播模型和双端口网络图分别如图 9.13(a)和(b)所示。其中 MSSPP 结构的反射率/透射率由斯涅尔公式得出

$$\Gamma_0 = -\Gamma_1 = \frac{Z - Z_0}{Z + Z_0} \tag{9.17a}$$

$$T = 1 + \Gamma_0 = \frac{2Z}{Z + Z_0} \tag{9.17b}$$

$$T' = 1 + \Gamma_1 = \frac{2Z_0}{Z + Z_0} \tag{9.17c}$$

其中，Z_0 为空气阻抗($Z_0 = 120\pi\Omega$)，Z 为 MSSPP 的表面阻抗。

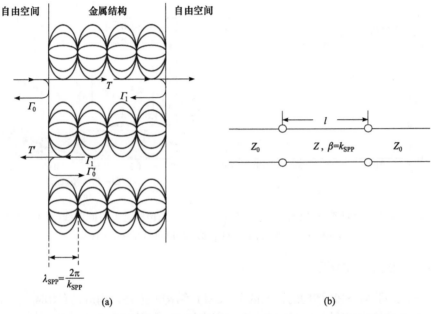

图 9.13　MSSPP 结构的传输模型：(a)亚波长传播模型；(b)双端口网络图

　　由上述公式，可以得到传播系数、阻抗、传播常数之间的关系。将群延迟时间公式($\tau(\omega) = -\mathrm{d}\{\arg[S_{21}(\omega)]\}/\mathrm{d}\omega$)代入，我们可以得到群延迟时间、阻抗、传播常数之间的关系，如下

$$\tau(\omega) = -\frac{\mathrm{d}\left\{\arg\left[\dfrac{4ZZ_0\mathrm{e}^{2jk_{\mathrm{SPP}}(\omega)l}}{(Z + Z_0)^2 - (Z - Z_0)^2\mathrm{e}^{2jk_{\mathrm{SPP}}(\omega)l}}\right]\right\}}{\mathrm{d}\omega} \tag{9.18}$$

　　为简单计，假设 MSSPP 的色散曲线为 $k_{\mathrm{SPP}} = k_0 / \cos(k_0 h)$，图 9.14(a)给出了基模的归一化色散曲线。利用电磁仿真软件，计算了 MSSPP 结构在不同阻抗条件下的群延迟时间曲线($Z=0.5Z_0$ 和 $Z=0.95Z_0$)，如图 9.14(b)所示(其中插图为群延迟时间陡峭区的放大图)。从图 9.14(a)可以看出，随着频率的增加，MSSPP 的波

矢逐渐远离自由空间波矢，色散逐渐加强，同时损耗也在加强。其实，金属锯齿结构可以看作 MSSPP 色散公式在 a 趋近于 P 的极限形式。从图 9.14(b)可以看出，随着工作频率趋近于截止频率，通过 MSSPP 结构的群延迟时间曲线变得越来越陡峭，尤其是大于 0.7 倍截止频率后的群延迟色散特别强。对比图 9.14(b)中的两条曲线，当工作频率大于 0.6 倍截止频率时，阻抗不匹配的群延迟时间曲线具有很多起伏，与未经过匹配设计的 SSPP 结构群延迟时间曲线一致，这主要是 MSSPP 与自由空间波的阻抗和波矢不匹配导致的。因此为了使群延迟时间曲线更平滑，需要根据色散特性设计匹配渐变结构，同时也可以提高透射率。

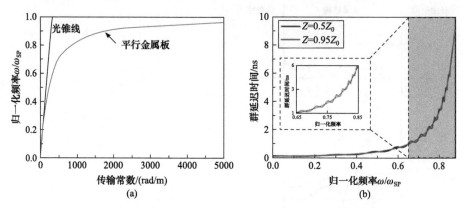

图 9.14　双平行金属皱纹结构(a)的归一化色散曲线；　(b)群延迟时间曲线(图中插图为在 0.65 ω_{SP} 和 0.85 ω_{SP} 之间群延迟时间曲线放大图)

9.3.3　波形调制结构设计

为了验证 MSSPP 结构的损耗低于 ESSPP 结构的损耗，构造具有相同截止频率的 ESSPP 结构(锯齿结构)，由 40 个金属锯齿组成，结构参数为 P=0.8mm，w=0.2，h=5.5mm，刻蚀在厚度为 1mm 的 F4B 介质基板上，如图 9.15(a)上图所示。同时，图 9.15(a)下图给出了由 40 个级联 SRR 构成的 MSSPP 结构，优化后的结构参数为 P=0.8mm，a=0.2mm，w=0.2mm，s=0.2mm，h=7.23mm，两个结构的纵向长度均为 32mm。通过本征模仿真计算单元结构的色散曲线，如图 9.15(b)所示，可以看出两种结构具有同样的截止频率，ESSPP 的波矢要小一点。同时，通过方程计算波矢的虚部($\mathrm{Im}(k_x) = \mathrm{Re}(k_x)/Q$)，如图 9.15(c)所示。可以看出，在低频区 ESSPP 与 MSSPP 的损耗都很小，在接近截止频率区域，ESSPP 的损耗显著增强。之后，计算 y 极化波沿$+x$ 方向垂直入射到上述两个结构单元的透射率，图 9.15(d)为仿真得到两个结构单元的透射率$|S_{21}|^2$。从图中可以看出，在强色散区，透射率急剧下降，ESSPP 结构与 MSSPP 结构在 8.66GHz 处具有相同的透射率，8.66GHz 之前，透射率受波矢不匹配的影响出现波动。MSSPP 的平均透射率还是要高于 ESSPP，但是由于 ESSPP 的

波矢稍大，其波动范围大于 MSSPP 结构。也就是说，MSSPP 结构的损耗小于 ESSPP 结构的损耗，其透射率更高，有助于设计更加高效的 SSPP 结构。图 9.15(e)为仿真得到的群延迟时间曲线图($\tau(\omega) = -\mathrm{d}\{\arg[S_{21}(\omega)]\}/\mathrm{d}\omega$)，可以看出，在接近截止频率附近，虽然其群延迟色散较强，但是其透射率不高，且群延迟时间曲线波动较强。

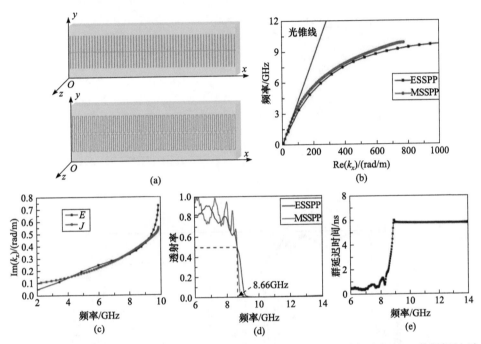

图 9.15 ESSPP 结构与 MSSPP 结构：(a)结构示意图；(b)色散曲线(波矢实部)；(c)传播损耗(波矢虚部)；(d)透射率对比；(e)群延迟时间曲线

由于波矢不匹配和法布里-珀罗谐振，在 SSPP 强色散区，透射率低且变化剧烈，同时也导致群延迟色散起伏波动，不利于高效波形调制，这都是 MSSPP 与自由空间波的波矢不匹配导致的。由于 MSSPP 结构的色散特性可以通过改变其结构尺寸来灵活操控，通过对 MSSPP 的小单元高度的调节，来提高 MSSPP 的耦合效率同时保证一定的强色散，尽可能使结构两端单元的波矢越小，中间结构单元的波矢越大，这样就可以在保证强色散的基础上提高透射效率。优化后的 MSSPP 结构单元如图 9.16(a)所示，其结构参数为 $P=0.4\mathrm{mm}$，$w=0.05\mathrm{mm}$，$a=0.15\mathrm{mm}$，$b=0.15\mathrm{mm}$，$g=0.05\mathrm{mm}$，整个结构由 75 个 SRR 级联而成，总长度为 30mm，SRR 的最大高度 h 为 10mm，结构的轮廓线为椭圆曲线，表达式如图中所示。仿真 y 极化波沿+x 方向垂直入射到上述两个结构单元的透射率，单元周期不变，图 9.16(b)给出了仿真的透射率和群延迟时间曲线，可以看出，该 MSSPP 结构在 500MHz(10～10.5GHz)带宽内保持透射率在 90%以上(而群延迟时间曲线从 1ns 逐渐增长到 5ns)，相对于基于 ESSPP 的波形调制器，在其结构尺寸、仿真条件相同情况下只有 50MHz 的高效且强群延迟时间带宽，带宽约等于原来的 10 倍，可见 MSSPP 的确要比 ESSPP 的耦合效率高。

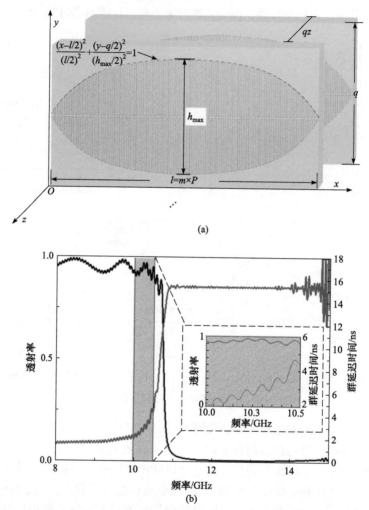

图 9.16 高效匹配的 MSSPP 结构：(a)结构示意图；(b)透射率和群延迟时间曲线(插图为 10～10.5GHz 的结果放大图)

9.3.4 实验验证

为了计算 MSSPP 结构对波形的调制性能，通过如图 9.17(a)所示的数字信号流程，来计算入射信号和透射信号的相关度，由于 10～10.5GHz 透射信号的透射率均在 90%以上，其幅度对相关度的影响可以忽略不计，因此计算出的相关度主要由 MSSPP 波形调制器结构的群延迟色散来决定。如图 9.17(a)所示，首先，信号通过带通滤波器滤除带外信号(这里指的是 10～10.5GHz 之外的信号)，同时在实验中此滤波器还可以滤除带外噪声，提高带内信号的信噪比；然后，带内信号通过下变频装置将中频移动到基带(此时信号已经搬移到低频区)，用于计算机处理(计算机并不能直接处理接收过来的射频信号，需要降低采样率)；之后，通过低通滤波器继续滤除高频噪声；最后，通过匹配滤波器计算输出信号与参考信号的相关值。依据通信领域的相关性理论，随着信号间相关性的降低，经过强色散媒质的电磁波的波形畸变得更严重。

　　为了验证基于 MSSPP 的波形调制器，通过 PCB 印刷工艺制作大小为 320mm×320mm 的原理样件(含有 40×18 个单元)。受限于加工工艺精度(其中金属线间的最小间距为 0.1mm)，调整小单元结构的参数如下：P=0.5mm，w=0.1mm，a=0.1mm，b=0.2mm，g=0.1mm，m=100，d=1mm，如图 9.17(b)所示。其中，水平方向为印刷有金属结构的介质基板，垂直方向有四个起着固定作用的纯介质板条，其上每隔 8mm 开有宽度为 1.2mm(略大于介质板的厚度，避免精度误差)的缝隙，用于插入 SSPP 结构，SSPP 结构刻蚀在 1mm 厚的 F4B 介质基板上(介电常量为 2.65，损耗角正切为 0.001)。

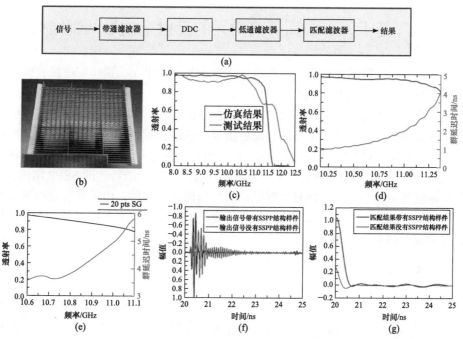

图 9.17　(a)数字信号处理；(b)原理样件；(c)仿真与测试的透射率对比；(d)仿真的透射率与群延迟色散；(e)测试的透射率与群延迟色散；(f)输入输出信号波形；(g)匹配输出的结果

图 9.17(c)给出了仿真与测试透射率，可以看出仿真透射率曲线下降速度比较快，而测试透射率曲线下降速度比较慢，但是趋势基本一致，证明了原理样件具有明显的截止频率。测试的截止频率高于仿真的截止频率，这可能是实际采用的F4B介质基板的介电常量稍小于 2.65，导致截止频率增大。此外，实验结果中通带的透射率要稍小于仿真结果，应该是 F4B 介质损耗角正切值要高于 0.001 导致了目标频带向高频移动，且透射率下降。图 9.17(d)和(e)分别给出了仿真和测试得到的在设计频段的透射率和群延迟时间曲线，仿真中在约 1GHz(10.25～11.25GHz)频带内的色散很强，且透射率也保持在高水平；而测试结果只在500MHz 频带内能够保证强色散和较高透射率，也就是说，10.6～11.1GHz 为高效实施波形调制的实际工作频带，相对于仿真结果，工作频带向高频移动，主要是 F4B 介电常量小于 2.65 导致的。同时为了计算该波形调制器的调制性能，对测试信号作如图 9.17(a)的信号处理，其中输入信号与输出信号如图 9.17(f)所示，可以看见由于原理样件的色散，其波形发生了拓展(这其中包括目标频带的波形拓展和目标频带外的波形拓展)，最后其匹配输出的结果如图 9.17(f)所示，可以看出透射信号的相关性下降了 5.75dB 左右，验证基于 MSSPP 对信号波形调制的有效性。

9.4　基于人工表面等离激元的反射型波形调制结构

金属界面反射的电磁信号会保持与入射波相同的波形，这样雷达接收机就可以通过对回波信号的匹配相关接收信号，当相关性大于一定阈值时，判断当前位置具有目标，从而得到目标的方位、距离及方位信号。但是，假如在金属背板前加入具有强色散特性的人工介质，反射信号的波形会发生畸变，当畸变比较严重时，雷达接收机就无法识别回波信号，由此可以达到迷惑对方雷达的目的。因此，通过 9.2 节和 9.3 节的分析，在金属背板上加载具有强色散特性的 SSPP 结构，反射电磁波发生畸变，可达到对反射电磁波波形调制的目的。由于反射过程至少是双程的，可以进一步通过多程作用加重畸变，因此同等效率下反射型结构大致是透射型波形调制结构的一半。

9.4.1　色散特性

图 9.18(a)给出了光频段 SPP 色散曲线图，截止频率为 $\omega_{sp} = \omega_p / \sqrt{2}$ 。由图可知，随着截止频率的增加，SPP 的波矢逐渐远离自由空间波的波矢，使得电磁场束缚在金属/介质界面传播。根据色散强度和损耗特点，整个色散图可以分为五个部分，每个区域根据其特点可应用于不同领域。对于禁带区(大于截止频率)，电

磁波表现出截止特性，此时不能被激发 SPP 模式，电磁波被反射，具有带阻特性；对于强色散区(接近截止频率的区域)，SPP 的波矢远远大于自由空间波，电磁波强被束缚在表面结构上，群速趋近于零，群速变化剧烈，电磁波的损耗特别大；对于中等色散区(略低于强色散区)，SPP 波矢仍远大于自由空间的波矢，群速是强色散的，但是损耗处于中等水平；对于弱色散区，表面等离激元波矢略大于自由空间波的波矢，群速是弱色散或者接近非色散，损耗较小；对于非色散区，SPP 的波矢接近自由空间波波矢，群速的色散和损耗均很小。

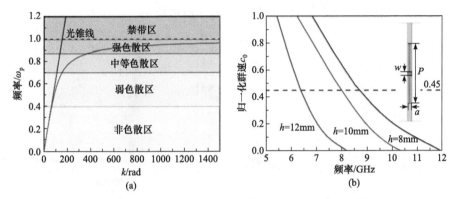

图 9.18　SPP 的色散特性：(a)色散分区图；(b)群速色散图

在微波波段，无限厚或三维超薄周期性锯齿结构可以激发类似光学波段的 SSPP[18-22]，其色散曲线变化关系与图 9.18(a)基本一致。根据群速关系($v_g = \mathrm{d}\omega/\mathrm{d}\beta$)，仿真计算了不同高度下的超薄金属锯齿结构的群速色散关系，如图 9.18(b)所示，图中插图为超薄 SSPP 结构，结构参数为 P=0.5mm，a=0.25mm，w=0.2mm，h=8mm，10mm，12mm，金属结构刻蚀在厚度为 1mm 的 F4B 基板上(介电常量为 2.65，损耗角正切为 0.001)。由图中可以看到，随着频率的增加，归一化群速逐渐从 1 下降到零点，零点处对应于 SSPP 结构的截止频率；当频率大于一定值时，群速色散是强色散的(斜率是非线性的)，不同单色波传播过程中相位关系发生变化，导致信号包络发生畸变；随着锯齿高度的增加，截止频率和强色散区向低频移动。可以看出，群速可以通过 SSPP 结构尺寸的调制来调控，因此可以通过对 SSPP 结构群色散特性的调控，操纵结构的群延迟时间曲线，以达到对信号波形的调制。

9.4.2　反射型波形调制结构设计

1. 等高锯齿结构的群延迟色散

图 9.19(a)给出了由 30 个等高锯齿结构单元组成的结构单元(右侧为金属反射

板)，结构参数如下：q=16mm，P=0.5mm，a=0.25mm，w=0.2mm，h=11mm。仿真 y 极化波下该结构的反射率与群延迟时间曲线，沿 y 方向的周期为 16mm，z 方向的周期为 8mm，如图 9.19(b)所示。在中色散区，由于接近截止频率处(约为 9.5GHz 附近)的中色散区，群延迟时间曲线变化剧烈，损耗不大，适于做波形调制。同时，由于 SSPP 与自由空间波的波矢不匹配，使得电磁波在此区域发生强烈的法布里-珀罗谐振，反射率和群延迟时间曲线发生剧烈的波动变化，不利于实际应用。虽然，在强色散区，群延迟色散很强，但是其群速逐渐趋近于零，导致损耗增强，反射率显著降低，此区域不适于波形调制。

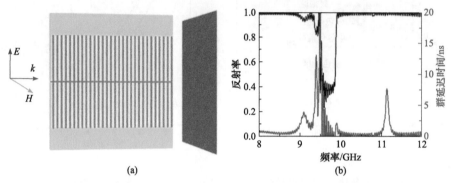

图 9.19　等长锯齿 SSPP 结构：(a)结构示意图；(b)反射率曲线与群延迟时间曲线图

2. 渐变高度锯齿结构的群延迟色散

为了使强色散区的群延迟色散曲线更加平坦，同时提高反射率，引入匹配渐进结构消除 SSPP 与自由空间波的波矢不匹配，如图 9.20(a)所示。通过匹配渐变结构，SSPP 的波矢随着传播距离的增加而增加，在最左侧，接近自由空间，金属锯齿结构高度应足够小，提高与自由空间波的匹配程度，同时，在最右侧，根据截止频率，设定最大高度，金属锯齿结构从左向右逐渐增加，降低锯齿结构与空气界面的反射。图 9.20(b)仿真了 y 极化波照射下波矢匹配结构的反射率和群延迟时间曲线，图中阴影部分在 180MHz 带宽内反射率均大于 90%，相应的群延迟时间从 1ns 增加到 5ns，表明该区域具有高反射率(低损耗)和强群延迟时间。此外，相对于具有等高锯齿结构，波矢匹配结构的截止频率向高频移动(约为 9.8GHz)，这是因为对于波矢匹配结构，结构最右侧单元与金属表面发生耦合，导致其截止频率由稍短一些的锯齿高度决定，因此其截止频率要稍高于非波矢匹配的锯齿结构。

为了反映该反射型波形调制器的波形调制效率，将信号通过如图 9.20(c)所示的数字信号处理流程以计算其信号相关性。图 9.20(d)给出了波矢匹配结构的输入信号和输出信号，通过该信号处理流程，滤除了带外噪声，匹配输出结果通过 Matlab 仿真软件计算出来，如图 9.20(e)所示，经过波矢匹配结构的波形调制器的反射率相关性比输入信号相关性低 6.5dB。相对于透射型波形调制器，反射型结构的纵向长度只需一半，群延迟色散已经够强。对于反射型波形调制器，反射波来回两次经过金属锯齿结构，在其中经过了双程传输，相应地经过了两次信号畸变，在保证同样群延迟色散的情况下，其纵向结构长度大约是透射型波形调制 SSPP 结构的一半。

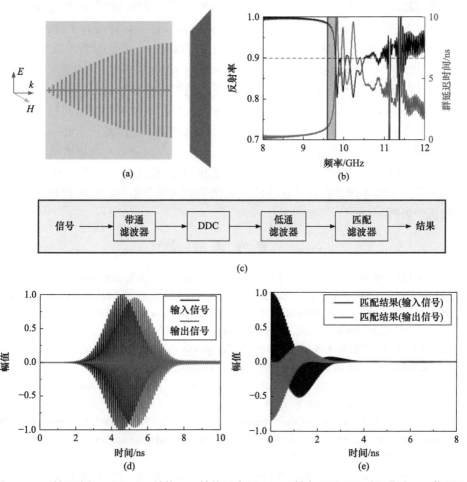

图 9.20　反射型波矢匹配 SSPP 结构：(a)结构示意图；(b)反射率和群延迟时间曲线；(c)信号处理流程；(d)输入信号与输出信号波形；(e)匹配输出结果

9.5　本章小结

本章首先分析了群速色散对信号波形的调制作用，以及 SSPP 的强群速色散特性和色散可调控性，为设计高效实时波形调制器提供了理论基础；分析并仿真了锯齿结构的群速色散曲线，通过渐变匹配设计提高了锯齿结构的耦合效率，平滑化强色散区的群延迟色散曲线，在保证高透射率的情况下，实现了 50MHz 带宽(9.8～9.85GHz)的实时波形调制器；将仿真和实验得出的输入波形与输出波形通过信号处理流程计算其相关性，验证了波形调制器的调制效率。分析并仿真了由级联 SRR 构成的 MSSPP 结构的群速色散关系，通过理论分析和仿真验证了SSPP 结构在强色散区的群延迟色散特性，通过渐变匹配设计提高了 ESSPP 的耦合效率，在保证高透射率的情况下，实现了 500MHz 带宽的实时波形调制器(10.1～10.5GHz)。由于磁偶极子具有比电偶极子更低的损耗，因此基于 MSSPP的波形调制器比 ESSPP 波形调制器的带宽和透射率都有所提升。同时，为了对反射波的波形进行调制，设计并仿真了 ESSPP 结构的反射型波形调制特性，由于金属背板对电磁波的全发射，反射波经过了双程调制，因此只需要一半的长度即可实现透射型波形调制的调制效果。同时，由于金属背板与高锯齿结构的相互耦合作用，其工作频率相对于具有同样高度的透射型波形调制器的工作频率要低一些。受限于因果律，在设计这些波形调制器的时候，需要在强色散与低损耗之间做折中处理。

参 考 文 献

[1] Pendry J B, Holden A J, Robbins D J, et al. Magnetism from conductors and enhanced nonlinear phenomena[J]. IEEE Transactions on Microwave Theory and Techniques, 1999, 47(11): 2075-2084.

[2] Pendry J B, Holden A J, Stewart W J, et al. Extremely low frequency plasmons in metallic mesostructures[J]. Physical Review Letters, 1996, 76(25): 4773.

[3] Smith D R, Padilla W J, Vier D C, et al. Composite medium with simultaneously negative permeability and permittivity[J]. Physical Review Letters, 2000, 84(18): 4184.

[4] Baena J D, Marqués R, Medina F, et al. Artificial magnetic metamaterial design by using spiral resonators[J]. Physical Review B, 2004, 69(1): 014402.

[5] Caloz C, Itoh T. Application of the transmission line theory of left-handed (LH) materials to the realization of a microstrip "LH line"[C]. IEEE Antennas and Propagation Society International Symposium (IEEE Cat. No. 02CH37313), IEEE, 2002, 2: 412-415.

[6] Lai A, Itoh T, Caloz C. Composite right/left-handed transmission line metamaterials[J]. IEEE Microwave Magazine, 2004, 5(3): 34-50.

[7] Caloz C, Itoh T. Transmission line approach of left-handed (LH) materials and microstrip implementation of an artificial LH transmission line[J]. IEEE Transactions on Antennas and propagation, 2004, 52(5): 1159-1166.

[8] Achouri K, Yahyaoui A, Gupta S, et al. Dielectric resonator metasurface for dispersion engineering[J]. IEEE Transactions on Antennas and Propagation, 2017, 65(2): 673-680.

[9] Gupta S, Caloz C. Analog signal processing in transmission line metamaterial structures[J].

Radioengineering, 2009, 18(2):155-167.

[10] Gupta S, Sounas D, Zhang Q, et al. All-pass dispersion synthesis using microwave C-sections[J]. International Journal of Circuit Theory and Applications, 2014, 42(12): 1228-1245.

[11] Gupta S, Parsa A, Perret E, et al. Group-delay engineered noncommensurate transmission line all-pass network for analog signal processing[J]. IEEE Transactions on Microwave Theory and Techniques, 2010, 58(9): 2392-2407.

[12] Gupta S, Zhang Q, Zou L, et al. Generalized coupled-line all-pass phasers[J]. IEEE Transactions on Microwave Theory and Techniques, 2015, 63(3): 1007-1018.

[13] 张克潜, 李德杰. 微波与光电子学中的电磁理论[M]. 2 版. 北京:电子工业出版社, 2001.

[14] Sommerfeld A, Brillouin L. Wave Propagation and Group Velocity[M]. New York: Acadamic PressInc, 1960.

[15] Jackson J D. Classical electrodynamics[J]. New York: John Wiley & Sons, 1999: 841-842.

[16] 张良莹, 姚熹. 电介质物理[M]. 西安: 西安交通大学出版社, 1991.

[17] Gollub J N, Smith D R, Vier D C, et al. Experimental characterization of magnetic surface plasmons on metamaterials with negative permeability[J]. Physical Review B, 2005, 71(19): 195402.

[18] Pendry J B, Martin-Moreno L, Garcia-Vidal F J. Mimicking surface plasmons with structured surfaces[J]. Science, 2004, 305(5685): 847-848.

[19] Garcia-Vidal F J, Martin-Moreno L, Pendry J B. Surfaces with holes in them: new plasmonic metamaterials[J]. Journal of Optics A: Pure and Applied Optics, 2005, 7(2): S97.

[20] Garcia-Vidal F J, Martin-Moreno L. Transmission and focusing of light in one-dimensional periodically nanostructured metals[J]. Physical Review B, 2002, 66(15): 155412.

[21] Shen X P, Cui T J, Martin-Canob D, et al. Conformal surface plasmons propagating on ultrathin and flexible film[J]. Proceedings of the National Academy of Science, 2013, 110(1): 40-45.

[22] Shen X P, Cui T J. Planar plasmonic metamaterial on a thin film with nearly zero thickness[J]. Applied Physics Letters, 2013, 102(21): 211909.

索　引